CLEVERINGA'S KOFFER

Cleveringa's koffer

Recht, vrijheid en verantwoordelijkheid

Een selectie uit de 26-novemberredes aan de Universiteit Leiden, 1940–2010

Onder redactie van Kees Schuyt en Ineke Sluiter

Leiden University Press

Deze publicatie is tot stand gekomen met steun van
het College van Bestuur van de Universiteit Leiden.

Bij het omslag
'Na de rede van Prof. Cleveringa n.a.v. het ontslaan van de Joodsche Hoogleraar Meyers, besluiten de Leidsche Studenten te staken. Het moment op het Rapenburg. Genomen van een raam van Rapenburg 54 uit, door mej. A.H. Kappeyne van de Coppello' (citaat uit het *Leidsch Dagblad*, 26 november 1959).
Bron: Beeldbank Nederlands Insituut voor Oorlogsdocumentatie.

Ontwerp omslag en binnenwerk: Sander Pinkse Boekproductie, Amsterdam

ISBN 978 90 8728 104 5
e-ISBN 978 94 0060 024 9
NUR 688

Inhoud

DEEL 3

Recht, vrijheid, verantwoordelijkheid, de universitaire Cleveringa-leerstoel (1995 en verder)

Rede van 26 november 1940

Uitgesproken door prof. dr. Rudolph Pabus Cleveringa als Decaan van de Juridische Faculteit, naar aanleiding van het ontslag van prof. mr. E.M. Meijers als hoogleraar aan de Rijksuniversiteit te Leiden

Ik treed hier vandaag voor U op een uur, waarop gij gewoon waart een ander voor U te zien: Uw en mijn leermeester Meijers. De oorzaak daarvan is een door hem hedenochtend rechtstreeks van het Departement van Onderwijs, Kunsten en Wetenschappen ontvangen brief van den volgenden inhoud: 'Ingevolge opdracht van den Rijkscommissaris voor het bezette Nederlandsche gebied terzake van niet-Arisch overheidspersoneel en met dat personeel gelijkgestelden, breng ik te Uwer kennis, dat U met ingang van heden van de waarneming van Uw functie van hoogleeraar aan de Rijksuniversiteit te Leiden is ontheven. De Rijkscommissaris heeft bepaald, dat de betrokkenen voorloopig in het genot blijven van hunne wedden (toelagen enz.).'

Ik geef U dit bericht in zijn naakte kaalheid en zal niet pogen het nader te qualificeeren. Ik vrees, dat de woorden, die ik zou kunnen vinden, hoe ik ze ook koos, te ver achter zouden blijven bij de smartelijke en wrange gevoelens, die het bij mij en bij mijn ambtgenooten heeft opgeroepen; en, ik ben ervan overtuigd, ook bij U en bij talloozen binnen en – waar zij het zullen vernemen – buiten onze grenzen. Ik geloof van een poging tot vertolking ervan ook daarom af te kunnen zien, omdat ik een gevoel heb, als zweven op dit oogenblik onze gedachten en stemmingen zonder klanken niettemin volkomen nauwkeurig kenbaar over en weer en af en aan tusschen ons allen.

Niet om zulk een vertolking is het, dat ik nog eenige woorden tot U verzoek te mogen richten; had ik geen ander doel dan de accentueering onzer stemming, ik zou, denk ik, geen beter middel te baat hebben kunnen nemen dan hier te eindigen en U over te laten aan de ijzige beklemming van de huiveringwekkende stilte, die dan terstond om ons heen zou hangen. Evenmin zal ik met mijn woorden Uw gedachten pogen te leiden naar hen, van wie het schrijven, van welks inhoud ik U verslag heb gedaan, is uitgegaan. Hun daad qualificeert zichzelf afdoende. Het eenige wat ik thans begeer, is: hen uit het gezicht en beneden ons te laten en Uw blik te richten naar de hoogte, waarop de lichtende figuur staat van hem, wien onze aanwezigheid hier geldt.

Want het lijkt mij goed, dat wij ons op dit oogenblik nog eens duidelijk te binnen trachten te brengen, *wie* het is, welken een macht, die op niets dan enkel zichzelf kan steunen, hier na een dertigjarige werkzaamheid achteloos terzijde schuift; *wie* het is, dien wij zijn arbeid aldus moeten zien onderbreken. Ik zeg U: dit begeer ik; maar op hetzelfde oogenblik, waarop ik dezen wensch voor U uitspreek, staat mij meteen voor oogen, dat ik op volledige vervulling ervan niet kan hopen; want in enkele minuten en met enkele woorden de grootheid ten volle te grijpen van een man als Meijers is natuurlijk niet mogelijk. Ik kan niets anders doen dan pogen met een enkele lijn, een enkele aanwijzing, een enkele streep te komen tot een schets, die een suggestie is voor ontvankelijke geesten; en dit zijt ge toch uiteraard allen: want, door wat gij van anderen hebt gehoord en door wat gij daarnaast reeds hebt ervaren, is ieder Uwer eenigermate bekend met Meijers' beteekenis voor zijn Universiteit, zijn volk, zijn land, en staat ieder Uwer open voor het besef hiervan.

Vóór in den bundel 'Rechtsgeleerde Opstellen', die eenige zijner leerlingen hem aanboden bij zijn zilveren ambtsjubileum, staat een lijst van zijn geschriften en verhandelingen tot 1 Juli 1935. De enkele opsomming hiervan beslaat 69 bladzijden druks; zij was destijds wel niet geheel, maar toch nagenoeg volledig, doch zij is bij den huidigen stand van zaken al weer ver ten achter. Boeken als de volgende, die ik U noem, en waarvan elk op zich zelf voldoende zou zijn den schrijver een eereplaats te verzekeren, komen er nog niet in voor: 'Het Oost-Vlaamsche erfrecht' (het derde deel van wat hij noemde 'Het Ligurisch erfrecht in de Nederlanden'); 'Responsa doctorum Tholosanorum'; 'Tractatus duo de vi et potestate statutorum'; opstellen als dat over: 'De beteekenis der elementen "waarschijnlijkheid" en "schuld" voor de aansprakelijkheid uit onrechtmatige daad' (W.P.N.R. 3442 e.v.); over 'Erfrechtelijke moeilijkheden op het gebied van het internationaal privaatrecht' (W.P.N.R. 3493 e.v.), 'Het vraagstuk der herverwijzing' (W.P.N.R. 3555 e.v.) – ik doe maar een betrekkelijk willekeurigen greep uit de hoeveelheid van na 1935, geschikt om tezamen het levenswerk te vormen van een vooraanstaand jurist – staan er nog niet in; verschillende bijdragen in het 'Tijdschrift voor Rechtsgeschiedenis' mankeeren nog. Ik herinner U hieraan op de droogste wijze, die ik vinden kan; deze enkele gegevens bied ik U als een boekhouder zijn cijfers; zij spreken een duidelijke taal, duidelijker dan ooit eenige bewonderende qualificatie uit mijn mond het zou vermogen. Het zou intusschen weinig passen, wanneer ik het bij U alleen aan liet komen op een indruk, aldus gewekt door quantitatieve mededeelingen – er zijn massaliteiten, die eerder weerzin wekken dan eerbied – en de groote omvang van het oeuvre van een geleerde kán samen gaan met een luttel belang ervan.

Doch hoe rijk aan verscheidenheid, hoe grondig doordacht, hoe meesterlijk van opzet en uitwerking, hoe scherp gevat is alles geweest, wat tot dusver uit Meijers' pen is gevloeid en hem heeft verheven tot één der grootste rechtsgeleerden van zijn tijd en zijn land; ja, men mag zeggen: van vele landen en vele tijden. Ik zeg: rijk aan verscheidenheid. Wij hebben hier in Nederland vele juristen gehad, die prachtig werk hebben gedaan en als grootmeesters bekend en geëerd zijn gebleven, maar wier arbeid toch slechts op één bepaald gebied heeft gelegen; waarvan de enkele naam onmiddellijk de gedachten stuwt naar één zaak. Molengraaff brengt men onmiddellijk in verband met handelsrecht, Van Boneval Faure met procesrecht, Simons met strafrecht, Buys met staatsrecht; zo zij al eens een enkelen keer buiten hun gebieden zijn gegaan, dan overschreden zij de grens niet ver, of het ging om kleinigheden.

De rijke verscheidenheid van Meijers' werk spreekt al dadelijk, wanneer men hem op soortgelijke manier onder dak poogt te brengen. Aan welk onderdeel van het recht moet men zijn naam koppelen? 'Aan het burgerlijk recht', zullen velen in de eerste opwelling uitroepen. Maar die dit doen, mogen tweeërlei bedenken: In de eerste plaats dit: dat hij tallooze verhandelingen en geschriften op zijn naam heeft staan, die met burgerlijk recht niet meer te maken hebben dan inzooverre tusschen alle aardsche dingen wel eenig verband te ontdekken valt. Zijn eerste boek, zijn proefschrift, was niet van burgerrechtelijken, maar van wijsgeerigen aard. Hij verdedigt hierin het Utilisme tegenover het Rationalisme van Kant en gaat voor zich uit van het algemeen welzijn als einddoel van elke rechtsinstelling. Op dezen grondslag bepaalt hij nader de rol van de dogmatiek bij de vorming van het wenschelijkheidsrecht en bij de vorming der oordeelen naar stellig recht; en daarbij onderwerpt hij allerhande van de moeilijkste vragen van uitlegging en wetstoepassing aan een fijne critische beschouwing.

Wie het boek zonder kennis van den schrijver opneemt en door den onopgesmukten eenvoud van taal en stijl en opzet zich er niet toe laat verleiden te meenen te doen te hebben met simpele aangelegenheden, zal eerder vermoeden de uitkomst voor zich te zien van wie in zijn leven gerijpt is tot de hooge en evenwichtige wijsheid, waartoe de meesten eerst na jaren komen, dan van een drie en twintig jarigen student. Is zijn eersteling van rechtsphilosophischen aard, volkomen buiten het terrein van het burgerlijk recht ligt ook wat hij schreef over datgene, wat in de lijst van 1935 gerubriceerd is als 'Economische Vragen'. Ik mag hier aan de openbaarheid een kleine, maar, dunkt mij, illustratieve ervaring prijsgeven uit den tijd van kort voordat ik student werd. Ik herinner mij toen iemand uit bankierskringen met stelligheid aan mijn vader, die het terecht anders zei, te hebben hooren bevestigen, dat Meijers hoogleeraar was in de staathuishoudkunde; wat hij van hem gelezen had, had hem dit volkomen duidelijk gemaakt, en bovendien wist hij – hetgeen op zich zelf waar was – dat Meijers eenige jaren tevoren als prae-adviseur was opgetreden voor de 'Vereeniging voor Staathuishoudkunde en Statistiek'.

Maar in de tweede plaats het volgende: Wat is dat 'Burgerlijk Recht', waaraan men Meijers' naam wil koppelen als dien van een Molengraaff aan het handelsrecht, een Faure aan het procesrecht, enz. Als men al het recht wil houden die verbinding te leggen en daardoor zijn werk naar de soort te begrenzen, dan moet men het begrip 'Burgerlijk Recht' wel heel ruim nemen. Het moet dan het handelsrecht en het procesrecht mede omvatten, alsmede het internationaal privaatrecht, het oud-vaderlandsch recht, het oud-fransch recht en het middeleeuwsche Romeinsche recht; want wie dit niet doet, blijft met zijn bewering, dat Meijers voldoende bepaald wordt door hem voor te stellen als civilist, al te onvolledig! En wordt het dan niet een 'Burgerlijk Recht', dat tot alomvatting nadert? Dat bijna ophoudt af- en onderscheidende macht te bezitten? Gaat het er dan niet haast mee, alsof men van het een of ander zou willen zeggen, dat het niet heel Nederland raakt, doch provinciaal begrensd blijft, omdat het slechts tien van de elf gewesten betreft? Werkelijk, als Molengraaff handelsrecht is en Faure procesrecht, dan moge Meijers burgerlijk recht zijn, maar dat is dan toch geen zuivere nevenschikking; het is een omvatting en rangschikking erboven meteen. Onder deze en andere eersterangsfiguren neemt hij nog weer een eerste plaats in én door de veelsoortigheid van zijn werk én door het gehalte ervan.

Handelsrechtelijk bevat het een keur van zijn befaamde noten over vennootschapsrecht, verzekering, vervoer, merkenrecht en wat al niet meer; met daarnaast opstellen. Procesrechtelijk is het eender, en van zijn voltooiïng en aanvulling van Caroli's meesterwerk over het 'Kort Geding' weet iedere student, die zijn doctoraal komt doen. En wat voor een opstellen! Men neme b.v. eens voor zich, wat hij schreef over 'De invloed der praktijk op de vorming van het Nederlandsche Procesrecht' in het eerste deel van het T.v.R. Het gaat over een in den grond hoogst eenvoudige en voor de hand liggende zaak; men klaagt over de traagheid der burgerlijke procedure, en dat ná verschillende herzieningen, die vereenvoudigingen bedoelden te zijn, waaronder twee groote: van 1838 en 1896; hoe ellendig moet het dan wel niet vóór 1838 zijn geweest, moet de conclusie zijn. Is zij juist? vraagt de schrijver. Hij heeft hierop een antwoord gezocht in het archief der Amsterdamsche rechtbank; met deze verrassende uitkomst, dat bleek, dat de gemiddelde duur van een rolproces in de jaren tusschen 1811 en 1838 was: twee à drie maanden! Dit had iedereen kunnen vinden, zal men misschien zeggen. Inderdaad, maar al had men dat gekund, gedaan heeft niemand het; en waarom dan toch niet, als dit zoo eenvoudig was? Of is soms hier, als zoo vaak, met de eenvoudige vraagvorming het halve probleem reeds opgelost; en steekt soms daarin mede Meijers' grootheid, dat hij op gevaarlijk uitziende vragen daardoor het antwoord brengen kan, doordat hij ze in een simpelen vorm kan gieten? Neem de kwestie van de rechtspersoonlijkheid en lees erover in de rechtslitteratuur vóór 1932; het zal U gauw genoeg gaan duizelen van al de theoretische bevattingspogingen! En dan komt in December van dat jaar zijn opstel in het W.P.N.R. (3285 e.v.) over de beteekenis van het probleem der rechtspersoonlijkheid met de bijna simpele inleiding: 'Zouden wij niet eens beginnen met aan de hand van de rechtspraak na te gaan, wat het ertoe doet, of wij de fictieleer, de realiteitsleer, die van het super-organisme of nominalistische aanhangen'? En hierdoor, en door wat er na volgt, begint er in heel de duistere materie ineens zulk een licht te schijnen, dat één onzer scherpste en vooraanstaandste juristen in een bespreking van 1935 van de zooveelste verhandeling over 'Het wezen der rechtspersoonlijkheid' uitroept: 'Het moest op straffe van doodzwijgen verboden worden nog iets over de rechtspersoonlijkheid, haar probleem en haar wezen te laten drukken, zonder dat men blijk geeft Meijers' aanhef in W.P.N.R. 3285 ter harte te hebben genomen' (W.P.N.R. 3405).

Zoo is het ook met de inleiding van het procesrechtelijk opstel, dat ik U noemde. Maar let dan na de eenvoudige vraagstelling ook op de uitwerking: hoe hij niet slechts het feit wist bloot te leggen van den korteren procesduur, maar tevens, zoo gedocumenteerd, dat er geen weerleggen aan is, weet aan te toonen, hoe in lateren tijd de nadeelige omslag is gekomen; wat daarvan de oorzaken zijn geweest. En vraag U dan nog eens af, of gij dit ook had kunnen vinden, of gij ook op het idee zoudt zijn gekomen dáár te zoeken, waar hij het deed; gezwegen dan nog maar van het vinden zelf!

Als Meijers 'Burgerlijk Recht' is, dan kan dit alleen gelden, wanneer men dit in zijn allerruimste beteekenis neemt; met inbegrip van het handels- en procesrecht, van het internationaal privaatrecht en de geheele burgerlijke rechtsgeschiedenis van Nederland, België, Frankrijk en Italië. Ik herinner U aan zijn 'Bijdrage tot de geschiedenis van het Internationaal Privaat- en Strafrecht in Frankrijk en de Nederlanden' van 1914 en zijn 20 jaar jonger werk over *'l'Histoire des principes fondamentaux du droit international privé à partir du moyen âge'*, om nu alleen maar mij te beperken tot zijn internationaalprivaatrechtelijke boeken, die tot ver buiten onze landpalen bekend zijn; ik roep voor U op de ontdekking (beschreven in het eerste deel van het T.v.R.) van Bynkershoek's 'Observationes Tumultuariae' met de latere uitgave ervan met anderer medewerking; van de 'Memorialen-Rosa', het costumiere recht van Kamerrijk en St. Amand; en bovenal het enorme werk – eigenlijk de doorloopende uitwerking en staving van enkele stoute, bijeenhoorende hoofdstellingen, in welker bijzonderheden ik hier thans niet wil Treden – over het Ligurisch erfrecht, waarvan ons nog verdere deelen wachten. Olivier Martin, naar zijn eigen woorden 'très hésitant' tegenover die stellingen, en dus zeker niet gereed tot critieklooze toejuichingen, begint, als hij wordt geroepen zijn oordeel over dit werk uit te spreken, zijn eerbied ervoor te betoonen:

'*Surtout à notre époque où l'on aime mieux brusquer le succès que réaliser pas à pas une oeuvre longuement mûrié tous les historiens du droit qui le liront, même si la nouveauté et l'hardiesse de son thème essentielle les laisse un peu hésitants, seront frappés de son évidente sincérité et rendront hommage à la conscience de ses recherches, à son sang juridique, à l'ingéniosité de ses idées.*' De archieven van een groot deel van Europa gingen ervoor open: van Oostenrijk, van Zwitsersche kantons, van Frankrijk, van België, Nederland en Engeland; straks wellicht van Spanje ook; en zelfs bij verwerping der geponeerde hoofdstellingen blijft er een reeks van machtige werken over, die – ik laat Martin nog één keer spreken – '*garderont leur valeur absolue*' (R.M. 1935, blz. 77 tot 81).

Wij zijn er trotsch op, dat zij gewrocht zijn door een Nederlandsch geleerde, een Leidsch hoogleraar, die er de hoogst zeldzame onderscheiding der Thorbecke-medaille mee verwierf. Van wat Meijers is geweest voor het burgerlijk recht in engeren zin behoef ik hier nauwelijks te gewagen; er is geen Nederlandsch jurist, die niet weet, hoe men hem hier bij elken stap tegenkomt, en altijd als een belangrijk auteur; vaak als de belangrijkste op uitgestrekt terrein – ik denk natuurlijk het eerst en het meest aan het erfrecht –, als de autoriteit bij uitnemendheid, van wien de grootte en hoogte onbetwist is.

Een geleerde van buitengewoon formaat; een leermeester ook van ongewoon doceer-talent; een hoogleeraar, die niet alleen de hoofden tot denken en werken heeft gebracht van de duizenden, die hij is voorgegaan, maar die tevens, zonder dat ooit de minste uiting van populariteitsgewin bij hem waargenomen is kunnen worden, de harten van zijn studenten heeft veroverd. Niet alleen bewondering is zijn deel geworden, aanhankelijkheid niet minder; en terecht! Hoevelen het er zijn, wier eerste en ook wel latere schreden in de maatschappij hij heeft geleid, gelijk hij het van mijzelf deed, zal wel niet precies zijn vast te stellen; dat het er talloozen zijn, is voor ieder zeker. Velen ook heeft hij, buiten eenig academisch verband, stoffelijken en geestelijken bijstand geboden. Voor de stad zijner inwoning was hij steeds een verdienstelijk burger, die, wanneer hij zou willen (maar zooiets wil hij nooit), op veel stillen arbeid en onbaatzuchtige toewijding zou kunnen wijzen ten dienste van de gemeenschap. Van zijn volk was hij een goed en trouw en eerlijk zoon. Toen van het tweede onderdeel van het Ligurische erfrecht waarvan het eerste om begrijpelijke redenen in het Fransch was verschenen, het eerste deel uitkwam in zijn moedertaal, lichtte hij dit als volgt toe: 'Ik kon niet van mij verkrijgen het recht van gewesten, welker rechtsbronnen uitsluitend in het Nederlandsch gesteld zijn, het eerst in een vreemde taal te behandelen.'

Het is deze Nederlander, deze nobele en ware zoon van ons volk, deze mensch, deze studentenvader, deze geleerde dien de vreemdeling, welke ons thans vijandiglijk overheerscht, 'ontheft van zijn functie'! Ik zeide U niet over mijn gevoelens te zullen spreken; ik zal mij eraan houden, al dreigen zij als kokende lava te barsten door al de spleten, welke ik bij momenten den indruk heb, dat zich, onder den aandrang ervan, in mijn hoofd en hart zouden kunnen openen.

Maar in de faculteit, die blijkens haar doelstelling gewijd is aan de betrachting van de rechtvaardigheid, mag toch déze opmerking niet achterwege blijven: In overeenstemming met Nederlandsche tradities verklaart de Grondwet iederen Nederlander tot elke landsbediening en tot de bekleeding van elke waardigheid en elk ambt benoembaar, en stelt zij hem, onafhankelijk van zijn godsdienst, in het genot van dezelfde burgerlijke en burgerschapsrechten. Volgens art. 43 van het Landoorlogsreglement is de bezetter gehouden de landswetten te eerbiedigen '*sauf empêchement absolu*'. Wij kunnen het niet anders zien dan dat er geen de minste verhindering voor onzen bezetter bestaat Meijers te laten waar hij was. Dit impliceert, dat de wegdringing van zijn plaats op de wijze, waarvan ik U mededeeling heb gedaan, en de soortgelijke maatregelen, die anderen hebben getroffen (ik denk onder hen in de eerste plaats aan onze vriend en ambtgenoot David) door ons slechts als onrecht kunnen worden gevoeld. Wij hadden gemeend hiervoor gespaard te mogen en te zullen worden. Het heeft niet zoo mogen zijn. Wij kunnen, zonder in nuttelooze dwaasheden te vervallen, welke ik U met klem moet ontraden, thans niets anders doen dan ons buigen voor de overmacht.

Inmiddels werken wij voort, zoo goed en zoo kwaad als wij kunnen. Mijn ambtgenooten Telders en Kollewijn en ik zelf zullen in de ontstane leemte trachten te voorzien, al weten wij zeer wel, dat wij het niet verder zullen brengen dan een zwak surrogaat, gelijk wij ons ervan overtuigd houden, dat het niemand verder brengen kan. Dinsdag 3 December zullen mijn collegae Kollewijn en Telders om 11 uur beginnen; ikzelf Donderdag 5 December om 10 uur.

En inmiddels zullen wij wachten en vertrouwen en hopen en steeds in onze gedachten en onze harten het beeld en de gestalte en de persoonlijkheid vasthouden van wien wij niet zullen kunnen aflaten van te gelooven, dat hij hier behoort te staan en, zoo God het wil, weer zal keeren.[1]

VOORWOORD

'Naar deze vrijheid te leven'

Kees Schuyt

1 DE HERDENKING HERDACHT

Herdenken heeft voor elke generatie een andere betekenis. Voor de generatie die de Tweede Wereldoorlog bewust heeft meegemaakt blijven alle herinneringen en herdenkingen met emotie beladen. Dat geldt merendeels ook nog voor de tweede generatie, die vlak voor of in de oorlog is geboren, de 'oorlogskinderen', die met verhalen of juist met opgelegde zwijgzaamheid zijn opgegroeid. Maar voor volgende generaties neemt de intensiteit van herdenken af en wordt er een meer cognitieve invulling aan gegeven: wie of wat herdenken we eigenlijk? Wat kunnen of moeten we er van leren? Heeft herdenken nog steeds zin en hoelang moeten we ermee doorgaan? Naarmate de oorlogs- en bezettingsjaren verder in de tijd achter ons liggen, worden deze vragen urgenter. Elk jaar keren ze terug bij de herdenking van 4 en de viering van 5 mei.

De Leidse universiteit en haar vele alumni staan elk jaar stil bij het feit dat prof. mr. R.P. Cleveringa op 26 november 1940, 's morgens om kwart over tien, zijn beroemd geworden rede hield als protest tegen de ontheffing uit zijn ambt van zijn leermeester en collega prof. mr. E.M. Meijers en van enkele andere hoogleraren en medewerkers van de universiteit. Wat het meeste opvalt bij de jaarlijkse 26-novemberherdenkingen aan de Leidse Universiteit, die officieel begonnen in 1956, is de bezorgdheid die jaar op jaar werd uitgesproken of deze voor ouderen zo zinvolle en aansprekende herdenking door de nieuwe generaties studenten zou worden begrepen, overgenomen en voortgezet. De vraag was steeds hoe de herinnering levend kon worden gehouden. Inschatting van de zin van het gemeenschappelijk herdenken heeft vele ups en downs gekend.

In deze bundel brengen de samenstellers een selectie van 26-novembertoespraken, gehouden aan de Leidse Universiteit, bijeen. Het idee om de geschiedenis van de Cleveringa-herdenking te beschrijven is afkomstig van de nieuw opgerichte uitgeverij Leiden University Press, die vijfenzestig jaar na de bevrijding (1945–2010) aanleiding vond het geheugen nog eens op te frissen om de toekomst met vertrouwen tegemoet te gaan. Moet de herdenking met pensioen of wordt aan deze artificiële grens stilzwijgend voorbijgegaan?

Het gaat hierbij om de officiële universitaire Cleveringa-herdenkingen aan de Universiteit Leiden. Deze moeten onderscheiden worden van de bijeenkomsten, die reeds vanaf 1945 op vele plaatsen in ons land op of omstreeks de 26e november worden gehouden, georganiseerd voor en door Leidse alumni. Deze bijeenkomsten, nu ook in het buitenland, verheugen zich op toenemende belangstelling, mede door het Leids Universiteits Fonds (LUF) gestimuleerd. Maar ook op deze bijeenkomsten worden vertrouwde en bezorgde geluiden gehoord dat 'de jongere generaties' minder goed vertegenwoordigd zijn (maar die hebben dan ook, als sandwichgeneratie, een drukker bestaan dan vijfenzestigplussers die graag elkaar op 26 november blijven ontmoeten). De herdenking vergrijst. Om de band tussen al deze generaties te verstevigen biedt deze bundel een overzicht van en een selectie uit de 26-novembertoespraken (tot 1969) en Cleveringa-oraties, de officiële intree-redes van de bekleders van de in 1970 opgerichte Cleveringa-leerstoel.

De universitaire 26-novemberbijeenkomsten begonnen niet meteen in 1945, in tegenstelling tot de LUF-bijeenkomsten, die wel vanaf het bevrijdingsjaar gehouden werden. Direct na de bevrijding in 1945 bestond er onder studenten en oud-studenten van de Leidse Universiteit grote behoefte om elkaar te ontmoeten, over de ervaringen en wederwaardigheden van de voorbije jaren te spreken en waar nodig om de studie weer ter hand te nemen. Voor die ontmoetingen bestond ruime gelegenheid bij de officiële heropening van de universiteit op 17 september 1945, die volgde op de herdenking van het 370-jarig bestaan van de universiteit op vrijdag 14, zaterdag 15 en zondag 16 september. Een stoet van honderden reünisten, onder wie prinses Juliana, toog zaterdagmiddag door de straten van Leiden op weg naar de Hooglandse kerk, waar zij werden toegesproken door de praeses collegii van het Leidsch Studenten Corps, W.J. Geertsema en professor R.P. Cleveringa.[1] Op zondag werden 's morgens kerkdiensten gehouden, 's middags voetbal- en roeiwedstrijden.[2] Op maandagmiddag vond in aanwezigheid van Koningin Wilhelmina en prinses Juliana in de Pieterskerk de heropening van de Universiteit plaats. De waarnemend Rector Magnificus, prof. dr. W. van der Woude gaf daar een sober verslag van de lotgevallen van de Leidse Universiteit sinds het einde van het rectoraat van zijn voorganger prof. dr. W.A. Bijvanck. Hij vertelde wat er geschied was na de sluiting van de universiteit en beschreef in korte woorden de weerstand die door de senaat en het college van Rector en Assessoren geboden was tegen pogingen van de bezetter, in 1941 en 1942, om de universiteit te heropenen en van de Leidse Universiteit een 'Germaanse frontuniversiteit' te maken. Hij herdacht hoogleraren, docenten, medewerkers en studenten die de universiteit ontvallen waren.[3]

Het tijdens deze drie dagen aangesterkte besef van saamhorigheid leidde tot spontane afspraken om op 26 november bijeen te komen op die plaatsen waar Leidse alumni woonden en werkten. Aanvankelijk kwam men, volgens een bericht uit het *Leidsch Dagblad* van november 1948, op veertien plaatsen in Nederland bijeen. Die bijeenkomsten werden georganiseerd door het LUF en de Stichting Pro Civitate. De formule was even origineel als eenvoudig: een student uit Leiden deed verslag van wat er in Leiden zoal gebeurde en een hoogleraar of docent hield een voordracht over zijn of haar vakgebied. Enkele van deze lezingen werden gepubliceerd in de prestigieuze reeks 'Leidse Voordrachten' van de Universitaire Pers Leiden. In Leiden zelf kwam men 's avonds bijeen op het Prytaneum. Bekend zijn geworden de voordrachten van professor A. Bachrach en de vertoning van de film over het studentenverzet *Zes jaren*, waarin Els Glastra van Loon-Boon een hoofdrol vervulde (bericht *Leidsch Dagblad* 1954).

Voor de universitaire herdenkingen van 26 november wachtte men op de zogenaamde kroonjaren. Op 25 november 1950, op de dag vóór de tiende verjaardag van Cleveringa's rede, onthulde de toenmalige Rector Magnificus prof. dr. J.J.L. Duyvendak de twee ramen in het Groot Auditorium, waarop de strijd van het Nederlandse volk voor bevrijding werd afgebeeld[4] (wie goed kijkt ziet daarop professor Cleveringa). Hij deed dit met een gloedvolle, dichterlijke rede. Vijf jaar later werd op 5 mei 1955 de tienjarige bevrijding gevierd met een herdenkingsbijeenkomst in het Groot Auditorium. Naast de Rector Magnificus prof. dr. J.N. Bakhuizen van den Brink spraken prof. mr. F.M. Baron van Asbeck over de rol van de senaat tijdens de oorlogsjaren en dr. J.A. Noordijk, destijds student, over de houding van de Leidse studenten in die tijd.[5] In deze twee toespraken kwamen zoveel vergeten of verzwegen feiten en herinneringen aan de orde, dat deze tienjarige herdenking van de bevrijding aanleiding gaf om langer en uitvoeriger stil te staan bij het begin van het universitaire verzet in 1940 en wat dit betekende voor de rol van de universiteit en de positie van studenten in de maatschappij en voor universitaire vrijheid in het bijzonder. Het jaar daarop werd op initiatief van Rector Magnificus prof. dr. P.A.H. de Boer voor 26 november op grootse wijze een bijeenkomst aangekondigd: '26 november 1940 – 1956 – 1970'. Dit werd – naast de traditionele LUF-bijeenkomsten – het begin van de jaarlijkse universitaire 26-novemberherdenking, merkwaardig genoeg aankondigend dat vijftien jaar herdenken (1956–1970) kennelijk wel voldoende werd geacht. De Boer kon toen nog niet voorzien dat 1970 inderdaad een cruciaal jaar zou worden voor de Cleveringa-herdenkingen aan de Leidse universiteit.

2 CLEVERINGA STOND NIET ALLEEN

Hoewel Cleveringa zijn protestrede alleen en geheel op eigen verantwoordelijkheid uitsprak, stond hij niet alleen. Op vrijdag 22 november was de Juridische Faculteit reeds bijeen geweest om de aangekondigde en op handen zijnde schorsing van drie van haar leden, E.M. Meijers, M. David en privaatdocent in het arbeidsrecht H. Sinzheimer te bespreken. (De schorsingsbrieven werden pas op de ochtend van 26 november ontvangen; het feitelijke ontslag vond enkele maanden later plaats, 1 maart 1941.) Zijn jongere collega prof. mr. B.M. Telders had aangeboden om de plaats van Cleveringa in te nemen, hetgeen Cleveringa, ondanks de voorspelbare gevaren voor hem en zijn gezin, niet had aanvaard.[6] Hier diende hij als decaan te spreken op het uur dat Meijers zijn gebruikelijke college gaf. Maar het openlijke protest van Cleveringa, dat in den lande een grote weerklank zou krijgen, kwam voort uit een al veel langer bestaande weerzin en geestelijke weerstand van de Juridische Faculteit en algemener van de gehele universiteit tegen het nationaal-socialisme en zijn maatregelen. Reeds in 1933 had J.C. van Oven in het *Nederlandsch Juristenblad* zich verzet tegen en gewaarschuwd voor de rechtsverkrachting in Duitsland,[7] net zoals Huizinga in 1933 als Rector Magnificus de toegang tot de universiteit had ontzegd aan een nationaal-socialistische propagandist uit Duitsland.[8] Prof. mr. J.M. van Bemmelen had op een congres in Berlijn in 1935 met enkele vertegenwoordigers van andere West-Europese landen geprotesteerd tegen de pervertering van het strafrecht in gastland Duitsland en gewezen op de onaanvaardbare behandeling van gevangenen in de nieuw opgezette concentratiekampen.[9]

De geest in Leiden was rijp voor verzet, maar toen de echte overval gekomen was schrok men toch toen de bezettingsmaatregelen – eerder door Telders en Cleveringa in strijd met het internationale recht geoordeeld – heel direct de universiteit en haar personeel troffen, zwaarder dan men zich had kunnen indenken en eerder dan waarop men zich had voorbereid. Van Asbeck beschreef in zijn herdenking in 1955 hoe vanuit de Senaat al in mei en juni 1940 twee groepen (van elk achttien hoogleraren) werden gevormd, die de gehele oorlog bij elkaar bleven en met elkaar overlegden wat hen te doen stond. Niettemin kon er geen volledig gemeenschappelijk front gevormd worden toen in oktober 1940 door alle overheidsambtenaren, dus ook van het universitair personeel, een ariërverklaring moest worden ondertekend. Het door Telders opgestelde Memorandum waarmee door een groot aantal hoogleraren gemeenschappelijk de ariërverklaring zou worden geweigerd, kon niet de gehoopte algemene instemming verkrijgen en de Senaatsvergadering waarop het Memorandum zou worden besproken, werd verboden. Telders had hierin verwezen naar artikel 5 van de toenmalige Grondwet, op grond waarvan iedere Nederlander tot elke landsbediening benoembaar was, en op artikel 176 van die Grondwet, dat bepaalde dat 'de belijders der onderscheidene godsdiensten allen dezelfde burgerlijke en burgerschapsrechten genieten en gelijke aanspraak hebben op het bekleeden van waardigheden, ambten en bedieningen'.[10] Door deze voorbereiding met zijn collega's[11] voelde Cleveringa zich gesteund om dan toch in november op rustige wijze, maar met een juridisch scherpe, meszuivere redenering 'nee' te zeggen. Voor velen was dit een keerpunt. Een Leidse studente van toen vertelde later: 'Die rede van Cleveringa was een soort bevrijding. Eindelijk had je het gevoel, er is iemand die iets zegt. Je kunt dus tóch iets doen. Ik had toen heel sterk het gevoel: nu kan ik niet langer wachten en ik ben gaan zoeken naar mogelijkheden om illegaal werk te doen. Dat lukte niet zo gemakkelijk, maar de mentaliteit was toch veranderd'.[12]

De rede van Cleveringa werd een moreel baken in de jaren die volgden en na de bevrijding werd hij een icoon van geestelijk verweer tegen onderdrukking en onmenselijkheid. Niettemin is er later discussie geweest over de vraag of alle positieve aandacht voornamelijk en vaak uitsluitend op Cleveringa mocht worden gericht. Wat was er gebeurd met zijn leermeester Meijers? En met de dappere Telders?[13] Meijers was bovendien niet het enige slachtoffer van deze Duitse maatregelen: in Leiden werden naast Meijers nog twee hoogleraren, dertien medewerk(st)ers en een privaatdocent van hun taken ontheven.[14] Drion ging in 1990 in zijn Cleveringa-herdenkingsrede, opgenomen in deze bundel, in op de vraag naar de uitsluitende aandacht van Cleveringa voor Meijers, en Asscher (1996) en Schuyt (2006) reageerden daar later op (in deze bundel opgenomen, resp. blz. 177 en 288).

Het universitaire protest bleef eind november 1940 ook niet beperkt tot Leiden, en in Leiden niet beperkt tot Cleveringa. Hoewel de integrale geschiedenis van het universitaire verzet in Nederland nog steeds moet worden geschreven, zijn de protesten in de andere universiteitssteden langzamerhand wel beschreven, zij het niet algemeen bekend geraakt. Nog in 2004 meende P. van Walsum dat 'Leiden' de eer van de Nederlandse universiteiten had gered.[15] Niets is minder waar. Maar het gaat hier geenszins om 'eer', maar om historische feiten. De door mr. H.J. Reinink, waarnemend Secretaris-Generaal van het ministerie van OW&C (Opvoeding, Wetenschap en Cultuurbeleid) ondertekende schorsingsbesluiten waren aan de TH Delft reeds op vrijdag 22 november bezorgd (in Leiden op 26 november). De door deze maatregel getroffen hoogleraar mr. A.C. Josephus Jitta wilde op zaterdagochtend nog ten laatste male zijn college geven. Vele studenten, bij wie hij een grote populariteit bezat, wilden daarheen, aangespoord door de student E.P. Wellenstein, voorzitter van de Centrale Commissie voor Studiebelangen, maar toen de bezettingsmacht daar lucht van kreeg, werd dit 'afscheidscollege' verboden.[16] Toen de deur van de TH gesloten bleek, nam de student Frans van Hasselt, voorzitter van de studievereniging van civiele ingenieurs, bewogen het woord. Hij eindigde zijn toespraak met:

> 'Met ontzetting en diepe droefenis namen velen van ons reeds kennis van het feit, dat prof. Josephus Jitta verhinderd wordt college te geven. Zij, die dit niet wisten en hier tevergeefs gekomen zijn, worden hiervan bij deze in kennis gesteld. De gevoelens van U allen kennende, wil ik U slechts een enkele oude, bekende klank doen horen, die in deze moeilijke dagen aan ieder van ons een vaste wil en een grote kracht moge schenken. Het zijn de bekende woorden uit het Mattheüs-Evangelie: Zalig zijn, die hongeren en dorsten naar gerech-

tigheid, want zij zullen verzadigd worden. Zalig zijn, die vervolgd worden om der gerechtigheid wil, want hunner is het Koninkrijk der Hemelen'.[17]

Op maandag 25 november gingen de studenten in Delft in staking. Op diezelfde dag hield de botanicus prof. dr. V. Koningsberger voor eerstejaars medicijnenstudenten in Utrecht een protestcollege. Zijn protest had, naar zijn eigen zeggen, in grote lijnen dezelfde strekking als de rede van Cleveringa, maar kreeg geen bekendheid, onder andere omdat zijn tekst, die hij op zijn lessenaar bewust had achtergelaten, door een student om hem te beschermen, was meegenomen en juist niet verspreid. Op 30 november werd echter toch een deel van de tekst opgenomen in *De Geus onder de studenten*, het illegale blad van de gebroeders Drion:

> 'Mijn geweten gebiedt mij, hier met diepe smart en teleurstelling te gedenken de ontheffing uit de uitoefening van hun ambt, van een aantal Nederlandse collega's, uitsluitend om redenen van afkomst of geloof. Terwijl mijn grote sympathie naar hen uitgaat, voel ik dat wij allen delen in de smaad, die hun is aangedaan. Immers sinds 1579, waarin in onze Universiteit de Unie van Utrecht werd gesloten, was het steeds het hoogste Nederlandse ideaal, niemand om zijn ras of geloof te vervolgen. Daarom betekent voor mij deze maatregel een miskenning van het Nederlandse volkskarakter, dat dit moet gevoelen als een belediging van de Nederlandse Universiteiten, van de Nederlandse wetenschap en daarmee van het Nederlandse volk zelf. Ik weet dat de overgrote meerderheid van mijn gehoor dit evenzo gevoelt als ik. Toch zeg ik dit niet om U op te wekken tot enige handeling, die als illegaal of illoyaal tegenover de bezettende overheid kan worden aangemerkt. Integendeel, blijf volharden in Uw bewonderenswaardige zelfbeheersing en vergeet nimmer hoe belangrijk het voor de gehele mensheid zou zijn, indien een volk zich onder alle omstandigheden blijvend zou weten te gedragen naar de geschreven en ongeschreven wetten van menselijkheid en fatsoen.' (*De Geus*, 30 november 1940)[18]

Ook aan de Universiteit van Amsterdam klonken protesten (onder andere van prof. dr. N. Donkersloot) en in Wageningen waren het ir. S.C.J. Olivier en dr. J. Smit die bij de aanvang van hun colleges protesteerden. Smit werd hierom ontslagen.[19] In Groningen, waar de op anciënniteit in aanmerking komende hoogleraar mr. C.W. van der Pot als Rector Magnificus gepasseerd was ten gunste van de hoogleraar Duits en NSB-sympathisant J.M.N. Kapteyn, gebeurde er niets, tot grote ergernis van studenten, onder wie Jan Glastra van Loon, tweedejaars student medicijnen en rechten.[20]

Op 26 november gaf prof. dr. J.A.J. Barge, hoogleraar in de anatomie, in Leiden op hetzelfde uur als Meijers gewoon was les te geven, dinsdags van 10–11 uur, zijn laatste college in een cyclus over fysische antropologie, die op 24 september was begonnen.[21] Daarin behandelde hij in een zuiver wetenschappelijk betoog de rassenleer van de nationaal-socialisten. Het 'arische ras' bestond niet, evenmin als andere rassen. Geen enkel ras heeft een homogene samenstelling, ieder ras is immer een mengeling van vele uiterlijke en door de cultuur mede gevormde kenmerken. Wat mensen tot een volk of tot een eenheid bindt komt tot stand op grond van nationale en politieke kenmerken, dus is er sprake van een Duitse staat en niet van het Duitse 'ras', aldus Barge. Eenheid kan ook ontstaan, zoals bij de Joden, op grond van een religieuze overtuiging het uitverkoren volk te zijn.[22] Na zijn laatste college, toevallig ook op 26 november, kregen de medische studenten bericht van wat er op het Rapenburg gebeurde en riepen de studenten gezamenlijk op tot een staking, die de volgende dag uitbrak. Op diezelfde dag werd prof. Cleveringa gearresteerd en naar de Scheveninger gevangenis overgebracht.

De hoogleraar in de wijsgerige ethiek dr. L.J. van Holk begon 26 november 's middags zijn college eveneens met een protest, waarvan de precieze tekst lang onbekend gebleven is:

> 'De jongste maatregelen van binnenlands beleid tegen onze Joodse medeburgers hebben ons allen diep geschokt. Wij voelen ze als een smaad der Universiteit en ons volk aangedaan, als een ernstige schade voor onderwijs en wetenschap, als een zedelijk en godsdienstig onrecht. Als christenen lijden wij bovendien mede met de onoverzienlijke stortvloed van leed, die dit over talloze gezinnen gaat brengen, welke een sieraad waren van ambtenarij en rechterlijke macht, van hoger, middelbaar en lager onderwijs. Ik meen dat het mijn plicht is, na het uitspreken van dit oordeel van ons geweten, U, studenten, er op te wijzen dat een luidruchtige manier van reageren uwerzijds volstrekt ongewenst is en zou wijzen op een ernstig wanbegrip omtrent de praktische gevolgen van uw daden. Er is een grote wijsheid van het korenveld te leren: de halmen, die buigen op de wind, richten zich weer op, straks rijpend tot voedend graan, maar de lege stormvlaag, als hij voorbij is, is niet meer; noch ook de halm, die weerbarstig zijnde gebroken werd. Wel zijn er twee daden die ons allen ten volle betamen: vooreerst te helpen de nood te lenigen die thans in vele gezinnen ontstaan zal, en trouw onze Joodse vrienden en kennissen op te zoeken en hun onze hoogachting te doen blijken. En ten tweede zelf als Nederlanders, als universiteitsmensen, en bovenal als christenen trouw te zweren aan de beginselen van mensenwaarde, gerechtigheid en naastenliefde, geworteld in en verkondigd door het Oude en Nieuwe Verbond, en nooit te vergeten dat Christus ons leert in de Heilige Schrift (Joh. 4:22): "Gij

lieden aanbidt wat gij niet weet, wij aanbidden wat wij weten, want de zaligheid is uit de Joden." Mag ik U daarom verzoeken thans een volle minuut in deze geest met mij te willen zwijgen.'[23]

Vervolgens gaf hij, geheel in overeenstemming met het onderwerp van zijn collegecyclus van dat jaar, een college over de Stoa, in het bijzonder over de stoïsche invloeden in de filosofie van de wijsgeer Baruch de Spinoza. Zijn protest werd opgetekend door een van de toenmalig aanwezige studenten theologie, mevrouw W.C.S. van Benthem Jutting, die de tekst later reconstrueerde en in 1982, het jaar waarin Van Holk overleed, publiceerde in het *Remonstrants Weekblad* en in de Leidse *Mare*.[24]

Cleveringa stond dus geenszins alleen. Maar doordat van tevoren zijn college ruim was aangekondigd (met een 'zegt het voort') en doordat de tekst van zijn rede door zijn collega Van Bemmelen aan de student A. Koch was gegeven, die de rede vervolgens overtypte en ruimschoots verspreidde, kreeg de rede de symbolische kracht en uitstraling die hij altijd heeft behouden, ook als men hem nu zeventig jaar later leest. Maar de andere protesten waren niet minder indrukwekkend en wezen, zoals Van Holk en Koningsberger deden, op andere aspecten van menselijkheid; minder juridisch van aard, maar even waardig.

In de loop van de tijd zijn de verschillende protestuitingen in 1940, vaak bij de 26-novemberherdenkingen van de Leidse Universiteit, beschreven of verhaald. Naast een Cleveringa-leerstoel is er sinds 2006 in Utrecht een Koningsberger-leerstoel[25] gekomen, terwijl lange tijd sprake is geweest van een Barge-leerstoel, speciaal voor de medische faculteit in Leiden.[26] In gezamenlijke herdenkingen houdt de universitaire gemeenschap (een uitdrukking die minder en minder gebezigd wordt) de oriëntatie van de wetenschap op de waarden van menselijkheid vast. Wie het verleden vergeet zal veroordeeld worden het over te doen, zei de Amerikaans-Spaanse filosoof Santayana ooit, maar hij voegde er wijselijk aan toe: maar nooit op dezelfde wijze of onder dezelfde omstandigheden. Om die reden is het nodig om steeds opnieuw na te denken wat onder nieuwe omstandigheden de beste vorm is om cruciale gebeurtenissen uit het verleden, zoals de 26e november, te blijven herdenken.

3 DRIE PERIODEN VAN HERDENKEN

1956–1969

In de 26-novembertoespraken aan de Leidse universiteit valt een bepaald patroon te onderkennen. De in 1956 met veel enthousiasme begonnen jaarlijkse herdenkingen staan die eerste jaren in het teken van bezinning: allereerst op de waarden van de wetenschap en de universiteit in de maatschappij en het belang van de universitaire vorming. Heel duidelijk sprak dat uit de titel van de rede van de hoogleraar Griekse taal- en letterkunde dr. B.A. van Groningen in 1956: 'Voorrecht en opdracht der universiteit'. Vervolgens vroeg men om bezinning op de vraag hoe deze waarden, zoals die belichaamd werden in de houding van Cleveringa en anderen, konden worden overgebracht op de nieuwe generaties van studenten, die de oorlog niet bewust hadden meegemaakt en er daardoor steeds verder vanaf zouden staan, althans dat was de onderliggende veronderstelling. Beide onderwerpen, en vooral het laatste, keren jaar in, jaar uit, terug. In 1957 stelde de zoöloog prof. dr. C.J. van der Klaauw dat er jaarlijks drie hoogtepunten, drie feestdagen, zijn aan de Leidse universiteit: de opening van het academische jaar, de Rectoraatsoverdracht bij de Dies van de universiteit op 8 februari, en 26 november. De opening van het academische jaar, toen meestal in de derde week van september, nu eerder, is voor de studenten, die dan ook centraal staan. Niet alleen de eerstejaars, maar alle studenten worden gewezen op het belang en de vreugde van het studeren. Aanwijzingen hoe zij moeten studeren worden dan ook niet vergeten.

De Dies is voor de wetenschap. In de traditionele rectoraatsoverdracht geeft de Rector Magnificus een proeve van bekwaamheid op zijn of haar eigen vakgebied. De hoogleraren en wetenschappelijk onderzoek(st)ers staan centraal, niet de studenten. Zo wordt voldaan aan de opdracht van de universiteit: onderwijs en wetenschap. Maar in Leiden is er een derde dag, waarop specifiek het belang van (het vormen van) een geestelijke houding wordt benadrukt: '26 november kan worden de feestdag van onze universiteit als gemeenschap van hen, die er weet van hebben dat het gaat om meer dan onderwijs in en wetenschap op het terrein van het eigen vak, hoe breed ook opgevat. Van hen, die daartoe gevormd willen worden en elkaar daarbij steunen en helpen willen om scherper te beseffen, dat eigen vak in dienst staat en heeft te staan van iets wijders, iets hogers, iets waarom het eigenlijk en uiteindelijk gaat.'[27] Wat dat 'iets' was, daarvoor kon worden volstaan met een verwijzing naar Cleveringa's rede en naar de ervaringen van de oudere generatie.

In de periode 1956–1969 werd de 26-novemberherdenking telkens gehouden door bekende Leidse hoogleraren. De meesten van hen hadden zich daadwerkelijk in de oorlogsjaren in Leiden of elders onderscheiden (Van Groningen, Van der Klaauw, Langemeijer, Nagel, Drion). Zij hielden een toespraak in de Pieterskerk (omlijst met muziek van het Collegium Musicum met aan het slot het gezamenlijk zingen van het eerste en vijftiende couplet van het Wilhelmus). De meeste redes werden keurig gedrukt en uitgegeven in de reeks 'Leidse Voordrachten' van de Universitaire Pers Leiden. Meestal stond de toespraak in het teken van 'toen en nu' (Veeneklaas 1961). De angst dat de jongere generaties geen zin meer hadden of geen zin meer zagen in deze herdenkingen werd benoemd en bezworen. Het ritueel van het Wilhelmus verloor de emotionele klank die het had gehad op 26 november 1940. In 1963 werd er ernstig aan getwijfeld of op deze wijze 'herdenken nog zin had'. Hierover ontstond een flinke discussie in het *Leids Universiteits Blad*, dat om de andere week werd geredigeerd en volgeschreven door enerzijds hoogleraren, anderzijds studenten. De zin van het jaarlijks terugkerende ritueel hing vooral af van de inhoud en de vragen die in de toespraak werden gesteld.[28] Bij de spreker van dat jaar, prof. W.H. Nagel, was het herdenkingsritueel gelukkig in goede handen (opgenomen in deze bundel). Studenten toonden toen al niet meer zo'n hevige zin om naar de plechtigheden toe te gaan. Gelukkig bestonden de studentenbesturen nog, die er voor zorgden dat de Pieterskerk niet leeg bleef. In 1965, vijfentwintig jaar na Cleveringa's rede, vroeg de toenmalige President-Curator dr. J.E. Baron de Vos van Steenwijk zich af, wat we met de opnieuw verworven vrijheid hebben gedaan. '"Toen" wisten we waar we voor streden, "nu" weten we eigenlijk niet goed wat we met al die vrijheden moeten doen. Welke kant gaat die jongste generatie studenten nu op?'[29]

Algemene thema's kwamen aan de orde in de toespraken van Schaper (1966), die de kwestie Vietnam aanroerde en van Drion (1967) die over de romantische wortels van de democratie sprak en over de verantwoordelijkheid van intellectuelen. Er zijn veel terugblikken totdat in 1968 en 1969 de klad er in komt: de studentenopstanden dreigden aan het als ouderwets bestempelde en 'niet bij deze tijd horende' herdenken een einde te maken. Rijpperda Wierdsma (1968) verweet de opstandige studenten *niet* in de geest van Cleveringa te handelen,[30] Berkhof, een jaar later (1969) vond precies het tegenovergestelde. De studenten van toen, zo zei hij, wilden de maatschappelijke betrokkenheid van de universiteit vergroten en in die betrokkenheid school de verwantschap met Cleveringa. Maar zij zagen niet veel meer in herdenken. Hun bedenkingen moesten naar het als altijd grootmoedige oordeel van Berkhof serieus genomen worden, en hun argwaan of zelfs weerzin tegen het ritueel zou in een oprechte dialoog tussen de generaties kunnen worden opgevangen. Dan zou de vorm van de herdenking wel moeten veranderen. Berkhof pleitte voor het houden van forumdiscussies tussen jong en oud. 'Einde van een herdenking?' zo luidde de titel van Berkhofs rede, die niet meer gepubliceerd werd en net als vele andere teksten in historische onverschilligheid verdwenen is.[31] Er ontstond een hevige en vaak emotionele discussie over het voortbestaan van een traditie, die gered wordt door de instelling van de Cleveringa-leerstoel in 1970.

1970–1994

Dat de traditie van een universitaire 26-novemberherdenking behouden is gebleven heeft een speciale voorgeschiedenis. In het zicht van vijfentwintig jaar bevrijding was door de faculteiten der rechtsgeleerdheid en der sociale wetenschappen in het voorjaar van 1969 besloten B.A. Sijes, autodidact en wetenschappelijk onderzoeker aan het Rijksinstituut voor Oorlogsdocumentatie (RIOD, thans NIOD), voor te dragen voor een eredoctoraat. Sijes had belangrijke boeken gepubliceerd, zoals een studie over de Februaristaking en een grondig werk over de Arbeidsinzet. Maar ook de Gemeentelijke Universiteit van Amsterdam was met een soortgelijk voorstel gekomen en Sijes koos, als ras-Amsterdammer, voor een eredoctoraat in Amsterdam (twee was te veel van het goede, vond men). Toen Sijes daarna werd aangezocht voor een gewoon hoogleraarschap aan de Katholieke Hogeschool Tilburg – waar hij niet voor voelde –, besloten de na de zomer van 1969 fungerende decanen van de rechtsgeleerdheid, prof. dr. H. Daalder, en der sociale wetenschappen, prof. dr. J.P. van der Geer, het College van Curatoren te benaderen met de vraag of voor Sijes een persoonlijke leerstoel kon worden aangevraagd, in te stellen ter gelegenheid van de 25-jarige herdenking van de bevrijding. Het College van Bestuur stemde snel met dit voorstel in en de voorzitter van het College, prof. dr. P. Muntendam, wist de Minister van Onderwijs er van te overtuigen dat deze leerstoel boven het normale leerstoelenbestand zou kunnen worden toegewezen (daar ging de Minister van OK&W in die tijd nog over).[32] Sijes, zo werd besloten, zou voor een periode van drie jaar worden benoemd. In discussies binnen de faculteit der rechtsgeleerdheid werd de vraag gesteld wat daarna met de verkregen leerstoel zou geschieden. Toen rees de gedachte hiervan een wisselleerstoel te maken, die naar analogie van de elders in de Leidse Universiteit bestaande Boerhaave- en Lorentz-leerstoelen een speciale naam zou dragen. Daaruit kwam, gezien ook de bijzondere omstandigheden waarin de leerstoel werd ingesteld, de gedachte voort deze de Cleveringa-leerstoel te noemen om daarmee de noodzaak van de vrijheid van wetenschap en onderzoek, als onaantastbaar recht van universiteiten, te markeren.

De bedoeling van de leerstoel werd personen te benoemen, die 'een bijzondere verdienste hadden voor de wetenschappelijke bestudering van de belangrijkste politieke en maatschappelijke vragen van de twintigste eeuw, zoals oorlog, bezetting, revolutie, totalitaire systemen en de ontwikkeling van de derde wereld'. Na een schriftelijk voorbereid bezoek van de twee decanen aan prof. Cleveringa, had die zijn toestemming gegeven om zijn naam te verbinden aan de nieuw in te stellen leerstoel. Men had die toestemming van de bescheiden Cleveringa niet verwacht, maar nu die er toch was gekomen bood dit de mogelijkheid om de 26-novembertraditie op een andere manier voort te zetten. Daalder beschreef het later aldus: 'Tijdens de woelige gebeurtenissen van 1969 had de Universiteit, op aandrang van toenmalige radicale woordvoerders, besloten een totdien bestaande traditie van plechtige 26-novemberherdenkingen te beëindigen, aangezien deze te veel nostalgie van een oudere generatie zouden vertegenwoordigen en nieuwe studentengeneraties niet meer zouden aanspreken. Het instellen van de Cleveringa-leerstoel leidde er toe dat een nieuwe traditie kon groeien waarbij de bekleder van deze leerstoel op 26 november zijn inaugurele rede houdt. De traditie van een plechtige bijeenkomst op 26 november, ook in Leiden, bleef daardoor in stand.'[33]

Het karakter van de redes en de herdenking veranderde er wel door. In plaats van een speciaal voor die gelegenheid gekozen onderwerp bestond de inaugurele rede uit een proeve uit een bepaald vakgebied, meestal specialistisch van aard. De bekleders beperkten zich tot een korte herinnering en tribuut aan Cleveringa en diens houding in 1940, aan het begin of einde van de oratie. In plaats van Leidse hoogleraren waren het nu eminente geleerden van buiten Leiden of uit het buitenland die de rede uitspraken. De leeropdrachten bestreken het ruime gebied van rechten en sociale wetenschappen, waarbij geschiedenis, (ontwikkelings)economie, internationaal recht relatief vaak werden uitgekozen. Bij de oratie van de eerste Cleveringa-hoogleraar, B.A. Sijes, 26 november 1970, was prof. Cleveringa zelf nog aanwezig. Sijes sprak hem aan het begin van zijn rede persoonlijk toe, om – tot teleurstelling van vele aanwezigen[34] – vervolgens over te gaan tot het uiterst specialistisch onderwerp, namelijk de marxistische opvattingen betreffende de verovering van politieke macht in de laatste zeventig jaar.[35] De aanstelling van Sijes duurde drie jaar, zodat in de jaren 1971 en 1972 geen 26-novemberherdenking werd gehouden. Zijn opvolger, de latere Nobelprijswinnaar, J. Tinbergen, werd voor twee jaar benoemd en hield op 26 november 1973 zijn oratie met de voor die tijd karakteristieke titel: 'Hoe kunnen we machtstructuren veranderen?' Vanaf 1975 werd er weer jaarlijks een oratie gehouden, met uitzondering van het jaar 1982, toen niemand op tijd gevonden kon worden, en dr. Loe de Jong de 26-novemberrede uitsprak over 'De relativiteit van de geschiedschrijving'. Mr. Samkalden, oud-student en oud-hoogleraar in Leiden, sprak in 1978 over de totstandkoming van de internationale verdragen tot bescherming van de rechten van de mens (in deze bundel opgenomen). Hij memoreerde aan het slot van zijn rede een gebeurtenis uit 1933 die hij zelf had meegemaakt, waarbij de toenmalige Rector Magnificus J. Huizinga de toegang tot de Universiteit had verboden aan Duitse deelnemers aan een internationaal studentencongres aangezien die de gelegenheid te baat wilden nemen om propaganda te maken voor de nieuwe orde in hun land.

In 1990 hield de econoom prof. dr. H.J.J. van Beinum de oratie en sprak mr. H. Drion, in die tijd lid van de Hoge Raad, over zijn eigen ervaringen in november 1940: 'Een terugblik op 26 november 1940, vijftig jaar later' (opgenomen in deze bundel).

Hoewel de buitenlandse geleerden ogenschijnlijk minder verbonden waren met deze Leidse traditie, verdiepten de meesten zich bij de voorbereiding van hun oratie in de (Leidse) geschiedenis en brachten zij hun respect van de daden van Cleveringa en anderen onder woorden. Zo sprak de Duits-Amerikaanse econoom E.L. Feige, zelf tweedegeneratievluchteling-immigrant, uitvoerig over zijn bewondering voor Cleveringa en het universitaire verzet tijdens de bezettingsjaren, alvorens over te gaan tot zijn eigen specialisme: het zwarte, deels illegale, circuit in de economie, een onderwerp dat de toehoorders ten zeerste aansprak.[36]

Omdat de onderwerpen van de wisselhoogleraren vaak zeer specialistisch van aard waren, omdat zij buiten het reguliere curriculum vielen en niet altijd voldoende studenten trokken, gingen er vanaf 1992 stemmen op om de Cleveringa-leerstoel in te krimpen (van 0,8 naar 0,4) en tot één trimester, het najaar, te beperken. De faculteit der rechtsgeleerdheid besloot zelfs helemaal de financiering te beëindigen. Zelfs een jaarlijkse 0,2 financiering bleek te veel (van het goede) te zijn. De dreigende opheffing van de reeds befaamd geworden Cleveringa-leerstoel leidde zelfs tot een venijnig artikel en een reeks ingezonden brieven in het weekblad *Vrij Nederland*.[37] Het bracht de initiatiefnemer van de leerstoel, prof. dr. H. Daalder, ertoe zich met een grondig memorandum te richten tot het College van Bestuur. Dat gaf te kennen dat een faculteit wel de financiering van een leerstoel kon beëindigen, maar niet opheffen.[38] Zo werd de eer van Leiden, de jaarlijkse herdenking, hoog gehouden.

1995–2010 en verder

1995 was weer een kroonjaar, veertig jaar na de bevrijding. De Rector Magnificus, de theoloog prof. dr. L. Leertouwer, nam zijn verantwoordelijkheid en hield zelf de 26-novembertoespraak onder de nieuwsgierig makende titel 'Cleveringa's koffer' (opgenomen in deze bundel). Hij viel met de deur in huis en begon de geruchtenstroom over de opheffing van de Cleveringa-leerstoel meteen te ontzenuwen: 'Vijfentwintig jaar na de instelling van Leidens meest prestigieuze leerstoel staat op dit gestoelte de rector, niet de nieuwe Cleveringa-hoogleraar. Op deze dag, na de achtste Februari de belangrijkste datum in de kalender van deze Academie, bent U uitgenodigd voor een lezing, niet voor een oratie.'[39] Hij bracht, als een ervaren bestuurder, het slechte nieuws eerst, gevolgd door het goede. De Faculteit der Rechtsgeleerdheid had in januari 1995 onder de druk van bezuinigingen besloten haar aandeel in de kosten van de leerstoel te schrappen. De Faculteit der Sociale Wetenschappen had al eerder, in september 1994, twijfels uitgesproken en gezocht naar een andere leest waarop de 26-novemberherdenking zou moeten worden geschoeid. Dan volgde het goede nieuws: 'Tot zover het verleden. Nu ten derde: de toekomst. Het College van Bestuur heeft besloten dat de Cleveringa-leerstoel de gehele universiteit aangaat. Alle faculteiten moeten voorstellen kunnen doen voor de bezetting en de inbedding in het onderwijsprogramma. Bij dit besluit hoort een bekostiging van universiteitswege en een bredere samenstelling van het Curatorium. Het College van Decanen zal vanaf heden dat Curatorium vormen onder een onafhankelijke voorzitter, prof. mr. M. Scheltema, eredoctor van deze universiteit.'[40]

Daarmee was in feite de leerstoel behouden, hoewel ten tweede male het karakter van zowel de leerstoel als de herdenkingen veranderde. De leeropdracht was ruim geformuleerd: vraagstukken van vrijheid, onderdrukking en tolerantie. Bovendien was het nu een *universitaire* leerstoel geworden, waardoor ook de andere vakgebieden aan de beurt kwamen: V.W. Sidel hield zijn oratie in 1998 over 'Medicine and human rights' (opgenomen in deze bundel) en de Amerikaanse medicus A. Kleinman, auteur van het prachtige boek *What Really Matters. Living a Moral Life amidst Uncertainty and Danger*,[41] sprak in 2007 over 'Today's biomedicine and caregiving', waarin hij de wereldwijde strijd voor minimale medische zorg voor medemensen aan de orde stelde. De ruimere omschrijving van de leeropdracht van de tweede Cleveringa-leerstoel gaf bovendien aanleiding om dichter bij de geestelijke houding en inzet van Cleveringa zelf aan te sluiten, door die *oude* waarden en waarachtigheid nu te belichten in de analyse van de *nieuwe* vragen en omstandigheden van de 21e eeuw: recht, vrijheid en verantwoordelijkheid (Asscher 1996), tolerantie in een multireligieuze wereld (Van Thijn 1997, Van der Stoel 1999, Cohen 2002), de bescherming van mensenrechten (Van Boven 2001) en vraagstukken van internationale vrede en veiligheid (Salomon, 2003, Higgins 2009), of het wereldvoedselvraagstuk (Fresco 2005).

In feite gaf rector Leertouwer zelf in 1995 al een voorproef van deze nieuwe leerstoel door zich af te vragen wat er in Cleveringa's koffer zat, toen die bij de voorbereidingen van zijn college in 1940 alvast een koffer klaar had gezet 'voor het geval ze hem zouden komen halen'. De voornaamste inhoud van die koffer was de geestelijke bagage die de toenmalige hoogleraren van de Leidse universiteit bij zich hadden en wilden overdragen aan hun studenten. In overdrachtelijke zin vroeg Leertouwer: wat zit er heden ten dage in de koffer van docenten en in die van studenten? Diezelfde geestelijke bagage van onafhankelijkheid jegens machthebbers, die Cleveringa, Barge en Van Holk uitten in het besef dat universitair onderwijs meer is dan het overdragen van geldige kennis. Hedendaagse studenten dienen de universiteit te verlaten met meer dan een bul en een studieschuld. Het gaat om leeftocht voor een alumnus, waarmee hij of zij het verdere leven als zelfstandig denkende en handelende personen tegemoet treden.[42]

In 2010 bleek ook de kennis van hedendaagse studenten van de Tweede Wereldoorlog vaak te kort te schieten. Dit was de reden voor het College van Decanen om vanaf 2010 de leeropdracht enigszins te wijzigen. Vanaf 2010 (Blom 2010) zal om het jaar de leeropdracht gewijd zijn aan de geschiedenis van de Tweede Wereldoorlog in ruime zin, of aan mensenrechten. Hiermee hoopt men een ander euvel, te weinig belangstelling van studenten voor een speciale cursus, te verhelpen.

4 NAAR DEZE VRIJHEID TE LEVEN: DE SELECTIE VAN REDEVOERINGEN

Bij de selectie van de in deze bundel opgenomen toespraken, oraties en redevoeringen, hebben de samenstellers zich laten leiden door een voorkeur voor onderwerpen die de waarden van recht, vrijheid en verantwoordelijkheid centraal stelden. Soms waren er praktische beperkingen, omdat de oorspronkelijke tekst, ondanks vele inspanningen, niet gevonden kon worden en volstaan moest worden met een verslag uit het *Leidsch Dagblad* of de universitaire berichtgeving (zo blijkt Berkhofs afscheid van de herdenking niet gepubliceerd te zijn). Toespraken uit de eerste periode (1956–1969) gingen vaak in op vragen over vrijheid en de verantwoordelijkheid van de universiteit of, algemener, van intellectuelen. Een zevental hiervan is opgenomen. Oraties uit de tweede periode (1970–1995) waren ofwel te vakspecialistisch van aard of qua onderwerp of cijfermateriaal te gedateerd om een opname te rechtvaardigen. Vier redes uit deze periode, waarin analyses van (internationaal) recht en rechtvaardigheid centraal staan, zijn wel opgenomen. De onderwerpen van de derde periode boden meer mogelijkheden en ze behelzen nog steeds actuele vragen. De betekenis van de vrijheid die in 1945 werd hervonden, dient telkens opnieuw uitgevonden te worden, onder steeds nieuwe omstandigheden. De vrijheid van de universiteiten, de vrijheid van wetenschapsbeoefening en onderwijs, tegenover een vaak beheerzuchtige overheid, moet, ook in de huidige tijd, bewaakt worden. De vrijheid om tijdens de studie en studententijd zich zoveel mogelijk als verantwoordelijke burgers te ontwikkelen, een houding te vinden tegenover een soms vreemde en wrede wereld, moet ondanks steeds strakkere eisen van de opleidingen, behouden blijven. Opdat het duidelijk wordt dat een universitaire studie meer is dan het behalen van een diploma. Een geest van verzet tegen onrecht is een houding die niet aan Cleveringa en de zijnen, in hun tijd, voorbehouden hoeft te blijven.

Een van de krachtigste omschrijvingen van deze actuele geesteshouding trof ik aan in de 26-novembertoespraak die de hoogleraar in de moderne geschiedenis, prof. dr. Th.J.G. Locher, hield in 1964 (opgenomen in deze bundel).[43] Sprekend over zijn Leidse voorgangers die in 1940 tegenover bruut geweld kwamen te staan verdedigde hij een opvatting over de geschiedenis, waarin geestelijke krachten, het streven naar vrijheid en verantwoordelijkheid, nooit als vergeefs of nutteloos ter zijde kunnen worden gesteld: 'Het lijkt zo realistisch bekeken: de mens den mens een wolf, homo homini lupus, daar doe je niets aan met alle ethische frasen. Maar het eigenaardige is, dat brute macht niet alleen de werkelijkheid vormt.'[44] (...) 'Geestelijke krachten werken óók en de Franse historicus Paul Hazard, een der groten in zijn vak, heeft zelfs de overtuiging uitgesproken dat *zij* en niet de materiële krachten het leven beheersen. Geen beter bewijs daarvoor dan wat *zij* deden, die wij vandaag willen eren. Deze mannen en vrouwen zijn waarachtig niet voor hun gemak, of uit eer- of winzucht in verzet gekomen. Het was ook geen bravoure dat hen dreef, maar gewoon het gevoel: zo en niet anders te moeten handelen. Daartoe was uiteraard moed nodig en meer dan dat: geestkracht om staande te blijven, bij de verhoren, in de gevangenissen, in de concentratiekampen. Die kracht konden zij niet putten uit de hoop op persoonlijke bevrijding:

voor velen immers is de morgen niet gekomen. Dusdoende hebben zij gehandeld naar het bekende woord dat aan Willem van Oranje is toegeschreven en dat spreekt van ondernemen zonder hopen en volhouden zonder te slagen: "point n'est besoin d'espérer pour entreprendre, ni de réussir pour persévérer".

Hierdoor hebben zij een geestelijk erfdeel voor ons behoed, dat kort gezegd in deze woorden ligt uitgedrukt: vrijheid in verantwoordelijkheid, vrijheid in gehoorzaamheid aan wat het geweten voorschrijft, obediëren in der gerechtigheid. Naar deze vrijheid te leven en anderen, die haar missen, ernaar te helpen streven, dat is het testament waarop voor ons Leidenaren de datum staat: 26 november 1940.'[45]

Kees Schuyt

De samenstellers van deze bundel willen de volgende personen bedanken voor de hulp bij de niet zo gemakkelijke zoektocht naar titels en teksten van de 26-novemberherdenkingen, naar de geschiedenis van de gebeurtenissen in november 1940, en naar de lotgevallen van de Cleveringa-leerstoel: mw. mr. L.A. Cleveringa, prof. dr. H. Daalder, mw.dr. A. Frank-van Westringen, dr. J.M. Goudzwaard, dr. W. Hijmans, prof. dr. L. Leertouwer, drs. E.P. Wellenstein. In het bijzonder danken zij Joppe Gloerich voor zijn voortreffelijke bibliografische steun en speurwerk en Yvonne Twisk voor haar enthousiaste stimulans om deze bundel, een initiatief van Leiden University Press, mogelijk te maken. De gehele verzameling nu bijeengebrachte teksten van de 26-novemberherdenkingen aan de Leidse Universiteit zal beschikbaar worden gesteld aan de Universiteitsbibliotheek.

Overzicht Cleveringa-redes en Cleveringa-oraties

JAAR	REDENAAR	REDE	LEEROPDRACHT/VAKGEBIED
1956	B.A. van Groningen	Voorrecht en opdracht der Universiteit	Griekse taal-en letterkunde
	K. Wiersma	De toepassing der normen	Secretaris College van Curatoren
1957	C.J. van der Klaauw	Om der wille van de wetenschap...!?	Algemene zoölogie
1958	W. den Boer	Tweeërlei maatstaf	Oude geschiedenis
1959	H.C. van der Hulst	Wat is het weten waard?	Sterrenkunde
1960	G.E. Langemeijer	Kunnen wij nú gerust zijn?	Rechtsfilosofie
1961	G.H.M. Veeneklaas	Toen en nu	Kindergeneeskunde
1962	P.A.H. de Boer	Wij zijn met hun voorbeeld wel blij, maar...	Geschiedenis van de oudheid
1963	W.H. Nagel	Twee vragen	Criminologie en penologie
1964	Th. J.G. Locher	De vijand en de vrijheid	Moderne geschiedenis
1965	J.E. baron De Vos van Steenwijk	Haec libertatis ergo	President-curator
1966	B.W. Schaper	Tussen gisteren en morgen	Algemene geschiedenis
1967	H. Drion	Intellectuelen en democratie	Privaatrecht
1968	J.V. Rijpperda Wierdsma	Steun der historie	Staatsrecht
1969	H. Berkhof	Einde van een herdenking?	Theologie
1970	B.A. Sijes	Enkele marxistische opvattingen betreffende de verovering van de politieke macht in de laatste zeventig jaar.	Geschiedenis
1971	(Sijes leerstoelhouder)		
1972	(Sijes leerstoelhouder)		
1973	J. Tinbergen	Hoe kunnen we machtstructuren veranderen?	Economie
1974	(Tinbergen leerstoelhouder)		
1975	E.A. Shils	Intellectuals in politics	Sociologie

JAAR	REDENAAR	REDE	LEEROPDRACHT/VAKGEBIED
1976	H.M. Gans	De Joden in Nederland	Geschiedenis van het Jodendom
1977	I. Adelman	Redistribution before growth: a strategy for developing countries	Economie
1978	I. Samkalden	Een internationale wet op de Rechten van de mens, de weg erheen en het probleem van de handhaving	Europees recht, oud-burgemeester Amsterdam
1979	C.J. Enschede	De macht van de rechtswetenschap	Strafrecht
1980	A.J.F. Köbben	Het heilig vuur: over moeilijkheden en mogelijkheden bij onderzoek inzake minderheden	Antropologie en conflictsudies
1981	L. de Jong	De relativiteit van de geschiedschrijving	Geschiedenis
1982	E.L. Feige	Observer-subject feedback: the dynamics of the unobserved economy	Economie
1983	J. Kaufmann	Over woorden en daden: problemen rond een nieuwe internationale economische orde	Economie
1984	M.J. Lerner	The justice motive in social relations: adapting to times of scarcity	Sociale psychologie
1985	H. Deleeck	De ongelijke verdeling der sociale overheidsuitgaven en de armoede	Economie van de sociale zekerheid
1986	P.R. Baehr	Mensenrechten en buitenlands beleid: verenigbare grootheden	Politicologie
1987	M. Storme	Het proces, als in een spiegel	Privaatrecht
1988	F. van Dam	De Derde Wereld als verdichtsel	Ontwikkelingseconomie
1989	S. Sucharitkul	International law and international relations in a pluriform world	Internationaal recht
1990	H.J.J. van Beinum	Over participatieve democratie	Economie
	H. Drion	Een terugblik op 26 november 1940, vijftig jaar later (Cleveringa-herdenkingsrede)	Lid Hoge Raad
1991	D.J. van de Kaa	Demografische dilemma's in een democratisch Europa	Demografie
1992	E.H. Kossman	Bentham en Goethe: twee erfenissen	Geschiedenis
1993	T.A. Mensah	The group system in international negotiations: an appraisal	Internationaal Recht
1994	A.R. Zolberg	Wanted but not welcome	Politicologie
1995	L. Leertouwer	Cleveringa's koffer	Rector Magnificus, Theologie

JAAR	REDENAAR	REDE	LEEROPDRACHT/VAKGEBIED
1996	B.J. Asscher	Recht, vrijheid en verantwoordelijkheid	Oud-president Rechtbank Amsterdam
1997	E. van Thijn	Ons kostelijkste cultuurbezit: over tolerantie, non-discriminatie en diversiteit	Politicologie, oud-burgemeester Amsterdam
1998	V. W. Sidel	Medicine and human rights	Sociale geneeskunde
1999	M. van der Stoel	Minderheden en conflictvoorkoming	Oud-minister B.Z.
2000	Nasr Abu Zayd	The Qur'an: God and man in communication	Islamstudies
2001	Th.C. van Boven	Het verleden is niet voorbij	Internationaal recht
2002	J. Cohen	Vreemden	Burgemeester A'dam
2003	G. Salomon	Does Peace Education Make a Difference in the Context of an Intractable Conflict?	Educational psychology
2004	A.P. van Walsum	Vijanden en tegenstanders	Oud-diplomaat
2005	L. Fresco	Nieuwe spijswetten	Agrarische sociologie, duurzaamheid, voedingswetenschap
2006	K. Schuyt	Democratische deugden	Sociologie
2007	A. Kleinman	Today's biomedicine and caregiving: are they incompatible to the point of divorce?	Sociale geneeskunde
2008	I. Buruma	Een kwestie van Decency	Journalist
2009	Dame Rosalyn Higgins	Ethics and International Law	Internationaal recht
2010	H. Blom	Hoe was het mogelijk? De Holocaust in de context van de Tweede Wereldoorlog	Geschiedenis

DEEL 1

De zin van gemeenschappelijk herdenken

Tot 1970

C.J. VAN DER KLAAUW

Om der wille van de wetenschap...!?

1957

26 november is én een herdenkingsdag én een feestdag in het leven van onze universiteit. Zulke dagen kennen we in het leven van een mens, en van een gemeenschap van mensen. In al deze gevallen heeft zo'n herdenkings- en feestdag één of meer elementen in zich van herinnering, van dankbaarheid, van bezinning, van een belofte, van een aansporing.

In het leven van onze universiteit zijn zulke herdenkingsdagen en feestdagen 8 februari, de derde maandag van september en 26 november.

8 februari herinnert ons aan de stichting van onze universiteit, ook aan de strijd van ons volk om zijn nationale vrijheid. Wie 8 februari zegt, zegt 3 oktober, zegt nationale bewustwording, zegt Willem van Oranje.

De derde maandag van september herinnert ons aan wat ritmisch gebeuren is in het academische leven, aan het begin van een nieuw academisch jaar, waarbij telkens nieuwe discipelen worden toegevoegd aan onze gemeenschap.

26 november herinnert ons aan die dag in 1940 en aan de rede van de toenmalige decaan van de faculteit van rechtsgeleerdheid, prof. Cleveringa, over de verdiensten van de geschorste Joodse docenten, schorsing bevolen door de bezetter.

Hoe komt het dat wij deze dagen, die een herinneringsdag zijn, blijven vieren? Men kan niet altijd spreken over het feit in de geschiedenis, soms zo lang geleden. Wie uwer weet nog, waarom in mijn jeugd de dorpsveldwachter op 18 juni zijn uniform aantrok en rondging om gaven van dankbaarheid te verzamelen? Een herdenkingsdag handhaaft zich alleen als er iets aan verbonden is, dat de tijden trotseert. We merken het aan de drie feestdagen van onze universiteit, want die dagen zijn niet alleen herinneringsdagen, het zijn al feestdagen of ze worden het, naar we hopen.

8 februari is de feestdag van onze universiteit als instelling van wetenschap. De dag van de stichting van onze universiteit vieren wij door iedereen te herinneren aan onze wetenschappelijke taak door een oratie op het gebied van wetenschap van onze Rector. De derde maandag van september is de feestdag van onze universiteit als instelling van onderwijs. Ik zeg met nadruk als instelling van onderwijs. Het wetenschapsbedrijf immers kent geen door een wet of gewoonte in perioden afgesneden tijden. Het wetenschappelijk onderzoek gaat door, kan soms in de vakantie intensiever voortgang vinden, zodat in dit opzicht de uitlating dat de cursus een

hinderlijke onderbreking van de vakantie is, toelaatbaar mag heten en begrijpelijk is. De viering van deze maandag brengt dan ook een verslag van de lotgevallen van de universiteit in het afgelopen cursusjaar. Het kan niet anders of dit jaarverslag doet geen recht aan het wetenschapsbedrijf van onze universiteit. Het zou dit ook trouwens niet kunnen brengen in een verslagvorm. Wie zou verlangen naar een scheurkalenderachtige verzameling van resultaten van onderzoek, rijpende wetenschappelijke voorstellingen en hypothesen in statu nascendi van alle hoogleraren, lectoren, docenten, overige wetenschappelijke ambtenaren, assistenten, promovendi, onderzoek-verrichtende kandidaten enz., enz.? Bij de derde maandag van september past de herinnering dat de universiteit ook een ritmisch jaarlijks leven kent, zoals het zich uit in het aantrekken van nieuwe lichtingen weetgierigen, in al dat onderwijs, dat cursorisch gegeven wordt. 26 november kan worden de feestdag van onze universiteit als gemeenschap van hen, die er weet van hebben, dat het gaat om meer dan onderwijs in en wetenschap op het terrein van het eigen vak, hoe breed ook opgevat. Van hen die daartoe gevormd willen worden en elkaar daarbij steunen en helpen willen om scherper te beseffen dat eigen vak in dienst staat en heeft te staan van iets wijders, iets hogers, iets waarom het eigenlijk en uiteindelijk gaat. Het is het feest van de bezinning van de mens als geestelijk wezen, in ons geval in de positie van academieburger. Wij ouderen hebben het beseft, dat het toen ging om nog iets anders dan onderwijs en wetenschap, dat het ging om de vraag, wat doen wij ermee? En wat doet men ermee? En wat doet men met ons? Toen werden de gelederen gesloten van docenten en studenten en afgestudeerden. Wij hebben toen beseft, dat naast veel dat ons scheidde door leeftijd, positie, studentenverband, werkkring enz., er ook was de grote band met elkaar, omdat er toen iets aangetast werd dat niet aangetast mocht worden...: de vrijheid van de geest om te onderwijzen en te onderzoeken, wat juist leek op grond van ons wetenschappelijk besef. Dit besef van de bijzondere band tussen ouddiscipelen van onze universiteit doet elk jaar velen samenkomen op deze dag in vele plaatsen van ons land.

Hier in Leiden, waar wij met elkaar dit feest kunnen vieren in groter aantal en vooral ook in groter verscheidenheid van cives, dan op beide andere feestdagen, heeft het zin zo'n herinneringsdag te wijden aan het derde motief van een academische feestviering, namelijk aan de geest van de academieburger en van de universiteit, die zich bewust is van nog wel andere verantwoordelijkheid dan alleen onderwijs en wetenschap van eigen vak of vakje. Wanneer we deze keer in Leiden zelf juist hieraan aandacht wijden, moeten de studenten onder mijn gehoor niet denken dat het speciaal voor hen bedoeld is. Het is natuurlijk ook voor hen bedoeld, inderdaad. Maar evenzeer voor alle anderen. En al zouden de studenten menen dat ik mij hier en daar speciaal tot hen richt, laten zij dan bedenken dat elk feest van een inwijding een feest is voor alle aanwezigen die zich betrokken weten op deze gemeenschap, waarbij mensen ingewijd worden. Vraagt een inwijding niet voortdurende herhaling?

Een feest van de geest, zij het dan ook alleen in zijn kant, die naar het academieburgerschap is toegekeerd, is niet alleen een zaak van de persoon of personen, maar evenzeer van de universiteit en ook van land en volk.

Graag zou ik nog iets zeggen ter inleiding over de drie kanten van het leven van en aan de universiteit, namelijk onderwijs, wetenschap en geestelijke houding voor de drie genoemde instanties: academieburger, universiteit en land en volk. Voor de academieburger geldt hetzelfde, wat ook voor ieder mens geldt, namelijk dat hij leeft in vele verbanden, die elk iets eigens van hem vragen. Wij zijn man of vrouw, een aantal van ons vader of moeder, functionaris of ambteloos burger, onderwezene en onderwijzende, de laatsten soms ook nog leider van wetenschappelijk onderzoek, directeur, enz. Alle facetten van ons bestaan vragen iets van ons, meestal heel andere dingen. Zelfs het werk waarvoor wij aan de universiteit zijn opgeleid, doet een beroep op ons naar verschillende kanten. Gelukkig is de wereld wel zo, dat het meeste werk wat van ons gevraagd wordt van ons geen vakkennis vraagt in zodanige mate dat het verre uit zou gaan boven hetgeen normaliter pleegt voor te komen in de betrekking waarvoor wij dankzij onze studie en afgelegde examens gekwalificeerd zijn. Gelukkig maar. Wij leven al in zovele verbanden. En toch wordt er soms, zelfs vaak, meer van ons gevraagd. Een medicus gebruikte eens tegenover mij dit beeld: voor een goed opgeleide medicus geldt dat hij in ongeveer *x%* (en hij noemde een getal, dat niet zo heel ver onder de 100 bleef) van de gevallen waarmee hij in zijn algemene praktijk te maken krijgt een verantwoorde handelwijze weet voor te schrijven, zonder dat hem dit moeilijkheden geeft. Voor het geringe aantal procenten daarboven kost het hem steeds meer onderscheidingsvermogen en vraagt het steeds dieper inzicht eer hij weet hoe te handelen, aangenomen dan dat hij dit zou kunnen weten. Hoever het hem lukt boven die basale *x%* uit te komen, is afhankelijk van het ontvangen onderwijs en wat hij daaruit heeft opgestoken en vastgehouden, inderdaad. Daarbij en daarnaast speelt in sterk progressieve mate een rol, dát inzicht dat gevoed wordt door kritisch denken en door combinerend denkvermogen. Wat voor een arts moge gelden, geldt ook voor iedere andere studierichting. Kritisch denken en combinerend denkvermogen, daarin zal de universiteit haar discipelen moeten oefenen en opleiden. Het academisch onderwijs moet zo gegeven worden, dat het ons begrijpend, maar kritisch leert staan tegenover het weten van eigen tijd, dat het ons leert hoe de verbanden gelegd zijn en waarom het ene verband juist is en het andere afgewezen werd en dat het al waarnemend bij de bronnen ons leert interpreteren. Zulk onderwijs kan alleen gegeven worden in een milieu waar de wetenschap daadwerkelijk beoefend wordt. Op deze twee-eenheid is de universiteit van heden gebouwd. Wat de aankomende student van de universiteit merkt, althans uiterlijk, spreekt dit tegen. Alles is immers in principe geregeld door een wet op het hoger onderwijs, de student heeft te maken met hoogleraren, lectoren, docenten, assistenten; de lokalen, die hij betreedt en die voor zijn gevoel het gehele gebouw of praktisch het gehele gebouw beslaan, zijn collegezalen, practicum- of cursuszalen. Het duurt een poos eer de student ontdekt dat er ook nog wetenschappelijke ambtenaren zijn, bibliotheekkamers, laboratoriumkamers, enz. Al spoedig zal hij ook ontdekken, naar wij hopen, dat de term wetenschappelijk ambtenaar resp. hoogleraar niet betekent dat de ene wel en de andere niet wetenschappelijk werk verricht. Beide aspecten: onderwijs en wetenschap, zijn dooreengevlochten. Ze zijn beide nodig voor iedere academieburger. Daarnaast is niet minder belangrijk onze geestelijke houding. Dat de ambtsvervulling bij de een zo anders verloopt, zo in verschillende mate slaagt voor de betrokkene evenzeer als voor de kring waarin hij werkt, is niet alleen een zaak van onderwijs en van wetenschappelijke inslag, maar ook van gezondheid en van geestelijke houding. Optreden, karakter, geloof in de taak die gevraagd wordt en in hetgeen men brengen moet, bepalen het 'slagen' (om dit afschuwelijk klinkende woord te gebruiken) van een leraar, een rechter, een advocaat; een predikant, een arts, een leider van een bedrijf. Maar het geldt evenzeer voor de wetenschappelijke onderzoekers. Ik kan dat niet beter illustreren dan u de opvatting van Radl in zijn geschiedenis van de biologische theorieën mede te delen. Onder de dragers van de meeste grote gedachten in een vakwetenschap zette de een alleen het raamwerk voor de bouw uit en legde alleen hier en daar een stuk van het fundament; hij bleef voorloper; de andere bouwde het uit tot een groots gebouw. Waarom bleef de ene voorloper en werd de tweede bouwer? Volgens Radl is het dikwijls zo geweest dat bij de kritiek die zo vaak van alle zijden het hoofd opsteekt, de meeste auteurs er het zwijgen toe doen. Slechts een enkele zet door. De verbetenen onder hen wijden soms een heel leven eraan om nieuwe bewijzen en aanwijzingen aan te slepen. Waarom? Omdat zij geloven in hun zaak. Zo geldt voor de persoon, wat ook voor de ketting geldt. Beide presteren zij wat wij van hen verwachten als wij datgene van hen vragen waarvoor zij klaargemaakt en afgeleverd zijn. Nu en dan willen wij dat zij iets bijzonders en afwijkends doen; dat lukt bij het ene exemplaar beter dan bij het andere. Maar in alle gevallen geldt dat zij niet meer kunnen dan het materiaal van hun zwakste plek – hun zwakste schakel – hun toestaat.

Wij stonden lang stil bij de persoon van de academieburger en wat voor hem onderwijs, onderzoek en geestelijke houding betekenen. Wat is de betekenis van deze drie aspecten, zowel voor de universiteit als ook voor land en volk? Voor de universiteit is het vinden van de juiste verhouding tussen onderwijs, wetenschapsbeoefening en geestelijke houding van groot belang. De student is jong en onevenwichtig, soms te jong en te onevenwichtig, de universiteit is meer bezadigd en rustiger, vaak helaas te bezadigd en te rustig, Toch moet ook de universiteit zich telkens afvragen: wat en hoe moet ik onderwijzen, moet ik iets afstoten, iets naar mij toehalen? Moet ik niet de praktische opleiding van een deel van onze alumni afstoten, moet ik de opleiding van meer categorieën van specialisten naar mij toehalen; moet ik een baccalaureaat instellen? De wetenschapsbeoefening moet onze voortdurende zorg hebben, niet alleen omdat het nodig is om de opleiding van een academisch burger goed te kunnen geven, maar ook omdat de universiteit vaak alleen nog maar de gelegenheid kan geven bepaald onderzoek mogelijk te maken. En wetenschappelijk onderzoek is nodig om onze bijdrage aan de cultuur te leveren, die een groot goed is van de mensheid. Maar de geestelijke houding van de universiteit is niet minder belangrijk. Welke heer dienen wij? Men zegt wel: de middeleeuwse universiteit diende de kerk, de latere de vrije geest, die in de toekomst zal de staat moeten dienen. Het is wel erg scherp gesteld. Het is niet zo zonder meer waar, maar het is ook niet onwaar. De universiteit in een bepaalde tijd dient en heeft te dienen én een overtuiging én de vrije geest én een belang van de gemeenschap. Als hier op een of meer van deze punten een dreiging is, moet de universiteit haar houding weten. Op deze dag herdenken wij het, dat onze universiteit 17 jaar geleden haar geestelijke houding gekend heeft. Voor land en volk – neem deze term zo breed mogelijk – is de verhouding van onderwijs, wetenschap en geestelijke houding een aangelegenheid van belang. Land en volk moeten kunnen rekenen op goed opgeleide academieburgers, die kunnen en willen dienen in overeenstemming met het welzijn van land en volk. Welzijn dan niet alleen in materiele zin, maar minstens evenzeer in culturele en geestelijke zin. Laten wij nooit vergeten dat het bij de stichting van onze universiteit in een tijd van kommer en ellende ging om het geestelijk welzijn. Mij althans maakt het warm van binnen als ik bedenk dat in zo'n tijd men aandacht en geld had voor een hogeschool, die het mogelijk wilde maken dat aan de aangelegenheden van een andere Wereld aandacht werd geschonken en dat dienaren van dat Woord werden uitgezonden over deze wereld. Daarnaast mag de universiteit niet, en zeker niet in deze tijd, de opleiding van hen die het materiële welzijn van land en volk kunnen helpen bevorderen, verwaarlozen. Ik geloof, dat aan de universiteiten in dit opzicht niet zulke grote verwijten te doen zijn. Want zij hebben daarnaast toch ook de taak het belangeloze weten te dienen en te bevorderen. Wij zijn als land en volk toch ook dragers van een cultuur. De primitieve mens heeft alleen maar tijd en aandacht voor de eerste levensbehoeften, die uiteraard op materieel gebied liggen. Men vraagt zich af of wij niet dreigen wederom in zo'n wereld verzeild te raken, waarbij dan het begrip 'eerste levensbehoeften' alleen wat ruimer genomen wordt. Wat een wereld, als er geen tijd en geen aandacht zou zijn voor zaken die ons niet dienen, maar die wij hebben te dienen, voor zaken die ons leven niet lichter maken, maar die wij met ons leven tot een licht hebben te maken, voor zaken die er niet voor ons zijn, maar geestelijke zaken waarvoor wij er zijn. Zo moeten land en volk kunnen rekenen op een houding van academieburger en universiteit die staan voor deze zaken.

In het tweede deel van onze bespreking wil ik nader ingaan op de vraag van de geestelijke houding van de alumnus uit de faculteit van de wis- en natuurkunde. Ik zal daarbij wel niet kunnen vermijden in mijn voorbeelden te verklappen dat ik partieel zoöloog ben in die faculteit. Ik acht het gerechtvaardigd hierover te spreken, gelet op de plaats van de bètafaculteiten in het geheel van de universiteit. Er is vergeleken met de toestand voor de laatste wereldoorlog een snelle kwantitatieve verschuiving naar de bètafaculteiten toe.

Hoewel ik dus, zoals ik zei, in het bijzonder de faculteit van de wis- en natuurkunde in gedachte zal hebben, wil ik nu al direct verklaren dat ik geen principieel verschil zie tussen de beide bètafaculteiten, indien wij de vraag van de geestelijke houding van de alumnus onder ogen zien. De medische faculteit kunnen we niet karakteriseren als beoefenende toegepaste wetenschap alleen ten bate van de zieke mens of om de gezonde mens gezond te houden. De medische wetenschap heeft ons fundamenteel belangrijk nieuw inzicht geschonken. We denken aan onderwetenschappen uit de medische faculteit als anatomie, histologie, fysiologie, pathologie, enz., enz., om het rijtje te eindigen met het buitenbeentje in een bètafaculteit, namelijk met de psychiatrie, waarvan de zuiver-wetenschappelijke winstpunten voor ieder duidelijk zijn. Aan de andere kant is de wis- en natuurkundige faculteit niet alleen te karakteriseren als dienst aan de vrije of zuivere wetenschap. Daarnaast zijn de diensten aan de toegepaste wetenschap vele. Het dooreenlopen van zuivere en toegepaste wetenschappen, deze grote onderlinge afhankelijkheid en verbondenheid, brengt mee dat indien wij een gevaar zien in de techniek en in dit verband van aansprakelijkheid spreken, wij als universitaire mensen niet kunnen zeggen dat men niet bij ons moet zijn, maar uitsluitend bij de buurman.

Hoe is het dan wel gesteld met de geestelijke houding van de bèta-mens? Volgens de meesten van u, heeft hij bepaald geen reden voor een minderwaardigheidscomplex. Verre van dien. Wat een successen! Een sterk verhoogde gemiddelde levensduur, temmen van de vijand, die wij kinderverlamming noemen, bestuurbare onbemande vliegtuigen. Zo zijn er talrijke successen uit de laatste jaren. We kunnen niet wel aankomen met heel recente successen in de vorm van gedresseerde hondjes en kunstmanen, want dan wordt de dreiging en het onmenselijke meer gevoeld dan het toch ook aanwezige wetenschappelijke succes. We kunnen ook slecht aankomen met successen die wat ouder zijn zonder kans te lopen op het verwijt dat men verhalen uit de 'oude doos' doet. Als ik hier zou noemen onze verdiepte kennis van vitaminen en hormonen, van virusziekten, van de draadloze overbrenging van seinen, om nog maar te zwijgen van vliegmachines, erfelijkheidsleer, dan loop ik de kans dat u denkt dat ik alleen nog maar in jeugdherinneringen leef.

Als er dan geen minderwaardigheidsgevoel bij de bèta-alumnus van deze tijd is, is er toch wel iets anders, dat ons vraagt aandacht en zorg te hebben voor zijn geestelijke houvast en houding. Een bèta-mens zelf kan vrees hebben voor de aantasting van een juiste geestelijke houding en dit kan hem onrustig maken. Het betreft de grond van zijn geestelijke leven en zijn verantwoordelijkheidsbesef. De bèta-alumnus loopt in de eerste plaats gevaar om op grond van de successen in de wetenschap die hij studeert, een gevoel van meerderwaardigheid te krijgen. In de tweede plaats loopt hij de kans dat door het voortdurend bezig zijn met een door abstractie verkregen deel van de werkelijkheid dit deel door hem voor de werkelijkheid zelf wordt aangezien. Ten derde houdt het karakter van de methoden, toegepast in het natuurwetenschappelijke denken, een dreiging in zich voor een harmonieus geestelijk leven. Ten vierde is het bedrijf van het natuurwetenschappelijk onderzoek zo boeiend dat het kan leiden tot geestelijke zelfamputatie, hetgeen ook kan leiden tot afname van het verantwoordelijkheidsbesef.

Men hoort niet zo vaak meer het geluid dat de bètawetenschappen de oplossing voor eigenlijk alles wel zullen brengen. Dat zou dan nog maar een kwestie van tijd zijn. Al hoort men het dan niet meer zo luide verkondigen, het leeft niet minder krachtig bij velen, al is er daarnaast ook sterk het besef van een gevaarlijke wereld te hebben geschapen. De bètamens kan heel goed genieten van en leven bij de natuur of dat de hei of een medemens is. Maar hij kan er alleen wetenschappelijk iets over zeggen, als hij afziet van heel veel, van steeds meer, tot het zo eenvoudig is geworden dat hij het in een schema kan gieten dat geschikt is om het logisch-filosofisch dan wel mathematisch te verwerken. Die verwerking langs deze wegen leidt tot een conclusie, die wij nu weer kunnen de-schematiseren. Als dat ons iets zegt over de werkelijkheid, hebben wij iets tot de wetenschappen van de natuur bijgedragen. Het zegt ons echter niet wat die werkelijkheid, die wij kennen als heide of als onze medemens, is, maar het zegt ons iets over jaarringen van de heideplant, celkernen, verhouding van temperatuur tot bloei van de heideplant, het zegt ons iets over chemische processen, hormonen, reflexen, instincthandelingen enz. We abstraheren ook van het kwalitatieve misschien, in elk geval van het esthetische en het ethische, vaak ook van het normatieve. Het is voor een niet-bèta-mens een verdorde wereld, die het terrein van de bèta-mens uitmaakt, maar de laatste ziet regelmaat en verbondenheid, die de ander niet ziet. Deze abstractie maakt het echter vele bèta-alumni niet gemakkelijk in hun geestelijke houvast. Dit wordt nog verergerd door de talloze specialismen, die alleen maar een uitdrukking zijn van de veelvormigheid van het natuurgebeuren. Niet-aanstellen of ontslaan is niet anders dan met zichzelf verstoppertje spelen en in de wetenschapsbeoefening achter komen bij anderen. Sta mij toe dit te illustreren aan mijn eigen vak, de dierkunde. In mijn studententijd leek het heel eenvoudig. Het essentiële van het leven was, dat het een historisch proces was. Van primair belang was dus de studie van de afstamming. Men meende dat deze af te lezen zou zijn aan de bouw, zoals de vergelijkende anatomie ons deze leert. We weten thans dat de vergelijkende ontleedkunde ons een onvolledige kijk geeft op de afstamming, omdat het voornamelijk een kijk geeft op de loop van de afstamming, dus op de stamboom, neergelegd in de systematiek. In andere aspecten van de afstamming gaven ons een inzicht de variatieleer, de erfelijkheidsleer, de wetenschap omtrent het ontstaan van nieuwe soorten door mutaties of hoe ook, de ecologie en de geografie van de organismen. Maar deze biologische wetenschappen leveren ons niet alleen gegevens voor ons inzicht in de afstamming, zij verbreden ons inzicht ook op hun eigen en op ander terrein. Dat was ook het geval met een aantal biologische wetenschappen, die zonder een direct verband met de vragen van de afstammingsleer waren opgekomen, zoals de fysiologie, de cytologie en de histologie, de ontwikkelingsmechanica, de ethologie en de psychologie en de pathologie. In plaats van de vergelijkende ontleedkunde als alleen-vertegenwoordiger van de universitaire dierkunde, die dat daarom kon zijn, omdat deze ons in staat zou kunnen stellen om het essentiële van het leven te benaderen en te achterhalen, naar men in mijn studententijd meende, is gekomen een verzameling van wel vijftien tot twintig wetenschappen, die een gelijk aantal aspecten van het leven bestuderen. In de wolkenkrabber aan de Kaiserstraat met het oude gebouw erbij, hopen we binnenkort een vijftal van deze aspecten, beter dan tot heden, in studie en onderzoek te kunnen nemen. Een derde deel dus maar van alle aspecten. Dat nog gevoegd bij het feit dat de moderne biologie, in plaats van de studie van het leven als een geheel, stelt het onderzoek naar contingente aspecten, kan voor de Leidse bioloog moeilijkheden opleveren om daarbij zijn geestelijke houding te bepalen. En geen geestelijke houding zonder een geestelijk houvast. Hij hoeft daarvoor niet Leiden te verlaten, want elders is het net zo. Het is namelijk onafscheidelijk verbonden met ons universitaire bestel. De betekenis van een universiteit wordt bepaald enerzijds door de gaven van hoofd en hart van de docenten, anderzijds door de bijzondere hulpmiddelen (instrumenten, verzamelingen, enz.) waarmee de universiteit is uitgerust. Die stellen grenzen aan de volledige uitrusting. Voor de wetenschapsbeoefening en voor de wetenschappelijke vorming is volledigheid ook niet nodig. Maar dan zult u zeggen, waarom dan in het Leidse zoölogische laboratorium vijf aspecten van de vijftien gekozen en waarom niet vier of drie of twee. Verlaagt men het aantal, dan loopt men gevaar dat de afgestudeerden maar voor een klein aantal betrekkingen in aanmerking komen. Ook om der wille van de wetenschap is het nodig dat het aantal aspecten dat beoefend wordt niet te gering is. Men heeft de feiten uit elkaars vakken nodig: de fysioloog heeft een zekere kennis van anatomische gegevens nodig, enz., enz. In de tweede plaats kan de gedachtenwereld van een ander vak uiterst bevruchtend werken. Maar dan is het ook nodig dat van deze gedachtenwereld, van de wijze van denken, die in de biologie zowel in de logisch-filosofische lijn als ook langs de wiskundige weg loopt, een bijzondere studie wordt gemaakt. Leiden is in de verbinding van deze beide denkvormen in een enkel breder verband een stap voor. Naast de filosofische zijde en de wiskunde is evenzeer nodig het contact met de gedachtenwereld van scheikunde, natuurkunde en geologie. In de derde plaats is het bijeenhouden van de studie van enige aspecten een belangrijke voorwaarde voor het ontstaan van een synthese van verschillende aspectbeschouwingen in de biologie. Niemand is gelukkig, voor langer dan deze tijd, met de splitsing van ons vak in minstens vijftien richtingen. Niemand kan voorspellen hoe zo'n synthese eruit zal zien. Mag ik een voorbeeld geven dat niet ondenkbaar is? De conceptie van het organisme als een wordende totaliteit, een zich ontwikkelend patroon, een uitgroeiend systeem, of hoe men het wil aanduiden. Het geestelijk houvast van de bèta-alumnus wordt in zo'n situatie wel sterk beproefd.

In het vorige zijn we – het kon niet anders – van de abstractie overgestapt naar een van de meest beoefende methoden in de natuurwetenschappen, de analyse.

De analyse brengt mee het steeds verder uiteenrafelen wat haast wel nimmer ophoudt. Het is geen eenvoudige zaak voor ons geestelijk houvast. Want de synthese, waarheen onze geest mee uitziet, kán volgen op de analyse, maar doet het niet altijd en ze is trouwens altijd achter.

Een tweede methode, die ik even aan wil stippen omdat deze zo'n invloed kan hebben en haast wel moet hebben op de geestelijke houding van de bèta-mens, is die van de inductie. Bij deze methode speelt het aantal bijzondere gevallen een overwegende rol, willen we naar ons besef tot zekerheid komen. Het kweekt de mentaliteit van de bèta-mens, die bij elk opgedist verhaal al met de vinger aan de rekenmachine zit vóór de conclusie getrokken wordt. Het kweekt de gereserveerde houding. Deze gereserveerde houding dreigt de bèta-mens te maken tot iemand die nergens meer een oordeel over durft vellen.

En dan nog een laatste methode, die in de biologie zeer vaak wordt toegepast, die van de generalisatie. Hierbij wordt als richtsnoer genomen dat het lagere er ook is bij de hoogste vormen en dat het hogere er ook is bij de laagste vormen. Dit principe, dat alles overal is, kan licht leiden tot de opvatting dat er geen principiële verschillen zijn, dat alles geleidelijk in elkaar overgaat. Dit kan niet zonder invloed blijven op de geestelijke houding van de bèta-mens.

Na het voorgaande behoeven we niet nog eens nadrukkelijk te wijzen op de krachtige ontwikkeling en zeer intensieve beoefening van het onderzoek op het gebied van de natuurwetenschappen in de laatste tientallen jaren. Een groot deel van deze vermeerdering van ons weten heeft een revolutionair karakter. Telkens is het object, dat in de wetenschappelijke belangstelling staat een ander, telkens is de aanpak een andere. De inzichten wijzigen zich voortdurend. Elk ogenblik blijkt de gangbare opvatting fout te zijn. 'Die Wissenschaft von heute ist der Irrtum von Morgen.' In die wereld wordt de bètastudent geworpen. Zijn leven als onderzoeker heeft het boeiende van het leven van de avonturier telkens verder trekken in het onbekende land, telkens ziende dat een ander nog nooit gezien heeft. Maar dit leven heeft ook het vermoeiende van de onrust en het verlammende van de onzekerheid. Wat is eigenlijk alleen nog maar zeker? Zeker is dan:

1. Dat alle meegekregen zekerheden van vroeger bepaald zijn door bepaalde tijdgebonden opvattingen. Die feiten zijn er totdat ze tegengesproken worden.

2. Dat we verklaren noemen, wat we kunnen terugbrengen tot iets bekends, dat eenvoudiger is. Wat heeft de aandacht? Het raadsel, want het raadsel is oplosbaar. Niet het mysterie in de zin van het principieel onoplosbare, tenzij men de heimelijke bijgedachte heeft dat het wellicht alleen maar voorlopig onoplosbare raadsels zijn.

3. Dat de methoden van ons denken wel zeker zijn, of juister uitgedrukt betrouwbaar zijn, maar niet de uitkomsten verkregen met die methoden. Betrouwbaar of juist zijn m.a.w. methoden als abstractie, analyse, inductie, generalisatie, enz.

4. Dat de richting van ons denken zeker is en niet de uitkomst daarvan. De richting van de kompasnaald wijst juist aan, maar niet zonder meer is de plek op aarde, waar we daardoor ergens belanden, het doel van onze reis. Zeker is alleen dat ons denken uit moet lopen op een formulering, die een mathematische, of een causale, of een finale of teleologische vorm heeft, zich uit in een historische vorm, in die van een typus e.d. Een en ander is sterk afhankelijk van het aspect, waarover men zijn denken in een eindvorm wil gieten, naast de filosofie die men laat gelden. Zeker is dus, dat met deze restricties dan, de formele kant van het resultaat van ons denken juist is, maar dat de inhoud daarvan principieel onzeker is. Al deze zekerheden, zoals de principiële onzekerheid van de feiten en van de resultaten van ons denken de zekerheid omtrent hetgeen alleen verklaarbaar is de zekerheid, dat slechts de methoden en de richtingen van ons denken zeker zijn, mogen de avonturier voldoende boeien, het is toch wel zo, dat het het geestelijke houvast van de meesten aantast en hun de rust ontneemt. Als deze elementen van onzekerheid wezenlijk zijn voor vele delen van de moderne natuurwetenschappen, dan moeten we bovendien nog bedenken dat de weg die de onderzoeker moet afleggen ook nog persoonlijke moeilijkheden meebrengt. Hij moet de moed hebben op een bepaald ogenblik aan het zekere te gaan twijfelen, nieuwe paden in te slaan, het verouderde los te laten, maar vast te houden aan dat oude, dat niet verouderd is. Hij moet zowel vast staan op de plaats die verdedigd moet

worden, als ook als een avonturier het bekende land verlaten. Hij moet zijn een lieutenant bij de stormtroepen. Hij zal heel vaak in een 'team' zijn onderzoek moeten doen en 'slaaf' zijn, hij heeft geen vrije keuze om een stuk uit de hemel te slaan, maar is afhankelijk van de aanwezige instrumenten, van de kosten van zijn onderzoek en de onderzoekrichting van het laboratorium, van zijn leermeester of promotor om ten slotte al of niet te promoveren op een dissertatie, waarin aan de wetenschap enkele milligrammen worden toegevoegd. Hij is ook afhankelijk van zijn eigen capaciteiten, van zijn kennis van de soms als stiefkinderen behandelde bijvakken, die dan ook door gebrek aan koestering wat verstijfd doen. Al deze dingen echter kunnen het geestelijk houvast van de onderzoeker aantasten. Hij zal het vaak niet gemakkelijk hebben bij het vinden van een geestelijke houding.

Veel modern natuurwetenschappelijk onderzoek, juist het meer exacte, heeft nog een merkwaardige trek. Het resultaat wordt in een denkvorm gegoten, waardoor we wel veel kunnen voorspellen, maar bij welke denkvorm we ons eigenlijk niets meer uit het gewone leven kunnen voorstellen. De voorspelbaarheid gaat ten koste van de voorstelbaarheid. Een beeld van de wereld, laat staan een beschouwing ervan, levert het niet op. Ook dit kan de bèta-mens een geestelijke spanning geven.

We somden talloze bedreigingen van de bèta-mens in het geestelijk houvast op. Men leest ze niet bepaald op alle gezichten af. Vele mensen vermogen het maar al te goed dingen naast elkaar te laten staan. Toch zijn er enkele zaken die vrij algemeen voorkomen bij bètastudenten. Het zijn de volgende verschijnselen.

1. Het onderzoek en de resultaten daarvan boeien velen zo, nemen hen zó in beslag, dat zij geen tijd meer over hebben voor andere dingen die inspanning kosten. Zij stompen af.

2. De werkwijze en betoogtrant in de natuurwetenschappen maakt velen uiterst kritisch om door hen niet begrepen woorden, door hen niet doorziene zaken, in hun wereld van leven en denken op te nemen. De wereld, waarin en waaruit zij leven wordt een kleine wereld. Let wel, ik zeg niet dat de bèta-mens materialistischer is en ik zeg ook niet dat hij alleen eenzijdig is. De positie van de bèta-mens in deze wereld, zijn invloed en zijn verantwoordelijkheid zijn zo groot, dat wij voor ons persoonlijk en als universiteit, hiermee geen vrede kunnen hebben. Ook hier is voorkomen beter dan genezen. We moeten het als een universitaire aangelegenheid zien dat zo veel mogelijk alumni hun oorspronkelijk brede belangstelling behouden, ook buiten het gekozen vakgebied zich blijven wijden aan studie op een ander gebied. Universiteit doe wat het kan, om het studium generale in stand te houden, breide zo nodig de studiemogelijkheid in de wijsgerige aspecten van verschillende groepen van natuurwetenschappen uit en doe hetzelfde met de studiemogelijkheden in de geschiedenis van de natuurwetenschappen. Zo kunt u afkomen van de waan van de

populaire inleidingen die u zouden willen suggereren dat de geschiedenis de rechtlijnige weg tekent van onwetendheid naar het zekere weten van thans. Zo loopt het niet in de geschiedenis, er zijn overal doodlopende wegen, het element van transpiratie naast inspiratie, van miskenning en uitstoting, zult u dan evenzeer leren kennen. Het leert u wat af en wat aan. Steun bij het behouden en uitbouwen van een geestelijk houvast en een geestelijke houding kunnen u ook de algemene studentenverenigingen en de confessionele verenigingen geven. Daarom laten zij de universiteit niet onverschillig.

De meeste bètastudenten komen na een bepaalde tijd in de maatschappij. Velen komen in het speurwerk terecht. Dat onderzoek is niet vrij, maar gericht op de belangen van de werkgever. Ook als u zeer vrij gelaten wordt, kunt u toch maar een paar keer zeggen wat Faraday tegen een dame zei die hem vroeg wat het nut van zijn proefjes met elektriciteit was: 'What is the use of a baby?' Niet alle werknemers kunnen wachten tot de baby volwassen geworden is om dan pas te zien wat er uit gegroeid is. En de beklemmende vraag kan u bekruipen, waartoe u zelf en waartoe Uw kennis en vondsten gebruikt worden. Tenzij de vreugde in het werk zo groot is, dat u zich dat niet eens afvraagt. Dan is men echter geen vrij mens meer, maar een slaaf, dan is men wel niet immoreel, maar a-moreel. We zijn dit alles allemaal in meerdere of mindere mate. Maar alleen uitvoerder zijn, is zeker niet de taak van een academicus, hij dient zo veel mogelijk van de architect te hebben.

Andere bètastudenten komen niet bij het speurwerk, maar krijgen in de maatschappij de taak het weten door te geven. Dat eist heel andere eigenschappen. Dat is niet bij voortduring avonturier zijn, maar dat is op een uitzichttoren staan en het panorama in zich opnemen en van het schouwspel vertellen. Een uitzichttoren, die de naar alle kanten uitzwermende avonturiers op een verschillende afstand volgt. Vormende kracht gaat alleen uit van een in zichzelf besloten en afgeronde stof. Die stof kan een verschillende zijn aan verschillende scholen. Ik denk er hierbij aan, dat het onderwijs voor een leerling van een school voor voorbereidend hoger onderwijs een andere stof behandelt dan die welke we ontvangen als student en dus weer een andere dan die men als leraar heeft te doceren aan een middelbare school voor techniek of landbouw enz. Een dergelijk 'Studium des doppelten Vergessens' vraagt te kunnen staan op verschillende uitzichttorens.

Of u als avonturier later in de maatschappij getemde avonturier zult zijn, dan wel als-gids-dienstdoende-panorama-beschouwer, uw geluk en zeker dat van onze wereld is in sterke mate afhankelijk van uw geestelijk houvast en uw geestelijke houding. Als men u vraagt op de momenten, waarom het in uw persoonlijk leven en in dat van de maatschappij waartoe u behoort, gaat, hoe u denkt over onderwijs, wetenschap, schoonheidsbeleving, zedelijke verantwoordelijkheid, geloof en u geeft uw antwoord in de aloude vorm van: 'En de meeste van deze is...', dan weten wij wie gij zijt.

Ook op de 26e november, het feest van de geestelijke houding, zeggen we het tegen elkaar, dat het hele leven van de universiteit er is om der wille van de wetenschap. We hebben toch even geaarzeld, of het niet was om der wille van het onderwijs, maar na de punten van de aarzeling, volgde dan toch het uitroepteken van de zekerheid in de keuze tussen deze twee. Maar na het uitroepteken moést direct het teken van de vraag volgen, aan ons allen afzonderlijk en als universitaire gemeenschap gesteld, of dit wel het laatste is. Gaat het uiteindelijk niet om een nog hoger goed? Een goed, dat ieder uit elke generatie nu en later moet kunnen aangeven en noemen, en waaraan hij boven alles wil gehoorzamen. Het is zo treffend uitgedrukt in dat couplet van het Wilhelmus, dat men sinds 1940 ook het lied van de 26e november kan noemen. Het zegt zo duidelijk dat men het gangbare en de gegeven toestand niet 'veracht', maar dat wij allen moeten 'obedieren' wat genoemd wordt 'der Hoochster Majesteyt' en dat dit heeft te geschieden 'inder gherechticheyt'.

W. DEN BOER

Tweeërlei maatstaf

1958

Achttien jaren na de 26e november van het jaar 1940 is deze dag voor velen, stellig voor de studenten, geschiedenis geworden. Achttien jaar is de gewone leeftijd waarop een student zich voor de eerste maal laat inschrijven. Vele eerstejaars zijn geboren in het jaar waarin de oorlog over ons land uitbrak. Langzaam maar zeker vallen zij weg, die wat gebeurd is, hebben beleefd. In de Senaat alleen reeds heeft nog maar een kleine minderheid persoonlijk de gebeurtenissen van de oorlog in universitair verband meegemaakt. Het is daarom misschien goed dat wij ons realiseren dat alle herdenkingen van gebeurtenissen uit de Tweede Wereldoorlog onvermijdelijk van karakter gaan veranderen.

Algemeen gezien is de verandering van een herdenking een vanzelfsprekend gevolg van het voortschrijden van de tijd. Tijdgenoten vallen weg en het nageslacht speurt na, schift gegevens, ontwerpt een eigen beeld, spreekt een eigen oordeel uit. Deze arbeid zal zeker op een moment, waarop de periode van de tijdgenoot nog niet geheel in die van het nageslacht is overgegaan, spanningen teweeg brengen, verontwaardiging, ja toorn kunnen wakker roepen, soms misschien ook bij de ouderen instemming kunnen verwerven. Hoe het oordeel ook uitvalt, er is duidelijk sprake van tweeërlei benadering van het verleden. Generatieverschil speelt nagenoeg altijd een rol in menselijke verhoudingen, maar wellicht nergens zó sterk als hier, omdat de ouderen geleden en gestreden hebben en mede daarom zeggen: wij weten. Zij gevoelen het onderzoek van de jongeren soms als een uiting van misplaatst wantrouwen en, omgekeerd, vervult de jongeren verveling, zelfs ergernis ten aanzien van hen, die steeds in het verleden willen leven en in hun verbeelding dat verleden kleuren op een wijze die dat wat geweest is misvormt, althans vervormt. Achttien jaren na de dag waarop Leiden sprak, kan men de ogen niet sluiten voor het probleem van de waardering van dit verleden.

Het zou al te naïef zijn de tegenstelling te formuleren als die tussen historie en werkelijkheid, want de jongere, die van onbehagen vervuld is, pretendeert niet geschiedenis te schrijven; de oudere mag zijnerzijds niet pretenderen de werkelijkheid te kennen. Al wat gezegd kan worden is dat de waardering van het verleden door de tijdgenoot en door het nageslacht een waardering is volgens twee maatstaven. Of deze ergens kunnen samenvallen is het onderzoek waard, want mocht dit onmogelijk zijn, dan zou het misschien de voorkeur verdienen van herdenken af te zien totdat alle tijdgenoten verdwenen zijn, of in twee gescheiden groepen te herdenken, een van hen, die de oorlog beleefd hebben, naast een van het nageslacht, dat de felle directheid van het herdenken niet kan (en in vele gevallen ook niet wil) beleven. Gebeurde het laatste, dan zou de onmacht tot het samen herdenken nauwelijks op een wrangere wijze aan de dag kunnen treden. Niemand zal deze schijnoplossing daarom aanbevelen. Als men het er maar over eens is dat hier een beschamend probleem ligt, dat men, ook al zou men dit willen, niet uit de weg kan gaan. Iets van de wrangheid immers wordt telkens openbaar, als jongeren zelfs de heiligste gedachtenisviering, de herdenking der doden, met nauw verholen onverschilligheid meemaken of aanhoren.

Waarom bevredigt de Dodenherdenking van 4 mei hoe langer hoe minder? Omdat (en het schijnt vreselijk) de jeugd die de toekomst heeft niet met onze ogen naar het verleden kan zien. Zij ziet niet, waarom een natuurwet, die maakt dat de kinderen de plaats gaan innemen van de ouders, wier herinnering na één generatie vervaagt en na twee generaties is uitgewist, plotseling voor mannen en vrouwen van het Verzet moet worden opgeheven. Evenmin als jonge mensen zich bekommeren om grootvader, die voor hun geboorte is gestorven, laten zij zich veel gelegen liggen aan de rouw over hen, die op de Waalsdorpervlakte, bij het fort Rhijnauwen, of waar dan ook zijn neergeschoten of op ergere wijze de dood vonden. 'Laat de doden hun doden begraven.' De waarheid van deze woorden illustreert iedere begraafplaats, of men nu de Kerameikos in Athene, twee en een half millennium geleden de begraafplaats van het cultuurcentrum van onze westerse beschaving bezoekt, of de graven van onze oud-hoogleraren onder de zerken van deze kerk, of de oudere delen van een moderne begraafplaats als Rhijnhof of Westerveld. Niemand bekommert zich erom, of het moest zijn, dat in tijd van nood een grafkelder een geheime bergplaats kan vormen voor kostbaarheden als pedellenstaven en grootzegel der universiteit, in de laatste oorlog verborgen tussen de beenderen van Cocceius.

Het is een troost dat de doden van het Verzet hun leven niet hebben gegeven om herdacht te worden. 'Ik kom wel terecht,' zei een van hen, toen hij zou worden ter dood gebracht, en hij had slechts één wens: dat men aan de toekomst van zijn vrouw en kinderen zou denken.

Cleveringa heeft bij de laatste stille tocht langs cel 601, de dodencel in de strafgevangenis te Scheveningen, de luitenant-ter-zee Van Hamel in herinnering geroepen. Ook deze heeft, volgens het getuigenis van zijn vrienden, niet aan zijn eigen toekomst gedacht en slechts dit ene woord gezegd 'Ozo', Oranje zal overwinnen. Hij dacht niet aan zichzelf, maar aan ons allen. Daarom zullen de doden niet schrikken, als men hen vergeet, als men hen slechts ziet als een ver familielid door de tijd onwezenlijk geworden. De stille omgang zal misschien niet gehandhaafd blijven, als de tijdgenoten en lotsgezellen eenmaal gestorven zullen zijn.

Er is echter iets anders, iets ergers, waarvoor het nageslacht nooit of te nimmer te verontschuldigen zal zijn. Dat is, wanneer de idealen die het Verzet hebben opgeroepen, zouden verzaakt worden. Op 26 november 1940 is hier gezegd, dat de universiteit (en met haar onze gehele samenleving) alleen in Vrijheid kan bestaan; voorts dat zij zich normen stelt, waaraan zij zelf, wij allen, maar ook de overheid, gebonden zijn. De knechting van de universiteit, de rechtsvinding, de kerk, de kunst heeft ons in de bezettingsjaren duidelijk gemaakt dat een vrije samenleving naar normen kennen moet en 'neen' moet weten te zeggen om des gewetens wil.

Herdenken van de elementaire beginselen, die, toen als door vuur beproefd en gelouterd zijn, brengt ons hier tezamen. Laten wij nooit vergeten, dat van ons niet meer (maar ook niet minder) verlangd wordt dan die verwantschap met de strijders, eenzelfde gerichtheid van geest, niet een verbondenheid door persoonlijke gevoelens. Een geschiedschrijver behoeft niet een geestverwant te zijn van hem, wiens leven en werken zijn voorwerp van studie vormen. Hij die herdenkt moet altijd de geestverwant zijn van hen die de gedachtenisviering geldt. Anders is het herdenken ledig en de plechtigheid belachelijk. Geschiedenis schrijven behoeft geen herdenken te zijn, evenmin als een herdenkingswoord een historische verhandeling behoeft te worden. Ook hier kan men spreken van tweeërlei maatstaf.

Zodra de historicus aan het woord komt, is daar het meningverschil, dat inherent is aan alle geschiedbeoefening. Velen onder ons weten dat reeds nu de geschiedenis van 1939–1945 op totaal verschillende manieren geschreven wordt; dat de rol van vooraanstaande oorlogsleiders nu eens hemelhoog geprezen, dan fel veroordeeld is; dat voor ons land de Hongerwinter van 1944–1945 als een onnodige vertraging van het einde, waardoor talloze slachtoffers in concentratiekampen zijn bezweken, aan de geallieerden wordt verweten; en dat volgens sommigen de westerse mogendheden niet al het mogelijke hebben gedaan om te voorkomen dat ongeveer vier miljoen Joden in Europa gedood werden.

Niet alleen ten aanzien van deze beschuldigingen, maar ook voor vele andere vragen zal iedere generatie (en binnen een generatie bijna iedere zelfstandige onderzoeker) eigen accenten leggen en wat tevoren geschreven is aanvullen, verbeteren, drastisch hervormen. Deze verandering van het historische beeld is een van de eigen kenmerken van de beoefening der geschiedenis. Het is niet daarover, dat de tijdgenoot zich zorgen maakt. Sir Winston Churchill spreke hier voor alle tijdgenoten, als hij in de inleiding van zijn memoires over de Tweede Wereldoorlog zijn werk aandient met de bescheiden woorden: 'I do not describe it as history, for that belongs to another generation.' In het midden latende of zijn werk geschiedenis is of niet (volgens mij is het dat zeker), moet men vaststellen dat deze uitspraak toont dat Churchill zich ervan bewust is dat contemporaine verslagen altijd door latere verslaggevers worden gewijzigd.

Herdenken evenwel gaat verslag geven verre te boven. Van herdenken kan men niet zeggen: 'It belongs to another generation', want hier en nu heeft iedere generatie in overeenstemming met hen die heengingen en hen die na haar komen, gedachtenis te vieren. Vraagt men van een historicus afstand te nemen, van hem die herdenkt verwacht men meer. Herdenken is bij oude volken een rituele handeling en dodenherdenking is onderdeel van de cultus. Ook in onze beschaving, die het levenspatroon van deze volken niet meer bezit, moet de herdenking geschieden in vaste vormen, als het ware naar een ritueel patroon, hoezeer zij ook gescheiden is of kan zijn van enige vorm van godsdienst. Het vaste patroon voor de herdenking van 26 november is nog niet gevonden, evenmin voor de viering van de 5de mei. Hoe dit komt, is gemakkelijk te verklaren. Ware herdenking is vrij van het sentimentsverschil, dat nu nog de herdenkenden verdeeld houdt. Het klinkt misschien velen als lasterlijk in de oren, maar het dient hier gezegd: het zijn de doden, die onze eensgezindheid bij de herdenking in de weg staan. En ook dan, als zij geworden zijn tot stof en as, hun gebeente tot bescherming van onze kostbaarheden, is het nog uiterst moeilijk de juiste vorm voor een herdenking te vinden, zoals de geschiedenis van gedenkdagen in ons eigen land bewijst.

Een voorbeeld gekozen uit ons eigen universitaire milieu moge ons tot voorzichtigheid manen en verhinderen dat de gedachte bij ons postvat dat onze vormen van herdenken juist en doelmatig zouden zijn. Tweehonderd jaar geleden vonden Leidse hoogleraren Oldenbarnevelt en de regenten van diens tijd, bovenal de Loevesteinse factie en de staatsgezinden, hun illuster voorbeeld. Ook voor de hoogleraren van de patriottentijd was de vrijheid in het geding; ook zij herdachten de pioniers van hun vrijheid. Zij en hun Amsterdamse collega's (als men voor die tijd de hoogleraren van het Athenaeum Illustre 'hun collega's' mag noemen) lieten zich niet onbetuigd in gedachtenisviering van Oldenbarnevelt, Hugo de Groot en de gebroeders De Witt op Burmans buiten Santhorst in Wassenaar.

Lodewijk Caspar Valckenaer was er een geziene gast 'op een schoteltje eten', waarbij 'een boordevolletje' werd gedronken tot eer van het voorgeslacht. Daar werden het stokje van Oldenbarnevelt, de boekenkist van de Groot en andere relikwieën even zo zorgvuldig bewaard als ons grootzegel en onze pedellenstaven. De vieringen ontaardden in een herdenkingsmanie, welke de spotlust van Betje Wolff opwekte, die – zij het wat overdreven – de heren als volgt aan de kaak stelde in haar *Santhorstsche Geloofsbelijdenis*, waarin de genoemde helden als heiligen, de Groot bijvoorbeeld als Sint Hugo, voorkomen.

Wij hebben onze heilge dagen:
Zoo is elk een, waarop de dood
Ons van een dwingland heeft ontslaagen,
Dan is de vreugd op Santhorst groot.

Dan; ô! dan maanen wij den andren,
Om op te koomen tot het Feest:
Ook vieren wij dan met elkandren
Sint Hugoos vlugt met blijden geest.
Wij vieren, als een dag der dagen,
Zijn lieve Vrouws geboortedag,
Die hem voor Boeken uit deed draagen;
In spijt van Woede, Haat, Gezag.

De vaste vormen van Santhorst zijn vergaan en ook de spotternij leeft alleen in de literatuurgeschiedenis voort. Is het, omdat de herdenkingen van de achttiende eeuw alleen een aristocratische coterie ter harte gingen? Misschien; al brandde in die kring toch het vuur van een oprechte overtuiging. Laat hier echter het bezwaar van de herdenking in beperkte kring gelden, wij kennen ook feestdagen van gedachtenis, die voor het gehele volk van belang zijn en behoeven daarvoor niet ver van huis te gaan.

Als goede Leidenaars zijn wij allen bij de viering van Drie Oktober betrokken. Zij heeft een vast ritueel van de vroege morgen tot de late avond, van reveille via kerkdienst en optocht naar vuurwerk, alles vergezeld door geuren van haring en hutspot, en met de gestage begeleiding van kermisgeluiden. Wat men ook tegen deze vormen mag aanvoeren, zeker is dat deze viering er een tracht te zijn voor de gehele burgerij, en dat zij in onderdelen van het programma voortreffelijk een historische gebeurtenis levend houdt. Als zodanig steekt zij torenhoog boven de Santhorstse gedenkdagen uit. Maar dat onze universitaire gemeenschap zich veel om deze dag bekommert, kan men niet zeggen. Een negatieve bekommernis is het verbod aan de zojuist geïnaugureerde eerstejaars op 3 oktober in Leiden te zijn (c.q. op straat te verschijnen), welke maatregel getuigt van een positieve bekommernis voor het wel en wee van de jongste leden der universitaire gemeenschap. Ook aan oudere jaarklassen der studenten, ook aan hoogleraren en staf, gaat deze dag echter meestal voorbij. Slechts voor de Rector is het een van de vermoeiendste etmalen van zijn ambtsperiode, hetgeen overigens niet in alle opzichten met de herdenking verband houdt. De herinnering aan wat in 1574 gebeurde, is voor een groot deel van de burgerij van onze goede stad verdrongen door andere tradities, die van de strakheid van de gedachtenisviering weinig overlaten. Op twee punten is de viering echter bovenpersoonlijk geworden. Over de verraders van toen, over de honger van toen, over de persoonlijke verliezen van toen, rept men niet of nauwelijks; hierin is de derde oktober een dag geworden, waarop generatieverschil van nu ten aanzien van de tijdgenoten van het beleg geen rol meer speelt. In de tweede plaats is het menu van die dag zelfs voor hen die gedurende het gehele jaar deze spijzen nimmer nuttigen, door de traditie geijkt. Ondanks de anachronismen die de historicus pijnlijk zouden moeten treffen, handhaven zich deze recepten van eeuwen na het beleg, alsof aan de Lammenschans een pan gestampte aardappelen te vure stond. Over de pot uit de Lakenhal beware men liever het stilzwijgen. Misschien zal een nageslacht, hierover met ons de draak steken, evenals wij meewarig het hoofd schudden over de relikwieën van Santhorst.

Er is enige jaren geleden voorgesteld dat wij de vijfde mei zouden moeten herdenken met een maaltijd. De gedachte is voortreffelijk; tezamen eten en drinken is een wezenlijk onderdeel van de meest verheven gedachtenisvieringen die de mensheid gekend heeft en kent. Zoals er een traditioneel maal is op drie oktober, zoals de matsen verbonden zijn met het Joodse Paasfeest, zou men voor de vijfde mei kunnen denken aan Zweeds wittebrood en 'meat and vegetables'. Het voorstel was slechts als scherts bedoeld en zou bovendien, indien uitvoerbaar, nog geen uitkomst brengen voor de dis van 26 november. Toch is het voor ons waardevol omdat het een voorbeeld van gedachtenisvieren noemt, dat voor ons allen betekenis kan hebben.

Als een Joodse vader op seideravond aan zijn gezin de betekenis van het Paasfeest en de uittocht uit Egypte vertelt, is er sprake van gedenken. Joodse gebruiken, ook deze traditie, hebben eeuwenlang een bindende kracht gevormd voor het gehele volk. Wat achter deze viering stak, was een overtuiging dat de geschiedenis van het eigen volk troost en bemoediging gaf voor het heden. (Hetzelfde was voor ons in de oorlog met de derde oktober het geval.) In die periode, toen het volk uit Egypte uittoog, had het de wet gekregen en daarbij een opdracht: 'Wat ik U heden gebied, zal in uw hart zijn, gij zult het uw kinderen inprenten en daarover spreken, wanneer gij in uw huis zit, wanneer gij onderweg zijt, wanneer gij nederligt en wanneer gij opstaat' (Deut. 6, 6–7).

Niemand zal durven beweren dat deze opdracht in de loop der eeuwen is verwaarloosd. Uit zijn geschiedenis heeft het Joodse volk steeds kracht geput om voorwaarts te gaan, ook in de moeilijkste situaties van de laatste oorlog. Het heeft ons door dit vermogen tot herdenken een voorbeeld gegeven. In de strenge vormen van de cultus heeft men een medium tot het overbrengen van het verleden, maar ook het gezin is een medium, en misschien is het laatste voor een nationale herdenking belangrijker dan het eerste. In de verhalen van de vader op seideravond beginnen Uittocht en reis naar het Beloofde Land levend te worden voor het luisterende kind. Het verhaal is elk jaar hetzelfde, de vragen van het kind veranderen in wezen niet. De vijand van weleer, de farao van Egypte, wordt nauwelijks genoemd. In de strakke en tegelijk 'huiselijke' vormen van het gedenken past geen vijandschap. Gedachtenis vieren is geen haat zaaien. Een van de redenen waarom vieringen niet slagen, is ook hierin gelegen, dat men soms van jonge mensen naast een persoonlijke genegenheid voor de gevallenen, die zij niet gekend hebben, ook een persoonlijke afkeer van de vroegere vijanden meent te moeten eisen. Ook hier botsen dan de generaties, ook hier zijn beider maatstaven niet gelijk.

De farao van Egypte wordt slechts even vermeld (Deut. 6, 21); het is goed dat hij genoemd is, niet om hem te maken tot een voorwerp van haat voor het nageslacht, maar opdat de volksgenoten van de toekomst zich bij het noemen van zijn naam een gebeurtenis zullen herinneren die boven deze persoon uitgaat. Vaak zijn bepaalde associaties aan een naam verbonden en blijven feiten door een naam in het geheugen hangen. Verdwijnt zelfs de herinnering aan de naam, dan is van de kennis der feiten zelf, waarop het toch aankomt, weinig meer over. Dat in Noorwegen, een bezet land als het onze, onlangs bij een onderzoek, dat door een groot dagblad was ingesteld, aan het licht kwam dat een meerderheid van de ondervraagde lezers de figuur van Hitler niet wist te plaatsen, is veelzeggend. Van hem gehoord had men wel, maar een scholier, die hem voor een Duitse admiraal versleet, en een huisvrouw, die hem nog net als 'een tyran' zonder tijd of plaats wist aan te duiden, sloegen niet het slechtste figuur[1]). Men behoeft zich niet te verbeelden dat het in ons land beter gesteld is; het onderzoek, dit jaar gehouden, naar de politieke kennis van de aankomende Leidse student, was niet bemoedigend; Mussert werd een verzetsstrijder genoemd! Terecht is opgemerkt dat deze en andere blunders niet uit domheid voortkwamen, maar uit onbekendheid. De jongeren zelf staan hier niet in de eerste plaats schuldig. Als onkunde onder hen heerst, is dat de schuld der ouderen. 'Gij zult het uw kinderen inprenten.'

Dit inprenten kan op vele manieren geschieden en eist een groot besef van verantwoordelijkheid. Het is met de herdenking van een nationaal gebeuren ten dele gesteld als met een schilderij van een Bijbels tafereel. Als de schilder zich hierbij persoonlijke vrijheden veroorlooft, kan hij natuurlijk een groot kunstwerk maken.

Maar de ingetogenheid die nodig is om bijvoorbeeld de voetwassing van de discipelen door Jezus weer te geven, in overeenstemming met het evangelische verhaal, kan niet zonder schade worden prijsgegeven. Een groot schilder als Tintoretto heeft zich in een van zijn subliemste doeken laten verleiden tot een *mise en scène*, waarbij het lijkt alsof een gezelschap zich op een hete zomerdag ontkleedt om zo snel mogelijk aan het strand te gaan baden. Al blijft zijn Lavatorio in het Prado een van de indrukwekkendste voorbeelden van zijn artistiek vermogen, het onderwerp zelf maakte een soberder vorm, een concentratie op de daad van de voetwassing zelf nodig, een eis waaraan de schilder trouwens in een later werk, thans in de National Gallery te Londen, heeft voldaan. Maar ook al had de schilder het latere werk niet gemaakt, dan had hij toch slechts gebruikgemaakt van zijn goed recht een scène uit de gewijde geschiedenis uitsluitend te willen uitbeelden zoals hij dat wenste. Juist hier evenwel ligt het verschil tussen het schilderen en het herdenken. Het herdenken moet de persoonlijke variant zoveel mogelijk vermijden. Anders gaat het herdenken over de schreef. En het gaat over de schreef, als het geen gedachtenisviering voor allen kan zijn. Op dit punt bestaat een overeenkomst tussen herdenking en geschiedschrijving, namelijk in de soberheid, die de echtheid nader brengt dan een poging alle vreselijks met eigen felle kleuren opnieuw te doen geschieden. Wij kunnen ons gelukkig prijzen dat wij voor de geschiedenis van Leidens beleg en ontzet het thucydideïsche relaas van Fruin bezitten. Film en televisie, die de doodsstrijd van mensen in onze huiskamers brengen, zijn meestal geen helpers bij het gedenken, maar zij bieden schadelijke opwekkende middelen aan een steeds meer afstompend mensdom en hun invloed is te vergelijken met die van de zogenaamde 'comics' op de Amerikaanse jeugd.

Als nu, zoals werd betoogd, eenheid van denken, strakheid van vorm, tempering van affect, enerlei maatstaf bij herdenken wordt vereist, zou het bezwaar hiertegen kunnen worden ingebracht, dat verscheidenheid van denken, veelheid van vormen, felle beleving en persoonlijke maatstaven door ons allen begeerd blijven op alle levensgebieden. Smalend zou men mijn betoog kunnen uitleggen als een pleidooi voor een gestroomlijnde herdenking. Toch is dit bezwaar ongeldig en de benaming voor hetgeen ik bepleit onjuist. Wie in nationaal verband herdenken wil, heeft te zoeken naar wat alle Nederlanders bindt, en wat het nageslacht juist daardoor binden kan. Doet men dat niet, dan is voor de toekomst herdenken van een der donkerste uren van ons volksbestaan onmogelijk.

Ons volkslied wekt deze binding en eenheid op voorbeeldige wijze. Wie menen zou dat deze psalm der bevrijding slechts een gelegenheidsgedicht is, vergist zich. De Prins van Oranje is geworden tot een symbool der vrijheid, zijn broeders 'hooch van namen' zijn in deze symboliek opgenomen. In tijden van nood kon iedere Nederlander, strijdende voor de vrijheid, zich persoonlijk in de plaats van de Prins zien, 'verdreven, om landt om luyd gebracht',

> Seer prinslick was ghedreven
> Mijn princelick gemoet,
> Stantvastich is ghebleven
> Mijn hert in teghenspoet.

Zozeer is dit lied, dat op één persoon betrokken was, onpersoonlijk geworden, dat het in iedere nationale rampspoed op de eigen situatie van een ieder kon worden toegepast. Zelfs de door en door christelijke strekking van het gedicht kon aan iedere vorm van kerkelijk Christendom ontheven worden zodat allen, ook zij die verre staan van de belijdenis en het Godsvertrouwen van dit gedicht, zich aangesproken weten door een daaruit blijkend normbesef, dat ook hun leven draagt. Aldus kan, zoals reeds vele malen geschiedde, het laatste couplet gezongen worden door onze gehele universitaire gemeenschap, die daarin van haar verantwoordelijkheid voor eigen werk en leven getuigt:

Dan dat ick Godt den Heere,
Der hoochster Maiesteyt
Heb moeten obedieren
Inder gherechticheyt.

Onze tradities in stad, gewest en land zijn maar al te vaak door verzuiling gescheiden. Iets dat waarlijk allen gemeen is, hebben wij nauwelijks. Waar wij het echter wel hebben zoals in ons volkslied, is het een bezit, dat boven vele tijdelijke goederen uitgaat. Niet tevreden zijn met eigen individuele ervaringen en meningen, maar zoeken naar vormen ener hogere, bovenpersoonlijke geldigheid is op alle levensgebieden zeer moeilijk. Wij allen streven ernaar in onze wetenschap, in ons zoeken naar waarheid, in ons pogen ons onderzoek te bevestigen door rede en experiment. Daarbij stellen wij allen een maatstaf van persoonlijke integriteit als wetenschapsmens op prijs. Maar komt in ons leven vroeg of laat een 26e november, dan gaat niet alleen het wetenschappelijke werk in de smeltkroes. Op een dag als deze gaat het om de grondvoorwaarde van de dagelijkse arbeid; hoe men in de positie van opgejaagd wild, denkende aan het naakte bestaan, de integriteit moet bewaren van de ware 'edelman' uit ons volkslied:

Als David moèste vluchten
Voor Saul den tyran,
Soo heb ick moeten suchten
Met menich edelman.

Dan is sprake van een andere maatstaf, niet die van ons 'gewone' werk, dan gaat het erom, of men wil 'de tyranny verdrijven, die mij mijn hert doorwondt'. Zodra de wetenschapsmens niet meer onkreukbaar kan blijven, als hij zich niet bij het wereldgebeuren betrokken weet, komt het aan op het bezit van de geest van 26 november. Laat men zich goed duidelijk maken, wat dat betekent. De beslissing van die dag is genomen, terwijl men blind was voor de uitkomst. Het nageslacht mag niet vergeten dat in de late herfst van 1940 de val van Engeland nabij scheen. Hoe dicht die nabij was, is ons na de oorlog onthuld. Daarom luidt de vraag aan ons allen, of wij óók bereid zouden zijn te handelen, ondanks die onzekerheid over de afloop, en of wij, ieder op zijn manier, die woorden van ons volkslied die er óók in voorkomen, omdat toen voor de Prins de uitkomst onzeker was, bereid zouden zijn na te zeggen:

Maer de Heer van hierboven,
Die alle dinck regeert,
Die men altijt moet loven,
En heeftet niet begheert.

Ook hier zal een niet-godsdienstig mens niet aan het Godsvertrouwen van de dichter gebonden behoeven te zijn om toch te weten, wat van hem verlangd wordt: volharden en strijden, ook al loopt alles tegen.

Dat is, dat ick mach sterven
Met eeren in dat velt,
Een eewich rijck verwerven
als een ghetrouwe helt.

Zo heeft de studentengeneratie van 1940 het gevoeld. Het is dit besef van verantwoordelijkheid dat de huidige studentengeneratie niet kan, en naar mijn overtuiging ook niet zal, missen.

Gedenkt daarom niet wat de voorgangers van 1940 hebben geleden, maar wat zij hebben gedaan. Met een weldadig gevoel van eigenwaarde tegenover de bezetter stelden zij hem op 13 februari 1941, nadat de numerus clausus voor Joodse studenten was ingesteld, hun ultimatum, waaruit een gedeelte moge worden aangehaald: 'De Leidsche studenten, hunnen tradities getrouw, na onderling overleg, stellen hierbij hunne voorwaarden, waaronder zij de heropening hunner Universiteit kunnen steunen en instaan voor het herleven eener ordelijke studentengemeenschap.' Zij eisen onder meer 'garantie der overheid tegen eenige toekomstige maatregel indruischende tegen, of ingrijpende in van ouds geëerbiedigde principes in de Nederlandsche studentenwereld;... wij hebben den moed en de eendracht om trouw te blijven aan onze grondbeginselen'.

Niet ijdel waren deze woorden, die verscheidene studenten met hun bloed hebben bezegeld.

Als een Prins opgheseten
Met mijner heyres cracht,
Van den tyran vermeten,
Heb ick den slach verwacht.

Zo hebben zij de slag verwacht. In hun ultimatum hebben zij van zichzelf getuigd, 'princelick': 'Een studentengemeenschap van den omvang en invloed als die van Leiden is een machtig wapen.' En dan te denken, dat zij waren als een handvol stof voor de geweldheerschappij van de bezetter!

Zo hebben zij begeerd niets anders te zijn dan 'een goet instrument', ook al was een gewelddadige dood door de vijand hun einde. 'Gij zult het uw kinderen inprenten en daarover spreken.'

G.E. LANGEMEIJER

Kunnen we nú gerust zijn?

1960

INNERLIJKE GESTELDHEID VOLDOENDE WAARBORG?

Kunnen wij nú gerust zijn? Zou deze vraag slaan op de uitwendige positie, waarin ons land, waarin het gehele westen, waarin de geheel wereld verkeert, dan zou deze vraag meer dan retorisch zijn. Dat gevaren van een soort en van een omvang die wij ons twintig jaar geleden nog niet konden voorstellen thans ieder mens bedreigen, daarover zullen wij allen het eens zijn.

Hoe staat het met onze innerlijke gesteldheid? Geven de gebeurtenissen van 1940 en 1942 een waarborg, dat zij die op het beslissende ogenblik de Leidse Universiteit zullen vormen tegen iedere bedreiging of verzoeking bestand zullen zijn? Hebben wij in die jaren ervaringen opgedaan, waardoor we met minder moeite en aarzeling de juiste weg zullen vinden? Ik geloof niet dat wij dit zouden mogen zeggen.

Vooreerst zijn zij die zelf aan de strijd van de vorige bezetting hebben deelgenomen nog maar een kleine minderheid. De anderen kunnen alleen maar hopen kracht te putten uit hun voorbeeld. En wat de lessen van die geschiedenis op dit gebied betreft, het enige wat wij met enige zekerheid kunnen zeggen over een nieuwe bezetting, indien die ons nog ooit mocht treffen, is dat zij anders zal zijn dan de vorige.

PROTEST EN VERZET

De rede van prof. Cleveringa van 26 november 1940 en massale ontslagaanvrage van de hoogleraren in het voorjaar van 1942 waren een protest. We spreken van protest, omdat de woordverbinding ‘professorenverzet’ niet ongebruikelijk is. Toch is er tussen protest en verzet groot verschil. Het protest is openlijk, maar brengt aan de machthebber geen feitelijk nadeel toe. Het verzet schaadt hem in feite en zal uit zijn aard zoveel mogelijk in het verborgene geschieden. De vergelijking laat zien dat beide sterk verschillen, maar tevens dat geen van beide noodzakelijk verdienstelijker is dan het andere. De omstandigheden kunnen zo zijn, dat protest geen zin heeft, maar verzet wel, zij kunnen ook aldus gelegen zijn dat er alle reden is voor protest, maar verzet excessief zou zijn.

STUDIE OBJECTIEVE VERZETSNORM NODIG

De vraag van rechtvaardiging en grenzen van het verzet bij een bezetting tijdens oorlog is een vraag die dringend een objectieve bestudering van node heeft, een studie, zoals die alleen volbracht kan worden wanneer de vraag niet actueel is, en die zulk een behandeling nog niet heeft gevonden, waarschijnlijk juist omdat zij sedert de jongste wereldoorlog nooit voldoende heeft opgehouden actueel te zijn.

Bij deze gelegenheid echter behoefde alleen die naar diepere zin van het protest beoordeeld te worden.

TWEEËRLEI ZIN

Tweeërlei zin van protest door de bevolking van een bezet land springt dadelijk in het oog.

Het kan enerzijds een beroep doen op normen die de bezetter zelf erkent of, eerder, beweert te erkennen. Het geeft anderzijds aan andere mogendheden, van wei de bevrijding zou kunnen uitgaan, de zekerheid dat het onderworpen volk zijn lot niet aanvaardt. Om beide redenen was het in 1940 en 1942 op zijn plaats.

De bezetter wierp zich op als de beschermer van de Europese cultuur, in theorie stelde hij de wetenschap hoog, de verhouding tot het Nederlandse volk (voorzover naar zijn opvattingen raszuiver) stelde hij voor als een van vriendschap, ja van nauwe verwantschap. Wellicht zelfs was er bij sommigen van zijn dienaren ten aanzien van dit alles nog een zekere goede trouw. Dit alles betekent niet, dat voor onze morele beoordeling deze bezetter nog een vergelijkenderwijze goede bezetter zou zijn geweest. Integendeel, men moet zelfs zeggen dat juist in een volk dat zozeer aan de beste westerse standaarden deel had, de volstrekte verzaking van die standaarden in tal van opzichten door een deel van dat volk een bij uitstek monsterachtig verschijnsel was.

Maar het feit blijft, dat tegenover deze bezetter het beroep op menswaardigheid niet bij voorbaat kansloos was en dan ook waarschijnlijk nu en dan wel iets heeft bereikt. Anderzijds was voor de nog vrije buitenwereld de toestand in de bezette gebieden onoverzichtelijk. Hoe kon zij weten dat een volk als het Nederlandse, innerlijk zijn tradities was trouw gebleven? Daden als die van prof. Cleveringa en van de hoogleraren van 1942 gaven daarop het ondubbelzinnige antwoord!

NIET ALTIJD GELIJKE SITUATIE

Het is duidelijk dat deze situatie zich niet bij elke bezetting behoeft voor te doen. Mogelijk blijft, althans theoretisch, nog altijd een bezetting zoals het geldende volkenrecht die eigenlijk voorschrijft, één waarbij de noncombattante bevolking van het bezette land zich van elke vijandelijke daad onthoudt, maar dan ook gevrijwaard is voor elke niet onvermijdelijke ingreep in haar eigen rechtsorde.

Weinigen zullen deze figuur echter nog voor waarschijnlijk houden. Reeds het diep doorleefde antagonisme, dat thans vooronderstelling van een oorlog is, en de vèr reikende bemoeiing met het leven der burgers, waaraan thans geen machthebber kan ontkomen, doen dit verwachten. Maar al te wel mogelijk is aan de andere kant een bezetting door een macht, welker beginselen juist eerbiediging van die van anderen uitsluiten of zelfs door een ras van zo geheel andere traditie, levensbeschouwing en levensomstandigheden, dat eerbiediging van wat zij hier zouden aantreffen, eenvoudig ondenkbaar is. Hun heerschappij kan zeer wel voor alle westerlingen een lot betekenen zoals de Nazi-heerschappij voor onze Joodse medeburgers bracht in de Tweede Wereldoorlog. Protest zou dan geen zin hebben. De bezetter zou er niet toegankelijk voor zijn, noch zelfs reden om toegankelijkheid ervoor te veinzen en de potentiële bevrijders zullen ook zonder protest niet twijfelen dat het bezette land bevrijding boven alles wenst.

ZONDER HOOP OP SLAGEN

Nu zijn de redenen van bestaan van een daad van protest niet uitgeput met de nog betrekkelijk praktische, die ik noemde. Denkbaar is dat men protesteert zonder enige hoop van slagen, zonder enige hoop zelfs om het leven eraf te brengen, ja misschien zelfs met de wil het te verliezen, eenvoudig omdat men protesteren moet, omdat men niet verder zou kunnen leven in vrede met de loop die geschiedenis heeft genomen.

Echter, althans het neerleggen van zijn ambt behoeft niet altijd uitsluitend protest te zijn. Het kan een nog grotere, voor de betrokkene nog meer onafwijsbare betekenis hebben; die van het niet willen en kunnen medewerken aan wat men gevoelt als kwaad, kwaad misschien nog niet overal, altijd en onder alle omstandigheden, maar toch stellig kwaad wanneer het door Nederlanders aan Nederlanders zou worden aangedaan. Of wel van even onoverkomelijk gewetensbezwaar tegen ontrouw aan een rechtsorde, waaraan men trouw heeft beloofd en die rechtens nog bestaan.

Het is de vraag of ontslag om deze redenen geboden was, die in de achter ons liggende bezetting zich aan bijna alle ambtenaren met enige verantwoordelijkheid heeft opgedrongen. Ze was des te moeilijker omdat de – hoogst onzekere, meestal bedriegelijke – hoop om door aanblijven nog wat kwaad te kunnen voorkomen zich daartegenover deed gelden.

NIET ROEM EN HULDE

Een reden op deze dag, ter herdenking van de 26 november 1940 kan dus niet zijn een zich beroemen op daden die nog slechts die van weinigen onzer zijn. Het mag zijn, maar kan niet uitsluitend zijn, een herhaalde hulde aan hen die deze daden wel de hunnen mogen noemen. Het kan ook niet wezen een vingerwijzing voor de beste gedragslijn, indien het tot een min of meer vergelijkbare situatie mocht komen.

Heeft een herdenking als deze dan geen enkele waarde? Kan zij niet anders dan het neerdrukkende besef bij ons versterken, hoe moeilijk ons lot in geestelijk opzicht reeds is en in feite kan worden?

DE WAARDE

Die waarde is dat ons eraan herinnert wat nog in onze eigen tijd Nederlanders hebben gedurfd. Noch het feit dat een nog erger bezetting denkbaar is, noch de omstandigheid dat de grote meerderheid van hen die aan de actie van de hoogleraren hebben deelgenomen, er het levend heeft afgebracht (met uitzondering van Telders en Flu) nemen weg dat hun handelswijze de uiting was van grote moed en van grote kracht van overtuiging.

Dat het ooit tot bevrijding van Nederland zou komen was in november 1940 en in april 1942 méér dan onzeker, wat de gevolgen zouden zijn van het persoonlijk lot van de betrokkenen onttrok zich aan alle voorspelling. Indien al doodstraf onwaarschijnlijk was, dan was erger, de dood na jaren van lijden in een concentratiekamp, dat zeker niet. Weinigen onder hen die toen handelden, behoefden zich geen zorg te maken over het lot van een gezin. En niet alleen dit alles. Voor de meesten moest de vraag opkomen of juist zij hier tot handelen geroepen waren.

UITERSTE OFFER

Er is misschien geen verschijnsel van onze tijd dat meer aanleiding geeft tot verwondering en bewondering en ook tot een vertrouwen ondanks alles in de toekomst van de mensheid dan dit, dat leden van volkeren, wier cultuur, economische omstandigheden en maatschappelijke organisatie in zo ongekende mate gericht zijn op het voorkomen en wegnemen van alle vormen van zorg en lijden, blijk geven in het uiterste geval niets te hebben verloren van het vermogen om voor wat hun heilig is zelfs de zwaarste en uiterste offers te brengen. Daaraan herinnerd te zijn is, geloof ik, het enige wat herdenking van deze dag, indien herdenken werkelijk denken wil zijn, ons kan geven; maar het is dan ook niet weinig.

W.H. NAGEL

Twee vragen

1963

Uitgenodigd om op deze dag en op deze plaats[1] een woord te spreken tot het gedenken van de rede van Cleveringa in 1940, beseffen wij allereerst dat wij nu al in het jaar 1963 leven. Dat betekent, dat dit de negentiende keer is dat deze herdenking plaats vindt. Voor een negentiende spreker is de verleiding niet gering, te trachten nog eens na te lezen wat zijn voorgangers hebben gezegd. Aan deze verleiding heb ik het hoofd kunnen bieden, niet zonder strijd, maar voor mijn eigen gemoedsrust. Want, gesteld dat mijn voorgangers zich allen hebben afgevraagd, of wij met deze traditie moeten doorgaan, dan wel of wij eenmaal moeten vaststellen – als U wilt plechtig vaststellen – dat het nu wel genoeg is geweest, dan zou ik het toch nog één keer doen.

Mijn overtuiging is namelijk – en het is meer dan een overtuiging – dat het nog *niet* genoeg is geweest. Dat in het jaar 1963 duidelijk genoeg nog niet voldoende doorzien wordt wat 1940 betekende. Het is de meest wezenlijke onvolkomenheid van de mens, dat hij weigert herinnerd te blijven aan en gewaarschuwd te worden voor zijn onvolkomenheid. Dit is misschien een zelfverdedigingsmechanisme, maar dan is er overeenkomst met zovéél defensieve motieven die zich, door een *Heterogonie der Zwecke*, ten slotte tegen de verdediger zelf keren.

Iemand die in 1963 te horen krijgt: 'dat is nu allemaal wel juist en misschien zelfs heel interessant, maar toch alleen nog historisch belangwekkend; houd er daarom een keer mee op', moet het antwoord geven: 'het gaat niet om 1940, het gaat eerder om 1963, of liever: het gaat helemaal niet om een periode, maar het gaat om de mens en zijn unieke mogelijkheden; en om de tragische wijze waarop hij die verspeelt'. En dit laatste is nog iets te mooi gefraseerd. Wij kunnen ook zeggen, dat de mens al te bekwaam is in het vals spelen met zijn uitzonderlijke mogelijkheden.

Wij stellen ons in dit uur twee vragen. In de eerste plaats moeten wij herinnerd worden aan onze situatie op 26 november 1940. In de tweede plaats vragen wij ons af in welke kwaliteit zich Cleveringa in die situatie op de 26e november 1940 met onvergetelijke woorden heeft uitgesproken.

Op de vraag naar onze situatie beginnen wij te antwoorden dat wij in oorlog waren. Dat lijkt op het ogenblik misschien wat overbodig; toch is het goed dit vast te stellen, omdat onze vijand in zijn propaganda uitging van de valse leuze dat de oorlog na 15 mei 1940 voorbij was. De stelling van de handlangers, van wier gebruik zich de vijand verzekerde, was dat de op 10 mei tegen ons begonnen oorlog vijf dagen geduurd had, waarna in Nederland een verandering in de politieke en staatkundige constellatie was ontstaan die vergeleken kon worden met het resultaat van een revolutie. Na een omwenteling heeft 'de orde' niet opgehouden te bestaan, maar is er een nieuwe orde. De Nieuwe Orde was de leus van onze vijand.

De stelling dat aan de oorlog een einde was gekomen door de capitulatie was onjuist. Wie en wat had gecapituleerd? Niet Nederland. Een capitulatie is geen staatsrechtelijke verrichting, maar een daad van een legeraanvoerder, al zal die daad gevolgen met zich brengen voor de bevolking van een prijsgegeven gebied. In Nederland dan heeft gedurende de Tweede Wereldoorlog de legerleiding gecapituleerd, en wel tweemaal. Men kan nergens duidelijker de strekking van het capitulatiebegrip lezen dan in de officiële Duitse OKW-berichten. Op 14 mei 1940 luidden die niet dat Nederland, maar dat de *Festung Holland* had gecapituleerd; op 19 mei, dat de laatste Nederlandse strijdkrachten *in Zeeland* gecapituleerd hadden.[2] Ziedaar. De oorlog bleef doorgaan. Er waren buiten het grondgebied in Europa *andere* Nederlandse strijdkrachten overgebleven en in reconstructie.

Het was één van de geraffineerdste gemeenheden van de Duitse bezetters, de van het normale contact met haar regering beroofde bevolking wijs te maken dat de strekking van de militaire capitulatie was, dat de toestand van oorlog tussen Nederland en Duitsland had opgehouden te bestaan. En ik noem dit daarom een gemeenheid, omdat zij voor de vijand een devies was waarmee ook Nederlanders als soldaten gewonnen zijn, die zo tegen hun land en zijn bondgenoten gevochten en daarmee de dood verdiend hebben.

Wij waren dus nog in oorlog, maar wij leefden, dat was niet te ontkennen, in een bezet gebied. Nu was de situatie van deze bezetting veel overzichtelijker dan sommigen in die tijd meenden en dan de vijand wenste te doen geloven.

Nederland en Duitsland hadden een overeenkomst voor het geval van een bezetting, het Landoorlogsreglement, in de oorlog gewoonlijk het LOR genoemd. De betekenis van het LOR was, dat het een van 18 oktober 1907 af klaarliggende, vaste en onaantastbare conditie voor een bezetting vormde, prevalerende aan alle andere latere condities die, als het werkelijk zo ver zou komen, ooit tussen gevolmachtigden van beide landen aanvaard zouden kunnen worden.

In mei 1940 is het ogenblik van de inwerkingtreding helaas daar. Onze strijdkrachten capituleren. Onvoorwaardelijk, dat wil niet meer zeggen dan: zonder *bijzondere* voorwaarden, slechts op grond van het bij het LOR ten aanzien van de te bezetten gebieden voorziene voorwaarden, maar dan ook absoluut op grond daarvan. Op grond dus van Afdeling III van het LOR, geheten: *Van het militair gezag op het grondgebied van den vijandelijken staat*. Zodra de bezetter het traktaat schond, en dat was al gauw, door het diskwalificeren van de Joodse Nederlanders en het stellen van krachtens het LOR verboden vorderingen, was de strijd in Nederland weer open.

Ik ben mij ervan bewust dat ik met deze uitdrukking vragen oproep. Wat kan dat betekenen, dat 'de strijd weer open was'? In de praktijk betekende dat in het begin heel weinig, maar die betekenis werd elke week groter. Ik geloof dat men, als men hier gaat onderzoeken, onwillekeurig in de rechtssociologische thematiek raakt. De capitulatie was een juridisch feit, met van tevoren bekende consequenties voor de maatschappelijke werkelijkheid. Toen, na het voldongen worden van dat feit, door de ene partij, dat waren de Duitsers, de consequenties niet werden aanvaard, is er wel een volkomen nieuwe maatschappelijke werkelijkheid ontstaan, maar een gans andere dan in 1907 was voorzien. Omdat de overvaller en verdragschender de macht had, konden de Duitsers het Nederlandse volk helaas dwingen in deze maatschappelijke realiteit te leven. Wat moest het volk doen als het De Nieuwe Orde, die het werd opgedrongen, van harte verafschuwde? De capitulatie was in feite niet ongedaan te maken. En de nieuwe maatschappelijke werkelijkheid had weer nieuwe juridische correlaten. Waar waren wij aan toe, wanneer de bezetter ten onrechte collaboratie vorderde of Joodse landgenoten vervolgde? Verlangde het recht dat wij alléén maar toeziend wachtten, met de voldoening dat het gedrag van de vijand na de oorlog – als hij die dan tenminste niet gewonnen had – veroordeeld zou worden? In dat geval zou de problematiek niet diep zitten. Een spit dieper echter vinden wij deze laag: men weigerde ten onrechte gevorderd werk voor de vijand, of onttrok een vervolgde aan de greep van de Duitsers; en daarmede dalen wij meteen wéér verder in de problematiek, omdat de vijand op dit punt een nieuw juridisch correlaat plaatste: hij stelde de helper van Joodse landgenoten met dezen gelijk, hij vervolgde verzetslieden en strafte velen van hen tot ter dood. Als hij dat deed, voegde hij nog een dimensie toe aan zijn schuld en rechtvaardigde hij opnieuw dat het bezette volk de wapens weer opvatte. Enzovoort. Wij zien dus rechtsfeiten met hun maatschappelijke correlaten en wij zien maatschappelijke situaties met hun juridische correlaten elkaar afwisselen tot het onrecht volledig wordt en het maatschappelijke leven in dood verkeert. Men zou nu kunnen zeggen: dat zou inderdaad de afloop zijn, tenzij misschien de partij aan wie onrecht gedaan is het hoofd wil buigen, het onrecht dragen, om daarmee de fatale spiraalgang stil te zetten en het leven van een volk te redden. Maar deze veronderstelling brengt ons op het belangrijkste aspect van onze situatie in 1940: het was niet zomaar een oorlog, en wij waren niet door zomaar een vijand bezet. Wij waren onder de voet gelopen door de moordende en brandende legers van het Derde Rijk. Hier moet opgemerkt worden dat elke scheiding tussen de nationaal-socialistische ideologie en de hun handwerk uitoefenende generaals van Hitler fout is. Het is hier ook het ogenblik waarop ik, ook als ik het zou willen, niet kan verzuimen mijn oordeel uit te spreken in een kwestie die na de vorige herdenking van deze zelfde 26e november aan de orde is gesteld door mijn collega's Van Bemmelen en Pompe.[3]

Ik stel hier eerst, zij het op andere gronden dan de beide genoemden, dat men zich met hun conclusie, dat ook de laatste in Nederland gevangen gehouden Duitse oorlogsmisdadigers langzamerhand in vrijheid gesteld kunnen worden, moet verenigen. Ik meen echter, in de eerste plaats, dat het door Samkalden aangewezen onderscheid tussen amnestie en gratie in acht genomen behoort te worden.[4] Verder moet ik opmerken dat de geruststelling destijds van minister Donker aan de Tweede Kamer, na de omzetting, door begenadiging, van het doodvonnis van Lages, dat men niet bang behoefde te zijn dat ooit aan Lages' levenslange vrijheidstraf zou worden getornd, volstrekt misleidend was. Want zodra men van de era van de strijd en haar afwikkeling naar die van de penitentiaire behandeling overgaat, en dat is, wanneer men besluit om een oorlogsmisdadiger niet dood te schieten, aanvaardt men de normen van de nieuwe situatie: dat wil hier zeggen: men aanvaardt de mogelijkheid van nieuwe gratie en invrijheidstelling.[5] En mijn laatste grond voor de hiervoor gestelde opvatting is de distributieve gerechtigheid. Het gaat eenvoudig niet aan, misdadigers in het gevang te houden, nadat men degenen die hun het operatieterrein voor hun misdaden openden en de mogelijkheid van hun criminele activiteit met hun legers garandeerden, ik bedoel de generaals die de plannen voor de verovering van onder meer ons vaderland voor Hitler ontworpen hadden en ten uitvoer gelegd, ik bedoel dus mannen als Speidel, Foertsch en Heusinger, alweer met onderscheiding heeft ontvangen.

Als Van Bemmelen en Pompe hebben toegegeven dat de vier oorlogsmisdadigers die nog gevangen zitten, verschrikkelijke misdrijven hebben gepleegd, vervolgen zij: 'Daarbij moet echter thans overwogen worden, dat deze misdrijven zijn gepleegd in een tijd van oorlog, die over de gehele lijn zeden verruwing en verwildering en grote zenuwspanningen met zich bracht. Ook mag er de aandacht op worden gevestigd, dat deze vier delinquenten als Duitse ambtenaren aan veel zwaardere druk van de nationaal-socialistische dictatuur bloot stonden dan de Nederlanders, die zich aan dergelijke misdrijven schuldig maakten.' De eerste zin: 'Daarbij moet echter thans overwogen worden, dat deze misdrijven zijn gepleegd in een tijd van oorlog, die over de gehele lijn zeden verruwing en verwildering en grote zenuwspanningen met zich bracht', wekt een gevaarlijke verwarring. Het is toch ongeoorloofd om scheiding aan te brengen tussen de oorlog en deze SS-ers. Zij vormen een identiteit. Het is een oorlog van de nationaal-socialisten in hun volledige tanatische euforie gevoerd – men mag wel zeggen gevierd. Deze oorlog 'bracht niet zeden verruwing met zich mee', deze oorlog *was* zeden verruwing; en als zodanig werd hij begeerd!

Dan is, met alle goede bedoelingen, misleidend de stelling dat deze vier moordenaars 'als Duitse ambtenaren aan veel zwaardere druk van de nationaal-socialistische dictatuur bloot stonden'. Ook hier geldt allereerst; weer dat dit een kunstmatige splitsing is tussen de nationaal-socialistische dictatuur en de SS-ers die het *Reichssicherheitshauptamt* deden functioneren. Maar overigens is helemaal onjuist (a) dat zij gedwongen waren toe te treden tot de SS, (b) dat iemand, eenmaal toegetreden, niet zonder gevaar voor zijn eigen leven zou hebben kunnen weigeren nijver mee te werken aan het vervolgen en vermoorden.

Wat deze punten betreft moge ik dr. Herbert Jäger[6] citeren:

> 'Bei umfangreichen Untersuchungen des Nürnberger Aktenmaterials, darunter zahlreichen Akten der SS- und Polizeigerichte [insgesamt wohl 10.000 Urkunden], war nicht ein einziger Fall nachzuweisen, bei dem ein SS-Angehöriger wegen Verweigerung eines Erschießungsbefehls selbst erschossen worden wäre. Das Äußerste war ein Vermerk in der Personalakte, eine Beförderungssperre oder eine Versetzung. Schlimmere Folgen – auch Drohungen mit Todesurteil oder KZ – sind nicht nachweisbar. Sie waren auch nicht erforderlich, da es genügend Bereitwillige gab [so Bauer[7]]. Das Bezirksgericht Jerusalem ist zu entsprechenden Feststellungen gelangt. Aus dem Material der Ludwigsburger Zentralen Stelle der Landesjustizverwaltungen, die sich mit der Aufklärung nationalsozialistischer Verbrechen befasst, noch einige Einzelbeispiele: Der Führer einer Polizeikompanie lehnte den Befehl, an einer Massenexekution teilzunehmen, für sich und seine Kompanie unter Einweis auf das Militärstrafgesetzbuch ab. Nachteile entstanden ihm nicht. – Ein Kriminalsekretär weigerte sich mit der Begründung, er eigne sich nicht zu solchen Aktionen. Er wurde als ungeeignet für den Osteinsatz zu einer Heimatdienststelle versetzt. – Ein SS-Obergruppenführer erklärte Heydrich, dass er nicht in der Lage sei, die befohlenen Liquidationen der Juden im Baltikum durchzuführen. Er wurde seines Postens enthoben und dem Ostministerium zur Dienstleistung zugewiesen. Diese Beispiele, die sich fortsetzen ließen, lassen die Mechanik der Befehlsmaschinerie doch in einem etwas anderen Lichte erscheinen'.[8]

Wij waren dus in oorlog, en het was niet zomaar een oorlog. Het was een oorlog die voldeed aan de diepste begeerte van de nationaal-socialisten en die ook een groot deel van de niet bij de Partei aangesloten Duitsers bevredigde. Zo werd het, zolang de oorlog nog goed leek te gaan, ook openhartig beschreven. In *Der Adler*, in die tijd een soort *Panorama* voor het Duitse volk, kan men nog altijd het artikel van 8 augustus 1940, 'So nahmen wir Waalhaven', lezen. 'Als wir in der Frühe des 10.ten Mai starteten, da wussten wir nicht, dass uns ein Flug bevorstand, wie wir schöner nie erlebt haben. Es ging nach dem Westen, gegen Holland.' De schrijver, een Hauptmann van Görings Luftwaffe, vertelt dat hij in de nacht voor de overval nog eenmaal door de slaapzalen ging om er zich van te overtuigen dat iedereen de voor de zware volgende ochtend nodige slaap kreeg.

> 'Sie schliefen nicht alle.
> – Warum schlaft Ihr Brüder nicht?
> – Können nicht, Herr Hauptmann, wir freuen uns zu sehr!
> Ich verbiss mir das Lachen und ließ ihnen ihre Freude.'

Later luidt het nog in dit artikel: 'Unter dem jubelnden Beifall der Fallschirmjäger und der Luftinfanterie stürzt der *Feind* ab.'

Het woord Feind in de laatste regel is onze nadere aandacht waard. Wás er een *Feind*? Tot op het ogenblik waarop deze soldaten tot de aanval overgingen, was er geen vijand in het gebied dat zij zouden gaan schofferen. Het Nederlandse volk sliep. Geen zinnige Duitser heeft geloofd dat het een aanval tegen Duitsland in de zin had. Maar op het ogenblik dat het vliegtuig van de *Hauptmann* van *Der Adler* het Nederlandse luchtruim binnendrong om bommen te laten vallen en doodmakers te parachuteren, creëerde deze ongetwijfeld nette burgerlijke Duitse Hauptmann zich zijn vijand: zijn slachtoffer!

Wij zien hier in het voorbijgaan de wortel bloot liggen waarop én het militarisme én het fascisme stoelen, de wortel die mannen als Ludendorff en Hitler verbond. Ik noem die sadisme. Sadisme is lustvol gepleegde wreedheid, met het motief, dat de tegenstander vijand wordt op het ogenblik dat hij als slachtoffer is uitgekozen, vernederd wordt omdat hij verliest en schuld draagt als hij zich verzet terwijl hij de zwakste is.

Het ene punt is een vast kenmerk van de fascistische woede: deze kiest zich een slachtoffer en promoveert dat slachtoffer op het ogenblik dat deze zich begint te verweren tot vijand. Hoe de fascistische haat gevoed wordt door het verweer van de voor vernedering uitgekozenen was al direct gebleken toen Hitler in Duitsland aan de macht gekomen was. In de eerste helft van het rampjaar 1933 worden niet alleen de mandaten van de socialistische parlementsleden geannuleerd, hun dagbladen verboden, hun vakverenigingen ontbonden en de vermogens daarvan gestolen, maar ook de vooraanstaande socialisten zelf worden gearresteerd. Daarmee breken de eerste golven van terreur over Duitsland, die gevolgd zullen worden door een sequens van golven van zware misdadigheid, welke zich later als een zondvloed uit zal breiden over heel Europa. Daarom zijn de eerste kleinere vloedgolven van belang om een ogenblik bij stil te staan.

De generaals en het grootkapitaal hebben de politieke onderwereld aan de macht gebracht, de kerk kijkt, althans voor het ogenblik, bepaald niet verontrust toe. Meteen worden de eerste concentratiekampen ingericht. Dan worden, al in maart 1933, de socialisten en communisten uit hun huizen gehaald, zogenaamd verhoord, ontstellend mishandeld en de concentratiekampen krijgen hun eerste klanten. Dat het motief van de nationaal-socialistische furie niet alleen en zelfs niet in de eerste plaats het antisemitisme geweest is, blijkt onder andere wanneer de vakverenigingsfunktionaris Bernstein uit Berlijn-Niederschöneweide in een SA-kazerne op een brits gegooid wordt en met 50 slagen van de gummiknuppel getuchtigd wordt omdat hij communist is. Hij krijgt bovendien 50 slagen, omdat hij 'ook nog Jood is'.[9] De golf van misdadigheid die van 21 tot 27 juni in Berlijn de liquidatie van de SPD begeleidt leren wij in zijn volstrekte satanie kennen uit de processtukken van de behandeling van dé zogenaamde *Köppenicker Blutwoche*, welke berechting natuurlijk pas na de oorlog heeft kunnen plaatsvinden. Van de SA-lieden die toen in de kleine Berlijnse gemeente Köppenick tekeer gegaan zijn werden in 1950 nog 57 wegens misdrijven tegen de menselijkheid veroordeeld, een deel van hen ter dood. Ik wil terloops opmerken, dat men in Duitsland in 1933 de slachtoffers door de straten heeft kunnen zien sleuren en de oren heeft moeten dichtstoppen als men hun geschrei niet wilde horen. Ook moet eraan herinnerd worden, dat deze misdadigheid buiten de grenzen eveneens alom bekend was. De wereldpers schreef erover, en onder andere het *Bruinboek van de Hitler-terreur* – een boek dat overigens in het voormalige Nederlands-Indië verboden was[10] – gaf de ontzette mensheid het gruwelijke relaas van wat gebeurde toen de nationaal-socialistische onderwereld aan de macht kwam. Deze in kracht toenemende vloedgolven van terreur, waaronder die van 1938 bekend werd onder de naam van 'Kristallnacht', waren algemeen bekend. Zij hebben zich in de oorlog kunnen verdichten en zich kunnen richten: er werd gebied veroverd waarvan de bevolking kon worden vernederd, uitgebuit en uitgemoord. Het punt dat wij al genoemd hebben is dat de generaals die de plannen ontwierpen voor de verovering van de te terroriseren gebieden en die de plannen bekwaam ten uitvoer gelegd hebben, wisten over de export van wat voor een soort regiem het ging. Toen de Eichmannen ook in Nederland aan de gang konden gaan, werd hun werk een voortzetting van de bezigheid die in de *Köppenicker Blutwoche* was begonnen. Dit geschiedde in de veroverde gebieden onder de conditie die de generaals geschapen hadden en tot het bittere einde zouden blijven verdedigen. Het is een plicht die ik niet verzaken mag, ook op deze plaats te getuigen dat het toevertrouwen van zijn huidige verdediging mede aan deze generaals van Hitler op een berekening berust die zijn onwaardige karakter eenmaal op afschuwelijke wijze moet demonstreren.

Maar niet in verband daarmee sprak ik in de eerste plaats over de *Köppenicker Blutwoche* van 1933. Daar herinnerde ik aan, omdat uit het dossier één feit mij heel bijzonder geschikt lijkt voor het verdere demonstreren van het punt dat wij bespreken moeten. Het is deze zaak.

De SA-kommando's besluiten in zijn woning te 'arresteren' en mee te nemen de 56-jarige landarbeider Johan Schmaus, een socialist, bestuurslid van de landarbeiders bond, lid van de Rijksekonomische Raad, en zijn 21-jarige zoon, de timmerman Anton Schmaus. Omdat men op tegenstand, vooral van de zoon, rekent, wordt het commando speciaal samengesteld en bewapend. Inderdaad laat de jonge Schmaus zich en zijn vader niet zomaar ophalen, hij schiet en treft een van de aanvallers dodelijk. En dan kan de orgie pas goed beginnen. Er wordt niet alleen maar doodgeslagen, neuzen en geslachtsdelen worden afgesneden, het dertienjarige zusje Schmaus wordt gedwongen een en ander aan te zien, nog dagen later worden gemutileerde, in zakken genaaide lijken uit de binnenwateren van Berlijn gehaald, nog langer dan een jaar daarna liggen slachtoffers die het levend eraf gebracht hebben, zij het min of meer blind en meestal zonder tanden, in het ziekenhuis. Zo begon het in 1933 in het klein, in 1940 is het eufore doodslaan een bedrijf geworden dat in omvang dat van de volledige Duitse industrie overtreft.

Het punt waarom het ons nu verder gaat is dit, dat Johan Schmaus, hoezeer hij naderhand aan dit concept van de aanvaller was gaan voldoen, eerst door deze was uitgekozen als c.q. aangewezen tot 'vijand'.

Om na deze, noodzakelijkerwijs enigszins algemeen inleidende, woorden nader te komen bij de 26e november 1940: wij zijn bezet. De generaals van Hitler hebben, wetende wat zij exporteerden, ons De Nieuwe Morele Orde gebracht en onder de garantie van hun legers kunnen de Eichmannen hun werk doen. Het begint, wat de Jodenvervolging betreft, met een gebeurtenis die ik, hoewel er thans natuurlijk ontroerende beschrijvingen over te lezen zijn, het best droog uit een dagblad van die tijd kan relateren:

> 'JODEN UIT OPENBARE DIENSTEN ONTSLAGEN
> *Hogescholen te Delft en Leiden gesloten*
>
> Het A.N.P. meldt: Ter verzekering van de openbare veiligheid, rust en orde in de bezette Nederlandsche gebieden, heeft het bevoegde bureau van den rijkscommissaris het noodig geoordeeld, tegen de Joden, die een openbaar ambt bekleden of in openbaren dienst werkzaam zijn, wegens de tegen de bezettingsmogendheid gerichte actie van het Jodendom maatregelen te nemen. Op grond van een rondschrijven is derhalve bepaald, dat zulke Joden uit hun ambt of uit hun werkkring dienen te worden ontslagen. Hun aanspraken op uitkeering- en op grond van hun werkkring of op andere tegenprestaties van materieëlen aard blijven daarbij onaangetast. Met miskenning van het doel van dezen maatregel hebben de studenten te Delft en Leiden voor de Joden partij getrokken en het bezoeken der colleges voor den tijd van 48 uur uitgesteld. Als algemeene waarschuwing heeft de commissaris-generaal voor bestuur en justitie zich genoodzaakt gezien, de technische hoogeschool te Delft en de universiteit te Leiden alsmede de daaraan verbonden instituten voor de studenten van alle jaarklassen onmiddellijk te sluiten.'[11]

In hetzelfde nummer van het *Leidsch Dagblad* vindt men op pagina 5 het volgende:

'DE MAATREGEL TEGEN JOODSCHE AMBTENAREN
Een Duitsche verklaring

Van bevoegde zijde is ons commentaar verstrekt op den maatregel tegen Joodsche ambtenaren.
In de eerste plaats wees men er ons op, dat de betrokkenen niet, zoals het gerucht wilde, op straat zijn gezet. Immers de uitbetaling van hun salarissen en andere uitkeringen gaat door.
De maatregel moet worden gezien als een daad van de bezettende macht als zoodanig. Het is geen ingrijpen in inter-Nederlandsche verhoudingen en evenmin een vooruitlopen op hetgeen Nederlandsche instanties later te dezer zake zullen beslissen. Van Duitsche zijde kan men principieel geen vertrouwen hebben in Joodsche ambtenaren, daar men de Joden slechts als vijanden van Duitschland denkbaar acht en de mogelijkheid reëel acht, dat zij de maatregelen van de bezettende overheid zullen doorkruisen. Deze mogelijkheid wil men hun ontnemen. De maatregel valt dan ook binnen het kader van hetgeen in de geschiedenis steeds door bezettende mogendheden is gedaan.
Voorts moet de maatregel niet beschouwd worden als een inbreuk op de geloofsvrijheid. De Jood geldt immers als Jood niet om zijn geloof maar om zijn ras. In dit verband moet opgemerkt worden, dat de maatregel, waarvan de wettelijke grondslag gevonden wordt in de verordening 137 van 4 september 1940, niet alle Joden zonder meer betreft, doch in het begrip Jood een zekere beperking heeft aangebracht, dezelfde namelijk van Joodsche ondernemingen. Het artikel bevat de volgende omschrijving van het begrip Jood:
(1) Jood is ieder, die uit ten minste drie naar ras voljoodsche grootouders stamt.
(2) Als Jood wordt ook aangemerkt hij, die uit twee voljoodsche grootouders stamt en
1. Hetzij zelf op den negenden Mei 1940 tot de Joodschkerkelijkegemeente heeft behoord of na dien datum daarin wordt opgenomen.
2. Hetzij op den negenden Mei 1940 met een Jood was gehuwd of na dat ogenblik met een Jood in het huwelijk treedt.
3. Eén grootouder wordt als voljoodsch aangemerkt, wanneer deze tot de Joodsch-kerkelijk-gemeenschap heeft behoord.
In deze omschrijving is, zoals men ziet, de religie genoemd, doch zij geldt slechts als bewijsmiddel, niet als motief.
Het voornaamste echter, aldus onze zegsman, is, dat de maatregel

als gevolg van de bezetting moet worden beschouwd en binnen de taak blijft die aan een bezettende macht als zoodanig toekomt.'

Omdat ik ervan uitga dat er onder mijn voorgangers wel geweest zijn die het geschiedschrijvende aspect van een 26-novemberherdenking verzorgd zullen hebben, wil ik nu aan al die ontroerende wetenswaardigheden voorbijgaan. Het Rapenburg heeft gedaverd van het Wilhelmus, dat in het Groot Auditorium ingezet is, professoren werden gearresteerd, de Universiteit is gesloten, U weet het. En U wilt mij wel toestaan dat ik mij vanmiddag beperk tot dit ene punt dat ons trof, namelijk het lot, als slachtoffer, vijand genoemd, te worden aangewezen.

Als de Jood niet bestond, zou de antisemiet hem uitvinden, aldus Sartre.[12]

Een consequentie van deze waarheid is dat de antisemiet er was voor de Jood bestond. Als wij dit hebben kunnen inzien, vermogen wij ook een belangrijk motief waarin de vijand ons wilde doen geloven op zijn waarde te beproeven. De fascisten stelden dat zij behalve tegen de joden oorlog voerden tegen de communisten. Maar het is niet alleen zo, dat de fascisten er al waren voordat de Joden bestonden, de fascisten bestonden al voordat het communisme ontworpen was. Hem, die meent dat ik nu de geschiedenis geweld aandoe, zou ik het volgende willen zeggen: datgene waartegen de socialisten van de vorige eeuw zich verzetten, de macht van de enkele, de macht die suo ipse gelegitimeerd was omdat het macht was, en die de diepe ellende van vele miljoenen tot noodzakelijke tegenhanger had, het agressieve nationalisme, het imperialisme en het kolonialisme, al datgene heeft veel later een passende uitdrukkingsvorm gekregen in het fascisme. Een ideologie wil ik het niet noemen, omdat de fascist er was voor het fascisme zich formuleerde. Vóór het socialisme er was, heerste wat zich later in het fascisme zou uitdrukken. En dat trachtte zich op zijn beurt als bestrijder van het socialisme en het communisme te legitimeren. Het lijkt een soort scheppingsverhaal, maar dan een negatief scheppingsverhaal: uit de nevelen van hebzucht, machtstrijd en doodsdrift nemen duidelijk partijen tegenover elkaar gestalte aan.

Om ons nu weer tot de situatie van 26 november 1940 te beperken: hier zijn mannen die als Jood door de vijand aangewezen worden als vijand en slachtoffer. Wat kunnen zij doen? Als Sartre – om deze schrijver er nog eens weer op na te lezen – zegt dat de 'authenticiteit' van de Jood is 'de vivre jusqu'au bout sa condition de Juif, l'inauthenticité de la nier ou de tenter de l'esquiver',[13] dan moet opgemerkt worden dat de Joodse hoogleraren toch maar weinig keuze hadden tussen de authenticiteit en de inauthenticiteit. Het was de vijand die hen in de authenticiteit dwong, welke daarom eigenlijk geen echte authenticiteit meer was.

En nu komen wij op onze tweede vraag. De eerste, die naar de situatie van 26 november 1940, is, zij het bijzonder beknopt, beantwoord. Nu moet de vraag behandeld worden naar de kwaliteit waarin Cleveringa de woorden sprak die ons tot het herdenken van deze dag aanleiding geven.

Hij was hoogleraar in het handelsrecht en in het burgerlijk procesrecht aan onze rijksuniversiteit. Zijn opdracht was dus, de beoefening der wetenschappen en de vorming daartoe van studenten, alsmede de opleiding van jonge mensen tot bepaalde maatschappelijke betrekkingen, waarin zij in het bijzonder het recht zouden moeten dienen.

Heeft Cleveringa gesproken als beoefenaar van de rechtswetenschap? Hij heeft de situatie waarin de Nederlanders in de bezette gebieden zich bevonden ongetwijfeld, beter dan menig ander, in zijn juridische aspecten kunnen zien. Maar er zijn ook juristen geweest, tot en met leden van ons hoogste rechtscollege, die evengoed als hij de bijzonder rampzalige toestand waarin wij ons bevonden konden beoordelen en de oorzaak daarvan, namelijk de omstandigheid dat de Duitsers, na hun verraderlijke roofoverval, ook de voorwaarden schonden van het traktaat, dat eens in alle naïveteit tussen Nederlanders en Duitsers was opgemaakt voor het geval ooit troepen van het ene land grondgebied van het andere zouden bezetten, maar die daaruit niet de juiste conclusies trokken. Cleveringa heeft in zijn rede inderdaad gezegd, dat de vijand niet eerbiedigde de landswetten, tot eerbiediging waarvan hij zich in het LOR verplicht had. Toch zou ik niet willen stellen dat hij als jurist heeft gesproken.

Heeft hij dan in een andere kwaliteit, namelijk die van collega van Meijers en David, wien de maatregel in de rechtsgeleerde faculteit trof, het woord gevoerd? Het is waar, hij was Decaan van deze faculteit. Twee naaste collega's werden getroffen door wat niet anders was dan het begin van uitvoering van het radicale uitmoorden door de Duitse administrateurs van de Europese Joden. Op het eerstvolgende college-uur van een van die beiden, dat was dat van Meijers, heeft hij zich uitgesproken. Toch is het te eenvoudig om te stellen dat Cleveringa opstond zoals een man behoort op te staan, wanneer het noodzakelijk is te spreken voor het werk en voor het leven van zijn collega's.

Heeft professor Cleveringa gesproken als pedagoog? Heeft hij zijn studenten de maat willen tonen van het onrecht dat de Duitse generaals samen met de Duitse politici op zich laadden? Heeft hij vast willen stellen in hoever de zedelijkheid geschonden was door hen, die als lid van Hitlers generale staf de misdadige overval op Nederland hadden voorbereid, ontworpen en uitgevoerd, om zodoende hun collega's van de afdeling 'ideologie', dat is de SS, dat is de Gestapo, de gelegenheid te geven tot het uitvoeren van hun moorddadige perfectionisme in het bezette gebied? Zo eenvoudig is het ook niet.

Vormden dan de woorden van Cleveringa de rede van een politicus? Maar dat wel het allerminst! Zijn collega's, die zich afvroegen of de daad die hij stelde nu wel opportuun was, hadden waarschijnlijk gelijk. Waarschijnlijk hadden zij het bij het rechte einde, die redeneerden: 'Hiermee speel je in de kaart van de Duitsers. Je geeft ze hiermee een voorwendsel.' Toch, al was de daad van Cleveringa niet die van een politicus, hij had een politieke betekenis. Ik geloof dat het goed is, beide zaken te onderscheiden.

Vele van onze daden hebben zonder dat wij het weten, of zouden willen, een politieke betekenis. Als ik een recent voorbeeld mag geven dat in het kader van ons onderwerp bijzonder goed past: het verwijt, in dit jaar door de westelijke Duitsers aan de oostelijke Duitsers gemaakt, dat het houden van het proces tegen Audenauers staatssecretaris dr. Hans Joseph Maria Globke een politieke zet is geweest, is juist. Hoezeer men ook onder de indruk moet komen van het tegen Globke aangevoerde bewijsmateriaal, hoe rechtvaardig het vonnis van Globke's veroordeling ook is, dit proces is mede een politieke zet geweest. Daar staat tegenover dat het ook een politieke manoeuvre was, Globke niet in West-Duitsland de berechting te geven die hij verdiende; ja, hem te benoemen tot en te handhaven als staatssecretaris.

Het verschil tussen de daad van een politicus en een daad waaraan politieke betekenis gehecht moet worden is dat de eerste om zijn politieke consequenties wordt gesteld en dat de tweede wordt gesteld ondanks eventuele politieke consequenties. Wanneer ik naar Berlijn reis om kennis te nemen van het bewijsmateriaal in de zaak Globke en om diens overigens nogal beperkte verweer te beproeven, is dat niet de daad van een politicus, maar de daad van iemand die weet dat daaraan politieke implicaties worden gehecht en die desondanks doet wat hij meent te moeten doen.

Cleveringa's rede herdenken wij juist, als ik dat zo mag zeggen, omdat die politiek onverstandig was, en de constructie voldoet niet, Cleveringa te zien als de strikte jurist, de gewetensvolle pedagoog of de volmaakte collega. Ik geloof dat het noodzakelijk is te stellen dat hetgeen hij gedaan heeft werd gedaan in een tegelijk veel eenvoudiger en meer bijzondere kwaliteit. Cleveringa heeft gesproken als mens. Zijn daad was er een van solidariteit met zijn naaste. Wij plaatsen hier twee woorden uit geheel verschillende geestelijke klimaten bij elkaar: *solidariteit* en *naaste*. Solidariteit lijkt mij meer een immanent begrip, een zaak van mensen onder elkaar; het woord naaste wekt gedachten op aan een intermenselijke gebondenheid van mede transcendentale oorsprong. Als men wil, kan men ook zeggen dat zijn daad religieuze betekenis had. Of men het woord religie etymologisch wil afleiden van religere [Cicero], of van religare [Lactantius], men kan het verklaren als omzien naar, de band onderhouden met de Ander, en dit krachtens een gebod, over de oorsprong waarvan wij van mening kunnen verschillen, maar dat de mens van alle andere wezens onderscheidt.

De Joden hadden geen keus. Maar hun niet-Joodse landgenoten nog wel;

zij konden door te protesteren verkiezen als de Joden behandeld te worden, want protesteren was een zich solidair verklaren en daarmee zich tot lotgenoot maken. De Duitsers hadden hun mond vol van lotsverbondenheid, maar de ware lotsverbondenheid werd door het Verzet beleefd, al heeft het dit woord nooit gebruikt. De Germaanse lotsverbondenheid was niet meer dan een biologisch bepaalde, een 'geo-politisch' geconditioneerde zaak. Het Verzet daarentegen heeft in vrijheid gekozen zich naast de vervolgden, de onvrijen te plaatsen. Sartre zegt: 'Si l'on convient avec nous que l'homme est une liberté en situation, on concevra facilement que cette liberté puisse se définir comme authentique ou comme inauthentique, selon le choix qu'elle fait d'elle même dans la situation ou elle surgit. L'authenticité, cela va de soi, consiste à prendre une conscience lucide et véridique de la situation à assumer les responsabilités et les risques que cette situation comporte, à la revendiquer dans la fierté ou dans l'humiliation, parfois dans l'horreur et la haine.'[14] Misschien moet men duidelijk vaststellen dat er meer is dan een mens en zijn – door Anderen gecreëerde – situatie. Er zit de mogelijkheid van een kwadratuur in: het al of niet aanvaarden van de situatie bepaalt méé de situatie. De eerste 'situatie' is nog maar een vóór-situatie en niet de ware, aanvaarde, situatie.

Ik ben een voorstander van niet-aanvaarden, tenzij het mij aanstaat.

Voor Cleveringa was de *liberté en situation* bepaald overtuigend. Hij was geen communist en geen Jood. Hij koos, als vijand te worden beschouwd.

Keren wij terug tot 1963. Hoe is de situatie nu en hoe staan wij hier zelf? Wij spreken al hierom op een aanzienlijk lager niveau dan Cleveringa, omdat er in 1963 geen moed voor nodig is om te zeggen wat ik uitsprak. Ik spreek eigenlijk alleen als de beoefenaar van mijn vak en als pedagoog. De twee vragen, naar onze situatie en ons handelen daarin, stellen zich opnieuw. Wat onze situatie betreft: voor ieder die 1940–1945 werkelijk meegemaakt heeft, betekent deze tijd een wezenlijke verandering van alles. En ik moedig ook hen onder U die na 26 november 1940 geboren zijn, aan zich in te spannen deze geschiedenis alsnog wezenlijk te beleven.

De oorlog was een totale oorlog, zij is dit niet geworden toen de Duitsers de woonwijken van Coventry bombardeerden en de geallieerden dit voorbeeld tot en met Dresden volgden. De oorlog werd een totale oorlog voor ons, toen de bezetter, na een valse capitulatie, de burgerbevolking de fascistische orde en moraal oplegde en toen, nadat de militairen uitgeschakeld waren, de artsen en de arbeiders, de kunstenaars en de geestelijken verkozen de strijd op hun manier weer op te nemen.

Elke oorlog zal van nu af aan totaal zijn, want elke oorlog zal een ideologische oorlog zijn. Van de ontdekking van de *fascist avant la lettre* tot de ontluistering van elke boeiende veroveringsoorlog uit de geschiedenis is maar één stap; en een noodzakelijke stap. Sterker: elke oorlog in de geschiedenis, waarover wij geboeid maar ongeëngageerd gelezen hebben, is een ideologische oorlog geworden. Vroeger werd de oorlog als menselijk aanvaard. Hij werd begeleid met muziek. Hij voldeed niet alleen aan onze pronkzucht, hij inspireerde onze kunsten. Van onze era af kan geen oorlog meer op deze wijze aanvaard worden. Wij zijn anders geworden en met ons is de wereld veranderd. En dit heeft terugwerkende kracht, want wij zijn het zelf, die aan onze geschiedenis zin geven. Een oorlog kan nooit meer charme hebben, ook de rechtvaardige verdedigingsoorlog niet. De herinnering aan imperialistische of koloniale oorlogen uit het verleden heeft elke vleug van glorie en elke smaak van geluk verloren. De Griekse held is een voorwereldlijk wezen geworden, de miles gloriosus is uitgestorven. Als hij zich nog voordoet is hij een figuur uit een toneelstuk. De mens die nu nog de euforie van een oorlog beleeft is een atavus, een dégénéré, en het feit dat jaarlijks nog miljoenen worden gestoken in oorlogsfilms is er alleen maar een bewijs van, met hoe grote kans op succes nog kan worden gespeculeerd op ons atavisme, onze degeneratie. In zekere zin geldt dit ook voor het genoegen dat sommigen nog aan militaire taptoes en parades beleven.

Ik spreek als pedagoog en voor een generatie die ten dele na 26 november 1940 geboren is. Ik zou willen waarschuwen met deze schijnbare paradox: wees wantrouwend tegenover de politiek, maar word ook niet bang, als anderen aan uw daden politieke betekenis gaan toeschrijven. Wees niet te vervaard, wanneer de anderen u tot vijand benoemen. Het is úw authenticiteit die uit zal maken of u deze rol zult willen verwerpen of aanvaarden.

TH.J.G. LOCHER

De vijand en de vrijheid

1964

Wie op een preekstoel staat, moet iets te zeggen hebben. Voor iemand die uit een geslacht van predikanten stamt is deze waarheid zonder meer beklemmend duidelijk. Zij klemt nog te meer bij een gelegenheid als deze, nu de spreker van het ogenblik de Leidse universitaire gemeenschap mag voorgaan bij de herdenking van het gebeuren van 26 november 1940.

Heeft zo'n herdenking, ieder jaar opnieuw, echter nog zin? Valt er 24 jaar na dato en nadat er reeds negentien maal herdacht is, nog iets nieuws te zeggen? Is het niet eenvoudiger het verhaal neer te schrijven en te laten vermenigvuldigen, dan telkens te laten oreren alsof de boekdrukkunst niet is uitgevonden?

Wie aldus vraagt, miskent het karakter van deze herdenking. Den Boer heeft reeds in 1959 op dezelfde datum en van deze zelfde plaats betoogd dat herdenken niet hetzelfde is als de geschiedenis beschrijven. Ik citeer: 'Herdenken... gaat verslag geven verre te boven... vraagt men van een historicus afstand te nemen, van hem die herdenkt verwacht men meer... Hij die herdenkt moet altijd de geestverwant zijn van hen, die de gedachtenisviering geldt...'[1]

Dit laatste is, goed beschouwd, geen geringe opgave. Want 'geestverwant zijn' heeft toch een pregnantere betekenis dan: 'sympathie hebben met'. Ik kan het niet anders interpreteren dan: in dezelfde geest denken, en zo nodig uit dezelfde geest handelen als zij, wier daad herdacht wordt. Als dit juist is, wie durft zich dan ten volle geestverwant noemen?

Het is inderdaad gemakkelijk op de veilige tijdsafstand die ons van de kritieke dagen van toen scheidt de moed te bewonderen van Cleveringa, die als decaan der Juridische Faculteit het protest liet horen dat zijn rechts- en plichtsgevoel hem voorschreef, de moed van de studenten die staakten, van allen, hoogleraren, stafleden en studenten die ook later het verzet handhaafden toen nieuwe aanslagen op de universitaire en op de Nederlandse vrijheid werden gedaan. Zij deden dit, bewust van het gevaar voor hun leven, dat sommigen ook moesten geven. Het is gemakkelijk, zeg ik, die moed thans te bewonderen en wij mogen ons wel afvragen, of wij waardig zijn hun daad te herdenken. Dit is een heel andere vraag dan die, of de herdenking nu nog de moeite waard is en zin heeft.

De herdenking heeft zin, omdat zij ons confronteert met de situatie van toen, waarin de hoogste waarden verdedigd moesten worden. De uitdrukking 'ons confronteert' houdt meer in dan alleen maar: in herinnering roepen en zich de waarden die op het spel stonden bewust maken. Zij betekent – ik herhaal het – een directe vraag aan ieder van ons persoonlijk: zouden wij in gelijksoortige omstandigheden de bereidheid en de kracht opbrengen tot een houding die de goede zaak boven de eigen veiligheid stelt? En dit in omstandigheden die helemaal niet met zekerheid een gunstige uitkomst beloofden? Want het is toch genoegzaam bekend dat het uitzicht in het najaar van 1940 nog niet erg rooskleurig was, al hield Engeland onder Churchill dan voorlopig, en moedig, stand. Er waren immers Nederlanders, en niet alleen fascistisch gezinden of geneigden, die dachten en schreven in de richting van aanpassing aan een door nationaal-socialistisch Duitsland beheerst Europa. Dit moeten wij ons bij de 26-novemberherdenking steeds voor ogen houden.

Herdenken is dus meer dan vrijblijvend verwantschap gevoelen met, en bewondering betuigen voor de mensen van november 1940. Het is een persoonlijk betrokken worden, dat zich verder niet leent voor zoiets als een gemeenschappelijke geloofsbelijdenis, maar dat daarom nog niet verdoezeld of vergeten mag worden.

Wat wel gezamenlijk overdacht kan worden is de betekenis die het gebeurde van 26 november 1940 thans nog voor ons hebben kan. Dit gebeuren laat zich in zijn eenvoudigste elementen aldus samenvatten: er is een strijd gevoerd tegen een vijand en vóór de vrijheid. Deze beide elementen: de vijand en de vrijheid, wil ik wat nader met u beschouwen. Het lijkt op het eerste gezicht een nogal eenvoudige zaak: wie de vijand was, weten wij, en ook van de vrijheid die geschonden was en hersteld moest worden, hebben wij een voorstelling. De vijand was het nationaal-socialistische Duitsland en de geschonden vrijheid was, om het met de historicus Fruin te zeggen, het heilig recht der natie, 'om naar haar zeden en herkomsten geregeerd te worden'.[2] Tot die zeden en herkomsten behoorde en behoort de rechtsgelijkheid van alle burgers. De op waandenkbeelden gegronde discriminatie der Joden die ons opgedrongen werd was daarmee in strijd, en niet alleen daarmee: ook met het geldend oorlogsrecht, ook met het natuurrecht, ook met de geest van humaniteit en van een waarachtig begrepen christendom.

Het protest tegen het onrechtmatig ontslag van Meijers, David en andere Joodse docenten heeft, althans voor de slachtoffers, wel geen directe daadwerkelijke resultaten gehad, maar het was toch een daad van bevrijding. Want het is al dikwijls en op allerlei wijzen gezegd: wie zich vrijwillig laat knechten, bevordert de tirannie. Dit is de diepere zin van ieder hopeloos lijkend protest tegen een oppermachtige onderdrukker: de kreet van het geweten maakt geestelijk vrij en versterkt het moreel van allen – en hoe velen zijn dit er niet! – die door twijfel en wankelmoedigheid worden aangevochten. Dit hebben vele martelaren instinctief of bewust geweten.

Het protest in een dergelijke situatie bevordert ook de eensgezindheid der verdrukten. Het is geen nieuwe wijsheid, maar zij moet van tijd tot tijd toch herhaald worden: nooit heeft het Nederlandse volk met uitzondering van een aantal afgedwaalden zich in de nieuwste tijd dusdanig één gevoeld als onder de bezetting. En wat voor Nederland als geheel geldt, geldt evenzeer voor onze universiteit. Zij werd op slag wat zij in haar aanleg steeds was geweest: niet alleen maar een hogeschool van docenten die wetenschappelijk onderwijs geven en van studenten die het ondergaan, maar een werkelijke gemeenschap van allen die wetenschap beoefenen en zich wetenschappelijk willen laten vormen, en die dit alleen kunnen doen als geestelijke, dat wil zeggen als vrije mensen, die naar eer en geweten de waarheid dienen.

Zeg nu niet dat dit clichés zijn, want dan moet ge eeuwige waarheden altijd clichés noemen. Niets is zo demoraliserend als de zucht die tegenwoordig nog wel eens heerst, om altijd iets anders, iets nieuws te willen zeggen, alleen omdat het oude, welke waarde het ook hebben mag, verveelt. Er zijn dingen die nooit verouderen. In elk geval was wat ik zo-even zei voor de strijders van 1940 als nieuw, zoals een oude liefde nieuw kan worden. Wie dat niet begrijpt, begrijpt niets van de geest die hen heeft bezield.

Ik sprak van de eenheid en het gemeenschapsgevoel die door de vijandelijke druk als het ware werden opgewekt. Hier raken we een moeilijk punt. Moeilijk dan, wel te verstaan, voor onze hedendaagse houding. Men hoeft geen historicus of socioloog te zijn om te weten dat eenheidsbesef bij volken, en groepen in het algemeen, dikwijls, zoniet altijd, door bedreiging van buiten geboren wordt. Toen de Nederlanden hun verzet tegen de Spaanse heerschappij begonnen, was het particularisme in deze streken nog sterk. Men vocht om te beginnen ook niet voor vrijheid in het algemeen, of nationale bevrijding, maar voor het behoud van gewestelijke en stedelijke vrijheden, voor standenprivileges zelfs. Maar dan klinkt in de geuzenliederen opeens het enkelvoud Nederland, bijvoorbeeld in het meeslepende vers:

> o Nederlandt ghy zijt belaen,
> Doodt ende leven voor u staen,
> Dient den tyran van Spaengien,
> Of volght, om hem te wederstaen
> Den Prince van Oraengien.

Zeker, ik weet dat deze stem voorlopig die van een minderheid was. Maar dan toch, om met Arnold Toynbee te spreken, die van een creatieve minderheid, wier geest op den duur heeft gezegevierd. Ik weet ook, dat het particularisme hiermee niet dood was, dat het in de Republiek weer krachtig opleefde. Maar de natie als geestelijke eenheid had zich gemanifesteerd en zal niet meer sterven. Men kan vele andere historische voorbeelden van vrijheidsstrijd en nationale eenwording tegen een buitenlandse vijand noemen: de Zwitserse Confederatie, in de worsteling met Habsburg gesmeed, de Amerikaanse Unie, in de strijd tegen het Engelse bewind bevochten. Iedere strijd heeft zijn eigen karakter, maar gemeenschappelijk aan alle is de trek, dat de vijand als een soort katalysator werkt bij het ontstaan, of soms ook bij de hernieuwing van de eenheid. Het moeilijke punt is nu, dat in de mythe van de bevrijding en eenwording de vijand een essentieel element vormt. Ik moet hier even toelichten dat mythe niet gebruikt wordt in de betekenis van: onwaar verhaal, maar in de zin van een voorstelling van gebeurtenissen, die elementen van blijvende waarde bevat en die dan ook telkens weer verteld moet worden. Tot die blijvende elementen behoort echter ook de vijand, die daarmee een soort van permanentie krijgt. Kritische wetenschap mag op het ogenblik Filips II en zijn politiek als begrijpelijk, en zelfs in zekere zin als modern voor zijn tijd voorstellen –, voor onze nationale mythe blijft hij, en blijven zijn Spanjaarden, Alva voorop, de vijand.

Het moeilijke punt is nu: wat moeten we bij een herdenking doen? De mythe volgen, of het kritisch geweten laten spreken? De vijandelijke gevoelens blijven cultiveren, of trachten door begrip van de historische situatie van toen tot een zuiverder inzicht omtrent onze eigen plaats van thans te komen? Ik geloof dat althans bij een herdenking aan een universiteit het laatste geschieden moet. Dit betekent in ons geval niet, dat we Hitler en zijn trawanten moeten gaan schoonwassen, zoals o.a. de Engelse historicus A.J.P. Taylor[3] heeft gemeend te moeten doen. Taylor is soms een enfant terrible in zijn vak en hoeft niet altijd geheel au sérieux genomen te worden. Maar wat wel geboden is, dat is m.i. een bezinning op het feit dat de nationaal-socialistische Duitse vijand een tijdgebonden verschijnsel is. Wie Duitser en fascist of zelfs Duitser en sadist gaat vereenzelvigen en als een soort permanente tautologie beschouwt, vervalt tot rassenleer van een bedenkelijk soort. Fascisme of machtswellust zijn geen specifiek nationale, maar algemeen-menselijke ziekten of zonden; zij worden bij leden van de meest uiteenlopende volken aangetroffen, ook bij Nederlanders, en zij krijgen de overhand daar, waar een ongelukkige historische ontwikkeling hun de kans geeft. Dit is geen disculpatie: historisch verklaren is nooit dwingend-causaal afleiden waardoor de verantwoordelijkheid van de mens wordt uitgeschakeld. Het is een poging tot begrijpen, niet tot vergoelijken. Het gezegde: alles begrijpen is alles vergeven, is misleidend. Voor vergeving is ruimdenkend begrip zeker voorwaarde, maar vergeven betekent niet vergoelijken, doch schuld kwijtschelden. Dit is iets anders dan onschuldig verklaren op grond van een geschiedbeschouwing, als zouden omstandigheden, onpersoonlijke factoren het menselijk handelen beheersen. Ons handelen wordt dikwijls door factoren buiten ons bereik mede bepaald, maar nooit automatisch, zonder dat wij er zelf aan te pas komen. Schuld en verantwoordelijkheid zijn gecompliceerde zaken, reeds in het persoonlijke vlak, zoveel te meer bij de complexe collectiviteiten die natie heten. Ik zal mij dan ook niet begeven in uitvoerige beschouwingen over de vraag, hoe het te verklaren is dat de schrikbarende uitbarsting van collectieve misdaad in de 20e eeuw zich in het bijzonder in Duitsland heeft voorgedaan, en hoe het mogelijk is geweest dat het Duitse volk, de uitzonderingen niet te na gesproken, een groep misdadigers is gevolgd. Een eminent kenner van Duitsland als wijlen Van Blankenstein noemt het 'het moeilijkst vatbare onder alle landen die ik getracht heb te begrijpen'.[4] En over de karakterisering van, en oordeelvelling over naties in het algemeen heeft een der grootste historici van de 19e eeuw, de Zwitser Jacob Burckhardt, het volgende behartenswaardige woord gezegd: 'wiens oog is in staat door te dringen tot de diepten, waar karakter en bestemming der volken zich vormen, waar aangeboren eigenschappen en belevenissen tot een nieuw geheel vervloeien en tot een tweede of derde natuur worden?' 'Die Völker möge man mit Generalsentenzen in Ruhe lassen.'[5] Hoe hachelijk het oordeel over een volkskarakter is, wordt nog duidelijker als we bedenken dat deze volksaard historisch is gegroeid, maar ook nog steeds verder groeit, dus niet blijvend is, maar veranderend met de tijd en in en door de lotgevallen. Die groei gaat langzaam, er is ook ongetwijfeld continuïteit in de verandering, maar het 'imago' dat wij van de ander of van het andere volk meedragen heeft dikwijls, te dikwijls, een taai eigen bestaan gekregen en is niet zelden reeds half ontgroeid aan de actuele werkelijkheid.

Wanneer we dit alles bedenken, moeten we ons afvragen of wij nog dezelfde houding kunnen en mogen aannemen als die in 1940 geboden was. Men begrijpe mij goed: ik bepleit geen opportunisme wegens veranderde politieke omstandigheden, omdat wij de Duitsers nodig hebben voor onze Noord-Atlantische veiligheid. Deze politieke overweging verwerp ik wel niet geheel; ik meen dat wie realistisch denkt en het spel der politiek kent, haar niet zonder meer terzijde kan schuiven. Maar ik zou een veranderde houding, die in het Duitse volk thans niet meer de nationaal-socialistische vijand blijft zien, toch liever op andere gronden willen bepleiten. Men kan het beeld van de vijand niet eeuwig continueren zonder zichzelf blijvend te schaden en de hele Europese en wereldsamenleving daarbij. Men zal ook moeten erkennen dat de recente bestraffing van oorlogsmisdadigers in Duitsland zelf een bewijs van een belangrijke wending is. Zij kwam wel laat – zult u zeggen – maar ik beschouw dit eerder als een gunstig dan als een ongunstig teken. Want deze laatheid wijst op een langzaam doorwerken van een andere geest, terwijl een snelle reactie eerder op een efemeer bekeringsproces zou gewezen hebben, misschien zelfs op tijdelijke ogendienarij aan de westerse mogendheden uit berekening.

Hoe dit zij, wij mogen 26 november 1940 niet herdenken alsof er sindsdien oostelijk van onze grens niets gebeurd was. Er is een enorme catastrofe geweest en het is eerder een wonder dat een belangrijk deel van Duitsland er geestelijk zo is uitgekomen als geschied is.

Onze Nederlandse en Leidse saamhorigheidsgevoelens, in de strijd herboren, kunnen we ook niet blijvend vastkoppelen aan de polariteit vriend-vijand, die ze in 1940 en volgende jaren verlevendigde. En dit is nu het moeilijke punt: zijn we in staat het positieve element te behouden zonder het negatieve, dat er mee verbonden was, te blijven cultiveren? Kunnen wij ons van 'de vijand' bevrijden?

Het is een vraag waarop alleen de toekomst het antwoord kan geven. Maar die toekomst, dat zijn wij, dat zijn vooral de jongeren onder ons.

Ik zou niet alleen spreken over de vijand, maar ook over de vrijheid. Een afgezaagd thema, zult u zeggen, en ik zelf heb het gevoel alsof ik van de ene gemeenplaats naar de andere zal moeten gaan springen. Originaliteit moet u van mij ook niet verwachten, wel een poging om na te gaan wat de, dank zij de strijd van het verzet behouden vrijheid, voor ons betekenen kan.

De heer Vervoort heeft hier nog geen drie maanden geleden tot de aanstaande eerstejaarsstudenten gezegd: 'Vrijheid is een relatief en dubbelzinnig begrip. Daardoor is het vaak duidelijker *dat* er iets verdedigd, dan *wat* er nu eigenlijk verdedigd wordt.'[6] Ik geloof dat de strijders van 1940 wel wisten, wat er verdedigd werd. Ik heb daarover ook al even gesproken. Maar weten wij wat we met de vrijheid doen, en wat zij eigenlijk voor ons inhoudt? Er zullen er misschien niet velen onder u zijn, voor wie de vrijheid is, wat zij voor de reeds door mij genoemde Jacob Burckhardt was. 'Een ding troost mij,' schrijft hij in een brief uit 1847, 'wie eenzaam blijft, valt niet zo gemakkelijk in de klauwen van deze miserabele wereld; hij kan zich op ieder moment met een trap van zijn voet tegen haar afzetten en de steven richten op de volle zee van de vrijheid.'[7] Dit is de vrijheid van hem die uit de werkelijkheid vlucht, die zich losmaakt van de wereld die hem benauwt, en die in de eenzaamheid zijn rijkdom, zijn geestelijk geluk vindt. Het zou niet billijk zijn dit soort vrijheidsdrang steeds als een moedeloze wereldvlucht te beschouwen. Creatieve geesten kunnen de eenzaamheid nodig hebben en het is een van de ergste plagen van een totalitair regime, dat het zijn onderdanen deze geestelijke afzondering eenvoudig niet gunt. Maar op de eenzaamheid moet de terugkeer volgen, wil de opgedane scheppingskracht vruchtbaar werken. Zelfs een Burckhardt, die op zijn wijze een soort kluizenaarsleven leidde, heeft zich telkens weer tot de 'miserabele wereld' gewend, doordat hij haar de schatten schonk van zijn geschriften. Zijn vrijheid werd aldus, om met de Russische filosoof Berdjajev te spreken, tot een creatief doorgronden, dat boven de alledaagsheid van het leven uitstijgt. Berdjajev spreekt in dit verband van *theorie* en geeft dit woord een oorspronkelijke, men zou wellicht kunnen zeggen, dé oorspronkelijke betekenis, namelijk die van: aanschouwing van het echte en ware, van het enige dat er toe doet. Vandaar dat hij de paradox waagt en, het bekende gezegde uit Goethe's *Faust* omkerend, de stelling poneert: 'Dor is de boom des levens en eeuwig groen de theorie.'[8]

Dit is niet, zoals u misschien denken zou, de stem van een studeerkamergeleerde. Berdjajev stond niet buiten de werkelijkheid: hij heeft zijn vrijheidsdrang moeten boeten met enige jaren verbanning naar Siberië onder het tsaristische regime, met uitwijking uit Rusland daarna, en met een hernieuwde uitwijzing uit zijn vaderland, waarheen hij in 1917 na de revolutie was teruggekeerd, omdat hij zich ook aan het Sovjet-bewind niet kon conformeren. De vrijheid die hij zocht was niet die van de veilige isolatie; zij was en is de mogelijkheid tot persoonlijk geestelijk leven en werken. Het is een vrijheid in de actualiteit. Ook voor de strijders van november 1940 was, in de diepste grond, *deze* vrijheid in het geding en het is juist het bevrijdende, dat zij haar met de inzet van hun persoon verdedigden en niet de ivoren toren als schuilplaats zochten.

Toch is er in Berdjajevs vrijheid een ongebreideld element – men leze zijn 'Weg tot zelfkennis' er op na –, een element dat niet ieder ten volle zal aanspreken. Er is iets van de oude Kozakkengeest te horen, bijvoorbeeld in de volgende uitspraak: 'Tot nu toe staat elke georganiseerde en zich organiserende samenleving vijandig tegenover de vrijheid en vertoont de neiging de menselijke persoonlijkheid te ontkennen.'[9] Als historicus is men geneigd een houding als deze in verband te brengen met het feit dat Berdjajev een zoon was van een volk, dat in zijn geschiedenis nog nooit het voorrecht heeft gehad staatkundige vrijheid in de zin van evenwicht tussen persoon en gemeenschap te genieten. Het is misschien tekenend dat één der Russische woorden voor vrijheid: *vólja,* tegelijk *wil* betekent en dan vaak *ongebreidelde wil.* De anarchistische trek die veel Russisch vrijheidsstreven eigen was, treft men ook in Spanje aan, dat andere randgebied van Europa waar de staatkundige vrijheid historisch niet erg heeft willen gedijen, en waar nog op de huidige dag een regime heerst dat het geestelijke, met name ook het universitaire leven aan de ketting houdt. De Spaanse studenten kunnen er van meespreken.[10]

Het zijn echter niet alleen de autoritair of totalitair geregeerde landen, waar men van de weeromstuit onder vrijheid vaak vrijbuiterij verstaat. In Amerika heerst in bepaalde kringen kennelijk nog een nostalgie naar het pioniersleven aan de 'frontier', waar de overheid ver en het geweer of de revolver vlak bij de hand was. En deze wild-west romantiek is geen Amerikaans privilege. De moderne straf gereglementeerde welvaartsstaat bevordert zulk een neiging ook in het oudere en soms rustigere Europa, ook of juist in ons goede vaderland, waar de frequentie van verbodsbepalingen, op bordjes of op papier, niet alleen lieden benauwt als die Russische emigrant, die mij eens bekende dat hij zich in het oude tsaristische Rusland veel vrijer voelde dan in het Hollandse tuintje met zijn hekjes en perkjes.

Vrijheid is dus een subjectief gevoel: de massamens voelt zich vrij in de collectiviteit die hem boven zijn armzalige eenzelvigheid verheft en hem in een zeker élan meesleept. De brave burger voelt zich vrij binnen de regelen van zijn pijnlijk geordend bestaan, de student binnen de mores die in zijn groep als onaantastbaar gelden. Er zijn volken die liever een inheemse despotie of oligarchie gehoorzamen, dan vreemde heerschappij, ook al schiep die meer orde en welvaart, en in enkele gevallen zelfs meer gelegenheid tot vrije meningsuiting.

'Vrijheid,' aldus Berdjajev, 'kan onbarmhartig zijn. Dostojevski's Groot-Inquisiteur verwijt Christus dat Hij, toen Hij de mensen de last van de vrijheid oplegde, geen medelijden met hen heeft gehad.'[11] De last van de vrijheid is die van de eigen verantwoordelijkheid, zij is ook de opgave van een eigen geestelijk leven, van een zelf in het reine komen met de wereld en met God. Daarbij geloof ik niet dat de mens het zelf verzinnen moet, maar hij moet het veroveren. 'De waarheid wordt in de vrijheid en door de vrijheid doorgrond', om nog eenmaal Berdjajev[12] te citeren. Het eeuwige probleem blijft daarbij, dat de mensen ook *samen* moeten leven en dus de eigen waarheid niet aan de ander mogen opleggen. Aan de andere kant is er geen samenleving, geen staatsbestel denkbaar die niet op zekere grondbeginselen zijn gevestigd. Het probleem van gezag en vrijheid zal daarom ten eeuwigen dage blijven, in het geestelijke zowel als in het sociaalpolitieke vlak, en er is geen theoretische oplossing die voor elke praktijk voldoet. Wij blijven er voortdurend mee geconfronteerd. Een regeringsvorm die orde met vrijheid combineert blijft de moeilijkst verwezenlijkbare van alle. Hetzelfde kan men, mutatis mutandis, voor de internationale samenleving der volken stellen.

Aan het begin van de vorige eeuw zijn er geschiedfilosofen, met name in Duitsland, geweest die de gang van de wereldgeschiedenis zagen als een proces van gebondenheid naar vrijheid. Zij dachten daarbij deze wereldgeschiedenis binnen het raam van de oude wereld van Voor-Azië, Noord-Afrika en Europa. In de oude despotieën was er één vrij, de vorst, in de antieke aristocratische republieken genoten enkelen de vrijheid. Europa zou, met zijn rechtsstaat, de vrijheid voor allen hebben mogelijk gemaakt. De gruwelen van de 20e eeuw, juist in het hart van Europa, moeten ons bescheidener stemmen, afgezien nog daarvan dat weinigen onder ons zich nog zullen verbeelden, de wereldgeest zoals het toen heette – in zijn ontwikkeling zó in de kaart te kunnen kijken. Maar één ding kan men wel zeker zeggen: er is, en nu niet alleen in Europa, maar over de hele wereld, een drang naar emancipatie aan de gang, al gaat die vrijmaking dan niet steeds volgens de regels die voor ons in onze West-Europese rechtsstaten normatief zijn. Het is een gigantisch proces en het verloopt niet zonder schokken en weeën. Het is ook niet steeds een ideële vrijheidsstrijd, het is vaak genoeg daarbij een strijd om de macht en de onderdrukten van heden worden niet zelden de onderdrukkers van morgen. Onze vaderlandse geschiedenis vertoont dit beeld soms ook: de heerschappij der Geuzen was, waar zij gewonnen hadden, heus geen idylle. Echter: wie daarom de geschiedenis niet anders zou zien dan als een oneindige strijd om de macht, als een eeuwige overheersing van mensen en groepen over anderen, waarbij alleen de personen en de naties wisselen, die leeft toch in een gezichtverenging. Het lijkt zo realistisch bekeken: de mens den mens een wolf, homo homini lupus, daar doe je niets aan met alle ethische frasen. Maar het eigenaardige is dat brute macht niet alleen de werkelijkheid vormt. Het is zelfs een politieke blunder van de eerste rang, alleen met materiële krachten en niet *ook* met publieke opinie of wereldgeweten rekening te houden. De werkelijkheid is even gecompliceerd als wij moderne mensen zelf zijn of ons verbeelden te zijn. Albert Verwey heeft het treffend gezegd: 'Wij kleuren altijd de werkelijkheid met het droombeeld van onze wensen; wat wij werkelijkheid noemen is niet anders dan het droombeeld van onze moedeloosheid.' Geestelijke krachten werken ook, en de Franse historicus Paul Hazard, een der groten in zijn vak, heeft zelfs de overtuiging uitgesproken dat *zij* en niet de materiële krachten het leven beheersen. Om het in zijn Frans te zeggen: 'que ce sont les forces intellectuelles et morales, non les forces matérielles qui dirigent et qui commandent la vie'.[13]

Misschien is dit te absoluut gesteld, maar de waarheid die in deze woorden schuilt is onmiskenbaar. Geen beter bewijs daarvoor dan wat *zij* deden, die wij vandaag willen eren. Deze mannen en vrouwen zijn waarachtig niet voor hun gemak, of uit eer- of winzucht in verzet gekomen. Het was ook zeker geen bravoure die hen dreef, maar gewoon het gevoel: zó en niet anders te moeten handelen. Daartoe was uiteraard moed nodig en meer dan dat: geestkracht, om staande te blijven bij de verhoren, in de gevangenissen, in de concentratiekampen. Die kracht konden zij niet altijd putten uit de hoop op persoonlijke bevrijding: voor velen immers is de morgen niet meer gekomen. Dusdoende hebben zij gehandeld naar het bekende woord dat aan Willem van Oranje is toegeschreven en dat spreekt van ondernemen zonder hopen en volhouden zonder te slagen: 'point n'est besoin d'espérer pour entreprendre, ni de réussir pour persévérer'.

Hierdoor hebben zij een geestelijk erfdeel voor ons behoed, dat kort gezegd in deze woorden ligt uitgedrukt: vrijheid in verantwoordelijkheid, vrijheid in gehoorzaamheid aan wat het geweten voorschrijft, 'obediëren in der gerechtigheid'. Naar deze vrijheid te leven en anderen, die haar missen, ernaar te helpen streven, dat is het testament waarop voor ons Leidenaren de datum staat: 26 november 1940.

J.E. BARON DE VOS VAN STEENWIJK

Haec Libertatis Ergo

1965

Gaarne heb ik het verzoek aanvaard om ter gelegenheid van het 25-jarig jubileum van het 'Leidse verzet' een herdenkingsrede uit te spreken. Een herdenking heeft slechts waarde als deze een geestelijke *achtergrond* heeft en tevens een geestelijk *perspectief* bevat. Terugzien zonder tevens vooruit te zien is *onvruchtbaar*, maar vooruitzien zonder terug te zien is *lichtzinnig*. Er is mij dan ook gevraagd de gebeurtenissen van 26 november te herdenken in algemene zin, *sub specie aeternitatis* (in het licht der eeuwigheid) dat wil zeggen niet stilstaande bij de details van wat er toen te Leiden geschied is, maar als 'een schreeuw van hen die hongeren en dorsten naar gerechtigheid', zoals in de zaligsprekingen staat.

We leven met betrekking tot deze herdenking in een overgangssfeer. De generatie die er een rol in speelde is aan deze universiteit aan het uitsterven, maar toch nog talrijk genoeg om de behoefte te gevoelen aan een detailherdenking, daarnaast staat de generatie van onze studenten of van de iets ouderen die deze gebeurtenissen niet beleefd heeft, maar toch hoffelijk genoeg is om te luisteren. En ten slotte is er nog een kleine groep, waartoe ik zelf behoor, die ook de *Eerste* Wereldoorlog bewust heeft meegemaakt. Zij zullen zich herinneren hoe zij toen boordevol kritiek waren op de staatslieden die deze oorlog niet wisten te voorkomen en zelf meenden ze te weten hoe zij dit probleem zouden hebben opgelost, hadden zij het toen voor het zeggen gehad. Maar deze generatie bleek al even ontredderd toen de Tweede Wereldoorlog uitbrak en zij het wél te zeggen had.

Een gebeurtenis waarvan geen tijdgenoten meer in leven zijn kan op tweeërlei wijze in de herinnering voortleven. In het anekdotische genre, zoals het verhaal van de ganzen op het Kapitool of de hutspot op 3 oktober, dan wel in een lapidaire vorm die de wezenlijke kern tracht te vatten, zoals het 'van Alkmaar begint de victorie' of het 'hier sta ik, ik kan niet anders' van Luther.

Zal de 26-novemberherdenking evolueren tot het schema van de tegenwoordige 3-oktoberherdenking, dat wil zeggen tot een haring-, wittebrood- en hutspotfeest met een kermis tot besluit, een dag waartoe burgemeester en rector zich zuchtende opmaken, maar het plezier is voor hen die er een vrije dag uitsleuren en die het feest meemaken met de bij- of liever hoofdgedachte: 'misschien dat ik in de draaimolen wel een aardig meisje ontmoet'? Of zullen wij het kunnen sublimeren tot een kernspreuk als: *haec libertatis ergo* (deze dingen zijn geschied ter wille van de vrijheid)? Deze spreuk is ontleend aan een papieren noodmunt uitgegeven tijdens het Leidse beleg van 1574. Zo wordt een band geslagen tussen 1574 en 1940.

Vondel heeft in 1630, dus 56 jaar na dit beleg, dezelfde titel geplaatst boven een hekeldicht van ruim honderd regels, waarin hij bitter klaagt over de verdrukking die de Arminianen van de Gommaristen ondervonden.

'Men hoort op 't Gravesteen de Christen zielen stenen Griffioenen slaan hun klauw in 't eerlijk burgers goed.'

en iets verder:

'En zulk een logentaal betreedt den stoel der waarheid
En schept erfduisternis uit 's middags heldre klaarheid.'

Naast het *herdenken* geeft dit ons ook stof tot *nadenken*. Vijf en vijftig jaar nadat de Leidse universiteit als *Praesidium libertatis* (bolwerk der vrijheid) was opgericht zaten in het Gravesteen, op enkele meters afstand van de plaats waar we ons thans bevinden, burgers 'om der consciëntie wille' gevangen. Thans ligt de herwonnen vrijheid twintig jaar achter ons. Hoe zal het in Nederland zijn als dit tijdstip 50 jaar achter ons ligt?

Dit is een vraag die onze huidige studentengeneratie in het bijzonder raakt, want op dat tijdstip zullen zij de leiding hebben. Laten zij waken opdat er dan niet een moderne Vondel opstaat die zal moeten klagen: 'Wat bleef er van de vrijheid over die wij in 1945 ontvingen en waarvoor Cleveringa op 26 november 1940 de banier hief!'

Laten zij zich realiseren dat de adempauze in onze vrijheidsstrijd, die het twaalfjarig bestand ons schonk, werd misbruikt door de droevige scheuring die er in de pas verworven godsdienst- en gewetensvrijheid ontstond. Het moet ons hier wel tot bescheidenheid manen dat deze verdeeldheid die aan onnoemelijk veel mensen leed heeft berokkend en enkele van onze grootste geesten, als Oldenbarnevelt en Hugo de Groot, op het schavot of in ballingschap bracht, is ontstaan uit een Academisch dispuut dat via de kansel op straat kwam!

Zeg niet dat ik spoken zie, we leven in een tijd van *Umwertung aller Werte* zoals Nietzsche zei. In één generatie beleven we dat vrienden vijanden worden en vijanden vrienden. Bedenk bijvoorbeeld de affectieve waardering van Rusland in het verleden, in het heden en... in een nabije toekomst wellicht.

Een ervaren schipper voelt een storm aanzwellen uit een koeltje dat opsteekt, hij geeft nauwlettend acht op het wolkje als een manshand dat uit zee opkomt, zoals Elia dat zag op de berg Karmel, (I Kon. 18 vers 44) en waaruit een plasregen zou neerdalen. Ik zal u op een paar van zulke wolkjes wijzen.

Eén van de vrouwelijke helden uit het verzet, die misschien thans wel onder mijn gehoor is, vertelde mij haar ervaring toen zij, reeds jaren geleden, met een meisjesstudente sprak over de risico's van het verzet; dit meisje antwoordde toen: 'nou ja, maar jullie deden toch ook dingen die feitelijk verboden waren'. En kort na de bevrijding verscheen er in een weekblad een 'cartoon' om het in goed Hollands te zeggen, waarop een jong echtpaar staat afgebeeld, op het punt hun grootouders te gaan bezoeken. De man zegt tegen zijn vrouw: 'Als Opa weer over Michiels-Gestel begint gaan we dadelijk naar huis.' Een wrange grap die blijk gaf van een vooruitziende geest.

Daarom heb ik thans mijn gedachten geconcentreerd op de twee volgende vragen: *wat is vrijheid*? en: *wat hebben wij met die vrijheid gedaan*?

Wat is vrijheid; die vraag had Socrates kunnen stellen en zij brengt ons in dezelfde verlegenheid waarin hij zijn gesprekspartners placht te brengen. Als men iemand onverhoeds met die vraag op het lijf valt, dan antwoordt de eenvoudige van geest: 'nou, vrijheid dat is als je vrij bent om te doen wat je wilt' en als je hem dan antwoordt dat men een begrip niet met behulp van het woord zelf mag definiëren, dan zegt hij misschien: 'vrijheid, dat is als er niets verboden is'.

Maar dan definieert hij niet de vrijheid, maar de ongebondenheid. Dat is de vrijheid van de Cyclopenwereld, waarvan Homerus ons verhaalt:

'Geen openbaar overleg zij kennen of vaste geboden
Maar op de toppen zij huizen van hoogopgaande gebergten
Binnen hun welvende grotten en niemand moeit zich om den ander.'

Dat is de vrijheid krachtens welke de Cycloop de makkers van Odysseus met hun hoofden tegen de rotsen sloeg dat hun hersens in 't rond spatten. Het waren juist *zulke* dingen waartegen wij uit naam van de vrijheid protesteerden.

Vrijheid is dus een ambivalent begrip. We verzetten ons uit haar naam als men ons dingen wil laten doen die met ons zedelijk gevoel in strijd zijn, maar we erkennen tevens dat we door dezelfde zedenwet in onze vrijheid beperkt worden, daar we de belangen van onze medemens moeten ontzien en het algemeen belang behoren te dienen. Elke maatschappelijke ordening bestaat alleen bij de gratie van de gebondenheid aan een systeem van wetten, verordeningen en voorschriften en – op een lager niveau – van taboes of 'hoe hoort het eigenlijk regels'.

Nu zijn er allerlei gradaties denkbaar in het op elkaar afstemmen van de vrijheid van het individu en de eis ener geordende maatschappij. De Franse revolutie ging uit van de trits 'vrijheid, gelijkheid en broederschap' en in naam van de vrijheid sloegen ze elkaar de kop af. Het nationaalsocialisme verkondigde het andere uiterste: 'de individuele mens is niets, de partij is alles' en sloeg de mensen ook de kop af of beroofde ze op geraffineerder wijze van het leven.

Bij het afwegen van de vrijheid van het individu tegenover de eisen van de samenleving is de middenweg het veiligste, maar als we daaruit een definitie van het begrip vrijheid trachten te distilleren krijgen we een gerelativeerde omschrijving die ons onbevredigd laat. Ik wil trachten het begrip kernachtiger te omschrijven: *Vrijheid bezitten we als we de stem van ons geweten kunnen volgen.*

Dat is kort en bondig en dekt goed de uitspraak van Luther. Nu bestaat er echter een ruime schakering van gewetens, van heel nauw tot heel ruim en bij de toepassing komen we voor problemen als die van de dienstweigeraar, van de vrije boeren van Koekkoek of van de *Christian Scientist*, die geneeskundige hulp voor zijn zieke kind weigert. Onze maatschappij aanvaardt het eerste bezwaar, is bezig overstag te gaan bij het tweede, maar trekt de grens bij het derde. Maar grensincidenten zijn bij elke definitie mogelijk, zo veelvormig is nu eenmaal onze maatschappij.

Een scherpslijper zou nu kunnen aanvoeren: u verplaatst de moeilijkheid, want nu brengt u het probleem terug tot de definitie van het geweten. Hier maak ik echter halt, als u de stem van het geweten niet kent, of liever niet *erkent*, dan antwoord ik u met Faust: 'Wenn ihr's nicht fühlt, ihr werdet's nie erjagen.'

Dit toch was in wezen de aanleiding tot ons verzet tegen de bezettingsautoriteiten, dat de stem van het geweten in ons volk werd wakker geschud. Bij de een krachtiger dan bij de ander, soms verstikt door het eigenbelang, maar de vrijheidsdrang die ontwaakte was toch in wezen de stem van ons geweten die ons toeriep iets niet te dulden, ongeacht de risico's die dit voor ons meebracht. Bij de besten van het verzet sprak deze het luidst en zó moge het verzet in het algemeen en het Leidse verzet in het bijzonder de geschiedenis ingaan.

Het college van Cleveringa op 26 november is de rechtstreekse aanleiding dat we deze dag herdenken. Hij gaf gestalte aan wat er gistte onder de universitaire bevolking bij het ontslag van Meijers en van de Joden in het algemeen. Het waardige, in onberispelijke vorm gehouden protest, is de fiere vlag geworden waaronder het studentenverzet zich ontplooid heeft.

Terecht wees echter Prof. Den Boer er in 1958 van deze plaats op dat we hiernaast mogen stellen het ultimatum van de Leidse studenten op 13 februari 1941, nadat de numerus clausus voor Joodse studenten was ingesteld, waaruit hij aanhaalt: 'De Leidsche studenten, hunne tradities getrouw, na onderling overleg, stellen hierbij hun voorwaarden waaronder zij de heropening hunner universiteit kunnen steunen en instaan voor het herleven van een ordelijke studentengemeenschap.' Zij eisten onder meer: 'garantie van de Overheid tegen enige toekomstige maatregel indruischende tegen of ingrijpende in van ouds geëerbiedigde principes in de Nederlandsche studentenwereld'. En verder: 'Wij hebben den moed en de eendracht om trouw te blijven aan onze grondbeginselen.'

Niet ijdel waren die woorden welke verscheidene studenten met hun bloed bezegelden. Nooit hebben professoren en studenten van de Leidse universiteit zich zó een gevoeld.

Maar nu blijft er nog een tweede vraag te beantwoorden: wat hebben wij gemaakt van die vrijheid die ons, vier en een half jaar na het Leidse verzet, geschonken werd? Want men kan iemand de vrijheid wel *schenken*, maar de waarde van dit geschenk wordt geheel bepaald door het gebruik dat de ontvanger er van maakt. Niets is er dat zich gemakkelijker laat misbruiken dan juist die vrijheid. Wij wáren er toen niet met samen te zingen: 'Wij leven vrij, we leven blij op Neerlands dierb'ren grond.'

Toen een veldprediker van de Canadese troepen die Nederland bevrijd hebben in de Bavokerk te Haarlem een dankdienst leidde en de vele gevallenen herdacht, zei hij tot de overlevenden: 'We want an excuse for living.' Wij moeten in ons voortleven het geschenk heiligen dat we ontvangen hebben.

Wat een plannen werden er in het laatste bezettingsjaar niet gesmeed! Toen de illegale pers als legale pers voor het voetlicht trad koos zij als 'slogan': *Trouw* aan de *Waarheid* zij ons *Parool*. Dit motto was ontleend aan hun namen en aardig gevonden, maar trouw aan onze partij was dichter bij de *waarheid* geweest.

Ook op universitair gebied waren er vele plannen. Alle studenten in één organisatie, één *Universitas Neerlandica* die alle universiteiten zou overkoepelen. Men verloor daarbij uit het oog dat verscheidenheid een natuurlijk gevolg is van vrijheid, vooral van vrijheid van meningsuiting. Die verscheidenheid is op zichzelf een goed verschijnsel, al maakt ze de bestuurstaak niet gemakkelijker. En met het resultaat is niemand tevreden: 'du choc des opinions jaillit la vérité' is een adagium van twijfelachtig allooi. Schopenhauer zegt ergens dat de mate van voorspoed kan worden afgemeten aan de aard van de dingen waarover een mens zich beklaagt, want klagen doet hij nu eenmaal altijd. Neemt u maar eens de proef, u zult zien hoe waar die boutade is.

Toen de bevrijding werkelijkheid was geworden moesten we de hand aan de ploeg slaan en maakte getheoretiseer plaats voor de onmiddellijke eisen van de praktijk. Ik heb het voorrecht gehad het herstel van onze universiteit van het begin af te mogen meemaken en kan dus uit ervaring spreken. Het is voor wie het niet van nabij gezien heeft gewoonweg onvoorstelbaar in welk een ontredderde toestand deze toen verkeerde, terwijl drommen aanstaande studenten stonden te trappelen om toegelaten te worden.

Het College van Herstel, zoals het curatorencollege aanvankelijk heette, bestond uit slechts drie leden, die allen 'homines novi' waren, alleen de secretaris vormde een band met het vooroorlogse verleden. Deze leden hadden bovendien elk voor zich andere ambtelijke bezigheden welke in die periode eveneens bijzondere zorg eisten. Zij kregen niet alleen als opdracht de universitaire machine weer zo spoedig mogelijk op gang te brengen, maar moesten tevens als commissie van zuivering dienst doen, dat wil zeggen alle klachten over collaboratie met de vijand onderzoeken. Ons College mocht niemand tot zijn bediening toelaten die niet eerst op ons advies door de competente overheid, dat was toen het Militair Gezag, gezuiverd was. Voorts ontbraken alle technische hulpmiddelen, het was alsof men met blote handen een ingestort huis moest gaan opbouwen.

Het College van Herstel vergaderde bij kaarslicht en werd beloond met een hap uit de Centrale keuken die de naam van hondenportie nauwelijks verdiende. De 'tour de force' van de Faculteit der Natuurwetenschappen die het klaarspeelde in drie zomermaanden een eerste groep medici door de propaedeuse heen te jagen, zodat in oktober 1945 een tweede lichting de medische studie kon beginnen, heeft mijn oprechte bewondering gewekt. Men at en sliep zelfs in de laboratoria. In de bioscopen werd college gegeven. De universiteit geleek in die eerste jaren op een schooljongen die zó snel groeit dat zijn polsen en enkels voortdurend uit mouwen en broekspijpen steken, terwijl de prijs voor nieuwe kleren waarnaar hij snakt steeds hoger wordt. Onder zulke omstandigheden was er geen tijd voor rustig beraad over de *theoretische* grondslagen waarop een toekomstige universiteit behoort te berusten.

Zodra de Regering weer zelf de teugels in handen genomen had benoemde zij een 'Mammoetcommissie' van 93 leden die een advies zou moeten uitbrengen over de toekomstige inrichting van het Hoger Onderwijs. Voorgelicht door talloze subcommissies bracht deze een stuk ter wereld dat niet zozeer een advies was dan wel een compendium van de, vaak elkaar tegensprekende, adviezen die bij haar ter tafel waren gebracht.

Dat de minister hier niet veel mee kon beginnen was duidelijk en deze ging – ik denk in arren moede – toen tot het andere uiterste over door een commissie van drie leden te benoemen, die een meerderheidsrapport van twee van haar leden uitbracht en een minderheidsnota van het derde lid. Een derde commissie van vier leden legde de grondslag voor de nieuwe Hoger Onderwijswet.

Onder de bezetting werden we het gemakkelijker eens. De Duitsers moeten er uit, ons land moet weer vrij worden en dan zullen we wel verder zien. Nu hebben we twintig jaar lang 'verder kunnen zien'. Velen zijn teleurgesteld, ontmoedigd, ja verbitterd. Want er wordt weer getwist, de politieke partijen zitten elkaar in de haren, we zien veel onrecht geschieden. De mens heeft – evenals na de Zondvloed – de oude Adam niet afgelegd. Wie dat onder de bezetting voorspelde werd onwillig aangehoord, men meende dat het mensdom gelouterd uit de zware beproevingen te voorschijn zou komen om een betere maatschappij op te bouwen op de puinhopen van de oude.

Het was goed dat we zo dachten, evenals het goed was dat we gedacht hebben dat de bezetting maar kort zou duren, we hadden die last anders geen vijf jaren kunnen dragen. Maar de gedachte was naïef, want de geschiedenis is daar om het ons anders te leren. Maar we dachten toen niet aan wat gedurende het twaalfjarig bestand in Nederland was geschied.

De oorlog kweekt helden, brengt wonderen van zelfopoffering, van plichtsbetrachting voort, maar de oorlog trekt ook velen, al te velen helaas, naar beneden, maakt de banden van de moraal op allerlei gebied losser, of dit nu huwelijksmoraal, zakenmoraal of politieke moraal betreft. En dit kwaad eindigt niet met het 'cease fire', deze boze geesten moeten getemd worden en dat vergt een ander soort heldenmoed, een *ander* soort opoffering. Hier geldt dat wie zichzelf bedwingt sterker is dan hij die een stad verovert.

In *dit* kwaad ligt de bron van onze teleurstelling, van onze ontgoocheling en niet in het feit dat we van mening verschillen op welke wijze de Staat bestuurd moet worden of in de vraag of Nederland een vrije of gebonden economie moet hebben. Dat deze verschillen bestaan, of liever dat ze tot uiting komen – want ze *bestaan* overal – vormt het wezen van onze democratische staatsvorm, welke we als exponent van onze herwonnen vrijheid beschouwen. Dat de politieke partijen in ons volk gegrondvest zijn op een levensbeschouwing en niet in de eerste plaats op materiële belangen is een goede eigenschap van ons volk. Op dat gebied behoeven we bij niemand in de leer te gaan. Onze studenten onderscheiden zich ook op dit gebied gunstig van die in vele andere landen die altijd bereid zijn zich de straat op te laten sturen om voor een of ander politiek doel herrie te schoppen, waarbij men hun dan de kastanjes uit het vuur laat halen, terwijl de hoogste wijsheid van de regering dan is de universiteit maar te sluiten, waarmee deze zichzelf eigenlijk een brevet van onvermogen geeft.

Maar *wij* kunnen hier eendrachtig samenkomen terwijl onze opvattingen hoe het land bestuurd moet worden of hoe ons onderwijs ingericht moet worden verschillen. Wij beseffen daarbij dat we dit behoren te doen met eerbiediging van ieders recht om daarin met ons van mening te verschillen. Wie dit recht aan een ander ontzegt sluit zichzelf buiten onze gemeenschap. Wat ons immers het meeste ergerde in die Duitse methodes was juist die volkomen minachting voor de persoon, die volkomen onderworpenheid naar lichaam en geest aan wat de Führer dicteerde.

We hebben ons *Land* en *Onze Vorstin* lief, maar wij aanbidden niet de abstractie van de *Staat*, die we zelf hebben *gevormd* en zullen blijven *vervormen*, opdat hij de belangen van zijn burgers het best moge dienen.

Tot besluit kom ik terug op de woorden van de Canadese veldprediker. 'We want an excuse for living' betekent dat wij, die tot de overlevenden behoren – en dit geldt ook voor hen die na de bevrijding geboren zijn, want hadden hun ouders de oorlog niet overleefd, zij waren nooit geboren – wij allen moeten een prijs betalen voor het leven dat we behouden mochten en die prijs kan geen andere zijn dan dat we een krachtig front vormen tegen het zedelijk bederf, dat als een droesem uit de oorlog overbleef. We hebben – ieder op ons eigen terrein – te trachten iets *goeds* te maken van het leven dat ons genadiglijk gelaten werd. Wij beseffen dit verschuldigd te zijn aan hen *die gevallen zijn opdat wij vrij zouden zijn*. Niet alleen *vrij*, maar ook *der vrijheid waardig*.

Dan zullen zij die hongeren en dorsten naar gerechtigheid verzadigd worden.

B.W. SCHAPER

Tussen gisteren en morgen

1966

Er is hier reeds herhaaldelijk op de 26e november de vraag gesteld naar de zin en de mogelijkheid van deze herdenking. Al is ook in mijn betoog deze vraag voortdurend op de achtergrond aanwezig, zo wil ik toch voorop betuigen, dat ik in deze zin geloof en dat mijns inziens de 26e november het voorlopig nog wel houden zal.

Ik zou mij om te beginnen daarbij op twee uitspraken willen beroepen. De eerste, van een vooraanstaand Nederlander afkomstig,[1] luidt: 'Een volk dat zijn verleden vergeet, verspeelt zijn recht op de toekomst.' Zo op het eerste gehoor spreekt zij, in haar lapidaire vorm, ons wel aan, bij nadere overweging roept zij ook wel bedenkingen op, o.a. met het oog op die vele jonge naties die nauwelijks een verleden hebben en toch onverschrokken een toekomst voor zich opeisen. Het is misschien dan ook een adagium voor een wat oudere wereld. Het sluit goed aan bij die klassieke omschrijving van wat een natie uitmaakt, hier lang geleden ook in Leiden uitgesproken door Ernest Renan: 'avoir fait de grandes choses ensemble, vouloir en faire encore...'.[2] De pregnante formule is niet voor niets afkomstig uit een volk dat meer dan eens verscheurd dreigde te worden tussen de nostalgie naar gisteren en de aspiratie naar morgen. Wij zijn voldoende door eenzelfde innerlijke tweestrijd aangetast om eveneens onder de indruk te komen van zo'n soortgelijke, wat archaïsche uitspraak, als hiervoor aangehaald: 'een volk dat zijn verleden vergeet, verspeelt zijn recht op de toekomst'. Alsof ook wij niets te vergeten zouden hebben!

Van een andere teneur is het woord dat een onzer historici heeft meegegeven aan het relaas waarin de ondergang van een vitaal deel van onze natie wordt geboekstaafd. Presser zette boven zijn *Ondergang* de uitspraak van de Duitse schrijver Albrecht Goes: 'Er moet vergeten worden, want wie zou kunnen leven, die niet vergeten kan? Maar soms moet er iemand zijn, die gedenkt...' Dat mag ook gelden voor de zoveel minder áángrijpende, maar toch nog altijd zeer ingrijpende lotgevallen van de Leidse universitaire gemeenschap in de oorlog van 1940–'45. 'Soms moet er iemand zijn, die gedenkt.' Ik hoop in deze delicate opdracht voor dit jaar niet tekort te schieten.

Het leek mij gepast, mede in verband met de zo hoog gewaardeerde aanwezigheid van een aantal Franse geleerden hier in deze bijeenkomst,[3] het velen reeds vertrouwde thema van protest en verzet in een internationaal kader te plaatsen, al ontbreekt het daarvoor toereikende materiaal. Ik moet mij dan ook tot enkele typische voorvallen en manifestaties van het universitair en studentenverzet in Europa beperken om daaraan de Leidse ervaringen te toetsen.

Uiteraard gaat daarbij het land van onze gasten voorop. Waar het bestaan van enig systematisch overzicht mij onbekend bleef, ook bij navraag bij het onvolprezen Rijksinstituut voor Oorlogsdocumentatie, ben ik al blij met twee berichten uit de Franse sfeer. Het was in november 1940 en wel op de Elfde, Wapenstilstandsdag, dat in Parijs, naar onze betreurde historicus Bartstra heeft medegedeeld, 'een eerste belangrijke demonstratie van symbolisch verzet' plaats vond. Het waren – aldus Bartstra – 'les étudiants de Paris et leurs maîtres', die in gesloten gelederen langs de Champs Élysées marcheerden naar de Arc de l'Étoile. Met machinegeweren veegden de Duitsers de avenue leeg. Er vielen doden en gewonden. De Sorbonne werd gesloten, de rector ontslagen. Eerlang drukten de studenten in de kelders van het universiteitsgebouw een clandestien blad, de *Défense de la France*, dat op het eind van de bezetting in honderdduizenden exemplaren verspreid werd.[4] Over andere dan nationale motieven bestaat geen zekerheid, behalve een negatieve: dat het geen anti-Joodse maatregelen waren die tot deze demonstratie leidden. Wel werden voorop twee stokken gedragen: *deux gaules*, die duidelijk signaleerden hoe scherp anti-Duits en anti-pétinistisch deze manifestatie geladen was.

Het tweede bericht is een 'témoignage strasbourgeois', uit dat grensgebied, dat zo vele littekens vertoont van de talloze lotswisselingen die het verdeeld Europa in zijn verleden heeft doorgemaakt. *De l'Université aux Camps de Concentrations* is de titel van een lijvige bundel getuigenissen,[5] maar die behelst eigenlijk nog een *understatement,* want de Straatsburgse universiteit was onder de oorlogsbedreiging al tevoren overgeplaatst naar het 'veiliger' Clermont-Ferrand. Hoe betrekkelijk die veiligheid was, bleek die 25ste november 1943 – vandaag dus precies 23 jaar geleden – toen een razzia honderden studenten en hun leermeesters verraste.[6] Het was trouwens niet de eerste keer, maar wel in die omvang. Het genoemde werk bevat de trieste rapportage van de ervaringen van tientallen slachtoffers langs de lijdensweg van Duitse gevangenissen en concentratiekampen. Bijna 70 cives van de Straatsburgse universiteit keerden nimmer van deze reis terug. Wat in de getuigenissen der overlevenden opvalt is die merkwaardige wederkerige gebondenheid van docenten en studenten, van de 'étudiants et leurs maîtres', die vooral in het verleden zo karakteristiek kon zijn voor het Franse universitaire leven. Een gebondenheid, die in het uur der beproeving zijn edelste gehalte openbaarde. Vindt u het vreemd, ook dezen ter gelegenheid van onze 26e november te herdenken?

Mijn keuze is verder vrij willekeurig, grotendeels door het materiaal bepaald.

De Noren, ondanks de schandvlek hun door de naam Quisling bezorgd, deden hun reputatie van koppigheid alle eer aan. Professoren en studenten namen daar gelijkelijk hun aandeel in het verzet. Op 30 november 1943 werden 1200 studenten en 30 hoogleraren gearresteerd. De universiteit van Oslo, die door haar hele ontstaansgeschiedenis een nationaal symbool is, was reeds eerder gesloten, toen de rector protesteerde tegen Nazi-benoemingen. Hij is ervoor beloond met Sachsenhausen. Ook honderden studenten werden naar Duitsland gedeporteerd, en naar de grenzen van het Reich gezonden toen zij onbekeerbaar bleken.[7]

Tegenover de volken van Oost- en Midden-Europa waren de Duitse heren bijzonder kort aangebonden. Wanneer in Praag op de internationale feestdag, de 28e oktober 1939, tijdens het Duitse bezettingsregime, bij massale demonstraties een student gedood wordt, geeft de begrafenis aanleiding tot een monsterbetoging van de studenten. Daarop sluiten de Duitsers in november '39 alle Tsjechische hogescholen, tot het eind van de oorlog.[8]

Een typisch Poolse vorm van verzet was de organisatie van een volstrekt clandestien hoger onderwijs, nadat de universiteit van Warschau gesloten was, de professoren van Krakau waren gedeporteerd en in september '41 alle hoger onderwijs was opgeheven. 2500 studenten voltooiden hun studie op clandestiene wijze, 150 wetenschappelijke werken werden clandestien gedrukt en verspreid. Wie zich de memoires van Madame Curie herinnert, zal in een en ander de onverwoestbare levenswil van het Poolse volk herkennen onder alle vreemde regimes. Daarbij stonden de universiteiten te allen tijde, vroeger, later en ook nu, vooraan.[9]

In de meeste andere landen heeft het studentenverzet zich in de anonimiteit verenigd met de weerstand van andere sociale groepen, zonder een eigen identiteit te verwerven. Het zij verre van ons, deze nationale solidariteit achteraf te willen verbreken. Alleen ons thema dwingt tot verbijzondering, waar aaneengeslotenheid de grootste kracht en verdienste was.

Bij onze oppervlakkige terreinverkenning vonden we echter nog één studentenverzet van eigen signatuur, en wel in het hart van de bezetter zelf: in Nazi-Duitsland. Het is misschien juist nu meer dan ooit het moment, dit authentieke Duitse verzet tot zijn recht te laten komen.

Wie het kleine epos van Inge Scholl over *Die Weisse Rose* leest, wordt getroffen door twee bijzondere aspecten. Allereerst: hoeveel moeilijker was het binnen dit volk zelf de stem van het menselijk protest te verheffen; in welk een dodelijk isolement volbrachten deze jongeren hun uitzichtloze taak, dwars tegen de eigen collectiviteit in. Onwillekeurig komt daarbij het beeld van de 'onbekende soldaat' voor de geest, dat de Duitsers in óns midden hebben achtergelaten, namelijk van die eenvoudige dienstplichtige die weigerde de Rauter-executies uit te voeren en toen erbij werd gezet. De man die, volgens de Nederlandse verzetsman Van Randwijk, misschien voor ons allen toen de oorlog gewonnen heeft, namelijk 'in zijn solidariteit met de medemens tot in de barmhartigheid'.

Maar de cives van de Münchense universiteit verrassen in de tweede plaats door hun grote geestverwantschap met het beste, dat wij in de Nederlandse academicus terugvinden: een nuchtere plichtsbetrachting, opgewektheid tot in het uiterste, zonder zware pathetiek. 'Wat zij wilden', vertelt Inge Scholl, de zuster van twee der slachtoffers, 'was dat wij, mensen als jij en ik, in een menselijke wereld leven kunnen. En daarin steekt wellicht het grote, dat zij opkwamen voor zo iets eenvoudigs en daarvoor hun leven op het spel zetten...'[10]

Hier zijn we dunkt mij geheel in de sfeer en het klimaat van het Nederlandse universitaire verzet, van onze 26e november incluis. Want wat bij een nadere bestudering van de getuigenissen ook daarvan opvalt, is die uiterlijke nuchterheid bij een intense innerlijke geladenheid, die zorgvuldigheid, in argumentering, maar ook in *timing* en begrenzing van risico, die wel door en door van Hollandse potaard is.

Natuurlijk heerste er een enorme spanning die ochtend, toen Cleveringa in het Groot Auditorium zijn waardig protest voordroeg tegen wat met de Nederlandse tradities en met het nationale en internationale recht in flagrante strijd was.

Cleveringa gewaagde ervan, hoe zijn gevoelens als kokende lava uit hem dreigden te barsten en aan het eind ontlaadde de spanning zich dan ook in een massaal gezongen volkslied. Maar hoe zorgvuldig zijn de juridische argumenten in zijn aanklacht verwerkt, zoals trouwens in alle toen door grote juristen als Scholten, Telders e.a. opgestelde stukken. In Cleveringa's laatste woorden was een waarschuwing vervat tegen 'nutteloze dwaasheden'. Tevoren had hij echter zijn instemming betuigd met het voornemen van de studenten, het collegebezoek een week lang als protest te onderbreken, maar onder voorwaarde van het nalaten van 'handtastelijkheden en ordeverstoringen'. De navolgende studentenstaking maakte op de Duitsers des te meer indruk, omdat zij geruisloos verliep. 'Nichts ist hier organisiert, doch alles stimmt', was hun verbaasde commentaar. En hun repliek was de arrestatie van Cleveringa en de sluiting van de universiteit.[11]

Wij kunnen de lotgevallen van de Leidse universitaire gemeenschap hier verder niet op de voet volgen. Niet alles 'klopte' altijd zo precies. Er waren ook zwakke momenten. De geschiedschrijving toont nog veel lacunes en vergissingen, zoals onlangs bleek in een overigens verdienstelijk, in het Nederlands vertaald werk over de Nederlanders onder Duitse bezetting, waarin het Leidse verzet op een gegeven moment wordt gereduceerd tot het optreden van slechts één faculteit.[12] Niet altijd zullen wij bij zulke gelegenheden een Van der Woude in ons midden hebben, om de dingen recht te zetten. Zoals rechtzettingen ook niet altijd zullen baten, naar de nimmer ingetrokken aantijgingen uitwijzen jegens een Leidse verzets-'legende', uit Amsterdamse petinistische bron afkomstig.[13] Het is niet uit lokaalpatriottisme, als wij de faam van de 26e november zuiver willen houden. Het is omdat wij er een symbool in zien van het beste, dat toen in de Nederlandse universitaire wereld leefde en elders, buiten Leiden, in soortgelijke vormen, zoals in Delft, of in andere gedaante, ook in het algemeen verzet, tot uiting kwam.

Wat ons in het gedrag van de leden van de Leidse civitas in oorlogstijd, bij hoogleraren en studenten beide, opvalt is allereerst een scrupuleus verantwoordelijkheidsbesef. In de woorden van Van Asbeck: 'het was altijd weer de vraag van tactiek in onze strijd, die ging om de diepste beginselen van menselijk bestaan en samenleving, met welke beginselen we niet mochten schipperen.'[14]

Vervolgens is er een zuiver instinct voor de waarden en symbolen, waarvoor men bereid was tot het uiterste te gaan. Dat deze 'prachtig-dwaze' demonstratie – het woord is van Bartstra – tegen de uitstoting van het Joodse volksdeel gericht was, bracht haar meteen op een bovenlokaal en zelfs bovennationaal plan en tevens op één niveau met de even 'prachtig-dwaze' Februaristaking van de Amsterdamse arbeiders.[15]

En toch spreekt uit dat, wat ons met name ook uit het studentenverzetsorgaan *De Geus* tegemoet komt, een nuchtere werkelijkheidszin, die alle frasen, maar ook alle sofismen doorprikt, een bereidheid tot rekenschap en begrip, een geestelijke zindelijkheid, kortom een intellectuele en morele integriteit, die sinds de oude Socratici de zelfstandig denkende geest kenmerkt.

Men heeft mij verzocht hier de vraag te behandelen wat onze novemberherdenking de hedendaagse jeugd te zeggen kon hebben. Ik zou hiervoor met een verwijzing naar het voorafgaande kunnen volstaan. Maar er is gerechte twijfel mogelijk of die boodschap zonder meer door de hedendaagse jeugd zal worden verstaan of aanvaard.

Ik zou niet graag hieraan een hele verhandeling willen vastknopen over de hedendaagse jeugd, studerend of niet. Er is wellicht geen vaker misbruikt stereotype dan dat van 'de jeugd' of 'de student', vooral in een tijd waarin er onder de beoogde leeftijdsklassen een bijzondere gisting en een diepgaande transformatie gaande is. Want dat er onder degenen, die op de overgang naar de volwassenheid verkeren een crisis heerst die de normale evenwichtsstoornissen aan deze leeftijd verbonden te buiten gaat, is onmiskenbaar. De vraag rijst in hoeverre die crisis, die stellig mede voortkomt uit de verhoogde spanning tussen een vervroegde lichamelijke en een vertraagde geestelijke rijpheid, tevens symptoom is van een algemeen sociaal en cultureel overgangsproces.

Men behoeft geen bijzonder diepgaande analyse van de eigentijdse verschijnselen toe te passen om te constateren dat wij in een typische kenteringsperiode verkeren. De impulsen, ten goede en ten kwade, uit de Tweede Wereldoorlog en zijn afloop voortgekomen, lopen op hun eind. Krachten en stromingen, die een nieuwe signatuur dragen, zijn nog slechts vaag herkenbaar en vol tegenstrijdigheden. Dat brengt zijn bijzondere beproevingen mee. Tussen gisteren en morgen is er zelden ruimte voor een 'bright confident morning' en heel vaak is het nog nacht in de middag. Tot een nieuwe 'diagnose van het geestelijk lijden van onze tijd' mogen zich velen geroepen voelen, weinigen zijn ertoe bekwaam. Zelf zou ik niet gaarne mij aan een poging wagen, hier de baan te betreden van onze grote Leidse voorganger Huizinga. Maar dat hij in onze tijd stof te over zou vinden voor een tafereel, waarin de schaduwen van morgen nog zwaarder zouden zijn gearceerd dan in zijn geschrift van 1935, mag men wel zonder meer aannemen.

Ik mag er evenwel wellicht aan herinneren, dat Huizinga zijn voordrachten, die in het algemeen een pessimistische en ook wel negativistische inslag hadden, besloot met een opmerkelijk vertrouwensvotum aan de jongere generatie van toen: 'al de losmaking van banden, verwarring van gedachten, verstrooiing van aandacht en verplaatsing van energie', zo sprak hij, 'heeft haar niet zwak, noch traag, noch onverschillig gemaakt. Zij schijnt open, ruim, spontaan, vaardig tot genieten maar ook tot ontberen, snelberaden, moedig en van grote zin.' Bijna te mooi om waar te zijn. En toch heeft de ervaring, in oorlogstijd met die generatie opgedaan, dit vertrouwen in haar niet beschaamd.

Het gaat niet aan hier de ontwikkeling die deze studentengeneratie in en na de oorlog heeft doorgemaakt en met haar het hele universitaire bestel, zelfs maar kort te schetsen. Het ontstaan en de realisering van de civitas-idee moge bekend worden geacht. Of zij altijd voldoende op haar waarde geschat wordt, is een andere zaak. Wellicht is het geoorloofd erop te wijzen dat er thans krachten aan het werk zijn die soms onbewust die civitas en haar verdere ontwikkeling dreigen te ondermijnen. Waarmee ik niet alleen diegenen op het oog heb die in onstuimigheid haar overspannen, maar ook die restauratieve tendenties, die van 1945 af op elk terrein der Nederlandse samenleving actief waren en maar al te gretig elke kans aangrijpen om de klok terug te zetten.

Zo is er ook heel wat verschil van mening over de 'politisering' van de universitaire gemeenschap. De beproeving van de oorlogsjaren heeft velen in academische kring uit hun ivoren toren gehaald en voor hun maatschappelijke verantwoordelijkheden geplaatst. Ik wil niet beweren dat het studentenverzet geladen was in 'partijpolitieke' zin: men behoeft er slechts *De Geus* op na te lezen om de angstvalligheid op te merken waarmee de toenmalige leiders zich van een ideologisch engagement onthielden. Maar de strijd voor de beginselen van vrije wetenschapsoefening was toen zelf een politiek engagement. En dat het om beginselen ging, ook bij mannen als Cleveringa, al liepen die uiteraard niet met borden, dat kunnen ook de spitsvondigste, hyperintellectuele betuttelaars van een latere generatie niet wegredeneren.

Maar de naoorlogse ontwikkeling en de sociale structuurveranderingen, die ook de universiteit sterker en anders beroerden dan de generatie van het verzet zich ook maar kon voorstellen, hebben een politisering in een veel feller gekleurde zin gebracht.

Ik acht dit op zichzelf uitermate gezond, ook al kan ik de vormen en terminologie van discussie en agitatie niet altijd bewonderen. Het was natuurlijk ook al in mijn studententijd lang niet meer zo dat de studenten een geprivilegieerde, exclusieve kaste vormden, waarvan de Leidse almanak in 1847 vermeldde dat zij 'bevrijd waren van alle persoonlijke diensten of lasten, die aan de overige burgers opgelegd mochten worden. Van tollen en belastingen is de student vrij,' juichte dit Leidse 'heren-boekje'. Maar wat zich na de Tweede Wereldoorlog aan openheid van de Nederlandse studentensamenleving naar het wereldgebeuren manifesteerde, is nog altijd een verrassing voor diegene die de aarzelingen en weerstanden ervaren heeft die sociale verantwoordelijkheid en haar openlijke betuiging bij een vroegere studentengeneratie opriepen.

Ik meen dat de Nederlandse studenten zich in het gewoel der gebeurtenissen redelijk hebben weten te oriënteren en zich in de universitaire wereldcontacten een eigen positie hebben opgebouwd, al zijn er zo nu en dan nog wel eens symptomen van krampachtigheid, die aan een oude 'plein-vrees' herinneren. De Leidse civitas blies daarbij zijn bescheiden, maar soms duidelijk herkenbare partij. Natuurlijk liet men wel eens verstek gaan of was er een wanklank. Maar als het om de geestelijke erfgoederen van ons volk en van heel Europa, of om de solidariteit met in het bijzonder in hun geestelijke vrijheid geschonden groepen gaat, waar ook ter wereld, bewijst Leiden in de regel te beseffen, een titel hoog te moeten houden, die het allereerst aan zijn oorsprong dankt, zich vervolgens bovenal op het terrein van de geest verworven heeft, maar toch ook trouw bewaard heeft in de strijd om het naakte voortbestaan.

Ongetwijfeld is er thans wel eens blijk van overmaat, loopt men soms al te hard van stapel en kwetst men meer dan eens de smaak. De intrinsieke betekenis van het Franse woord: 'le style c'est l'homme' schijnt men in kringen waar men zijn volwassenheid vooral in biologische zin gaarne affichеert, niet te beseffen. Men zou daarom de huidige generatie, die de politiek en haar verwikkelingen wel eens al te zeer in abstracto, ongenuanceerd en zelfs in doctrinaire zwart-witschema's benadert, waarbij onverdraagzaamheid nauwelijks verkapt aanwezig is, iets willen toewensen van de noodzaak, politieke verantwoordelijkheid met alle implicaties van een hachelijke situatie te betrachten, waartoe een vorige generatie gedwongen werd.

Anderzijds zou men echter de critici van het rumoer in de studentenpolitiek er toch ook wel eens op willen attenderen dat die studentenpolitiek hier in Nederland in haar 'partijstructuur' een geleding in drieën heeft gevonden, namelijk in conservatief-progressief-radicaal, die, naar Huizinga reeds meer dan dertig jaar geleden uitwees, meer bij de essentiële temperamentsverschillen aansluit, dan de oude, verstarde partij structuur der volwassenen.[16] Daarmee zijn de jongeren velen uit de oudere generatie, tot wie nu pas het bankroet van ons traditionele partij stelsel begint door te dringen, meer dan een kwart eeuw vooruit.

Studentenpolitiek binnen de universitaire microkosmos is uiteraard een efemeer verschijnsel. Zij mist continuïteit en garandeert geen politiek engagement naderhand. Het aantal politici, uit het studentenverzet voortgekomen, is gering gebleven. Thans is de oriëntatie ruimer, maar bij de onverkwikkelijkheid en onduidelijkheid in de nationale en internationale situatie is een blijvende interesse niet zeker. Volgens sommigen, gelukkig maar. Men bedenke echter, dat in de onontkoombare overgang naar nieuwe verhoudingen de universiteit ook op het terrein van het openbare leven geacht wordt de koers mede te bepalen, richting te wijzen en leiding te geven.

Het recht op de toekomst, aan het verleden ontleend, houdt tevens een verplichting in. *Noblesse oblige,* ook al gaat het om eenvoudige burgerplicht.

Die toekomst is echter in hoge mate ondoorzichtig en tweeslachtig. Enerzijds openbaren zich, vooral vanuit de wereld van natuurwetenschappen en techniek, mogelijkheden die de 'andere helft' der academici duizelingwekkend voorkomen, maar toch ook op hén hun bekoring oefenen. Het moest een lust zijn te leven en te studeren en het is dat ook in zekere zin. Maar anderszins doemen gevaren op die ons de slaap en soms ook de adem benemen.

In dit verband meen ik, hier de oorlog in Vietnam niet ongenoemd te mogen laten. Hij is, hoe men er verder over oordelen wil, een toonbeeld van de dubbelzinnigheid, waarin wij thans geraken kunnen. Door wat voor motieven ook gedreven, worden die in elk geval gecorrumpeerd en geperverteerd in de praktijk. Met welk een perfectie aan technische, waaronder ook psychotechnische, middelen gevoerd, bewijst hij bovenal het menselijk tekort. Al heeft men aan één zijde zelfs de computer in zijn politieke berekeningen ingeschakeld, politiek is deze oorlog vrijwel onherroepelijk een mislukking. Hier wordt met mensenmassa's gespeeld en hier wordt op massale schaal met de dood gemorst. En *last but not least*, hier demonstreert men het gemak waarmee een escalatie van 'kleine' tot 'grote oorlog' zich voltrekken kan. Vietnam is hier ver vandaan, maar toch is wat daar gebeurt ook voor ons een teken aan de wand.

Ik zal niet de vier ruiters van de moderne Apocalyps hier uit de schaduwen van deze gewijde ruimte voor U laten opdraven. U kent ze: de benauwende overbevolking, de langzame vergiftiging van de atmosfeer, de steeds breder wordende kloof tussen verzadigde en hongerende mensheid en tussen blank en gekleurd, en ten slotte de dreiging van een Derde Wereldoorlog met volledige inzet van chemische, bacteriologische en tenslotte nucleaire wapenen. Zij zullen ons en de na ons komende generaties vooreerst wel begeleiden.

De futurologie, die nieuwste loot aan de boom der universitaire kennis, schijnt ook al niet veel uitkomst te bieden. Zij heeft overigens genoeg verrassingen in petto. Monstersteden, *megalopoleis*, van enorme omvang en massaliteit, worden ons voorgetekend, waarbij onze Nederlandse Randstad in het niet verdwijnt. Het geraas van supersonische vliegtuigen wordt straks een permanent achtergrondgeruis. Biologische onsterfelijkheid wordt wellicht bereikbaar, het bewuste leven kan in elk geval worden verlengd door de benodigde slaap tot één kwart in te korten – ik weet niet wat erger is. De futurologie en het ontwerpen der futuribles, de plannenmakerij, is stellig onmisbaar; zij is ook universitair althans in het studium generale opgenomen; zij was ook één der thema's in deze Franse week, en zij trekt stellig grote belangstelling. Maar of zij de sleutel tot de geheimen van de toekomst in de hand heeft, blijft een open vraag. Volgens experts is de toekomst in zoverre onvoorspelbaar als elke nieuwe situatie het aantal waarschijnlijkheden weer ontelbare malen vergroot. De toekomst, aldus een zegsman, is niet voorspelbaar, maar wel uitvindbaar.

De moeilijkheid is die uitvinding ook aannemelijk te maken. Want de technologische uitvinder moge, wat zijn aanvaarding betreft, in onze tijd tamelijk veilig zijn, de sociale inventor is op de menselijke instemming aangewezen en die is, zo constateert men, in een democratie aanmerkelijk moeilijker dan in een of andere verlichte despotie.[17] De verleiding tot een, patriarchale of dictatoriale, sociale technocratie is dan ook groot. Van 'futurible' tot 'terrible simplificateur' of 'complexificateur' *il n'y a qu'un pas*. Om van het optreden van een nieuwe 'fou terrible' maar te zwijgen.

Persoonlijk meen ik enige troost te kunnen vinden bij een wet, indertijd door de Duitse wijsgeer Wilhelm Wundt geponeerd, namelijk de wet van de heterogonie der doeleinden, de *Heterogonie der Zwecke*. De geschiedenis weet immers menig voorbeeld aan te wijzen van nevenwerkingen, die de bewust nagestreefde doeleinden fundamenteel wijzigen of voorbijstreven. Welnu, alle occupatie met het jaar 2000 – en als ik mij niet vergis is dat de focus der futurologie – kon enerzijds wel eens tot een uitbarsting van chiliasmen leiden, al was het maar in onderontwikkelde gebieden, waaraan de technologische wonderen dreigen voorbij te gaan. Anderzijds zou men reeds nu in de culturele extravaganties van onze tijd een vervroegd 'fin de siècle' kunnen signaleren, dat op de werkelijke eeuwwisseling een generatie anticipeert.

Zij die zich de voltrekkers van de 'ludieke revolutie' achten, de 'provo's', lopen immers in feite vooruit op een technologische ontwikkeling, waarbij de vrije tijdsbesteding de beroepsarbeid verdringt. Dit pionierschap is ongetwijfeld een niet te onderschatten verdienste. Zij zouden zich met name op menige uitspraak van de schrijver van *Homo Ludens* kunnen beroepen. Maar de vormen die dit nieuwe cultuurontwerp aanneemt, en daarbij meen ik met de provo's al die voorafgaande groeperingen, hier en elders, als de 'zazou's', de 'beatniks', de 'hipsters', de 'pleiners' etc. op één lijn te kunnen stellen,[18] zijn van een infantilisme en puerilisme, die de Leidse cultuurhistoricus versteld zouden hebben doen staan.

In wezen is het verschijnsel misschien nog het meest verwant aan de *decadenten* van de *Eighteen Nineties* in het Engelse *fin de siècle* of van de *époque pathétique* in het Frankrijk rond de eeuwwisseling. Maar welk een niveauverschil, welk een verschil in artistieke productiviteit en in het gehalte daarvan bij deze hervatting van een overigens even lawaaiig, fel gekleurd cultuurpatroon. Alleen ligt de vlucht in een neo-vitalisme en sensualisme of de terugval in een steriel nihilisme nog dichterbij. Het enige wat met deze, bij al hun grilligheid toch wel kleurige en ook wel inventieve jongeren verzoenen kan, is hun kennelijke naïveteit, ondanks alle quasi-raffinement, en hun, soms brutale, openhartigheid.

Maar dat maakt hen des te zwakker en kwetsbaarder tegenover een rücksichtloze exploitatie door die grote verleiders die om de hoek staan en zich trouwens ook nu al aan de hedendaagse jeugd en haar onbevangenheid vergrijpen. En daarbij loopt de scala van de exploitanten van de vermaaks-, verdovings- en seksindustrie in het Westen tot de regisseurs van de 'culturele revolutie' in het Verre Oosten.

Onze wereld verkeert in een overgangstoestand tussen gisteren en morgen, waarin generaties elkaar moeizaam en met allerlei kortsluitingen ontmoeten en aflossen. Deze situatie geeft aanleiding zowel tot overspannen idealisme als tot diepgaand onbehagen en levensangst. Beide zijn voedingsbodem voor een extremisme dat eventueel er niet voor terugdeinst ook werkelijk tot het uiterste te gaan. Het totalitarisme leeft nu eenmaal in de schaduw van de moderne industriële massasamenleving, waaruit geen terug meer mogelijk is. De weerstand daartegen kan alleen berusten in het moreel, het ethos van de ontelbare enkelingen, die tenslotte die massa uitmaken. Die weerstand wordt bepaald niet gevoed uit een verhevigd emotioneel en sensueel levenspatroon, zoals door bewegingen als het provotariaat gepropageerd. Hij wordt trouwens evenmin bevorderd door een onbeheerste aanwending van politiegeweld, dat herhaaldelijk de normen van rechtsstaat en rechtsgevoel overschrijdt.

Deze weerstand berust veeleer op die intellectuele en morele integriteit, die geestelijke zindelijkheid en die nuchtere werkelijkheidszin, die bij uitstek karakteristiek waren voor het hier herdachte verzet van studenten en hun leermeesters in de jaren 1940–'45 en waarvan de 26e november een der eerste en zuiverste manifestaties was. Terecht hebben deze studenten zich toen in *De Geus* wel beroepen op het woord van de Franse essayist Alain: 'Ne pas craindre, rester sobre, ne rien croire: trois ressources contre le tyran' – wie dat dan ook moge zijn. Heldenverering zij ons daarbij verre. Niet voor niets beriepen wij ons op de woorden van Inge Scholl, bezield getuige van het Duits verzet: 'Wellicht lag daarin het grote, dat zij opkwamen voor zo iets eenvoudigs.' En ook: 'Wellicht is daarin het werkelijke heldendom gelegen, standvastig het alledaagse kleine en dichtbij liggende te verdedigen, nadat al te veel over grote dingen gesproken is.'

Misschien zijn die laatste woorden ook wel van toepassing op het gesprokene van hedenmiddag. Als we daarbij dan maar hebben mogen laten uitkomen, waarom het ons te doen was: om de geest, het moreel, het ethos, waardoor allen in het verzet, hier en elders, gedragen werden.

Zeker hadden zij het, waar het veelal lapidaire tegenstellingen en onverzoenlijke strijd betrof, eenvoudiger dan degenen die zich thans een 'opdracht in de tijd' moeten zoeken in het labyrint van tegenstrijdigheden van onze hedendaagse wereld. Maar ook toen was er veel wikken en wegen bij – en, als ik hier uit eigen ervaring mag spreken, vaak ook een eindeloos wachten. Maar ieder was ook, als de inzet van het eigen bestaan eraan te pas kwam, gedwongen zich rekenschap te geven waarom het in laatste instantie ging. En dat was: om een vrij en zuiver geweten, om de waardigheid en bestemming van de mens, om de gerechtigheid.

Zolang herdenkingen van deze 26e november iets van dit alles kunnen helpen intact te houden, zullen zij geloof ik het samenkomen in deze kille, maar gewijde ruimte waard zijn.

DEEL 2

Rechten van de mens en maatschappelijke structuren, de Cleveringa-leerstoel

1970–1994

Een internationale wet op de Rechten van de Mens, de weg erheen en het probleem van de handhaving

1978

In het voorjaar van 1976 traden drie Verdragen inzake Rechten van de Mens in werking. Zij waren bestemd om in aansluiting bij de Universele Verklaring van de Rechten van de Mens, die de Algemene Vergadering van de Verenigde Naties reeds op 10 december 1948 had vastgesteld, de internationale codificatie van de Rechten van de Mens te vormen.[1] Zij onderscheiden zich door het algemeen karakter van de beschreven rechten en vrijheden. Zij komen daardoor op een eigen plaats te staan naast de verdragen die binnen het kader van de Verenigde Naties specifieke onderwerpen op dit terrein regelen, zoals het voorkomen en bestrijden van verschillende vormen van discriminatie en het bestrijden van slavernij, dienstbaarheid en dwangarbeid.

De tot deze codificatie behorende verdragen bevatten regels omtrent de economische, sociale en culturele rechten van de mens en omtrent burgerrechten en politieke rechten.[2] Het derde Verdrag, een facultatief Protocol, regelt een beperkte mogelijkheid tot het behandelen van individuele klachten over schendingen van een of meer van de erkende burgerrechten en politieke rechten. Het is in het bijzonder voor het toezicht op de naleving van dat verdrag van betekenis.

De geschiedenis van deze codificatie stamt al uit de eerste periode van de Tweede Wereldoorlog. Het verloop dat zij onderging en de karaktertrekken die haar daardoor thans kenmerken, zijn met de ontwikkeling van staatkundige denkbeelden gedurende de jaren 1940–1945 over de toekomstige samenleving der staten nauw verbonden.

Die karaktertrekken bepalen op hun beurt in sterke mate de richting waarin voor het moeilijke vraagstuk van het toezicht op de naleving van die codificatie oplossingen moeten worden gezocht. Aan de weg die de codificatie aflegde en aan de resultaten die daarbij te registreren vielen, positieve en negatieve, zou ik graag aandacht geven, voordat ik enige voorlopige opmerkingen over het toezicht op de naleving aan U kan voorleggen.

Een opmerking vooraf: ik moet U inlichten over het feit dat een wetsontwerp tot goedkeuring van de drie Verdragen bij Koninklijke Boodschap van 24 mei 1976 is ingediend bij de Tweede Kamer der Staten-Generaal.[3]

Het is voorzien van een uitvoerige Memorie van Toelichting. Daarin wordt veel aandacht gegeven aan volkenrechtelijke en staatsrechtelijke problemen, die aan de orde komen wanneer de in deze goedkeuringswet bedoelde Verdragen over Rechten van de Mens zouden gaan gelden voor Nederlanders en in ons land rechtmatig verblijvenden.

Het gaat dan om de verhouding tussen deze verdragen en het Europese Verdrag tot Bescherming van de Rechten van de Mens en de Fundamentele Vrijheden,[4] om vraagstukken als de directe werking van verdragsbepalingen en de werking jegens derden. Ook de verschillende stelsels van toezicht op de naleving der nieuw in te voeren regelingen worden uitvoerig besproken, evenals het klachtrecht van Staten (facultatief geregeld in het verdrag voor burgerrechten en politieke rechten (art. 41)) en het klachtenrecht van individuele personen (facultatief geregeld bij hetzelfde Verdrag in een afzonderlijk Protocol) en natuurlijk ook de voorbehouden, die bij de bekrachtiging zullen moeten worden gemaakt.

Aan de wordingsgeschiedenis van de Verdragen is summier aandacht gegeven[5] en aan de karaktertrekken die deze verdragen aan die wordingsgeschiedenis zouden kunnen ontlenen is, meen ik, geheel voorbijgegaan. Bij een beschouwing daarover vindt men in de parlementaire stukken steun noch bestrijding. Nu iets meer over de geschiedenis.

In januari 1941 werd de grondslag gelegd van een nieuw hoofdstuk in het werk van de toekomstige organisatie van de naoorlogse statengemeenschap.

Het Verenigd Koninkrijk was in de zomer van 1940 niet onder de voet gelopen. Het had de overrompelingspoging door de lucht weerstaan. 'The Battle of Britain' mocht als gewonnen worden beschouwd; 'the Battle of the Atlantic' stond echter voor de deur.

En er moest antwoord komen op een beslissende vraag: Hoe kon met behulp van de nog vrije wereld de verdediging van Groot-Brittannië en zijn aan- en afvoerlijnen en andere verbindingen over de hele wereld krachtig worden versterkt? Hoe kon gelijktijdig de tegenaanval in Europa of elders worden voorbereid? Zonder een volledige inzet van de Verenigde Staten zou dat niet gaan. En zou een land, dat oorlog vermijden wilde, zich zulk een totale inzet kunnen veroorloven? De herkiezing van President Roosevelt op 5 november 1940 werd de eerste gunstige factor. Churchill maakte daarvan en van zijn rechtstreekse contacten met het Amerikaanse staatshoofd snel gebruik.

Op 8 december 1940 werd het perspectief van de Britse oorlogsbehoefte in een welsprekend memorandum aan de President voorgelegd. Het ging niet alleen om schepen, vliegtuigen, transportbeveiliging en bewapening. Het ging ook om het vinden van een andere tegenprestatie dan betaling uit eigen middelen of uit dollarleningen.[6]

Al op 6 januari 1941 kwam de eerste en verblijdende reactie in de tot het Parlement gerichte State of the Union. Roosevelt bevestigde volstrekt onverbloemd de nauwe verbondenheid van de Verenigde Staten met het Verenigd Koninkrijk en het beslissende belang voor Amerika bij het succes van de Britse strijd.

Hij vroeg het Congres op zo kort mogelijke termijn een 'lend-lease' wetgeving tot stand te brengen. Langs die weg konden de transacties zonder dollarbetalingen plaatsvinden. Met die oplossing werden niet alleen materiële belangen gediend. Ook de nieuwe naoorlogse wereldorde was bij deze oplossing in het geding. En daarmee werd de inleiding geschreven voor een passage die het geweld van ruim vier jaren oorlog in alle werelddelen heeft overleefd.

Het is de passage waarin de President een schets gaf van de vier onontbeerlijke menselijke vrijheden, waarop de wereld van de toekomst zou zijn gebouwd: 'freedom of speech and expression, freedom of every person to worship God in his own way, freedom from want and freedom from fear'.

De twee eerstgenoemde, fundamentele vrijheden komen toe aan ieder persoonlijk, maar dat blijkt bij de beide laatstgenoemde toch geheel anders bedoeld te zijn: 'freedom from want' dat betekent, vertaald in wereldverhoudingen, economische afspraken en regelingen die een gezond bestaan in vredestijd aan ieder land voor zijn inwoners waarborgen; en 'freedom from fear', vertaald in termen die op wereldverhoudingen zijn gericht, betekent een wereldomvattende vermindering van bewapening in zulk een mate en met zoveel doortastendheid doorgevoerd, dat geen land in staat zal zijn om tegen één van zijn buurlanden een daad van fysieke agressie te ondernemen. De aldus omschreven fundamentele vrijheden komen toe aan collectiviteiten ('nations') en moeten na de oorlog nog worden verworven in het tijdperk dat pas bij het einde van de vijandelijkheden kan beginnen op zijn vroegst.

Het Congres begon wel snel met de behandeling van de nieuwe wetgeving, maar had toch tijd nodig. Het liep tegen het voorjaar en hervatting van de Duitse luchtaanvallen moest waarschijnlijk worden geacht.

Churchill spoorde tot spoed aan op 9 februari ('Give us the tools and we will finish the job') en in maart kwam de Lend/Lease Act tot stand met een ruime omschrijving van de tegenprestatie voor de in lend/lease geleverde producten: het voordeel voor de Verenigde Staten kan worden ontvangen in geld of in terugbetaling met goederen of in rechten of in ieder ander direct of indirect voordeel dat de President bevredigend acht.

Als 'bevredigend' zou dan kunnen worden aangemerkt, zo werd bij onderhandelingen wel uiteengezet, het volgen door de regering van het land, dat geholpen werd, van 'constructive post-war economic policies'.

Duidelijker dan tijdens de Lend/Lease besprekingen werden de gemeenschappelijke doeleinden van de regeringen van de Verenigde Staten en het Verenigd Koninkrijk geformuleerd in het Atlantic Charter, dat 14 augustus 1941 tot stand kwam, bijna twee maanden na de inval van Hitlers legers in de Sovjet-Unie. Van de acht 'common principles' zijn er vier die onmiddellijk verband houden met de fundamentele vrijheden uit januari 1941.[7] Zij betreffen echter alle vier het recht om vrij van vrees en gebrek te leven. Ook illustreren alle vier duidelijk dat deze vrijheden alleen door voortdurende intensieve internationale samenwerking verkregen kunnen worden.

Dat in dit stuk de vrijheden, die 'slechts' erkend en geëerbiedigd worden, niet vermeld werden, valt te begrijpen. Hier ging het in de eerste plaats om de belofte aan de wereld om intensief samen te werken aan de voortdurende verzekering van de vrede ('freedom from fear') en aan de toename en de verbeterde spreiding van de welvaart ('freedom from want').[8] Toch werd op dit weglaten in de Verenigde Staten kritiek gehoord.

De verbinding tussen de naoorlogse statenorganisatie en de mensenrechten vindt men ook terug in de Verklaring van de Verenigde Naties van 1 januari 1942. Nog meer veranderingen hadden plaatsgegrepen in 1941: op 8 december begon Japan met de luchtaanval op Pearl Harbour de oorlog in Zuid-Oost Azië tegen de Verenigde Staten, het Verenigd Koninkrijk, Australië en Nederland.

In de Verklaring van 1 januari 1942 bevestigden de nu oorlogvoerende regeringen van de Verenigde Staten, het Verenigd Koninkrijk, de Sovjet-Unie en China met al hun bondgenoten, dat zij de beginselen van het Atlantic Charter uitdrukkelijk aanvaardden.[9] Door uiting te geven aan de overtuiging 'that complete victory over their enemies is essential to defend life, liberty, independence and religious freedom and to preserve human rights and justice in their own lands as well as in other lands', voorkwam men tevens een herhaling van de kritische kanttekeningen in de Verenigde Staten over het niet opnemen in het Atlantic Charter van twee van de 'four freedoms' vermeld in de State of the Union (freedom of speech and expression; freedom to worship God in one's own way).

Een van de vroege ontwerpen van het Handvest van de Verenigde Naties, voorbereid in 1942 op het State Department, bevatte een codificatie van rechten van de mens die alle leden van de Verenigde Naties gevraagd werden te aanvaarden. Het doel van de Verenigde Naties was immers, zo werd het toen gedefinieerd, de instellingen en hun instrumenten door welke de vrede en de rechten van de mens verzekerd konden worden, in te stellen en te handhaven. Later ontstonden meningsverschillen over de inhoud van begrippen als 'vrij van gebrek' en 'recht op openbaar onderwijs'. Ook over een Internationaal Hof voor de Mensenrechten werd men het niet eens.

In een volgende schets van 14 augustus 1943 was de 'Bill of Rights', die aan het Handvest moest worden gehecht, vervangen door een 'Verklaring over Rechten van de Mens', waaraan door een bepaling in het ontwerp-Handvest wettelijke kracht (legislative effect) werd gegeven.

De handhaving werd echter alléén aan de lidstaten overgelaten. Het Hof was verdwenen. De besprekingen over militaire aangelegenheden en bevoorrading hadden de overhand gekregen bij de voorbereiding van een nieuwe viermogendheden-conferentie, waartoe tegen het eind van de zomer 1943 de Amerikanen serieuze pogingen ondernamen. Op die conferentie zou naar hun mening ook over onderwerpen op het terrein van internationale samenwerking en het scheppen van een stabiele en duurzame basis voor de wereldvrede na de oorlog gesproken moeten worden.

De Conferentie kwam in Moskou bijeen in de tweede helft van oktober 1943. Ze leidde tot de Verklaring van 30 oktober over de Algemene Veiligheid en werd namens de vier regeringen van de Verenigde Staten, de Sovjet-Unie, Het Verenigd Koninkrijk en China ondertekend. Met grote moeite kon overeenstemming worden verkregen over enige algemene richtlijnen omtrent naoorlogse voorzieningen. Die voorzieningen waren nodig in het belang van de bevrijding van bezette gebieden, voor een snelle en ordelijke overgang van oorlog naar vrede en voor de vestiging en handhaving van internationale vrede en veiligheid.

Aanvankelijk had de Sovjet-Unie slechts één militair onderwerp op de agenda willen hebben: hoe het eind van de oorlog zo snel mogelijk kon worden bereikt. Het succes van de bijeenkomst lag dan ook vooral in de overeenstemming tussen de vier mogendheden over de noodzaak om zo snel mogelijk ('at the earliest practicable date') een algemene internationale organisatie in het leven te roepen voor de handhaving van internationale vrede en veiligheid. De organisatie, gegrondvest op het beginsel van de soevereine gelijkheid van alle vredelievende staten, zou openstaan voor het lidmaatschap van al deze staten, groot en klein.

Maar voor de handhaving van de internationale vrede en veiligheid in de periode na de onvoorwaardelijke overgave van de vijand tot aan de invoering van het nieuwe stelsel van vredeshandhaving zullen de vier mogendheden met elkaar en zo nodig met andere leden van de Verenigde Naties overleg plegen met het oog op 'joint action on behalf of the community of nations'.

Na deze Viermogendheden-verklaring van 30 oktober 1943 kwamen in redelijk snel tempo in de Verenigde Staten de voorstellen en memoranda tot stand voor de voorbereiding van de internationale Conferenties: over de nieuwe organisatie van de samenleving der staten.[10]

Maar uit het Plan voor een Algemene Internationale Organisatie (april 1944) is nu ook de Declaratie over Mensenrechten vervallen. Een machtiging aan de Algemene Vergadering om studies te ondernemen en aanbevelingen te doen bleef over. Een ongeveer gelijke bepaling kwam in de 'Tentative Proposals' voor de Viermogendheden-conferentie in Dumbarton Oaks (augustus-oktober 1944). Op grond van Britse en Sovjet bezwaren werden toen geen verplichtingen op het terrein van de rechten van de mens in het Handvest opgenomen. Alleen een algemene vermelding van de bevordering door de Verenigde Naties van eerbiediging van rechten van de mens en fundamentele vrijheden.[11]

Pas tijdens de Conferentie van San Francisco (april-juni 1945) keerde de belangstelling voor de opneming van voorzieningen in het Handvest over de rechten van de mens terug. In de artikelen van het Handvest die betrekking hadden op de economische, de sociale, culturele en humanitaire activiteiten van de organisatie, werden wijzigingen aangebracht, waardoor de bevordering en de eerbiediging van de menselijke rechten en fundamentele vrijheden op tal van plaatsen afzonderlijk werden vermeld. Dat gold de doelstellingen van de organisatie, de taken van de Algemene Vergadering, van de Economische en Sociale Raad en van de door die Raad in te stellen Commissie voor de Mensenrechten, maar ook de verplichtingen van de lidstaten om ter verwezenlijking van deze doelstellingen afzonderlijk en gezamenlijk met de organisatie samen te werken.[12]

Bovendien gold het de uitwerking van deze bepalingen. De in 1942 en 1943 reeds geopperde en ook wel uitgewerkte suggesties in het Handvest om op de grondslag daarvan een 'Bill of Rights' vast te stellen, kreeg er nieuwe aanmoediging door.

In de slotrede van de Conferentie voorspelde President Truman: 'We have good reason to expect the framing of our international Bill of Rights, acceptable to all nations involved. That Bill of Rights will be as much a part of international life as our own Bill of Rights is a part of our Constitution.'[13]

Zo aangemoedigd is er snel gewerkt, in aanmerking genomen dat het Handvest op 24 oktober 1945 in werking trad, de Algemene Vergadering in januari 1946 de achttien leden van de Economische en Sociale Raad aanwees en deze Raad op 16 februari een kerngroep van negen leden uit de Commissie voor de Mensenrechten benoemde. Deze kleine Commissie kwam op 29 april 1946 in New York voor het eerst bijeen. In een Drafting Committee werden teksten besproken en documentatie verwerkt.

Daar kreeg de gedachte vorm om het werk te splitsen: eerst een Verklaring omtrent Rechten van de Mens en Fundamentele Vrijheden als een beginselbesluit op te stellen, daarover een besluit van de Algemene Vergadering uit te lokken en daarna het werk aan een Convenant voort te zetten en de daartoe noodzakelijke verdragsregels te ontwerpen. Op deze grondslag is de Universele Verklaring van de Rechten van de Mens ontstaan, die op 10 december 1948 door de Algemene Vergadering van de Verenigde Naties werd vastgesteld.

Over het karakter van de Universele Verklaring is veel gestreden. Dat het geen verdrag is in de gebruikelijke zin van het woord, staat door de vorm, de inhoud en de daarop gegeven toelichtingen wel vast.[14]

Maar daarmee is niet gezegd dat het een document zonder rechtsgevolgen is, en nog minder, dat het document geen bijzondere invloed heeft uitgeoefend op wat na 1948 op het gebied van de rechten van de mens, in het internationale recht en in tal van nationale constituties tot stand kwam.[15]

De strijdvragen zijn wat minder geprononceerd na de inwerkingtreding van de Verdragen van 1966, maar zij blijven van betekenis voor alle leden van de Verenigde Naties die nog geen partij zijn bij die Verdragen. Intussen was het bestaan van uiteenlopende meningen over het rechtskarakter van de Verklaring niet de voornaamste reden om even bij deze halte op de weg naar de twee nieuwe hoofdstukken van de internationale 'Bill of Rights' stil te staan. De voornaamste reden is de Proclamatie waarmee de Algemene Vergadering zijn besluit van 10 december 1948 openbaar maakte.

Daarin wordt de verklaring gekarakteriseerd als 'a common standard of achievement for all peoples and all nations' – 'het gemeenschappelijk door alle volkeren en naties te bereiken ideaal' dat iedereen, in persoon of als orgaan van de gemeenschap voor ogen moet hebben bij het streven door onderwijs en opvoeding de eerbied voor deze rechten en vrijheden te bevorderen en door vooruitstrevende maatregelen, nationaal en internationaal, deze rechten algemeen en daadwerkelijk te doen erkennen en toepassen zowel onder de volkeren van staten die lid van de Verenigde Naties zijn zelf, als onder de volkeren van gebieden, die onder hun jurisdictie staan.

Van Boven heeft in 1976 in een boeiende bijdrage voor de Tammesbundel van de *Netherlands International Law Review* 1977 deze proclamatie geanalyseerd.[16]

Hij signaleerde vier elementen. Ten eerste, rechten van de mens zijn 'a common concern and common endeavour'. Ten tweede: zij vallen onder de verantwoordelijkheid van ieder individu en ieder orgaan van zowel de nationale als de internationale samenleving. Ten derde: de bevordering van de rechten van de mens moet worden bereikt door onderwijs en opvoeding. In de vierde plaats: rechten van de mens moeten beschermd worden door algemene en doeltreffende erkenning en inachtneming.

De vragen die daarbij rijzen: Wat is hier bedoeld met 'common concern' en 'common endeavour'? En wie zijn de partners in dat proces? Er is geen twijfel aan, rechten van de mens werden in het Handvest van de Verenigde Naties erkend als de gemeenschappelijke opdracht van de wereldgemeenschap, maar een op ruime schaal aanvaarde definitie van rechten van de mens ontwikkelde zich pas na de aanvaarding van de Universele Verklaring in 1948 en de Internationale Verdragen inzake burgerrechten en politieke rechten en inzake Economische, Sociale en Culturele rechten in 1966, die met het Facultatieve Protocol betreffende het recht van individuele bezwaren, tezamen de 'International Bill of Human Rights' vormen.

Van Boven neemt geen genoegen met de in het Handvest aan de lidstaten toevertrouwde opdracht van de bevordering en de verzorging van de rechten van de mens. Als de staten individueel en collectief de belichaming van de gemeenschappelijke belanghebbenden bij de rechten van de mens zouden zijn, dan zou men wellicht niet naar andere partners behoeven te zoeken. Doch de staten en hun organen en agenten zijn maar al te dikwijls óf de heersende groepen óf de onderdrukkers, de schenders en de medeplichtigen daarbij. Er is dus behoefte aan meer en machtiger partners dan er in het kader van de intergouvernementele organisatie van de Verenigde Naties gevonden kunnen worden.

Hij vindt die in de grotere ruimte, die de Proclamatie van de Universele Verklaring opent en die ook de preambule van beide Verdragen daartoe schept met de woorden: 'op de individuele mens, uit hoofde van de plichten, die hij heeft tegenover anderen en tegenover de gemeenschap waartoe hij behoort, rust de verantwoordelijkheid te streven naar bevordering en inachtneming van de rechten erkend in het Verdrag'.

Met de formuleringen van de Universele Verklaring en de beide Verdragen van 1966 kan de brede grondslag voor het op ruimer schaal medewerken van de 'partners' uit de niet-gouvernementele sfeer stellig worden gerechtvaardigd. Maar diezelfde teksten bewijzen ook dat binnen de gouvernementele sfeer veel te uitsluitend is gedacht aan de staat als voornaamste hoeder van een internationale codificatie, ook in landen voor welke die codificatie wel is ontworpen en aanvaard, maar waar die nog niet kan worden ingevoerd om redenen die men echt niet aan die staat alleen kan toerekenen. Men heeft tientallen jaren geworsteld met het probleem hoe men voor alle landen-leden van de Verenigde Naties een stelsel van rechten van de mens zou kunnen gereed maken dat voor allen zou gelden, maar voor vele landen nog niet, althans niet in zijn geheel, kon worden ingevoerd, omdat de toerusting van die landen er (nog) niet op berekend was.

In de Proclamatie van de Universele Verklaring, maar ook in de preambules van de beide Verdragen wordt uitdrukkelijk naar de betekenis van de internationale samenwerking verwezen bij het creëren van de voorwaarden, waaronder de in de Verdragen erkende rechten ook kunnen worden uitgeoefend.

Ten tijde van de Universele Verklaring werkte in Europa het Marshallplan. Tijdens de voorbereiding van de beide verdragen, in elk geval na januari 1949, kwam punt 4 van President Trumans programma, de hulpverlening aan ontwikkelingslanden, tot ontplooiing. Het is vrijwel zeker dat bij het werk aan de 'Bill of Rights' over deze opzienbarende vernieuwing in de aanpak van wereldproblemen is gedacht en gesproken.

Niet alléén de staten zijn verantwoordelijk voor de beslissingen waardoor hinderpalen uit de weg geruimd moeten worden. Ook andere staten en internationale overheden vinden daarbij een taak: d.i. de medewerking aan het vervullen van de voorwaarden die het mogelijk maken in alle verdragsstaten de erkende rechten van de mens tot gelding te brengen. En ten overvloede: daaronder niet begrepen de overheden, die tevens notoire onderdrukkers, schenders en medeplichtigen zouden blijken te zijn.

Met het erkennen van deze taken van andere 'overheden' dan die van het land in kwestie wordt recht gedaan aan wat President Roosevelt tot uitdrukking bracht met zijn 'vertaling in wereldverhoudingen' van de 'freedoms from want and fear' op 6 januari 1941. Er zijn toen verwachtingen gewekt die later eerst door gezaghebbende uitspraken en daarna ook door verdragsteksten zijn bevestigd. Maar gesteld dat deze verdeling der verantwoordelijkheden rechtmatig mag heten, hoe zou men haar geldend moeten maken?

Hiertoe dan ten slotte een enkele beschouwing over de 'implementation', het toezicht op de naleving van de verdragsbepalingen. Sterk ingrijpende regelingen daarover zal men in VN verdragen niet veel vinden. Bij vele jonge landen, bij de landen van het Oostblok en bij landen die andere redenen dan jeugd en politieke beginselen hebben om zich op te beroepen, zijn onafhankelijke, bestuurlijke dan wel rechtsprekende organen van toezicht als 'inmenging in binnenlandse aangelegenheden' en inbreuk op soevereiniteit der staten niet in trek.

Ook het Verdrag van 1966 over de Economische, Sociale en Culturele Rechten van de Mens maakt op die regel geen uitzondering. Ook bij dit verdrag ligt het zwaartepunt volledig en geheel in overeenstemming met andere vergelijkbare verdragen, in de rapporten die de staten-verdragspartijen moeten uitbrengen over hetgeen zij ter bevordering van het doel van de regeling in een bepaald tijdvak hebben verricht. Die rapporten komen in bespreking in de Economische en Sociale Raad, bij de gespecialiseerde organisaties van de Verenigde Naties, die ermee te maken krijgen. Zij blijven in overweging. Ze kunnen soms tot een initiatief leiden dat verbetering brengt. Maar een garantie daarvoor is er niet, want er is geen orgaan dat tot het nemen van een beslissing gehouden is.

In de artikelen 17–20 van het Verdrag over de Economische, Sociale en Culturele Rechten is deze traditionele toezichtsuitoefening geschetst.

Maar de artikelen 22 en 23 gaan toch wat verder. Daar zijn mogelijkheden geopend om in actie te komen voor het verkrijgen van technische bijstand: de Economische en Sociale Raad moet zulke initiatieven dan in handen stellen van de organen die met het verlenen van technische bijstand te maken hebben. Zij krijgen ook datgene toegezonden wat hen behulpzaam kan zijn bij een advies inzake internationale ontwikkelingshulp, dat tot het versneld ten uitvoer brengen van dit verdrag kan bijdragen.

Dat die ontwikkelingshulp in velerlei vormen kan worden gegeven, wordt in artikel 23 uitvoerig beschreven. Hier ligt een kans om gewekte verwachtingen niet te beschamen. Maar dan verdient deze nog te vrijblijvende voorziening frequent gehanteerd te worden, om nadere uitwerking, aan de praktijk getoetst, te kunnen verkrijgen. Moge de Economische en Sociale Raad voor deze ontwikkeling een open oog hebben.

Het verdrag over burgerrechten en politieke rechten behoort nu reeds tot de VN-verdragen waarin de rapporteringsplicht van de verdragspartijen niet meer de hoofdzaak uitmaakt van het toezicht op de naleving. Er is reeds ingesteld een 'Human Rights Committee', dat achttien van de regeringen onafhankelijke leden telt en een belangrijke taak heeft bij het beoordelen van de rapporten der Staten en bij andere meer directe vormen van toezicht.

Een van de weinige VN-verdragen die voor het toezicht op de naleving zulk een commissie kent, is de Conventie voor de uitschakeling van alle vormen van rassendiscriminatie. Nu houdt dat Verdrag de bestrijding in van een alom verworpen verschijnsel, dat echter bijna even hardnekkig als verwerpelijk is. Het ligt bij zulk een verdrag dus wel iets meer voor de hand dat het toezicht op de naleving aan extra zware eisen voldoet. Des te duidelijker is de instelling van een zelfde commissie bij het verdrag inzake burgerrechten en politieke rechten te zien als een erkenning van de bijzondere betekenis die dit toezicht moet hebben bij de verdere stappen naar volledige eerbiediging van de nu reeds erkende rechten.[17]

Het comité kan ook een bemiddelingsfunctie vervullen in een geschil tussen twee staten over de schending dan wel de niet-naleving van een door dit verdrag erkend recht. Beide verdragspartijen moeten dan uitdrukkelijk hebben verklaard dat zij deze bevoegdheid van het Comité aanvaarden. Het verdrag eist evenwel dat er tien verklaringen van aanvaarding zijn, alvorens de regeling in werking treedt. Er waren er eind september 1978 nog slechts zes. Voorshands werkt deze mogelijkheid nog niet. Maar ook 'voorshands' kan wel eens kort zijn.

Ten slotte treedt het Comité op bij de uitvoering van het Facultatief Protocol. Elke Verdragspartij bij het Verdrag over Burgerrechten en Politieke Rechten kan door toetreding tot het Protocol de bevoegdheid van het Comité aanvaarden, tot in behandeling nemen van individuele klachten wegens schending van in het Verdrag erkende rechten. In tegenstelling tot de 'statenklacht' zijn er voor het Facultatieve Protocol twintig bekrachtigingen verkregen. De behandeling van individuele kennisgevingen is in feite dan ook al begonnen.

De wijze waarop dit werk zal worden gedaan en het gezag dat het Comité zich daardoor kan verwerven, verdient bijzondere aandacht. In twee nummers van de *Review of the International Commission of Jurists*[18] heeft het die aandacht ook al gekregen. Ook de in Oxford uitgegeven *Human Rights Review* bevatte een verslag[19] van de beide eerste zittingen van het Comité, dat inmiddels reeds de vierde en vijfde zitting achter de rug heeft, en duidelijk heeft doen blijken dat het op het relatief beperkte, maar toch belangrijke terrein dat het kreeg toegewezen, een actief beleid zal willen voeren.

Het Comité gaf reeds richtlijnen voor de rapportering der staten, het stelde procedurebepalingen vast voor het onderzoek van klachten en het heeft enkele tientallen rapporten in overweging en is met de behandeling van veertig 'Kennisgevingen' (= klachten) bezig.

Het zou van groot belang zijn als in dat actieve beleid het Comité ook voor het verdrag over burgerrechten en politieke rechten de weg naar de andere internationale overheden en publiekrechtelijke instellingen zou weten te vinden. Ook daar zijn beleidsbeslissingen nodig waardoor de verschillen tussen de 52 verdragspartijen geleidelijk kunnen worden teruggebracht, in het bijzonder voor die terreinen van nationale en internationale overheidszorg, die voor de voortgang van de erkenning en de eerbiediging van de rechten van de Mens de grootste betekenis hebben. (Het basisonderwijs behoort daartoe, maar ook de gezondheidszorg (het voedsel) en de opleiding van controlerende ambtenaren.)

Wij kunnen op dit ogenblik nog niet zeggen dat de problemen van de handhaving van de in de 'Bill of Rights' erkende rechten zijn opgelost. Maar dat doel is wel in zicht, al is de weg erheen nog niet afgelegd en zelfs nog niet geheel aangelegd.

Er zijn in elk geval nu al rechterlijke activiteiten nodig om te bewaken wat reeds aan erkende en geëerbiedigde rechten verkregen is. Maar er zijn ook bestuurlijke activiteiten nodig om resterende verschillen te overbruggen.

Onder zulke omstandigheden kunnen we er wel vrede mee hebben dat bestuurlijke en rechtelijke activiteiten niet scherp van elkaar zijn gescheiden en aan één orgaan – het Comité – zijn opgedragen. Onder één voorwaarde: dat deze samenbundeling niet geschiedt om rechterlijke activiteiten te verminderen of minder snel te laten groeien dan mogelijk zou zijn, maar om bestuurlijke mogelijkheden ten volle te benutten. Alleen dan zijn de onzekerheden van de nog af te leggen weg redelijkerwijze te overwinnen.

Waarde toehoorders,

45 jaar geleden, in september 1933, bevond ik mij als toehoorder in deze zaal bij de rede, waarin de Rector Magnificus verslag deed van de lotgevallen van de Universiteit in het jaar 1932–1933. In februari van dat jaar greep Hitler de macht in Duitsland. Voor april 1933 stond voor een internationale groep studenten, waartoe ik behoorde, de International Student Service een bijzondere gebeurtenis op het programma: voor het eerst na de Eerste Wereldoorlog zou er in Leiden een Frans-Duits-Engelse studentenconferentie met een Nederlandse delegatie als waarnemers plaats vinden. De politiek jegens Duitsland na Versailles zou een der thema's zijn.

De voorbereiding was in de zomer van 1932 begonnen, werd afgebroken na de machtsovergang, totdat bleek dat de drie delegaties prijs stelden op de confrontatie. De bijeenkomst – die een week zou duren – ging door, begon op 7 april met in de Duitse delegatie een paar leidende ambtelijke figuren die niet op de oorspronkelijke deelnemerslijst stonden. De Rector Magnificus die de conferentie op 7 april had geopend, riep in de loop van de vierde dag van de Conferentie een van die figuren, dr. Von Leers, bij zich. Deze bleek de auteur te zijn van twee weerzinwekkende nazi-publicaties 'Juden sehen dich an' en 'Juden heraus'. De rector verzocht hem daarop van de gastvrijheid van de Universiteit niet langer gebruik te maken. Natuurlijk vertrok toen de volgende morgen de hele Duitse delegatie.

De conferentie was geëindigd. Niet alle deelnemers waren daarover voldaan.

De rector, Professor Huizinga, wijdde aan het incident op 18 september enkele zinnen: 'In ongewild verband met de zo-even genoemde conferentie van het I.S.S. heeft de rector, in overleg met het Senaatsbestuur op 11 april aan een vreemdeling, die schuldig stond aan een openbare en recente uiting van misdadige strekking, verzocht van de gastvrijheid der Universiteit niet verder gebruik te maken. Een universiteit moet, om haar roeping in vrijheid getrouw te blijven, haar plicht en haar eer naar eigen maatstaf bepalen en zal zich bijwijlen handelend optreden voorgeschreven vinden, dat enkel dient tot verdediging van de gewijde geestelijke grond waarop zij staat.'

Elk woord van Huizinga's motivering voor zijn ingrijpen in 1933 stond mij voor de geest, toen wij ruim zeven jaar later in Soerabaia hoorden van Cleveringa's protest, zijn snijdende, waardige, maar voor alles moedige rede tegen het ontslag van Meijers, uitgesproken op de plaats en het uur, waarop deze op die 26e november 1940 college had moeten geven. Het was alles voorbereid, weloverwogen, besproken met leden uit het faculteitsbestuur, en thuis, ook met het inzicht in de vanzelfsprekende arrestatie die zou volgen. En dat alles zonder een spoor van aarzeling, omdat hij zich 'handelend optreden voorgeschreven wist'.

Er zijn mensen die pas in zulke omstandigheden van gevaar hun ware grootte tonen. Cleveringa behoort tot hen. Uitgenodigd te worden de leerstoel, tot zijn eer opgericht, voor een jaar te bezetten, was voor mij een voorrecht en een vreugd, waar ik het Curatorium van de leerstoel gaarne mijn dank voor betuig.

Het legt ook verplichtingen op die ik hoop te kunnen vervullen. Een jaar terug te mogen zijn in Leiden, in een sterk verjongde faculteit der rechtsgeleerdheid en in een mij tot mijn schande nog te weinig bekende faculteit der Sociale Wetenschappen, vraagt van mij, laat ik het zo zeggen, vreugdevol tegemoet geziene maar nog niet voldoende volbrachte activiteiten.

Dames en heren studenten,

De internationale instrumenten tot vreedzame vrijheidsbescherming zijn niet de enige die tellen, maar zij zijn voor onze samenleving als geheel wel volstrekt onmisbaar. Die zorg om de samenleving dwingt ons te trachten onze kennis van die instrumenten te vergroten.

Ik hoop op Uw medewerking daartoe.

Ik heb gezegd.

M.J. LERNER

The justice motive in social relations adapting to times of scarcity

1984

I INTRODUCTION

Ever since my arrival in Leiden it has been common for well intentioned colleagues to ask if I knew who Professor Cleveringa was and why a special chair in social justice was created in his name. I assured them, and I can assure all of you now, that I was fully aware of the honor bestowed upon me by the invitation to be the Cleveringa Professor at Leiden University for 1984. And, I recognize the privilege of being able to share and appreciate with you now, the memory of that event on November 26, 1940. Professor Cleveringa's extraordinary heroism on that day portrayed, most exquisitely, his willingness and by implication the potential in everyone, to resist the tyranny of injustice. Later, I will return to the direct implications of that heroic event for all of us, today, but for now I want to respond to this most moving occasion by sharing with you that part of my *own* life that was devoted to the study of Justice in human affairs.

In this inaugural lecture, I will begin by telling you, what most of you already understand in some form about the problems we face as a civilization, in 1984, and certainly in our imminent future. These are the problems generated by a combination of factors: population growth, increasingly powerful technology, social change, and probable scarcity of resources we think are essential to our way of life. And then, as the first psychologist to hold the Cleveringa Professorship, I will describe to you what my colleagues and I have discovered about the importance of the themes of justice and deserving in people's lives. Discoveries that could probably only have been made using the methods of the social psychological experiment to disentangle the complex webs of cause and effect that appear naturally in human relations. And finally, I will return to what is happening in our lives today that is most reminiscent of what Professor Cleveringa faced on November 26, 1940.

II GROWTH, SCARCITY, AND LEGAL SOLUTIONS

The experts I have read seem to be in agreement about some stable, virtually inevitable trends for our world. A few of these are rather obvious. For the foreseeable future, for example, there will be increasing numbers of people on our planet. Secondly, as our numbers increase and the world economies develop there will be greater demands made upon our common environment: demands for food, space and manufactured products. These demands will have two related effects: the increasing development of tools for meeting those demands, our technology, and the progressively more rapid depletion of the various required resources. These resources may be as concrete and simple as the available fossil fuels, or unpolluted water, non-toxic air, space in which to live and recreate… or as complex as the opportunity for meaningful work as people become relatively redundant in the technologically advanced systems of production.[1]

In effect the experts remind us that since it is a finite world, as more of us occupy it with increasing demands and increasingly powerful technology for affecting one another's lives, we will require ever increasing degrees of *social control*, so that we do not harm one another by our individual efforts to find or maintain a place on this shrinking planet.

The question the experts then pose and seem to answer very pessimistically is: how can we achieve this necessary degree of coordination and control without sacrificing our democratic and humanitarian values? There appears to be a growing consensus among the social analysts, that only an elaborate system of authoritarian surveillance and control can provide the degree of coordination and integration of our efforts that is required if we are to avoid increasingly destructive conflicts over the competing demands for a shrinking pool of required resources.[2] But why is it considered inevitable that, under conditions of imminent scarcity, we must resort to a center of authoritative if not authoritarian control? Is there no other way to provide the needed degree of integration so that we do not harm each other intentionally or unintentionally as we pursue our own interests?

Again, the experts seem to be in agreement about the invariably entrapping effects of how people, all of us, naturally react to conditions of increasing scarcity. The critical point occurs when the threat, if not the actuality of scarcity in commonly desired resources in a society – money, jobs, security, medical care, status, housing, a clean environment – leads people to more relentlessly pursue getting the desired share for themselves and their families.[3]

That seemingly rational reaction, in everyone, not only creates a more rapid drain on the basic resources and possibly contamination of the common environment – it also enhances the sense of competition and even real conflict among people and various sectors of the society – labor versus management, regional conflicts, ethnic groups see themselves in conflict with one another etc. The only solution then that seems possible to control these inevitably contesting interests requires some form of Leviathan; a political legal device that will force everyone through the threat of legally sanctioned punishment, to conserve and to coordinate their efforts for the long term benefit of the entire community.[4]

Unfortunately, as many legal scholars are beginning to demonstrate the use of such legal devices – laws and agencies of detection and punishment – though effective in the short run, may be contributing indirectly to the increasing sense of alienation and distrust in society. It is becoming widely recognized among legal scholars in Europe and North America that, of course, legal institutions play an essential part in providing the needed control of criminal acts and regulation required common endeavors – commercial transactions.

However, there must be a concerted effort, now, to reduce the increasing reliance on legal devices to provide the social integration and protection that is being demanded by our distrust of one another and the pressing needs to cooperate. The increasing use of the courts, for example, has generated excessive delays and growing costs of both litigation and prosecution. As a result of these delays and enormous costs most citizens are at a serious disadvantage in protecting themselves and obtaining equal treatment before the law.[5]

Eventually, it becomes apparent to all concerned that wealthy individuals and most corporations with great economic resources at their disposal can and do exploit such an overburdened and costly system to their own advantage. Obviously this occurs at the cost of the vulnerable individual citizens who have more limited means.[6] As people become more aware of this, they become less trusting of one another, and as a result they look to even more laws and legal agencies to provide even greater control of their inevitably self-interested, if not greedy acts.[7]

Well, if it is true that the world's increasing population, rapidly growing complex and powerful technology, and possible scarcity of desired if not essential resources will require increased coordination and control of the way people function, and that we must limit our use of legal devices, how will it be possible to provide this degree of coordinated control without sacrificing our democratic and humanitarian values? I will confess at the outset that I have no answers to the previous question in the form of a specific social device or policy. But what I do want to share with you are the results of my being asked a few years ago to consider these issues and future scenarios from the perspective of our research findings.[8]

What I discovered as I began to look at these political and economic analyses is that they are all based upon a model of human motivation that is commonly accepted in our society, but is probably, almost certainly, wrong at the interpersonal level. Of course what I have to tell you is not directly translatable into social policy, either domestically or internationally. It is not at all irrelevant however, since both interpersonal and intergroup relations ultimately are based upon assumptions of what motivates people, what they, *we*, truly care about. So... what are these models of human motivation? There is of course the familiar one of more or less rational self-interest that requires external controls in times of scarcity and the more recent one, that is emerging from our research on the Justice Motive in human affairs.

III DEFENDING THE FUNDAMENTAL BELIEF IN A JUST WORLD

The general question that guided our initial work in the 1960s was why, in an affluent society, were people willing to tolerate, do relatively little, on behalf of large numbers of victims, victims of degrading social discrimination, debilitating chronic physical and emotional illnesses. Except for paying as little taxes as possible, and on special occasions offering a small charitable gift most people seemed to ignore these victims. They seemed to be indifferent to the victims' plight while dedicating their own lives to getting and keeping as much of the good things available in an affluent society.

It was commonly assumed that, in order to get people to do anything at all on behalf of the deprived and suffering members of the community it is necessary to create that incentive for them by convincing them, the general population of non-victims, that it is the most profitable thing for them to do on their own behalf. It will actually benefit them or those they care about, in the long run.[9]

Although this was, and still remains, the most commonly held view of human motivation, this image of indifference and self-centeredness did not fit what I thought I could observe directly in most of the people who were apparently not willing to do more for society's victims. Nor did it match what I could see in many friends and relatives who at times engaged in the additional cruelty of condemning many of the victims of poverty and discrimination as lazy, immoral, self-indulgent, even dangerous to our way of life.

I thought I was able to detect that most of these people, the indifferent citizens, were not at all callously indifferent but, quite to the contrary, they were highly vulnerable emotionally, to signs of innocent human suffering and deprivation, It was remarkably easy for me to document that initial hunch by devising ways to take groups of supposedly indifferent citizens to mental institutions, or homes for the aged, or pediatric wards or through pockets of poverty and unemployment where they could look at the faces of parents and children who were not only living under degrading conditions, but who gave off the feeling of hopelessness about their misery and deprivation. And sometimes, good documentary films were able to elicit the same effect. Almost invariably my non-victim citizens-observers were struck by their own powerful emotional reactions – a mixture of compassion, caring, indignation, anger and the fear of living in a world that could allow all this to happen.

Well, if it is true that most people, as individuals, are highly responsive to signs of innocent human suffering then how could one also explain the objective evidence of seeming indifference to and often condemnation of the victims in our midst? The next part of the answer emerged when it became clear that people's reactions depended upon their view of whether the victim deserved to suffer or not. Clearly innocent victims elicited compassion and the impulse to help, whereas those whose suffering was attributed to the despicable kind of person they were did not elicit compassion, If anything, people were often pleased to see fools or villains get their just deserts. That simple observation offered the beginning of an explanation of why people seem to find something blameworthy or contemptible in society's victims of unemployment and poverty.

But then what about the indifference to the fate of clearly innocent victims? In order to answer that question we first took on the question of why do people care about whether other people's suffering is deserved or not. Our best answer to that, given the evidence we generated from our initial research with children, is that children naturally, as they develop, organize more and more of their goal seeking – their important efforts – around deserving what they want rather than simply trying to gratify their desires directly. By adulthood, without thinking about it, consciously, most people have become centrally invested in the belief that they live in a world where they can earn... deserve what they want and need. That belief becomes the core of their way of orienting themselves to their needs and the demands of the environment. Any signs of undeserved suffering then are a direct threat to the very basis of the observer's security.

What happens then when any of us are confronted with clearly innocent victims? Our initial, strong impulse is to correct the injustice. But what if we realize that acting upon that impulse would also pose a threat to our own deserving? It would require that we give up resources that we were deprived of ourselves in the past in order to earn for ourselves or those we are responsible for.

Since our adolescence or before, most of us have learned to accommodate to the unpleasant facts of life. We have learned that we, most of us non-victims, can choose to live in a reasonably just world, where, by and large we can and do deserve what we get, and can get what we deserve... good efforts, virtuous behavior do usually lead to desired outcomes... Not always, but most of the time. On the other hand we recognize there is the totally unjust world of victims – out there – victims of economic and social discrimination, of incurable chronic conditions inflicted upon them by the fates. It becomes apparent then that if we responded to their needs and tried to compensate them as we feel impelled to, by the injustice of their fates, since there are so many, then we would have to give up any hope of our own ability to live in a just world. Faced with this conflict between our own deserving and justice for all of the victims out there, by adulthood, most of us have developed ways of protecting ourselves, from both their demands and the threats to our belief in a just world. Nevertheless, we remain continually vulnerable to and must defend ourselves against explicit cues of undeserved suffering...

By now, there are numerous published reports of studies and experiments that document specific hypotheses in this Justice Motive explanation.[10] A typical research strategy involved confronting people with what they thought was an example of undeserved suffering: a clearly innocent victim. Some of the people were given an opportunity to help this victim at no great cost to themselves and of course they did so. They felt and expressed compassionate concern for this innocent victim. Other observers were not able to rescue this victim and thought no one else would help or compensate that victim. Within a matter of minutes they found reasons to derogate the victim's character. While yet other observers who thought the victim's suffering would increase were even more derogating. Not everyone acted this way, but the vast majority did. The important findings, however, were that, as expected *none* of the observers were indifferent, initially. Their subsequent reactions to the victim, either derogation or compensation, were intensified by the degree of apparent injustice in the victims fate – the more unjust the greater the impulse to help and if unable to do that then derogate the victim. And both reactions – help or derogation – had the common effect of bringing the observers back to a state of relative contentment since there was no undeserved suffering. There was after all no threat to the justness of their world.

And so, by that point in our research, we thought we had demonstrated that, in fact, most people are not at all indifferent to the fate of others. And it is not necessary to create an incentive for people to want to help innocent victims. On the contrary, it is much more probable, that people are in fact so vulnerable to, and so easily aroused by the undeserved suffering of others that for the sake of their own deserving they must find ways to control or even deny their strong impulses to help the victimized... all of them.[11]

What does that mean? Is that not the same as saying that people are self-centered, in the sense of their having to be convinced that it is to their own long term benefit in order to get them to help victims? Whatever resemblances there may seem to be between the common assumption that people are basically self-serving[12] and the Justice Motive model, there are some clear testable differences that have important implications for resolving the social dilemmas of our times.

IV DESERVING VERSUS JUSTICE: THE CONTEMPORARY DILEMMA

The Justice Motive model of human motivation predicts that if people are given the opportunity to help innocent victims and if in so doing they will not threaten their own deserving then people will be highly responsive. Dale Miller was the first to confirm this important hypothesis in a very convincing set of experimental studies.[13] In his research for example, young men, university students, were given a sheet of paper (a flyer) that contained the offer of part time work at a rather pleasant job. To test his hypotheses dr. Miller varied the nature of the job offer and then measured the strength of each appeal in terms of the number of hours the men chose to work. So for example, some men were offered two dollars an hour, while others were promised three dollars an hour. Dr. Miller knew that both of these amounts, two or three dollars an hour, would be considered a fair rate of pay for that kind of work. In addition to the pay for *some* of the men, the offer also contained a moving description of a family that was in desperate need of money. Because there were no other funds available to meet their needs, one dollar of each hours pay, would be automatically deducted from their wages and sent to the family. By varying the amount of pay (2 dollars or 3 dollars) and whether or not one dollar would be deducted for the family, Miller created various conditions of incentive with differing implications for the workers' own deserving and the opportunity to help innocent victims.

As he predicted, there were quite reliable differences in the incentive value of each of these offers. For example, those workers who were offered two dollars but would only be able to keep one of them – because the other dollar would go to the family – were *least motivated* to work. Those who were paid either two or three dollars and got to keep it all, chose to do much more work. And there was *no difference* in the amount of work done by those offered either two or three dollars per hour to keep for themselves. Both of those were considered fair wages. But now, what about the workers offered three dollars per hour but one of *those* dollars would be deducted and sent to the family? By comparing the amount of work done by these men with those who were able to keep all three dollars, each hour, for themselves, he was able to assess directly the relative value to young men of making as much money as possible for themselves (all three dollars) with the opportunity to have less but still a fair rate of pay, while at the same time helping the innocent victims in the family.

Which appeal elicited more work? The chance to keep all three dollars per hour for themselves or the chance to keep only two dollars per hour while the third would go to the needy family? In repeated experiments, professor Miller was able to show that most workers who were confronted with getting *less* than they deserved – that is give up one of two dollars each hour for the family – resolved that conflict easily by avoiding the job. While those who were able to accomplish both, get a fair pay (of two dollars per hour for themselves and the other dollar would go to the victims) were by far the most motivated to work: much more so than those young men who were able to keep all three dollars per hour for themselves.

You might be tempted at this point to think of ulterior motives or alternative explanations for these findings, but before you try to convince yourself these young men were merely exhibiting the idealism of youth, I want to add one other set of relevant findings. When a virtually identical sample of young men were each given a description of one of the job offers and were asked to predict (anonymously, of course) how many hours they or their friends would choose to work – their best predictions differed radically from the actual behavior dr. Miller was able to elicit from the men in his experiments. The subjects' predictions reflected a total acceptance of the economically self interested model of their own and others motivation. They were confident that the only issue of concern to anyone would be the amount they could keep for themselves and any pay deducted for that family would discourage them from working. After all, people work to make money for themselves and those they care about – why else would anyone work.

If most young men are, in fact, highly motivated to work for victims when that does not threaten their own deserving, why should they believe, or at least pretend to believe to themselves as well as others something quite opposite: that of course everyone tries to maximize their own profits – look out for themselves within rules of fair competition?

There is considerable additional research that I will not go into here that confirms the hypothesis, that many relatively advantaged non-victims in our society try to *pretend* to themselves and others that they are sensible profit-oriented strategists, but in fact they remain sensitive to and caring about their own and others' deserving... and that their emotional vulnerability, in what they believe is a competitive fair world, is what frightens them. So, when given the opportunity, and they are convinced their own deserving is not at stake, they are highly responsive and will help innocent victims even at significant direct costs to themselves in terms of money, time, effort.[14]

But, let us turn now, even more directly, to consider the implications of this Justice Motive model for resolving social dilemmas created by the threat if not the actuality of impending scarcity.

V RESPONDING TO SCARCITY: COOPERATIVE SHARING OR COMPETITIVE EXPLOITATION

Let us now reconsider that initial critical point in our social dilemmas where as a citizen, I now recognize that if I were to continue to pursue directly what I want or think I need for myself I would have to compete with you and everyone else over these insufficient resources. *Or*, I could try to get together with everyone and find a way to share the costs of trying to conserve what remains of the needed resources for the benefit of all. *Or*, I could pretend to cooperate and try to get everyone else to be a responsible cooperative member while I in fact privately attempt to use any means available to get the most for me and my family. (And besides there is reason to suspect even though you and the others may pretend to be cooperative and self depriving you are doing the same as I.)

The overwhelming array of evidence – historical, observational, laboratory, is that in our society people, sooner or later, get trapped into the destructive cycle generated by the latter strategies – that is, adopting the seemingly rational self-interested strategy of competing with one another – either openly or deceptively.[15]

But why does that happen so often? There are at least two alternative explanations. The most commonly accepted is simply that that is the way people are built. They are naturally self-interested and will of course try to get what they want for themselves unless it is made more costly for them to do so by some policing agency...[16]

The other explanation I am proposing here, based upon the Justice Motive hypothesis, is that people are in effect *trapped* into competing because they have become convinced that is what everyone is expected to do, is *forced* to do, in order to provide for themselves and their families... to do otherwise would be to act foolishly or irresponsibly. These are the normative expectations of our society, about our way of life. Whereas... in fact, people would much prefer a way of life where they need not compete with or exploit one another in order to protect their own ability to get what they deserve. The self seeking competitiveness is a defensive attempt to protect themselves... not an inevitable, not even a preferred, strategy.

So which is true? That people will inevitably compete and exploit others in conditions of impending scarcity, or does that behavior appear typically because people believe the societal norms require them to do that, while they would prefer, privately, to cooperate with one another, if that did not threaten their own deserving.

We decided a few years ago to try to disentangle the network of causation implied in these two alternative explanations – what are the norms, what are the required defenses, and what are the real motives? To do that we received a grant to create a survey research center. We hired and trained young men and women to work at this center. When they arrived the supervisor led them to a separate private work room with a telephone and all necessary material to do their work for that evening. They also understood they could not leave their telephone unattended. They had to work out an arrangement with the supervisor in order to leave their room for any reason. They were aware that there were other employees working that evening in the other rooms; by the sound of their voices they knew whether they were either male or female, but that was all they knew about the others and all they expected to know.

This is the conflict we created for them. They were each given two jobs they could work on that night for two different companies. The supervisor explained to the workers that it did not matter to the research center how they divided their times – they could spend any amount of time they wished on either job.

The specific jobs were varied throughout the study but in every case one company's job – say interviewing – was to be paid on a piece rate to each worker. The worker was instructed to mail off the completed interviews in the envelope available and that company would then send him a cheque based upon the number of units of work he completed. The other company needed coding done, and for seemingly good reasons would pay each worker that evening an equal share of the total pay based upon all coding completed by all the workers that evening pooled together. In other words, everyone's work would be combined by that company and each worker would get an equal share of the money earned from that combined total regardless of their individual contributions.

Each worker, then, at the beginning of the evening was sitting alone in his room with two jobs he could do. He could divide his time between the two jobs in any way he wished and no one would know what he did with his time and effort. It was all carefully arranged so that it seemed not at all strange or suspicious. There were two jobs for two different companies that for apparently good reasons paid in different ways.

So what did the workers do? Put yourself in their shoes. The obvious way to maximize your own pay was spend all your time working for the company that would pay you directly for your own productivity because you would also, even without contributing anything at all yourself, be assured an equal share of what any of the other workers that evening did for the second company. However, in order to pursue your own profit, self interest, you had to accept the possibility of exploiting – taking a share without working for it – the good efforts of all the other workers. This situation was designed to capture the essential social psychological elements created by a scarce resource situation. That is, the direct pursuit of one's own interests must be at the cost of others who might refuse to be exploitative and try to cooperate by working at the job that pays everyone an equal share.

What did the employees do under these circumstances? Now remember, they had no need to worry about anyone finding out what they did and confronting them. Nor could they or any other employee leave their rooms to talk it all over. They had to make their decisions in the privacy of their own lives.

Very briefly, these are some of the findings. When there were all men working the vast majority of their efforts were spent at whatever job paid each of them directly for their own efforts. That assured the most profit for them, since they would also receive an equal share of the pay based upon what everyone else did for the other company. In some American circles that is called free riding, or social loafing, or using good sense. But, if there were all women working, that evening, again totally anonymous except for sex, the opposite occurred. The women in effect refused to exploit one another. Instead they decided on their own to spend the greatest part of their time working for the company that would combine everyone's work and give all the employees an equal share. Most of them voluntarily put themselves then in a position of being exploited by any of the other women who worked for the individual pay company that evening. But interestingly, their trust was well placed, because without discussing it openly, virtually all the women voluntarily cooperated.

Why did these women employees refuse to exploit one another and why did they trust correctly that the other women could not exploit them? Before you try to answer that, let me tell you one other very important finding. Those evenings when there were both men and women working they all, the men and the women, adopted the profit maximizing strategy of working mainly for the individual pay company and accepting an unearned share of what other workers might have done for the group pay company. It is important to remember that the women did this without communicating with anyone else, without discussing the strategy or meeting the men personally. They just knew there were men as well as women working that evening.

We have a clear example here, of a situation where women were not willing to exploit one another in order to follow the most rational strategy for getting the most pay for themselves. They preferred to trust one another to cooperate and their trust was well placed. In fact, the women earned as much money with their cooperative strategy as the men did pursuing their private self-interest. But most important, for our purposes, is that these women knew that men would adopt the exploitative individual profit-maximizing strategy, and they were right. The women then in order to prevent themselves from being exploited had to adopt that pattern themselves. In effect, they knew the male norms and when necessary adapted to those norms to protect themselves.

So that is one clear example of a sector of our society, women, who preferred to work cooperatively with others, but who also knew male norms of competing and had to adopt them defensively, But why the difference? Is it in the chromosomes, imprinted in early training so that men must, inevitably will, compete over desired resources – women, territory, status, goods? The answer we arrived at, that fits with the recent research of others, is that there is much stronger societal pressure on males to compete over desired resources. They are at much greater risk of being considered weak, inadequate, even irresponsible by others and themselves, if they fail to compete successfully and let others take advantage of them.

It followed then that our male employees would also adopt a cooperative strategy if we provided them with a legitimate 'face-saving' excuse, in the event that others did exploit them. To do that we changed the work conditions slightly by designating them as members of a work team for that evening. The 'Blue Team' for example. That label was meant to be totally arbitrary with no other meaning except for the very familiar normative expectations that men are supposed to cooperate with their team members. We also had to add the element of public accountability. The workers, at the outset, knew they would all get together at the end of the evening and make out their pay slips together with the supervisor's help. They expected then that everyone would know how much each person did on each of the two jobs.

In this situation the male team members who expected to meet one another, replaced the competitive-exploitative strategy with a cooperative trusting orientation. They worked considerably longer at the job that yielded equal shares based on the total productivity of the group. But how do we know this happened because we changed the normative expectations to those that allowed them to cooperate? Because we were also able to show that simply having male workers believe they would be accountable to one another at the end of the work session did not by itself alter their exploitative strategy. It was necessary for the appearance of cooperative behavior to add also the normative element that they were all members of the same team, even though that assignment to a team was nothing but a label 'Blue Team'. As we suspected, though, it was the kind of label that elicited and legitimized familiar norms of cooperation among men in our society. And thus, as a 'team member' males could cooperate without feeling degraded if others, in fact, tried to exploit such cooperative efforts.

I wish I could describe more of the supporting findings to you, but suffice it to say here, the evidence is extremely encouraging. The seemingly self-serving competitive behavior exhibited in scarce resource situations is not at all an inevitable consequence of human motivation that needs to be controlled by the threat of external sanctions. That kind of behavior is, in fact, most often a tragic consequence of people trying to defend themselves in what they believe is a competitive world.[17]

At this point let me make clear what I am not saying here. Our research was not designed to test the relative effectiveness of various pay schedules on employees' productivity, nor the relative merits of turning over the means of production to the private versus public sector, or capitalism versus socialism. Our research findings are only most indirectly, if at all, related to those issues. However, by disentangling the chains of causation we were able to separate basic motives from defensive strategies. As a consequence we were able to demonstrate that the competitive-exploitative behavior was a defensive reaction. Our employees, probably most people, do not need to be persuaded or threatened into acting cooperatively as they pursue their own best interest. Quite to the contrary, they simply need the opportunity to maintain their own deserving while also following the strong natural impulse to eliminate the unjust deprivation of others.

VI JUSTIVE MOTIVE, DESTRUCTIVE DEFENSES AND HEROISM FOR OUR TIMES

We have come to the end of the hour and so I will conclude this first lecture by summarizing the major points I wish to leave with you. In this lecture I described how, through our experiments, we were able to examine underlying motives and test alternative hypotheses about processes that are quite contrary to what is commonly believed by people, even about themselves. We were able to show, for example, that it is the innocence and injustice associated with victims' fate that leads observers to come to their aid, *but* if unable to correct the injustice, the degree of undeserved suffering may have the effect of moving the observer – so sensitive to injustices in his or her world – to find a way to blame or avoid the victim. How else can observers maintain the belief, essential to their security, that, by and large, they live in a just world?

We were also able to show that young men, contrary even to what they believe about themselves and others were more motivated by the opportunity to help innocent victims of poverty than keeping more pay for themselves, if their working for the victim did not also threaten their own deserving. And finally, we were able to show that although people often act in ways that appear entirely self-serving when it comes to providing for their own and their families welfare – that is typically a defensive reaction. People have become convinced those are the norms – the expected ways of acting that everyone will be following. While, in fact, most men and women would much prefer to be mutually supportive and cooperative. Mainly, they want to do that which is just and fair for all to create a 'just world'.

We do not know enough yet about all the factors required to translate these findings into specific policies. But, we certainly can provide those skilled at the arts and science of creating and implementing social policies with a much more accurate set of guidelines concerning what the problems and possibilities are based upon human motives – what people want to value for themselves and others.

By now, we have also learned a great deal about how people decide what is fair and just in various contexts. And as it turns out, the social psychological processes involved seem very promising for the ability to achieve strong consensus and agreement not only within a given society but even cross culturally. That discussion I will save for the next lecture.

As a final word, I would like to return to the heroism of Professor Cleveringa whose resistance of the Nazi invaders at that time may have special meaning for us and what we face now.

At about the same time as Professor Cleveringa's acts of defiance here, the psychiatrist Bruno Bettelheim asked many fellow German Jewish prisoners in the Nazi concentration camp why they had not left Germany before being sent to the camps, especially since they had been subjected to increasingly degrading and deteriorating conditions before their actual imprisonment in 1938. Why did they not see the handwriting on the wall and flee for their safety? The answer he received from these prisoners was quite understandably that they could not bring themselves to give up what was salvable of the normal routines of their lives. As most of us, especially in times of stress, they clung to their homes and places of business because that was familiar and seemed natural to them.[18]

So it is very possible that it may be necessary for us all in 1984 to defy the same tyranny of those times – not the presence of Nazi invaders but the more insidious forces that prevented some of the German citizens from coping with the impending menace by defying that which was familiar – the tyranny of possessions and familiar routines. If the experts are correct, it is very possible that our natural desire to maintain familiar routines and possessions will entrap us into competing with one another over increasingly scarce or at least insufficient resources with ultimately and inevitably destructive consequences to our democratic and humanitarian values.

Fortunately we can draw upon the inspiration of heroic figures such as Professor Cleveringa to help us resist tyranny. *Our heroism*, in *these* times, will be in resisting the tyranny of our familiar routines and then trusting in our own and others commitment to justice to create the required ways of working with one another to solve our common problems...

P.R. BAEHR

Mensenrechten en buitenlands beleid, verenigbare grootheden?

1986

Kan een regering de naleving van de rechten van de mens in andere landen bevorderen? *Behoort* een regering de naleving van de rechten van de mens in andere landen te bevorderen? Welke regeringen? Welke landen? Welke rechten? Op welke wijze? Ziedaar enkele vragen die rijzen als men zich de vraag stelt naar de verenigbaarheid van mensenrechten en buitenlands beleid.

Mensenrechten onderscheiden zich van andere bestanddelen – al dan niet 'centrale' – van het buitenlands beleid, doordat het hier een aspect betreft van de wijze waarop een buitenlandse regering haar eigen burgers en andere ingezetenen behandelt. Andere regeringen meten zich het recht aan daarover een oordeel te vellen. En dat niet alleen. Zij proberen op allerlei manieren die wijze van behandeling te beïnvloeden, via het uitoefenen van meer of minder subtiele vormen van druk tot en met het actief interveniëren door middel van sancties. Op welk gedachtegoed is deze bemoeienis gebaseerd?

Historisch gezien is de plaats van de mensenrechten in het buitenlands beleid in deze tijd niet los te zien van de grootscheepse schendingen van deze rechten door Nazi-Duitsland in de periode 1933–1945 en het ontbreken van een voldoende reactie daarop vanuit het buitenland. (De Tweede Wereldoorlog was voor de geallieerde mogendheden meer een reactie op het Duitse en Japanse streven naar territoriale expansie dan een oorlog om de mensenrechten.) Zeker bij het aanvaarden van deze Cleveringaleerstoel past het dit nog eens duidelijk uit te spreken. Begrippen als 'genocide' en 'misdrijven tegen de mensheid' zijn onverbrekelijk met deze periode in de geschiedenis verbonden. Systematische schendingen van de mensenrechten van een omvang en op een schaal zoals tijdens het nationaal-socialisme hebben zich sindsdien niet meer voorgedaan. Dat neemt niet weg dat ook heden ten dage nog op vele plaatsen in de wereld schendingen van mensenrechten plaatsvinden. Er is dan ook alle aanleiding de vraag te bespreken wat een buitenlands beleid daaraan kan doen.

Regeringen plegen zelf graag hun activiteiten te presenteren in termen van hoog principieel en ethisch gehalte. Nog zeer onlangs noemde de Nederlandse minister van Buitenlandse Zaken vrede en rechtvaardigheid als uitgangspunten voor zijn buitenlands beleid.[1] Het bevorderen van rechtvaardigheid betekent logischerwijs ook een grotere eerbiediging van de mensenrechten, zo hield hij zijn gehoor voor. Hij kon zich daarbij gesteund weten door een gedurende de laatste veertig jaar gegroeid indrukwekkend geheel van internationale verklaringen en bindende verdragen, waarin normen voor wat betreft de rechten van de mens zijn vastgelegd.

Met het begrip 'mensenrechten' wordt gedoeld op het geheel van rechten en verplichtingen, zoals die o.a. zijn neergelegd in de beide internationale conventies van 1966. Dat betreft dus zowel de burgerrechten en politieke rechten als de economische, sociale en culturele rechten. Sinds enige jaren zijn daar nog bijgekomen de zogeheten 'rechten van de derde generatie' zoals het recht op vrede, op ontwikkeling, op een schoon natuurlijk milieu, op het gemeenschappelijk erfdeel van de mensheid. Deze laatste serie rechten, over de inhoud waarvan nog veel meningsverschil bestaat, blijft in het kader van dit betoog buiten beschouwing. De nadruk zal liggen op de klassieke burgerrechten en politieke rechten.

Het ontbreken van bepaalde economische, sociale en culturele rechten in een land wordt wel eens als argument gebruikt om ook de burgerrechten en politieke rechten niet (of nog niet) te honoreren. Zolang bepaalde fundamentele levensbehoeften – zo wordt dan gesteld – ontbreken of onvoldoende voorhanden zijn, zoals voedsel, kleding, huisvesting en medische voorzieningen, zou het ook niet nodig zijn de burgerrechten en politieke rechten te garanderen. Dat is echter een gevaarlijke, enigszins paternalistisch aandoen de redenering, zeker als die gehanteerd wordt door of namens een repressief regiem. Beperking van de burgerrechten en politieke rechten levert immers in het geheel geen bijdrage aan de economische ontwikkeling van een land. De rechten van de mens dienen vooral ter bescherming van de zwakken in de samenleving, de dissidenten, degenen die tegen hun eigen regering moeten worden beschermd. Die gedachte behoort gelijkelijk te gelden voor mensen in rijke en in arme landen. Met een variant op de titel van een recent opstel van de socioloog Tromp zou men kunnen zeggen: burgerrechten en politieke rechten zijn evenmin als democratie te goed voor de derde wereld.[2]

De meer traditionele oogmerken van het buitenlands beleid, zoals de bescherming van de nationale veiligheid of de bevordering van de buitenlandse handel, zijn gebaseerd op directe of indirecte materiële belangen van het land in kwestie. Voor zover de mensenrechten gezien worden als zelfstandige doelstelling van het buitenlands beleid, onderscheiden zij zich van de andere doeleinden doordat het hier niet gaat om de bevordering van directe materiële belangen. Sterker nog: de bevordering van de mensenrechten kan in strijd komen met die materiële belangen. Regeringen die de mensenrechten in het buitenland willen bevorderen, maken het zichzelf niet gemakkelijk. Zij komen voortdurend voor moeilijke afwegingsproblemen en keuzes van prioriteiten te staan. Desalniettemin kan worden geconstateerd dat er nogal wat regeringen zijn die het bevorderen van de mensenrechten in hun buitenlands beleid hebben opgenomen. Zij kunnen daarbij gebruikmaken van het feit dat vrijwel alle regeringen op zijn minst lippendienst bewijzen aan de internationale normen op het gebied van de mensenrechten.

Lippendienst – 'the respect that vice pays to virtue' – duidt erop dat vrijwel geen regering zonder meer openlijk durft toe te geven dat de genoemde internationale normen door haar worden overtreden, ook al is dat wel het geval. Deze oorspronkelijk in westerse landen ontwikkelde normen hebben gaandeweg een meer algemene geldigheid gekregen. Vrijwel alle regeringen, wat ook hun ideologische of culturele achtergrond moge zijn, veroordelen systematische en flagrante schendingen van de mensenrechten, zoals genocide, martelingen of onvrijwillige verdwijningen. Men kan in dit verband op zijn minst spreken van een vrij algemeen aanvaarde veronderstelling van universaliteit van normen. Deze veronderstelling opent de weg om regeringen aan te spreken op de wijze waarop de mensenrechten in hun land worden gerespecteerd. Daarmee wordt althans de mogelijkheid geopend tot een effectieve naleving ervan. Dat betekent uiteraard nog niet dat zulks ook inderdaad gebeurt. In het onlangs verschenen jaarboek van Amnesty International wordt er terecht op gewezen dat er nog 'een enorme kloof bestaat tussen deze internationale verbintenissen en de werkelijkheid'.[3] Uit dat jaarboek blijkt dat in niet minder dan 128 staten sprake is van schendingen van de beperkte serie mensenrechten die Amnesty tot zijn zorgen rekent. Dat daarbij voor het eerst sedert vele jaren ook Nederland weer wordt genoemd, stemt niet tot verheugenis.

De mensenrechten kunnen worden gehanteerd als zelfstandige doelstelling van beleid, maar ook als instrument om andere doeleinden van het buitenlands beleid te realiseren. Er zijn nogal wat schrijvers van mening dat dit laatste de enig juiste manier is waarop de plaats van de mensenrechten in het buitenlands beleid moet worden gezien.[4] Daartegenover staan degenen die vinden dat mensenrechten in de eerste plaats als doel op zichzelf moeten worden gehanteerd. Deze laatsten, die met name worden gevonden in kringen van non-gouvernementele mensenrechtenorganisaties, staan vrij kritisch tegenover de wijze waarop sommige regeringen het thema mensenrechten in hun buitenlands beleid hanteren. Als de huidige Amerikaanse regering bijvoorbeeld kritiek uit op schendingen van de mensenrechten door het Sandinistische regiem in Nicaragua, dan gaat het haar daarbij niet uitsluitend om het bevorderen van de mensenrechten, maar ook om buitenlands-politieke doelstellingen van meer algemene aard. Dat geldt ook voor haar kritiek op de houding van de Sovjet-Unie jegens binnenlandse dissidenten en 'refuseniks', Russische Joden die naar Israël of elders willen emigreren.[5] De regering van de Sovjet-Unie gebruikt op haar beurt het mensenrechtenthema nogal eens in het kader van kritiek op het Westen en tevens om te laten zien hoe superieur haar versie van het socialisme is in vergelijking met andere sociaal-politieke systemen.[6] Mensenrechten zijn dan meer het instrument dan het doel van de buitenlandse politiek.

Op de toepassing van universele mensenrechtennormen zou idealiter moeten worden toegezien door daartoe competente internationale organen, met name van de Verenigde Naties. Deze organisatie heeft de laatste jaren inderdaad enige vooruitgang geboekt op dit terrein, vooral dankzij de activiteiten van de door de Commissie voor de Rechten van de Mens ingestelde landenrapporteurs (voor Chili, El Salvador, Guatemala, Afghanistan en Iran), de rapporteurs inzake buitengerechtelijke executies en martelingen, en de werkgroep inzake verdwijningen. Dit jaar is daar nog bijgekomen de speciale rapporteur inzake onverdraagzaamheid en discriminatie op grond van godsdienst en geloof. Maar deze functionarissen moeten met omzichtigheid opereren en zich een grote mate van terughoudendheid opleggen bij het noemen van landen waar de mensenrechten worden geschonden. Het is nog pas vier jaar geleden dat het mandaat van de directeur van de VN Mensenrechtendivisie, de Nederlander Van Boven, niet werd verlengd, vooral naar aanleiding van het feit dat hij in zijn functie van VN-ambtenaar de daden van enkele notoire mensenrechten schendende landen al te duidelijk aan de kaak had gesteld. En dat, terwijl de namen van die landen alle reeds eerder in VN-resoluties waren gememoreerd! Het rapport van een andere Nederlander, de rapporteur voor martelingen Kooijmans, wekte eerder dit jaar de ergernis van de Sovjet-Unie alleen al vanwege het feit dat erin vermeld werd dat haar om nadere inlichtingen was gevraagd over mogelijke martelpraktijken.[7]

De financiële bezuinigingen bij de VN hebben de werkzaamheden op het gebied van de mensenrechten niet ongemoeid gelaten. Zo kon de zitting van de subcommissie ter voorkoming van discriminatie en ter bescherming van minderheden dit jaar vanwege de bezuinigingen geen doorgang vinden. Dat betekent dat o.a. ook de belangrijke vertrouwelijke zogeheten 1503-procedure, waarbij klachten worden behandeld die wijzen op grove en systematische schendingen van de mensenrechten, moest worden opgeschort tot volgend jaar. Ook andere activiteiten op het terrein van de mensenrechten dreigen het slachtoffer te worden van de bezuinigingen. Van Boven spreekt van een toenemende kloof tussen de taken en verantwoordelijkheden van de VN op het terrein van de mensenrechten en haar feitelijke mogelijkheden om in de behoeften op dit gebied te voorzien.[8] Er lijkt alle reden voor de stelling dat het verkleinen van deze kloof een centraal element zou dienen te zijn in het buitenlands beleid van regeringen die de bevordering van de mensenrechten hoog op hun agenda hebben staan.

Een actief mensenrechtenbeleid betekent altijd inmenging in zaken die traditioneel werden beschouwd als te behoren tot de binnenlandse aangelegenheden van een ander land. Een dergelijke inmenging is onder het volkenrecht verboden, zij het dat op dat verbod wel uitzonderingen worden gemaakt. Meer in het bijzonder geldt dat het verbod van gewapende interventie in een ander land. In het Handvest van de Verenigde Naties en in de in 1970 door de Algemene Vergadering aanvaarde verklaring over beginselen van internationaal recht inzake vriendschappelijke betrekkingen en samenwerking tussen staten, wordt gewapende interventie, en zelfs de dreiging daarmee tegen het grondgebied van een andere staat uitdrukkelijk verboden.[9]

Ook in de Slotakte van de Conferentie van Helsinki over Veiligheid en Samenwerking in Europa van 1975 wordt in het zesde beginsel directe of indirecte interventie door de deelnemende staten in de binnenlandse of buitenlandse aangelegenheden die behoren tot de jurisdictie van een andere deelnemende staat, uitdrukkelijk verboden. Dat zou kunnen betekenen dat de controle op de naleving van de in het volgende artikel gestipuleerde eerbiediging van de mensenrechten in wezen aan iedere staat zelf wordt overgelaten. In de in de meeste westerse landen aangehangen visie, die ook ten grondslag ligt aan de Nota Mensenrechten van het Nederlandse ministerie van Buitenlandse Zaken van 1979, wordt echter een verschil gemaakt tussen 'interventie' die niet is toegestaan en andere vormen van 'inmenging' ('interference') die wel zou mogen. 'Interventie' wordt dan geacht van beperktere reikwijdte en tevens ingrijpender te zijn; zij heeft alleen betrekking op gewapende interventie, andere gewelddadige acties of intense politiek dwang. Inmenging daarentegen kan bijvoorbeeld plaatsvinden via niet-gewelddadige middelen, zoals diplomatieke druk of bijvoorbeeld radio-uitzendingen.[10] Dat zou betekenen dat het zesde beginsel van de Slotakte van Helsinki niet kan worden gehanteerd om andere landen ervan te weerhouden commentaar te leveren op onvoldoende toepassing van de mensenrechtenvoorzieningen die genoemd worden in het erop volgende zevende beginsel. De socialistische landen van Oost-Europa onderschrijven deze interpretatie echter niet. Deze juridische haarkloverij is niet zonder politiek belang, aangezien dissidenten in de Sovjet-Unie en andere Oost-Europese staten deze tekst zijn gaan gebruiken om hun eigen regeringen ter verantwoording te roepen voor schendingen van de mensenrechten (bijvoorbeeld Charta '77 en de zogeheten 'Helsinkigroepen'). Binnen de zojuist gegeven interpretatie kan er geen bezwaar tegen bestaan, als westerse regeringen deze groepen – voorzover ze althans nog niet door de autoriteiten zijn opgeheven – op zijn minst morele steun verlenen.

Men kan echter nog aanzienlijk verder gaan en stellen dat het thema mensenrechten niet langer uitsluitend tot de jurisdictie van de individuele staten behoort. Bloed en Van Dijk wijzen erop dat op basis van het internationale recht en als consequentie van het partij zijn bij een aantal internationale overeenkomsten, staten verplichtingen op zich hebben genomen ten aanzien van de bevordering en bescherming van de mensenrechten. Maar zij constateren tevens dat er geen algemene overeenstemming bestaat over de vraag welke aspecten van de mensenrechten binnen hun eigen gebied tot de exclusieve jurisdictie van de afzonderlijke staten zijn blijven behoren.[11] Zoals wel vaker gaan de juridische en de politieke stellingnames hier hand in hand. Voorstanders van een actief mensenrechtenbeleid beroepen zich op juridische argumenten die een beperkte interpretatie voorstaan van de materie die nog onder exclusieve binnenlandse jurisdictie valt. Regeringen die blootstaan aan kritiek wegens de onvoldoende naleving van mensenrechten, verschuilen zich vaak achter het beginsel van de binnenlandse jurisdictie.

Dit brengt ons op de nationale soevereiniteit van staten. Zeker is in ieder geval dat de opneming van de rechten van de mens in internationale verdragen in feite of in potentie een aantasting betekent van deze nationale soevereiniteit. Staten aanvaarden daarmee immers dat er beperkingen bestaan op de manier waarop zij hun eigen burgers en andere ingezetenen mogen behandelen. Zo moeten bijvoorbeeld de staten die het internationale verdrag over de burgerrechten en politieke rechten hebben geratificeerd, rapporteren over de maatregelen die zij hebben genomen ter garandering van de in dat verdrag genoemde rechten en over de vooruitgang die valt waar te nemen in het genot van die rechten.[12] De door de staten ingediende rapporten worden voorgelegd aan het Comité voor de Rechten van de Mens. Dat beschikt niet over krachtige sanctiemogelijkheden om naleving van de verdragsverplichtingen af te dwingen. Het mag de rapporten slechts 'bestuderen' en zijn commentaar erop toezenden aan de staten die partij zijn. Weliswaar zijn lang niet alle nationale rapporten gelijkelijk inhoudsvol, maar het feit dat regeringen moeten rapporteren over hun wijze van naleving van de internationale normen, betekent een aantasting van hun nationale soevereiniteit. Individuele burgers hebben nu internationaal vastgelegde rechten waarop zij zich tegenover hun eigen regering kunnen beroepen. Burgers van landen die zijn aangesloten bij de Europese Conventie voor de Rechten van de Mens, kunnen zich zelfs tot speciaal daartoe ingerichte internationale organen wenden, die de staten bindende uitspraken kunnen doen. Daardoor wordt de nationale soevereiniteit nog verder ingeperkt.

Het voeren van beleid betekent altijd het stellen van prioriteiten. Dat geldt ook voor het buitenlands beleid. Er zullen altijd belangen tegen elkaar moeten worden afgewogen. Waar het nu om gaat is de wijze waarop deze belangenafweging plaatsvindt en welke plaats de bevordering van de mensenrechten daarin inneemt. Wat moet voorgaan? De bevordering van de eigen handelsbelangen in het buitenland (waarmee vaak ook de positie van delen van het bedrijfsleven en daarmee werkgelegenheid gemoeid is) of de bevordering van de mensenrechten in datzelfde buitenland? De hulpverlening aan arme landen, ook als in die landen fundamentele mensenrechten bij voortduring op grove en systematische wijze worden geschonden? De bevordering van de ontspanning tussen Oost en West, ook als in landen van dat Oosten de mensen de mond wordt gesnoerd? De trouw aan de bondgenoten, ook als sommige van die bondgenoten er in eigen land weinig blijk van zouden geven deelgenoten te zijn van dat gemeenschappelijke culturele erfgoed waarvan in het verdrag waarop dat bondgenootschap is gebaseerd sprake is?

Het stellen van de vragen is gemakkelijker dan het formuleren van bevredigende antwoorden op die vragen. De Nederlandse regering is een van de weinigen geweest die althans gepoogd hebben in beleidsstukken een enigermate duidelijke lijn uit te zetten voor het bepalen van deze prioriteiten. Het uitgangspunt wordt geformuleerd in de Mensenrechtennota van 1979: 'De wens van de Regering om zich in te zetten voor de rechten van de mens laat onverlet, dat dit als onderdeel van haar totale beleid niet onder alle omstandigheden voorrang kan genieten boven de andere doelstellingen van dat beleid.'[13] Vervolgens worden er in de nota en in latere nota's o.a. de volgende aanzetten tot prioriteitskeuzes geformuleerd. In de bevordering van de mensenrechten moet ook rekening worden gehouden met andere te behartigen waarden en belangen die geen onaanvaardbare schade mogen lijden. De voorkeur wordt gegeven aan een gezamenlijk optreden met 'gelijkgezinde landen'. Economische maatregelen mogen alleen worden genomen als andere middelen om de mensenrechtensituatie in het betrokken land te verbeteren duidelijk ontoereikend zijn gebleken. Bovendien mogen zulke maatregelen 'geen onevenredige schade' toebrengen aan Nederlandse belangen. Het mensenrechtenbeleid moet 'onpartijdig' en 'niet-selectief' zijn. Het mag zich met andere woorden niet alleen richten tegen misstanden in landen van één bepaalde politieke signatuur. Dat neemt niet weg dat Nederland eerder zijn stem zal laten horen als het gaat om de eerbiediging van de mensenrechten in de westerse landen waarmee Nederland historisch, geestelijk en politiek nauw is verbonden. Ontwikkelingshulp mag niet gehanteerd worden als een middel tot manipulatie van hulpontvangende landen. Hulp mag niet gebruikt worden als beloning voor de eerbiediging van de mensenrechten of het onthouden van hulp als straf voor veronachtzaming van de mensenrechten. Er moet echter wel voor worden gewaakt dat hulpverlening geen rechtstreekse bijdrage vormt tot bestendiging van repressie. In geval van grove en voortdurende schending van fundamentele mensenrechten kan niet-toekenning of opschorting van de hulp worden overwogen. Aldus enkele van de beleidsuitspraken van de Nederlandse regering.

Nu gaat het er mij niet om of de regering hiermee wel of niet de juiste prioriteiten heeft gekozen. Uit de reacties van mensenrechtenorganisaties en de behandeling van de nota in de Tweede Kamer blijkt wel dat niet alle keuzes door eenieder worden onderschreven.[14] Belangrijk is dat een poging is gedaan tot het formuleren van prioriteiten. Binnen het ministerie van Buitenlandse Zaken is daaraan ook de organisatorische consequentie verbonden van de instelling van een coördinator mensenrechten op hoog ambtelijk niveau, die als voorzitter optreedt van een ambtelijke coördinatie-commissie mensenrechten, bestaande uit vertegenwoordigers van de verschillende beleidsafdelingen van het ministerie. In beginsel worden de beleidsafwegingen op dit terrein in deze ambtelijke structuur voor de minister voorbereid. Dankzij het feit dat de minister voor Ontwikkelingssamenwerking bijgestaan wordt door ambtenaren van hetzelfde ministerie, wordt de relevantie van de mensenrechten voor het beleid op het gebied van ontwikkelingssamenwerking in beginsel voldoende onder ogen gezien. Het zal echter duidelijk zijn dat het mensenrechtenbeleid ook belangrijke raakvlakken vertoont met beleid dat in eerste instantie onder de verantwoordelijkheid valt van andere ministers. Te denken valt aan die van Economische Zaken, Financiën, Justitie en Defensie. In het licht van het voorgaande valt het te betreuren dat men nog niet is overgegaan tot de instelling van enigerlei vorm van interdepartementale coördinatie van het mensenrechtenbeleid. De keuzes van prioriteiten spelen zich immers voor een deel ook buiten het ministerie van Buitenlandse Zaken af. Een dergelijk coördinatiepunt zou de beleidsbepaling en tevens de mogelijkheid tot controle op dat beleid ten goede komen. Het zou overigens zeker overweging verdienen de nota, die van zeven jaar geleden stamt, te actualiseren en te bezien in hoeverre alle toen gedane uitspraken reëel zijn gebleken. Dat zou tevens de gelegenheid bieden voor een systematische evaluatie van het mensenrechtenbeleid.

In de relatie mensenrechten-ontwikkelingshulp valt het op dat de Nederlandse regering bij herhaling heeft laten weten ontwikkelingshulp niet als instrument van manipulatie te willen gebruiken. Verloren van Themaat heeft er echter terecht op gewezen dat ontwikkelingshulp tevens sturing betekent, hetgeen altijd een zekere mate van manipulatie met zich meebrengt en dat de vraag veel meer zou moeten zijn voor welke doelstellingen de hulp wordt gebruikt.[15] Ook de Adviescommissie Mensenrechten Buitenlands Beleid heeft in haar Surinameadvies van 1984 geconstateerd dat het sanctie-effect van veranderingen in een hulprelatie meestal onvermijdelijk is. Zij vraagt zich in haar advies af waarom een regering een dergelijk effect koste wat het kost zou moeten schuwen.[16] Als een regering de mensenrechten als centraal bestanddeel van haar beleid wenst te zien, waarom zou zij dan als instrument van dat beleid geen gebruik mogen maken van het sturend vermogen van ontwikkelingshulp? Op zo'n moment wordt de ontwikkelingshulp ondergeschikt gemaakt aan de doelstelling van het bevorderen van de mensenrechten. Dat kan, niet altijd maar onder bepaalde omstandigheden, verstandig beleid zijn.

Hoe kunnen regeringen in hun buitenlands beleid de naleving van mensenrechtennormen helpen bevorderen? Bij de keuze van te hanteren middelen zal de effectiviteit van het beleid een belangrijke – zo niet de belangrijkste – toetssteen dienen te zijn. Is deze effectiviteit gediend met consistentie in de te nemen maatregelen? Consistentie wordt hier opgevat in een van de betekenissen die het woordenboek vermeldt, 'vrij van innerlijke tegenspraak'. Welke mate van consistentie? Een vaak gehoord punt van kritiek op het Nederlandse buitenlandse beleid is dat ten aanzien van Suriname en Indonesië sprake zou zijn van inconsistent beleid, dat m.a.w. met verschillende maten zou worden gemeten. In het geval van Suriname schortte Nederland de bij verdrag geregelde ontwikkelingshulp op naar aanleiding van de gewelddadige dood van vijftien tegenstanders van het regiem in december 1982. In de relaties met Indonesië, waar door of met toestemming van het regiem ernstige schendingen van de mensenrechten hebben plaatsgevonden en nog steeds plaatsvinden, wordt daarentegen de ontwikkelingshulp voortgezet en blijft Nederland zelfs het voorzitterschap bekleden van het IGGI, het internationale consortium dat de hulp aan Indonesië coördineert. Dat geeft op zijn minst de indruk van inconsistentie in het beleid, hetgeen de geloofwaardigheid – en daarmee de effectiviteit van dat beleid – nadelig zou beïnvloeden.

Suriname en Indonesië hebben met elkaar gemeen dat zij beide voormalige koloniën van Nederland zijn. Dat zou in beide gevallen een zekere terughoudendheid van de vroegere koloniale heerser kunnen betekenen, om het verwijt van neokolonialisme en paternalisme te vermijden. In het geval van Suriname heeft de Nederlandse regering echter veel scherper op schendingen van de mensenrechten gereageerd dan in het geval-Indonesië. De Nederlandse regering legt in de verdediging van haar beleid zelf sterk de nadruk op het unieke karakter van de verdragsmatig met Suriname vastgelegde ontwikkelingsrelatie. De toegezegde omvang van die hulp was niet alleen zeer hoog in vergelijking met de omvang van de bevolking, maar maakte bovendien het leeuwendeel uit van de totale internationale hulpstroom naar Suriname. Een verdere belangrijke overweging voor de opschorting van de hulp was de ernst van de schendingen in een land dat altijd een traditie had gekend van betrekkelijke geweldloosheid in de politiek; door de decembermoorden werd doelbewust de kern van de politieke oppositie in Suriname uitgeschakeld. Naast deze door de regering genoemde factoren dient erop te worden gewezen dat Suriname een betrekkelijk klein en machteloos land is en Nederland een van de weinige landen in de wereld is die zich werkelijk voor het lot van dat land interesseren.[17] De situatie ten opzichte van Indonesië is anders. Daar gaat het om een potentieel rijk en machtig land, dat een strategisch belangrijke positie inneemt. Voor het Nederlandse bedrijfsleven is Indonesië in feite en in potentie veel belangrijker dan Suriname. De jaarlijkse Nederlandse hulpverlening aan Indonesië is klein ten opzichte van de grootte van de bevolking en maakt een gering deel uit van de totale internationale hulpstroom naar dat land. Mocht de Nederlandse regering om wat voor reden ook aanleiding zien ook de ontwikkelingsrelatie met Indonesië op te schorten, dan mag worden aangenomen dat andere westerse landen bereid zullen zijn onze plaats in te nemen.

Is er nu in het geval van het Nederlandse beleid ten aanzien van Suriname en Indonesië wél of niet sprake van inconsistentie? Zo ja, is dat dan verkeerd? De Nederlandse regering heeft als reden voor de opschorting van de hulp aan Suriname opgegeven dat de omstandigheden na de decembermoorden zodanig waren gewijzigd dat voortzetting van de hulpverlening niet kon worden verlangd. Tevens werd herinnerd aan het uitgangspunt dat ontwikkelingssamenwerking nooit een ondersteuning voor repressieve regiems mocht worden, noch zou mogen leiden tot medeplichtigheid aan ernstige schendingen van de rechten van de mens. De Nederlandse regering heeft echter niet gezegd dat zij het verdrag met Suriname heeft opgeschort *teneinde daardoor* de mensenrechtensituatie te verbeteren. Zelf wijst zij op andere, politieke middelen, die zij daartoe heeft gehanteerd, o.a. in het kader van de VN Commissie voor de Rechten van de Mens. Dat neemt niet weg dat in Suriname de opschorting van de hulp – en het nog steeds voortduren van die opschorting vier jaar later – stellig als een sanctie naar aanleiding van de schendingen van de mensenrechten is ervaren. Het in het ene geval niet, in het andere geval wél voortzetten van de ontwikkelingshulp is in de ogen van de Nederlandse regering niet inconsistent gezien de bijzondere aard van de ontwikkelingen in Suriname. Voor de Nederlandse regering heeft het medeplichtigheidsmotief en het regiembevestingsmotief in het geval van Indonesië tot nu toe blijkbaar minder zwaar gewogen dan in het geval-Suriname; dat is een vorm van inconsistentie die schadelijk kan zijn voor de geloofwaardigheid van het mensenrechtenbeleid. Dat geldt temeer waar het, zoals in de beide genoemde gevallen, gaat om schendingen van zogenoemde integriteitsrechten van de menselijke persoon (standrechtelijke en willekeurige executies, verdwijningen, folteringen, willekeurige arrestaties). Een duidelijke stellingname ten aanzien van de mensenrechtenschendingen in Indonesië zou gebaat zijn bij enigerlei vorm van discontinuïteit in de verlening van ontwikkelingshulp aan dat land. Van een dergelijke discontinuïteit zou een signaalfunctie kunnen uitgaan naar de Indonesische autoriteiten. Of een dergelijk signaal enigermate effectief zou zijn, is uiteraard niet zeker, maar er is reden voor ernstige twijfel of de pogingen die tot nu toe van Nederlandse zijde zijn gedaan om te komen tot een verbetering van de mensenrechtensituatie in Indonesië, wél effectief zijn geweest. Het genoemde signaal zou zeker passen in een buitenlands beleid dat het bevorderen van de mensenrechten als een centraal bestanddeel ziet. Tegen deze achtergrond zou het de moeite waard zijn als de Nederlandse regering haar afweging van prioriteiten in een Indonesië-nota nader uiteen zou zetten. Een dergelijke nota zou aanleiding kunnen vormen voor een diepgaande gedachtewisseling met het parlement over dit aspect van het beleid.

Het is overigens nog maar de vraag of vanuit een oogpunt van effectiviteit een absolute mate van consistentie altijd noodzakelijk is. De voormalige Britse minister van Buitenlandse Zaken, David Owen, herinnert eraan dat hij, toen hij de zorg voor de mensenrechten tot inzet van zijn buitenlands beleid maakte, ervoor waarschuwde dat men als prijs daarvoor van tijd tot tijd een weinig inconsistentie zou moeten betalen. Bij nader inzien, zo schrijft hij, was er echter geen sprake van een weinig inconsistentie, maar van een heel grote mate van inconsistentie. Hij lijkt dat niet te betreuren.[18] Ervan uitgaande dat internationale normen op gelijke wijze overal horen te gelden, kan een effectief beleid toch met zich meebrengen dat men in verschillende situaties verschillende middelen kiest. Dat neemt echter niet weg dat de bewijslast dat in een bepaalde situatie een niet of minder consistent beleid effectiever zou zijn voor het bevorderen van de mensenrechten, bij de regering hoort te berusten die voor dit beleid kiest.

Op wat voor problemen een regering kan stuiten in het afwegen van prioriteiten en hoe moeilijk het kan zijn om dat aan de buitenwereld uit te leggen, leert het recente incident rondom de toekenning van een prijs door een particuliere stichting aan de Tsjecho-Slowaakse toneelschrijver Havel, lid van de dissidente mensenrechtenorganisatie Charta '77. De Nederlandse minister van Buitenlandse Zaken, die eerder zijn invloed had aangewend om te voorkomen dat de prijs zou worden toegekend aan Charta '77 zelf, greep opnieuw in, nu om te voorkomen dat namens de schrijver een dankwoord zou worden uitgesproken waarin zijn band met die organisatie zou worden beklemtoond. Dit gebeurde met een verwijzing naar de ministeriële verantwoordelijkheid voor de aanwezigheid bij de prijsuitreiking van leden van het Nederlandse Koninklijk Huis dat daardoor in opspraak zou kunnen worden gebracht. In het debat in de Tweede Kamer naar aanleiding van deze kwestie vroeg een lid van een bevriende regeringsfractie niet zonder gevoel voor retoriek wat de Nederlandse regering nu eigenlijk belangrijker vond: de vrijheid van meningsuiting hier te lande of de goede betrekkingen met een regiem dat de vrijheid onderdrukte?[19] Het standpunt van de minister ontmoette in de buitenwereld weinig begrip. Onder druk van vrijwel de gehele Kamer herzag hij echter enige dagen later zijn standpunt. De opwinding die – terecht naar mijn mening – was ontstaan, onderstreept het belang dat allerwegen in ons land wordt gehecht aan de bescherming van het centrale recht dat hier in gevaar dreigde te komen.

We komen nu aan de rol van non-gouvernementele organisaties bij de beleidsbepaling. De plaats van mensenrechten in het buitenlands beleid kan niet worden los gezien van de vele particuliere organisaties op dit gebied die ervoor zorgen dat regeringen aandacht blijven houden voor dit onderwerp. Twee jaar geleden heeft Van Boven in zijn Dom Helder Camara Lezing aan de Vrije Universiteit het belang onderstreept van wat hij aanduidde met het begrip 'het derde systeem'.[20] Daarmee doelde hij op de organisaties, bewegingen en groepen die zich laten inspireren door idealen van vrede, gerechtigheid en bevrijding en daarbij gebruikmaken van internationale beginselen op het gebied van de mensenrechten. Hij onderscheidde dit systeem van twee andere systemen, namelijk dat van de regeringen en dat van de transnationale ondernemingen. Dat derde systeem van de non-gouvernementele organisaties, zoals Amnesty International, de Internationale Commissie van Juristen, Pax Christi, de Internationale Liga voor de Mensenrechten, de Anti-Slavery Society – om slechts enkele van de meest bekende te noemen – zorgt ervoor dat regeringen aandacht blijven houden voor het thema mensenrechten, ook als dat ondergesneeuwd dreigt te worden door belangen van meer materiële aard. Het derde systeem laat voortdurend van zich horen en weet de weg naar het eerste systeem waar nodig te vinden. Een van de plaatsen waar men dat derde systeem als het ware fysiek in actie kan zien, is de jaarlijkse vergadering in Genève van de Commissie voor de Rechten van de Mens van de Verenigde Naties. De organisaties die waarnemersstatus hebben, nemen daar actief aan de debatten deel en beïnvloeden de uitkomst van die debatten door het formuleren van resolutieteksten. Zonder de actieve inbreng van deze 'grass roots movements' zou een aantal thans bestaande internationale verdragen op mensenrechten gebied waarschijnlijk nooit tot stand zijn gekomen.

Een belangrijke voorwaarde voor het voeren van een actief mensenrechtenbeleid is het beschikken over tijdige en juiste informatie over schendingen van die mensenrechten. Ook op dit gebied vervullen de zojuist genoemde non-gouvernementele organisaties een rol van cruciale betekenis. Zij voeden de regeringen als het ware met informatie, die deze dan op hun beurt weer in het beleid kunnen verwerken. Een voorbeeld is de praktijk bij het Nederlandse ministerie van Buitenlandse Zaken, dat het jaarboek van Amnesty International aan alle diplomatieke posten in het buitenland toezendt met het verzoek er commentaar op te leveren. Wat niet weet, wat niet deert, is een oud-Hollandse zegswijze. Regeringen die hun tegenstanders laten folteren, standrechtelijk executeren of ze laten 'verdwijnen', maken hiermee meestal geen reclame. Veelal pas door de activiteiten van non-gouvernementele organisaties komt dit soort praktijken aan het licht en komt het 'wereldgeweten' in actie. Dat wereldgeweten of publieke opinie is in laatste instantie het belangrijkste wapen dat in stelling kan worden gebracht tegen schendingen van de mensenrechten. 'The mobilization of shame' is niet voor niets de leus van een der meer bekende organisaties op mensenrechtengebied. Het is echter tevens een ongewis en onbetrouwbaar wapen. Het is moeilijk te zeggen wanneer en door welke omstandigheden dat wereldgeweten in actie komt. Vermoeidheidsverschijnselen, apathie bij het vermelden van steeds weer nieuwe gevallen van mensenrechtenschendingen ('we weten het nu wel'; 'er is toch niets aan te doen') kunnen een effectief optreden negatief beïnvloeden. Dat vereenvoudigt de taak van de organisaties van het derde systeem niet, maar maakt hun werk zo mogelijk nog belangrijker. Van zelfgenoegzaamheid of snelle tevredenheid met bereikte resultaten zal voor hen voorals-nog geen sprake kunnen zijn.

Het verstrekken van juiste en volledige informatie over de mensenrechtensituatie in een bepaald land kan van groot belang zijn voor de besluitvorming, ook ten aanzien van andere onderdelen van het beleid. Dat kan ook van overheidswege geschieden, die daarbij met vrucht gebruik kan maken van de gegevens van non-gouvernementele organisaties. Zo valt bijvoorbeeld te denken aan een 'human rights impact statement' op het terrein van de ontwikkelingssamenwerking. De Amerikaanse wetgeving schrijft voor dat het State Department elk jaar aan het Congres een rapport moet overleggen over de mensenrechten en de sociaaleconomische situatie in de landen die hulp van de Verenigde Staten ontvangen.[21] Weliswaar is de inhoud van die rapportage vaak omstreden, maar hij geeft in ieder geval de volksvertegenwoordiging een werktuig in handen, om zich over de mensenrechtensituatie in andere landen uit te spreken. In Noorwegen wordt, met financiële steun van de overheid, sedert enige tijd een jaarlijks rapport gepubliceerd door een particulier instituut over de mensenrechtensituatie in de landen die ontwikkelingshulp van Noorwegen ontvangen.[22] In ons land is o.a. door het Humanistisch Overleg Mensenrechten gepleit voor het geven van een jaarlijkse landenrapportage bij de begroting van Buitenlandse Zaken over de mensenrechtensituatie in de landen waarmee Nederland – in het kader van ontwikkelingssamenwerking of anderszins – bijzondere relaties onderhoudt.[23] Een dergelijke verslaggeving zou dan in ieder geval uitvoeriger moeten zijn dan de betrekkelijk summiere overzichten in de jaarboeken buitenlandse zaken en ontwikkelingssamenwerking, waarmee nu wordt volstaan.

Kleine landen beschikken per definitie over minder mogelijkheden om een effectief mensenrechtenbeleid te voeren dan grote mogendheden, al heeft Van Staden er onlangs in een rede voor deze universiteit terecht op gewezen dat ook grote mogendheden vaak beperkt zijn in het uitoefenen van invloed in de internationale betrekkingen.[24] De toenmalige Amerikaanse onderminister van Buitenlandse Zaken, Elliott Abrams, was zich heel goed bewust van het verschil tussen grote en kleine mogendheden, toen hij enkele jaren geleden in een interview met een Nederlands dagblad erop wees dat de Verenigde Staten als wereldmacht heel anders stonden tegenover de mensenrechtensituatie in landen als Zuid-Korea of Haïti dan de Europese landen: 'De Europese mensenrechtenpolitiek is op praten gebaseerd. En ik kan me voorstellen dat wanneer ik Nederlander, Zweed of Deen zou zijn, dit ook mijn politiek zou zijn.'[25] Hij impliceerde dat de Verenigde Staten als grote mogendheid voorzichtiger zouden moeten zijn dan kleinere landen in het doen van uitspraken over mensenrechtensituaties elders, daar de consequenties ervan verder reikten. Juist die verderreikende consequenties maken echter de keuzes van de Amerikaanse regering ook ten aanzien van dit onderwerp van uitzonderlijk groot gewicht.

Een andere vraag is of, in het licht van een effectief mensenrechtenbeleid, openbaar optreden is te prefereren boven activiteiten achter de schermen, de zogeheten 'stille diplomatie'. Het eerste is lang niet altijd beter dan het tweede. Een succesvol opererende stille diplomatie, die er bijvoorbeeld in slaagt martelingen te doen eindigen of politieke gevangenen te doen vrijlaten, is een nuttig instrument ten behoeve van een mensenrechtenbeleid. Uiteindelijk is het een kwestie van vertrouwen of men regeringen al dan niet gelooft die zeggen zich achter de schermen in te spannen voor de mensenrechten. In incidentele gevallen kan stille diplomatie heel goed werken.

De mensenrechten vormen een in vele ideologieën passend aantrekkelijk concept, ook al loopt de toepassing van dat concept in de praktijk nogal uiteen. De veronderstelling van de universaliteit van normen maakt dat vrijwel alle landen aanspreekbaar zijn op het punt van de naleving van die normen. Mede daardoor zijn buitenlands beleid en de zorg voor de mensenrechten zeker verenigbare grootheden. Een regering kan streven naar de bevordering van de naleving van de rechten van de mens in andere landen. Op welke landen men zich moet richten zal afhankelijk zijn van de mogelijkheid om resultaten te kunnen bereiken. Dat kan, maar hoeft niet te betekenen dat men zich bij voorkeur richt tot bevriende landen. Als dat het verwijt oproept van 'selectieve verontwaardiging', tant pis! Het argument van de effectiviteit zal zwaarder moeten wegen dan dat van de al dan niet selectieve verontwaardiging. De mate van effectiviteit zal ook de belangrijkste toetssteen dienen te zijn voor de te hanteren instrumenten. Of een regering ook *behoort* mensenrechten een centrale plaats te geven in haar buitenlandse beleid, is een kwestie van politieke keus, die door opeenvolgende Nederlandse kabinetten – ongeacht hun politieke samenstelling – de laatste jaren steeds positief is beantwoord.

Het zich bekennen tot respect voor de mensenrechten in abstracto is echter niet voldoende. Regeringen die de zorg voor de mensenrechten tot centraal bestanddeel van hun buitenlands beleid verheffen, zullen de bereidheid moeten tonen ook naar die abstracte beginselen te handelen en er een hoge mate van prioriteit in hun beleid aan toe te kennen. Een mensenrechtenbeleid is niet gratis. Het zal offers kosten, financiële offers maar ook offers op sociaal gebied. Ik denk hierbij met name aan de opvang van politieke vluchtelingen, die in hun persoon het resultaat vormen van mensenrechtenschendingen elders. Het politieke en sociale klimaat voor vluchtelingen is de laatste tijd in de meeste West-Europese landen niet verbeterd. Denemarken is een voorbeeld van een land dat heeft aangekondigd zijn ruimhartig beleid ten aanzien van de opname van vluchtelingen aanzienlijk te zullen gaan beperken. Ook in Nederland lijkt het asielbeleid ten aanzien van individuele asielzoekers de laatste tijd te zijn verhard.[26] Dat beleid kan op gespannen voet komen te staan met de klemtoon die Nederland pleegt te leggen op de bevordering van de mensenrechten elders in de wereld. Bij een dergelijk mensenrechtenbeleid hoort een gastvrije ontvangst van vervolgden.

Nederland heeft op het gebied van de zorg voor de mensenrechten in eigen land en in zijn buitenlands beleid over het algemeen internationaal een goede reputatie. Dat betekent tevens dat het een goede reputatie heeft te verliezen. Er zal door alle betrokkenen – dat is regering, parlement, non-gouvernementele organisaties, pers en publiek – ook in de toekomst hard aan moeten worden gewerkt om die reputatie in stand te houden. Noblesse oblige!

Geachte toehoorders,
Mensenrechten zijn door alle tijden heen overal ter wereld geschonden. De gemakkelijkste en veiligste reactie op dergelijke schendingen is: helemaal niets doen. Veel gezagsdragers, die zelf niet direct verantwoordelijk zijn voor schendingen van mensenrechten – keurige, fatsoenlijke lieden – kiezen deze weg. Zij hebben daar soms ook heel redelijke argumenten voor: verantwoordelijkheid voor het eigen gezin, het feit dat anderen het ook niet doen, etc. Maar er zijn in dat soort situaties ook wel mensen te vinden die niet meelopen, die afstand nemen, die zich verzetten. Dat zijn mensen met een goed gevoel van 'tot hier en niet verder', die in staat zijn het absurde, het onmenselijke van een bepaalde situatie op het moment zelf te doorzien. Die mensen, die soms grote risico's nemen, vormen een bron van inspiratie voor hun omgeving en voor de mensen die na hen komen. Cleveringa, de man ter wiens ere deze leerstoel is ingesteld, was zo een man. Hij was op het moment dat hij zijn rede uitsprak – wetend welke risico's hij nam, risico's die hij van tevoren met zijn vrouw had besproken – een ware strijder voor de mensenrechten.

Zelf heb ik de oorlog overleefd mede dankzij de inspanningen van mensen zoals Cleveringa. Dat is een reden temeer dat ik het curatorium van de Cleveringa-leerstoel zeer dankbaar ben voor het feit dat men mij heeft willen voordragen voor deze benoeming. Hare Majesteit de Koningin dank ik voor het feit dat zij in de benoeming heeft toegestemd. Ik zal mijn uiterste best doen mij de eervolle opdracht die in deze benoeming besloten ligt, waardig te tonen.

Dames en Heren hoogleraren, wetenschappelijke medewerkers en overige stafleden van de Juridische en sociale faculteiten,
Ik dank u zeer voor de hartelijke wijze waarop u mij hebt ontvangen en mij van alle mogelijke faciliteiten hebt willen voorzien. Leiden is voor mij een nieuwe universitaire omgeving die mij zeer goed bevalt.

Meneer de Decaan van de Faculteit der Rechtsgeleerdheid, waarde Van Staden, beste Fred,
Wie had kunnen denken, toen jij in 1971 Amsterdam verliet, dat wij elkaar vijftien jaar later weer hier zouden treffen, werkend binnen een en dezelfde vakgroep! Het verheugt mij bijzonder dat ik hier, onder jouw welwillend toezicht, opnieuw mijn universitaire vleugels mag uitslaan en ik wil jou graag in het bijzonder bedanken voor de inspanningen die je daartoe hebt willen verrichten.

Dames en Heren studenten,
De mensenrechten gaan mij zeer ter harte. Dat zult u inmiddels wel hebben gemerkt. De manier waarop het buitenlands beleid tot stand komt, fascineert mij. Ik reken het tot mijn taak u vertrouwd te maken met de problemen die zich voordoen als men het een met het ander poogt te verenigen. Dat is mogelijk, zij het niet gemakkelijk.

Ik dank u voor uw aandacht.

H. DRION

Een terugblik vijftig jaar later op 26 november 1940

1990

Op de dag af vijftig jaar geleden sprak Professor Cleveringa, in deze zaal en op het uur dat Meijers zijn college had moeten geven, zijn bekende rede uit, waarin hij aan studenten mededeling deed van het feit dat de Duitse bezetters het nodig hadden gevonden alle Joodse docenten van de waarneming van hun functies te ontheffen.

Dat men mij heeft gevraagd op deze dag enige woorden aan die gebeurtenis te wijden, moet ongetwijfeld hoofdzakelijk dáárin worden gezocht dat ik tot degenen behoor die bij het uitspreken van Cleveringa's rede aanwezig zijn geweest.

Een ooggetuigenverslag dus. Maar wat is zo'n verslag waard, als het gaat om een gebeurtenis die een halve eeuw geleden heeft plaatsgevonden? Het is waar: in dit geval gaat het om een gebeuren dat grote indruk heeft gemaakt op allen die eraan deelnamen. Maar dat garandeert nog niet een volledige betrouwbaarheid van de herinneringen die men er vijftig jaar later aan heeft overgehouden.

Dat werd mij zelf nog weer duidelijk, toen ik me op een gegeven moment bewust werd dat sommige van mijn visuele herinneringen onderling niet met elkander kloppen. Ik weet nog goed, hoe ik op die ochtend van de 26e november er nog maar net in slaagde, me door de geopende toegangsdeuren van de zaal naar binnen te laten persen zodat ik staande, met mijn rug tegen de deur, het gebeuren heb bijgewoond. Maar sommige passages uit die rede zijn me bijgebleven, alsof ik ze zittend, en vanuit een andere hoek van de zaal, heb aangehoord. Ongetwijfeld zijn hier beelden van de gewone colleges van Cleveringa dooreen gaan lopen met mijn herinneringen aan de 26e november.

Maar belangrijker voor de slechts beperkte betekenis die mijn ooggetuigenverslag voor U kan hebben, is dat dit het verslag is van een getuige die zeker geen typische Leidse student was. Ik ben namelijk mijn gehele studententijd een obscure spoorstudent geweest, van wie de contacten met het Leidse leven zich grotendeels hebben beperkt tot mijn aanwezigheid op de colleges en tot mijn wandelingen tussen station en Rapenburg 73. Het leek me goed deze beperkingen van de waarde van mijn verslag voorop te stellen.

Nu dan het gebeuren zelf. Op 21 november 1940 vernamen de Secretarissen van Curatoren van de universiteiten en hogescholen van het Hoofd van de Afdeling Hoger Onderwijs van het Ministerie van Onderwijs, mr. Reinink, dat de Duitse autoriteiten hadden besloten om de Joodse hoogleraren en het verdere Joodse personeel van hun functies te ontheffen, vooralsnog met behoud van hun salaris.

Een dag later kwam dit bericht door op een vergadering van de Juridische Faculteit ten huize van de toenmalige decaan, professor Cleveringa. Het was de Secretaris van Curatoren Idenburg die het rampzalige bericht kwam brengen. In zijn boek, *De Leidse Universiteit 1928–1946*, geeft hij een verslag van die vergadering.

Het overgrote deel van de faculteit – doch zonder de beide Joodse hoogleraren Meijers en David – was aanwezig. Die afwezigheid van de Joodse hoogleraren – zonder enige twijfel hun eigen wens – wijst er al op dat de Duitse maatregel niet als een donderslag bij heldere hemel kwam. Allicht niet: een maand eerder was immers al aan de docenten en het universiteitspersoneel gevraagd of zij al of niet van Joodse afkomst waren: de beruchte 'ariërverklaring'. Toen de Leidse senaat over het te dien aanzien in te nemen standpunt een vergadering wilde houden, was die vergadering bij monde van een Nederlandse procureur-generaal door de Duitsers verboden. De 37-jarige strijdbare hoogleraar in het volkenrecht, Telders, had voor deze vergadering een memorandum opgesteld, met een uitvoerig gemotiveerde ontwerpverklaring van protest. Een aantal leden van de senaat is toen in groepen van minder dan twintig (dan was geen vergunning voor een vergadering vereist) bijeengekomen om een standpunt te bepalen, maar zij die een principiële weigering tot het tekenen van een ariërverklaring voorstonden, wisten niet voldoende medestanders aan hun kant te krijgen. De verklaring werd – zoals helaas vrijwel algemeen in den lande – getekend, zij het dat een aantal van de hoogleraren aan hun verklaring een protest toevoegde. Door de Leidse studenten was een protest gezonden aan Seyss Inquart. Dat protest was ondertekend door ongeveer 1700 van de 2400 studenten en onder de 700 die het niet hebben getekend, zullen er zeker nog velen zijn geweest die graag mee zouden hebben gedaan, als zij van de actie op de hoogte waren geweest.

Toen dan ook op 21 november het tweede bedrijf van de Jodenvervolging door de Duitse bezetter werd ingezet, bestond er al een geladen atmosfeer van verontwaardiging aan de kant van de hoogleraren, bij velen nog verhevigd door spijt dat zij mee hadden gedaan aan het tekenen van de ariërverklaring. Het was evident dat er iets moest gebeuren om aan deze gevoelens uiting te geven.

Dat was ook de mening van de leden van de juridische faculteit op de genoemde vergadering van 22 november ten huize van professor Cleveringa. Daar werd besloten tot een persoonlijke getuigenis in het universiteitsgebouw, waarin solidariteit met de Joodse leden van de universitaire gemeenschap en afkeuring van de maatregel van de bezetter zouden worden uitgesproken. Er zou contact worden gezocht met de studenten om aan het protest een algemeen universitair karakter te geven. Onontkoombaar rees de vraag wie namens de Faculteit het protest zou verwoorden. Na een ogenblik van stilte bood Telders zich als spreker aan: hij was niet getrouwd, zodat een maatregel van de bezetter alleen hemzelf en niet zijn familie zou treffen. Maar Cleveringa vond dat in een zo belangrijke zaak als deze de decaan namens de Faculteit behoorde te spreken. Zo werd dan besloten dat het protest door Cleveringa zou worden uitgesproken. Deze had drie dagen om zijn rede voor te bereiden. Waarom was het de juridische faculteit en niet de universiteit die protesteerde? Een van de redenen zal zeker zijn geweest dat de Leidse universiteit het ongeluk had in het begin van de bezetting twee opeenvolgende zwakke figuren als Rector Magnificus te hebben gehad. De eerste maanden was dat de zonder meer pro-Duitse classicus professor Muller en vanaf september was het de archeoloog en kunsthistoricus Bijvanck, die weinig geneigd was enig risico te nemen in het belang van het verzet tegen onrechtmatige Duitse maatregelen. De tweede reden waarom het de juridische faculteit was die bij monde van haar decaan protesteerde, zal wel geweest zijn dat de enige twee hoogleraren die door de maatregel werden getroffen, beiden lid waren van de rechtsgeleerde faculteit: Meijers en David. Erg bevredigend is dit niet, want naast deze twee hoogleraren werden nog veertien andere aan de universiteit verbonden Joodse ambtenaren door de maatregel getroffen, onder wie een lector en zes privaatdocenten. Geen van hen ressorteerde onder de juridische faculteit. Het lijkt me tekenend voor de tijd, dat hun ontslag – niet minder schrijnend en niet minder schandelijk – in de schaduw kwam te staan van dat van de twee hoogleraren. Sprekend als decaan van de juridische faculteit kon Cleveringa zich beperken tot de in die faculteit gevallen anti-Joodse maatregelen, maar dat betekent ook dat de 26-novemberrede een protest was van de faculteit van rechtsgeleerdheid, niet van de hele Leidse universiteit. De daarop volgende proteststaking van de studenten was dat wel. Zij heeft dan ook geleid tot sluiting van de universiteit.

Dinsdag, om kwart over tien, placht Meijers zijn college Burgerlijk Recht te geven in – wat later de 'Meijerszaal' zou heten – de voor die tijd grote collegezaal op de tweede verdieping van het Academiegebouw. Men wist, de studenten wisten, dat dát college niet meer door Meijers zou worden gegeven, maar men wist ook dat er op die tijd iets zou gebeuren. Al lang voor de gebruikelijke aanvangstijd van 10.15 uur was het voorplein en waren de gangen van Rapenburg 73 volgestroomd met studenten, onder wie ook een aantal studenten van andere faculteiten. Vanwege de grote opkomst moest de bijeenkomst worden verplaatst naar het Groot Auditorium en op het laatste moment werd nog een luidsprekerinstallatie in een andere zaal aangebracht voor diegenen die niet meer in het Groot

Auditorium konden worden gepropt; inderdaad gepropt, want men had er terecht van afgezien slechts zoveel mensen toe te laten als er zitplaatsen beschikbaar waren. Een uur eerder was Cleveringa bij Meijers langsgelopen om te horen of deze al de officiële mededeling van zijn ontheffing had ontvangen. Dat bleek het geval te zijn. Cleveringa kon van het onooglijk gestencilde briefje de tekst overnemen, met de voorlezing waarvan hij zijn toespraak kon aanvangen. Hij telefoneerde ook nog met de Rector Magnificus Bijvanck om deze op de hoogte te stellen van wat er ging gebeuren, voor het geval hij erbij aanwezig wilde zijn. Maar de Rector Magnificus bleef weg. 'Niet passend', zo zal hij zijn mogelijke aanwezigheid bij dit gebeuren voor zichzelf waarschijnlijk hebben gekwalificeerd.

Toen Cleveringa in de faculteitskamer arriveerde, waren daar een aantal leden van de faculteit aanwezig. Samen zijn ze het Groot Auditorium binnengegaan. En daar, in de geladen sfeer van een dicht opeengepakte massa van studenten, hield Cleveringa zijn rede:

'Ik treed hier vandaag voor u op een uur, waarop gij gewoon waart een ander voor u te zien: uw en mijn leermeester Meijers.'

Met die eerste zin waren meteen al thema en toonaard van zijn rede aangegeven: een rede gewijd aan het ontslag van zijn geliefde en bewonderde leermeester en collega, Meijers.

Hij gaat dan verder, zeer efficiënt, met het voorlezen van het stukje ambtelijk proza waarmee Meijers ervan in kennis werd gesteld 'dat u met ingang van heden van de waarneming van uw functie van hoogleraar aan de Rijksuniversiteit te Leiden is ontheven'.

'De rijkscommissaris heeft bepaald' (aldus vervolgt de mededeling) 'dat de betrokkenen voorlopig in het genot blijven van hun wedden, toelagen enzovoorts'. En dan gaat Cleveringa verder met die woorden, die velen van u zich zullen herinneren:

'Ik geef u dit bericht in zijn naakte kaalheid en zal niet pogen het nader te kwalificeren. Ik vrees, dat de woorden die ik zou kunnen vinden, hoe ik ze ook koos, te ver ten achter zouden blijven bij de smartelijke en wrange gevoelens die het bij mij en bij mijn ambtgenoten heeft opgeroepen; en, ik ben ervan overtuigd, ook bij u en bij tallozen binnen en, waar zij het zullen vernemen, buiten onze grenzen. Ik geloof van een poging tot vertolking ervan ook daarom af te kunnen zien omdat ik een gevoel heb als zweven op dit ogenblik onze gedachten en stemmingen zonder klanken niettemin volkomen nauwkeurig kenbaar over en weer en af en aan tussen ons allen.'

'... ik zal niet met mijn woorden uw gedachten pogen te leiden naar hen, van wie het schrijven van welks inhoud ik u verslag heb gedaan, is uitgegaan. Hun daad kwalificeert zich zelf afdoende. Het enige wat ik thans begeer, is hen uit het gezicht en beneden ons te laten en uw blik te richten naar de hoogte, waarop de lichtende figuur staat van hem, wien onze aanwezigheid hier geldt...'

En dan komt Cleveringa op het onderwerp dat het grootste – meer dan twee derde – deel van zijn rede in beslag zal nemen; de grootheid van de door hem zo bewonderde en geliefde leermeester en latere collega, Meijers. Hij wijst op de vele facetten van het juridisch denken van Meijers en als hij eenmaal op dat pad is geraakt, komt hij tot een bespreking van Meijers' belangrijkste geschriften op een manier die even tekenend is voor de generositeit van zijn bewondering als voor zijn neiging tot precisie en volledigheid. De betekenis die de titels van Meijers' belangrijkste geschriften voor Cleveringa zelf en voor verschillenden van zijn collega's hadden, zal de meeste studenten ook toen al grotendeels zijn ontgaan. Maar hij spreekt ook over wat Meijers voor de studenten heeft gedaan en voor de stad Leiden en eindigt dan zijn lofrede op Meijers met deze woorden:

'Het is deze Nederlander, deze nobele en ware zoon van ons volk, deze mens, deze studentenvader, deze geleerde, dien de vreemdeling, welke ons thans vijandiglijk overheerst, *ontheft van zijn functie*. Ik zeide U niet over mijn gevoelens te zullen spreken; ik zal me er aan houden, al dreigen zij als kokende lava te barsten door alle spleten, welke ik bij momenten de indruk heb dat zich, onder de aandrang daarvan, in mijn hoofd en hart zouden kunnen openen.'

Tweemaal werd Cleveringa's rede onderbroken door applaus. De eerste keer was dat, toen hij van de Duitse maatregel tegen Meijers had gezegd: 'Hun daad kwalificeert zichzelf afdoende.' Het tweede tussenapplaus kwam na zijn opmerking dat er massaliteiten zijn die eerder weerzin wekken dan eerbied. Het is curieus om te zien met welke nuances over deze tekenen van bijval is geschreven in verschillende verslagen van het gebeuren. In het extra-nummer dat *De Geus* aan de rede van Cleveringa wijdde, wordt in beide gevallen gesproken van een 'overweldigend applaus'. Cleveringa zelf, in de herinneringen die hij een klein jaar na het gebeuren op papier zette, spreekt van 'een warm instemmend geklap (...!) dat ik dan met een bedarend gebaar van mijn rechterhand tot zwijgen had moeten brengen'. En ten slotte lezen we in De Jongs geschiedenis van de oorlogstijd: 'Soms was er een begin van applaus in de zaal – Cleveringa dempte het met een ongeduldig handgebaar.' Kennelijk kan, wat voor de een niet meer dan een begin van applaus is, voor een ander 'overweldigend' klinken.

De meest principiële verwerping van de Duitse maatregel tegen de Joodse docenten en andere personen in dienst bij de universiteit heeft Cleveringa voor het slot van zijn rede bewaard:

'... in de faculteit, die blijkens haar doelstelling gewijd is aan de betrachting der rechtvaardigheid, mag (...) deze opmerking niet achterwege blijven: In overeenstemming met de Nederlandse tradities verklaart de Grondwet iedere Nederlander tot elke landsbediening en tot de bekleding van elke waardigheid en elk ambt benoembaar en stelt zij hem, onafhankelijk van zijn godsdienst, in het genot van dezelfde burgerlijke en burgerschapsrechten. Volgens art. 43 van het Landoorlogsreglement is de bezetter gehouden de landswetten te eerbiedigen "sauf empêchement absolu". Wij kunnen het niet anders zien dan dat er geen de minste verhindering voor onze bezetter bestaat Meijers te laten waar hij was. Dit impliceert dat de wegdringing van zijn plaats op de wijze waarvan ik u mededeling heb gedaan en de soortgelijke maatregelen die anderen hebben getroffen (ik denk onder hen in de eerste plaats aan onze vriend en ambtgenoot David) door ons slechts als onrecht kunnen worden gevoeld.'

'Wij hadden gemeend hiervoor bespaard te mogen en te zullen worden. Het heeft niet zo mogen zijn. Wij kunnen, zonder in nutteloze dwaasheden te vervallen, welke ik U met klem moet ontraden, thans niets anders doen dan ons buigen voor de overmacht (...) En inmiddels zullen wij wachten en vertrouwen en hopen en steeds in onze gedachten en onze harten het beeld en de gestalte en de persoonlijkheid vasthouden van wie wij niet zullen aflaten te geloven, dat hij hier behóórt te staan en, zo God het wil, weer zal keren.'

Na het einde van de rede volgde een donderend applaus. En toen zette iemand het Wilhelmus in. Het eerste en het zesde couplet werden gezongen met een emotionele geladenheid, zoals ik het daarna nooit meer heb gehoord; een geladenheid die de laatste regels van het zesde couplet tot een hartstochtelijke kreet maakte. Sedertdien kan ik het Wilhelmus niet meer horen zonder iets van de ontroering van die dinsdagochtend terug te voelen.

Cleveringa is niet de enige hoogleraar geweest die zijn afschuw heeft uitgesproken over de Duitse maatregel. In Leiden is de theoloog Van Holk op 26 november zijn college begonnen met te verklaren dat 'de jongste maatregelen van binnenlands beleid tegen onze Joodse medeburgers ons allen diep hebben geschokt'. 'Wij voelen ze als een smaad der universiteit en ons volk aangedaan, als een ernstige schade voor onderwijs en wetenschap, als een zedelijk en godsdienstig onrecht.' In Utrecht heeft professor Koningsberger in een moedige rede zijn verontwaardiging uitgesproken voor een studentenauditorium, dat zijn woorden staande heeft aangehoord. En ook elders hebben hoogleraren geprotesteerd.

Men kan zich dan ook afvragen, waarom juist de rede van Cleveringa zo veel blijvende aandacht heeft gekregen. Dat kan niet zijn omdat de studenten door die rede tot een staking zijn gekomen, een staking die dan weer de sluiting van de universiteit tot gevolg heeft gehad. Want in de eerste plaats hadden studenten al tot een staking besloten voordat Cleveringa zijn protest uitsprak, die zich daarbij trouwens zorgvuldig onthield van enige oproep tot actie van de studenten. In de tweede plaats is er ook, en nog vóór Leiden, door de Delftse studenten gestaakt, een staking die ook daar tot sluiting van de Hogeschool heeft geleid. Maar het bijzondere van de rede van Cleveringa was, dat het hierbij ging om een zorgvuldig voorbereid en door de decaan te midden van vele leden van de faculteit uitgesproken protest, met de grote waarschijnlijkheid dat het uitspreken van dit publieke protest zou leiden tot arrestatie van de 'schuldige', een waarschijnlijkheid waarvan Cleveringa zelf en zijn vrouw zich beiden volledig bewust waren.

'Ze nemen je vast, als je dit gaat zeggen, de ellendelingen' had zijn vrouw tegen hem gezegd, toen hij haar de rede van tevoren had laten lezen, daaraan na een kort ogenblik van stilte toevoegend: 'Maar als je meent dat het je plicht is, moet je het doen.' Reeds de volgende dag werd hij thuis gearresteerd. Zijn koffertje had hij al klaar staan. Tot 22 juli van het volgende jaar zat hij in de Scheveningse gevangenis vast; op die dag kwam hij, aanvankelijk nog met een wekelijkse meldingsplicht, vrij, om op 13 oktober formeel in vrijheid te worden gesteld.

Wat was mijn eigen reactie op de rede van Cleveringa geweest? Aanvankelijk waren mijn gevoelens erover wat onduidelijk. Dat er een formeel protest uit de kring der hoogleraren was gekomen, was natuurlijk schitterend. Maar ik geloof dat ik eigenlijk ook zoiets als een oproep tot staking had verwacht en dat was niet erg realistisch. Bovendien, en dat was een reëler bezwaar, had ik het gevoel dat de grote lofrede op Meijers niet helemaal ter zake was. Ook als Meijers toevallig een minder groot jurist en geleerde was geweest, zou het ontslag van de aan de universiteit verbonden Joodse docenten en andere ambtenaren even schandelijk zijn geweest. Toen ik kort na het gebeuren thuiskwam, heb ik er niet over gesproken met mijn in deze zaken zeer geïnteresseerde familie. Toen zij er pas in de middag van hoorden, vroegen zij mij verontwaardigd, waarom ik hun dat niet had verteld. Ja, waarom niet? Eigenlijk omdat ik er zelf nog niet mee klaar was. Maar die onzekerheid is al gauw verdwenen. Een paar dagen later schreven we in *De Geus* dat Cleveringa met deze rede de daad had gesteld waarop heel Nederland wachtte. 'In beheerste woorden, indrukwekkend voorgedragen, heeft hij zijn minachting geuit over dit laatste bedrijf van de bezetter. Het waren woorden, zoals zij gesproken moesten worden en de studenten reageerden zoals slechts gereageerd kon worden. Gelukkig is er in Leiden en Delft niets gebleken van de mentaliteit van "wat bereik je ermee?".'

Maar iets van mijn eerste vraagteken is blijven staan. Hoe kon een zo principieel voelend man als Cleveringa – en een zo goed jurist – ertoe komen om zijn verontwaardiging over de Duitse maatregel tegen alle Joodse ambtenaren om te buigen in een verontwaardiging over de schandelijkheid om een zo groot geleerde als Meijers was, van zijn functies te ontheffen? Het is ongetwijfeld zijn intense bewondering voor zijn leermeester en latere collega geweest, gecombineerd met zijn natuurlijke neiging om alles wat hij betoogde zo volledig mogelijk te documenteren, die ertoe heeft geleid dat een filippica tegen de Duitse anti-Joodse maatregel zich ontwikkelde tot een grote lofrede op slechts een van de slachtoffers van die maatregel. Pas tegen het eind van zijn rede komt hij terug op het eigenlijke onderwerp en wijst hij erop dat ook anderen dan Meijers door 'soortgelijke maatregelen' waren getroffen. Maar dat alles doet er niets aan af dat Cleveringa met en op grond van zijn verantwoordelijkheid van decaan van de juridische faculteit in het openbaar en in onverbloemde taal zijn afschuw heeft uitgesproken van deze eerste belangrijke anti-Joodse maatregel in bezet Nederland. Het doet niets af aan de moed van deze betrekkelijk onpolitieke 46-jarige huisvader, om in deze beginperiode van de bezetting een daad te stellen, waarvan hij bijna zeker wist dat de Duitsers hem ervoor zouden straffen, zonder te weten wat die straf zou zijn.

Wat zou er gebeurd zijn, als Cleveringa niet op die 26e november had gesproken en als ook niet een andere hoogleraar namens de faculteit het woord had gevoerd? De oorlog zou er uiteraard niet anders door zijn verlopen. En vermoedelijk zouden de Leidse studenten ook zonder die rede hebben gestaakt, zodat de Leidse universiteit, zo goed als de Delftse Hogeschool, door de Duitsers zou zijn gesloten. Maar voor de solidariteit tussen hoogleraren en studenten was het ongetwijfeld van belang dat in Leiden aan de sluiting van de universiteit zowel een protest van de kant van de hoogleraren als een actie van studenten ten grondslag lag.

Bovendien krijgt juist in situaties van een bezetting het lang aan Willem de Zwijger toegeschreven 'point n'est besoin d'espérer pour entreprendre' zijn volle betekenis voor daden van protest als die van Cleveringa. Aan dit beginsel ontlenen deze daden een groot deel van hun morele betekenis en van hun wervende effect.

DEEL 3

Recht, vrijheid, verantwoordelijkheid, de universitaire Cleveringa-leerstoel

1995 en verder

L. LEERTOUWER

Cleveringa's koffer

1995

GERUCHTEN EN FEITEN

Vijfentwintig jaar na de instelling van Leidens meest prestigieuze leerstoel staat op dit gestoelte de Rector, niet de nieuwe Cleveringa-hoogleraar. Op deze dag, na de achtste februari de belangrijkste datum in de kalender van deze Academie, bent u uitgenodigd voor een lezing, niet voor een oratie.

In die kwart eeuw is het vaker voorgekomen dat het Curatorium niet tijdig kon beschikken over een geschikte kandidaat voor deze wisselleerstoel. In die gevallen bleef de zittende hoogleraar in dienst, totdat in zijn opvolging voorzien was, waarbij hij vanzelfsprekend ontslagen werd van de ereplicht, ten tweeden male te oreren. Zo ook nu.

Wij zouden het bij deze zakelijke mededeling kunnen laten en overgaan tot het eigenlijke thema van deze lezing. Maar zodoende zouden wij voorbijgaan aan nieuwe ontwikkelingen rond deze leerstoel en daardoor misschien opnieuw voedsel geven aan een kwaad gerucht, in de wereld gebracht door het weekblad *Vrij Nederland*: onze universiteit zou het voornemen hebben de Cleveringa-leerstoel op te heffen. Ik zal mijn verontwaardiging over deze schadelijke onzorgvuldigheid van een in het verzet geboren periodiek bedwingen en beperk mij tot de feiten. Leerstoelen worden ingesteld en opgeheven door het College van Bestuur, op voorstel van de Rector Magnificus. Ik zou hier niet staan, als ik een dergelijk voorstel ook maar één seconde zou hebben overwogen. *Vrij Nederland* is van bevoegde zijde op deze stand van zaken gewezen, maar heeft er de voorkeur aan gegeven geen nadere informatie in te winnen en blindelings te vertrouwen op zijn eigen – minstens onvolledige – bronnen.

Het College van Decanen is van oordeel dat dit de juiste gelegenheid zou zijn om nieuwe ontwikkelingen rondom de Cleveringa-leerstoel bekend te maken en dat, ter voorkoming van elk misverstand, de Rector die taak op zich zou moeten nemen. Ik deel u daarom drie dingen mee:

Ten eerste. De faculteit der Rechtsgeleerdheid heeft in januari van dit jaar onder de druk van ook haar treffende bezuinigingen, besloten haar aandeel in de kosten van de Cleveringa-leerstoel te schrappen uit de begroting. Opnieuw bedwing ik mijn gevoelens en volsta met te zeggen dat ik de zojuist aangetreden Decaan van Rechtsgeleerdheid, in die functie rechtsopvolger van Professor Cleveringa en niet betrokken bij de totstandkoming van dit besluit, de vermelding van dit feit graag had bespaard. Ik vertrouw op de instemming van de jurist Franken, als ik vaststel dat een halfslachtige opening van zaken slechter uitwerkt dan een hele leugen.

Ten tweede. De faculteit der Sociale Wetenschappen, de tweede moederfaculteit van de Cleveringa-leerstoel, heeft reeds in september 1994 haar zorgen kenbaar gemaakt over de toekomst van de leerstoel. Zij constateerde toenemende problemen inzake de bezetting, de inbedding van het onderwijs in het curriculum van de betrokken faculteiten en het draagvlak bij personeel en studenten. Ze vroeg zich daarbij af, of de Cleveringaherdenking niet op een nieuwe leest zou moeten worden geschoeid en of de aan de leerstoel verbonden oratie nog wel een doeltreffend middel was, om het draagvlak te behouden en te vergroten. Opheffing was en is, zoals gezegd, onbespreekbaar, maar van de creatieve plannen van de faculteit is met erkentelijkheid kennisgenomen. In overleg met het Leidsch Universiteitsfonds en de studentenverenigingen is een deel ervan uitgevoerd.

Tot zover het recente verleden. Nu ten derde: de toekomst. Het College van Bestuur heeft besloten dat de Cleveringa-leerstoel de gehele universiteit aangaat. Alle faculteiten moeten voorstellen kunnen doen voor de bezetting en over de inbedding in het onderwijsprogramma. Bij dit besluit hoort een bekostiging van universiteitswege en een bredere samenstelling van het Curatorium. Het College van Decanen zal vanaf heden dat Curatorium vormen onder een onafhankelijke voorzitter. Prof. mr Michiel Scheltema, hoogleraar bestuursrecht aan de Groninger Universiteit en sinds 9 juni van dit jaar eredoctor van onze universiteit is bereid gevonden deze functie te vervullen. Hooggeleerde Scheltema! Ik begroet u vanmiddag met vreugde en voldoening en spreek het vertrouwen uit dat de zorg voor de Cleveringa-leerstoel in uw handen even veilig zal zijn als in die van uw voorganger mr. Koopmans.

BEZIELD VERBAND

Orde op zaken dus. Maar dat is niet genoeg. De toekomst van de Cleveringa-leerstoel en van deze herdenking is alleen gewaarborgd, als er een voor ieder herkenbaar en bezield verband blijft bestaan tussen de gebeurtenissen van 26 november 1940 en de herdenkingen van nu en straks. Vijftig jaar na de bevrijding begint de vraag naar dat verband en dus naar de toekomst van het verzet een klemmende te worden. De ooggetuigen van toen gaan door de herfsttij van hun leven; velen van hen zijn niet meer onder ons. De overlevenden hoeven de krant maar op te slaan, om overal in de wereld de boze dromen van toen opnieuw werkelijkheid te zien worden. Tegelijk stellen ze in hun omgeving een groeiende onverschilligheid vast. Dat roept de vraag op naar de toekomst van het verzet. Als het bezield verband tussen heden en verleden alleen nog zou leven in de geest van degenen die beide aan den lijve hebben meegemaakt en meemaken, dan bestaat die toekomst niet.

Bij de vijftigste verjaardag van de Nederlandse Vereniging van Ex-politieke Gevangenen uit de bezettingstijd heb ik kort geleden in de Ridderzaal een poging gedaan om de vraag naar de toekomst van het verzet onder ogen te zien. Ik dankte de uitnodiging daartoe niet aan een persoonlijk verzetsverleden – ik was een kind van dertien toen de oorlog eindigde – maar aan het feit dat de vrouwen en mannen van het verzet de Rector Magnificus van Leiden, van Cleveringa's universiteit, bevoegd en in staat achtten hun pijnlijkste vraag te behandelen.[1]

De gebeurtenissen van 26 november 1940 en de gevolgen daarvan waren immers van nationale betekenis – zij strekten zich uit tot ver buiten de muren van het *Praesidium Libertatis*.[2] De bezetter had niet voor niets juist onze universiteit op het oog, om in het Groot-Germaanse Rijk van de ongeest een vooraanstaande rol te spelen. Cleveringa, Telders, Barge, Van Holk, Siemens – zij en hun studenten zetten een radicale streep door die plannen en dwongen de nazi's, het bolwerk der vrijheid te sluiten en het daarmee te redden van hun eigen verderfelijke plannenmakerij. En dat zonder noemenswaardige voorbereidende organisatie, als een spontane uitbarsting van een door het ontslag van twee Joodse hoogleraren ten diepste getergde universiteit. Toen de eerste arrestanten werden verhoord, beten de knechten van Seyss-Inquart hun toe: *Nichts ist organisiert, aber alles klappt genau!*[3] Het was sarcastisch bedoeld, maar bij alle onbegrip sloeg het de spijker op zijn kop. Dit liberale anarchisme was en is het kenmerk van Leiden. Als naast gereformeerde boeren en communistische arbeiders Leidse professoren en studenten een markante rol in het verzet hebben gespeeld, dan was het vooral dankzij dit kenmerk. Wat de nazi's tot razernij bracht, is nog steeds de ergernis van rechtmatige overheden en de kopzorg van bestuurders, voor zover die in een maakbare universiteit geloven. Cleveringa bereidde zijn rede voor en hij zette vast een koffer klaar, voor als ze hem zouden komen halen – dat was alles. Het was genoeg.

Sindsdien is Cleveringa's universiteit meer dan een halve eeuw ouder geworden en niet naar haar wezen, maar wel naar haar verschijningsvorm sterk veranderd. Het is juist dat Leidse beroep op de kern van onze traditie, dat bij velen buiten en sommigen binnen deze universiteit scepsis oproept. Het is net iets te gemakkelijk om die scepsis uitsluitend toe te schrijven aan mismoedigheid, na-ijver of onbegrip. Daarom is er alle reden, om vijfentwintig jaar na de Cleveringa-oratie van Ben Sijes te vragen, of de koffer van Cleveringa nog steeds gepakt staat en wat er eigenlijk in zit. Onze studenten hebben er recht op dat te weten, want zij zullen die koffer verder dragen en als op een kritiek moment zou blijken dat hij alleen maar retoriek en nostalgie bevat, zullen ze hem na de afstudeerborrel op het Leidse perron laten staan. Dan verwordt deze herdenking tot sentimentaliteit, want voor het bezield verband tussen toen en nu bestaat geen surrogaat.

Het minst geschikte vervangmiddel daarvoor is wel wat ik ouderlijk moralisme zou willen noemen. Dat is een variant op 'Eet je bordje leeg, want in de oorlog zou je met elke hap blij geweest zijn.' Studenten mogen niet klagen over de druk die de overheid op hun studiekeuze en studietempo legt, zij behoren niet te protesteren tegen de verschraling van hun intellectuele omgeving, want zij behoren nog steeds tot het bevoorrechte deel van de Nederlandse jeugd. Dat laatste is een feit, maar wie daarvan misbruik maakt door studentenprotest alleen te dulden als het zich vertoont in de voor politici begrijpelijke vorm, die zij kennen van uitkeringsgerechtigden en ontevreden consumenten, moet zich maar geen illusies meer maken over de universiteit en zeker niet over die van Cleveringa.

Om aan dat moralisme te ontkomen, ga ik te rade bij een oud-decaan van Harvard, bij Henry Rosovsky's prikkelende boek *The University, An Owner's Manual.*[4] Daarin stelt hij de vraag, van wie de universiteit eigenlijk is en hij geeft geen rechtlijnig antwoord, maar onderzoekt achtereenvolgens de rechtmatigheid van de claims van alle belanghebbenden. In zijn voetspoor ga ik twee koffers inspecteren: die van de docenten en die van de studenten. Niet die van de overheid, want uiterlijk op 26 november 1940 is komen vast te staan dat die geen greep heeft en ook niet hoort te hebben op de universiteit.

DE GEPRANGDE ELITE

De kracht van Cleveringa's protest berustte vooral op twee factoren. In de eerste plaats op het morele gehalte. Niet een politiek standpunt of een ideologisch *parti pris* bracht hem tot zijn verzet, maar de verontwaardiging over wat zijn vereerde leermeester en collega Meijers werd aangedaan. Waar deze de mond werd gesnoerd, moest Cleveringa zijn stem verheffen. Er bestaat, meen ik, geen zuiverder vorm van verzet. Voor volk en vaderland, voor een idee of een principe kan men zijn veiligheid en eventueel zijn leven op het spel zetten op grond van een veelheid van motieven, waaronder vele betwistbare. Die onduidelijkheid kan niet aan de orde zijn bij het verzet tegen het onrecht dat een ander mens wordt aangedaan. De gelijkenis van de barmhartige Samaritaan heeft die waarheid in ons aller geheugen gegrift. Die waarheid is zo zuiver en zo doorzichtig, dat zij ook standhoudt in een situatie, waar niets te kiezen valt. De Hollandse bokskampioen Benni Brill betaalde haar met zijn leven, toen hij in het concentratiekamp weigerde zijn spierkracht in te zetten voor het doodranselen van medegevangenen.[5]

In de tweede plaats ontleende het protest van 26 november zijn kracht aan het gezag dat in het interbellum binnen en buiten de muren van de universiteit aan de hoogleraar werd toegeschreven. Bij alle verschil in omgangsvormen is er geen reden om aan te nemen dat de studenten van toen hun docenten minder kritisch volgden dan die van vandaag. In elk geval maakten zij op ruimere schaal dan tegenwoordig gebruik van het ongeschreven recht dat hun toestond weg te blijven van colleges die hun niet zinnig voorkwamen. Het is begrijpelijk dat deze zaal volstroomde met studenten uit alle faculteiten, toen bekend werd dat Professor Cleveringa het college van Meijers zou overnemen, want na de publicatie van het ontslagbesluit was op en rondom het Rapenburg de spanning hoog opgelopen. Evenzeer is het te verklaren dat de aankomende medici hun eigen faculteit opzochten om erachter te komen of ook aan de Wassenaarseweg tijdens de colleges aandacht aan de actuele gebeurtenissen zou worden besteed. Zij werden op hun wenken bediend door Professor Barge, wiens aandeel in de gebeurtenissen van de zesentwintigste november te lang onderbelicht is gebleven.[6]

Het belang van beide colleges, zoveel is na een halve eeuw wel duidelijk, is evenwaardig. Het effect op de toehoorders was hetzelfde, maar hoe verschillend was hun toon en inhoud! Cleveringa sprak met bedwongen hartstocht over de wetenschappelijke en persoonlijke verdiensten van zijn collega; Barge, die op dat uur embryologie zou geven, nam zijn uitgangspunt in al eerder gepubliceerd werk over rassenleer van zijn hand. In eerdere colleges had hij al aangetoond dat het wetenschappelijk gezien onzin was om van een Joods ras te spreken. In de gespannen sfeer van de zesentwintigste november trof hij de nazi's zo mogelijk nog harder, door aan te tonen dat de raszuivere ariër niet meer is dan een kwaadaardig verzinsel. Hij zette zijn argumenten kracht bij met het dodelijk wapen van de humor, door uiteen te zetten dat het uniform van de Duitse militair ontworpen was om wat kortlijvig uitgevallen krijgers langer te laten ogen en ze zo in overeenstemming te brengen met de imposante statuur van de edelgermaan.

Beide colleges, die van de jurist en die van de medicus, hadden intussen eenzelfde onuitgesproken boodschap. Ze waren bedoeld om de studenten te weerhouden van onberaden acties. De uitwerking op het gehoor was in beide gevallen omgekeerd. Toch pleit dat niet tegen de opvatting dat de hoogleraren bij hun studenten groot gezag hadden. Integendeel: want Cleveringa zowel als Barge liet zien dat universitair onderwijs veel meer is dan de effectieve overdracht van geldige, op eigen onderzoek berustende kennis. Die vormde niet meer dan de randvoorwaarde voor het vertrouwen dat zij van hun gehoor kregen. Veel zwaarder woog de exemplarische aanschouwelijkheid van hun onderwijs: ze lieten zien dat de moeizame jacht op geldige kennis, die de zelfstandige geest soms zwaar belast, hem en die van anderen ook dragen kan, juist als de waan van de dag oppermachtig lijkt.

Door tot actie over te gaan, betoonden de studenten hun leermeesters de hoogste eer die een docent aan een universiteit kan verwerven: zij demonstreerden een dieper inzicht in de samenhang en de strekking van hun betoog dan dat waarover de sprekers zelf op dat moment beschikten.

Nu, in 1995, krijgen de Leidse studenten bij hun afstuderen van onze universiteit een map waarop de tekst uit het boek Leviticus staat: 'Niemand kan de wijze zijn wijsheid ontnemen.' De studenten van toen toonden aan dat ook de wijze zelf daar niet toe in staat is. Het schone ondergoed en het pakje brood waren niet het belangrijkste in Cleveringa's koffer. Het belangrijkste was de geestelijke bagage. Daarvan hadden hun colleges getuigenis afgelegd, vanzelfsprekend, want *professor* komt van *profiteor* en dat betekent openlijk verklaren. Het vormde de reden van hun arrestatie en tegelijk de leeftocht voor het verblijf in de gevangenis.

Ik heb geen reden om aan te nemen dat het respect van de studenten voor hun hoogleraren in die vijftig jaar zou zijn afgenomen. Wie het verdient, geniet het ook nu nog in ruime mate en wie het niet waard is, kreeg het ook niet, toen formeler omgangsvormen de professor beschermden tegen al te rauwe kritiek van zijn leerlingen.

Heel anders is het gesteld met de maatschappelijke waardering voor de hoogleraar. Cleveringa en zijn collega's onderhielden binnen het veel kleinere bestek van onze toenmalige Academie nauwe persoonlijke banden met elkaar. Wanneer die niet op vriendschap waren gebaseerd, werden ze toch minstens bepaald door het besef als Leids hoogleraar tot een elite te behoren met nationale verplichtingen. Men leest het in de brieven van Huizinga uit de oorlogstijd, gericht aan collega's, waaronder Cleveringa en Barge en vooral in de brief van 29 april 1942, waarin hij ontslag vraagt aan secretaris-generaal Van Dam: 'Tot mijn leedwezen moet ik u mededeelen, dat ik, na ruim 36 jaar het land te hebben gediend als gewoon hoogleraar aan eene Rijksuniversiteit, mij thans genoodzaakt zie, die taak neder te leggen.' Bijna anderhalf jaar na de sluiting van de Leidse Universiteit werd het ontslag van Kranenburg, hoogleraar staats- en administratief recht, die een aan de bezetter onwelgevallig handboek had gepubliceerd, aanleiding tot een collectieve ontslagaanvrage van 58 van de 93 docenten die op dat moment nog in dienst waren. Bijna de helft kreeg dat ontslag, omdat zij door de bezetter als *Rädelsführer* werden beschouwd en niet weinigen van dezen, waaronder Huizinga, verdwenen naar het kamp Sint-Michielsgestel.[7]

De aanleiding heeft een veel minder dramatisch karakter dan die van 26 november 1940. Maar hetzelfde patroon is herkenbaar in actie en reactie: verontwaardiging over de schending van de academische vrijheid en het onvermogen om die te herkennen voor wat ze was: de vanzelfsprekende uiting van een elite die weet waar ze voor te staan heeft. Professor Huizinga en zijn collegae *dienden het land* – zij ontwierpen zichzelf niet als *wetenschappers,* die min of meer toevallig hun brood verdienden aan de RUL.

Alleen al het taaleigen, dat deze hedendaagse formulering ontsiert, toont aan hoezeer het maatschappelijk aanzien van de universiteit en haar dienaren gedaald is. Daarbij staat wel vast dat de eisen van kennis en vakbekwaamheid die aan een hoogleraar gesteld worden, eerder gestegen dan gedaald zijn. Toch zou het historisch onjuist zijn, om het contrast tussen toen en nu in al te schrille kleuren te schetsen. Een paar jaar na de oorlog stelde A.J. van der Leeuw al vast dat de houding van de meerderheid van de docenten – en trouwens ook, meent hij, die van de studenten – niet bepaald werd door de vaste wil tot verdediging van eigen zedelijke beginselen, maar door de vrees voor het verbreken van de continuïteit, hetzij in eigen leven, hetzij in de vorming van nieuwe academische generaties.[8]

Toen al concludeerde Van der Leeuw dat het verzet van de universiteiten, hoezeer van nationale betekenis, voor de naoorlogse periode geen blijvende vrucht heeft gedragen.[9]

Ik moet het aan onze nieuwe hoogleraar Universiteitsgeschiedenis en zijn studenten overlaten om uit te zoeken in hoeverre deze mismoedige conclusie aan herziening toe is. Plausibel is ze in ieder geval, voor wie dagelijks waarneemt wat de politiek en de overheid zich qua oordeelsvorming, bejegening en bekostiging tegenover de universiteiten permitteren.

Op een zwak moment overvalt mij soms de gedachte dat in de koffer van de hedendaagse hoogleraar vooral zorgen zitten en verder – als vanouds – een paar plannen om de continuïteit van het eigen leven en die van de eigen afdeling zo goed en zo kwaad als het gaat te verzekeren. Daar is niets onbehoorlijks aan – maar het is, net als in 1940, niet genoeg. Het zelfrespect van individuele geleerden zal onder de druk van de publieke onverschilligheid ten onder gaan in afzijdig gedrag, als het niet geworteld is in dieper en vruchtbaarder grond dan het eigen belang. Die grond ligt hier, op de plaats waar Cleveringa sprak.

Niet iedere docent kan of hoeft de titel te verwerven die Telders uiteindelijk met zijn leven betaalde: *Miles Praesidii Libertatis*, soldaat van het bolwerk der vrijheid. Maar de dienstplicht geldt ons allen.

BETROKKEN VOORBIJGANGERS

Er zit in mijn betoog een ogenschijnlijke compositiefout die u niet kan zijn ontgaan. De studenten, wier koffer ik nu wil openen, speelden al een doorslaggevende rol toen de vraag naar het bezield verband tussen toen en nu aan de orde was en deden dat opnieuw bij de inspectie van de docentenbagage. Ik kan dus nu veel korter zijn, zonder te vervallen in de adat van de oratie, waar de studenten doorgaans de laatsten zijn aan wie aandacht wordt geschonken. Men kan nu eenmaal over de universiteit niets zinnigs zeggen zonder uit te gaan van de eenheid en lotsverbondenheid van personeel en studenten. Dat geldt zelfs in het bijzonder als men Rosovsky's derde principe van goed academisch bestuur bijvalt: 'Rights and responsibilities in the universities should reflect the length of commitment to the institution.'[10] De Nederlandse wetgever, die dit beginsel onlangs heeft herontdekt, laat het meteen weer vallen, als hij de student taxeert als een bezoeker van een warenhuis, die op grond van zijn klantenpas recht heeft op een veelheid van servicebalies. Dat is niet wat Rosovsky bedoelt met de student als betrokken voorbijganger. Bovendien: de universiteit van Cleveringa vraagt een levenslange betrokkenheid van haar alumni en dat vraagt om iets heel anders dan een paar dolle weken met het oog op de klantenbinding.

Is dat te veel gevraagd? Ik geloof het niet. Het zijn immers juist de Leidse studenten, die het hun opgedrongen etiket van calculerende academieburger met overtuiging afwijzen. Zij stralen die overtuiging ook uit. De mare, die zij omtrent Leiden de wereld inbrengen, is er één van kritische verbondenheid met hun universiteit – zulks in schril contrast met de officiële *Mare* met een hoofdletter, want die zou eigenlijk *Mitsen, Maren en Bezwaren* moeten heten.

Wat treffen wij aan in de koffer van de studenten, die betrokken voorbijgangers? Een cynische inventaris zou als volgt luiden: een bul, een studieschuldbekentenis en een middel tegen duizeligheid, want je moet al weer weg zijn voordat je goed en wel bekomen bent van de cultuurschok bij de overgang van de middelbare school naar de universiteit. Net als bij Cleveringa's koffer komt het intussen op de geestelijke bagage aan.

Daaromtrent is nuchterheid geboden. Er bestaat geen lineair verband tussen inschrijvingsduur en de vorming van een wasechte academicus. Sommigen menen dat dit verband bij ingenieurs wel aantoonbaar is. Drie dagen voor Cleveringa's protest was het echter de student J.B.F. van Hasselt, die de vlam van het verzet te Delft ontstak met een spontane toespraak, die ons wordt beschreven als 'een indrukwekkende, bezielde, zelfs profetische'.[11] Zijn koffer, die met de eigenaar in Buchenwald is gebleven, zou door een extra jaar studie niet van inhoud veranderd zijn.

Dat betekent geen bijval aan een minister, die overweegt de studentenpopulatie op te splitsen in kortverbanders, die voor de eed van trouw aan Minerva niet in aanmerking komen en anderen, op wie dan de volle last van de traditie mag worden gelegd. Want al is het verband niet lineair, het is er wel. De geestelijke bagage die een student nodig heeft, kan niet in studiepunten worden uitgedrukt. Fokke Sierksma, verzetsman en te laat Leids hoogleraar geworden, noemde ooit de academicus iemand die meer begrijpt dan hij kan verwerken. Om die spanning een leven lang vol te houden, is een specifiek leerproces nodig. In dat proces moet de student door de universiteit worden uitgedaagd, om binnen en buiten collegezaal en laboratorium initiatief en risico te nemen. Niet de triomfen die haar of hem daarbij ten deel vallen, maar de nederlagen vormen de belangrijkste kernen van dat leerproces – een proces dat onmiddellijk stagneert als iedere misser om des tijds wil direct en genadeloos moet worden afgestraft.

Onder de omstandigheden van vandaag mag de student, die de strengere selectie waartoe Leiden in zijn belang besloten heeft, begrijpt en als noodzakelijk aanvaardt, ook verlangen dat zijn universiteit hem de juiste bagage verschaft en hem de tijd gunt zijn koffer met zorg en overleg te pakken. Het is immers niet te doen om een lunchpakketje, dat voor iedereen gelijk kan zijn, maar om de leeftocht van een alumnus. Bij de rondgang langs de Leidse studentenverenigingen, die ik kortgeleden mede op aandringen van het LUF heb gemaakt, heb ik mogen vaststellen dat studenten zich voor dat behoud van kwaliteit volledig willen inzetten. Ik prijs Leiden daarom gelukkig – zo gelukkig, dat ik hier herhaal wat ik in de Ridderzaal tegen de verzetsstrijders zei: 'studenten van de universiteit van Cleveringa legitimeren mijn overtuiging dat verzet nog steeds toekomst heeft'.

VRIJHEID, ONDERDRUKKING EN TOLERANTIE

De Cleveringa-leerstoel, zeer gewaardeerde toehoorders, heeft een tamelijk toevallige oorsprong. Voordat u mij een gebrek aan respect verwijt voor – ik herhaal het – Leidens meest prestigieuze leerstoel, is het goed om nog even bij dat begin stil te staan. Want ook in dit geval werkte het oer-Leidse beginsel, dat niets georganiseerd was, maar dat alles uiteindelijk toch precies klopte. De eerste bezetter, Ben Sijes, een autodidact van hoge klasse, werd door de faculteiten der rechtsgeleerdheid en der sociale wetenschappen voorgedragen voor een eredoctoraat ter gelegenheid van ons 79e lustrum. Even later deed Amsterdam hetzelfde – het was niet voor het eerst en, hoop ik, niet voor het laatst, dat de hoofdstedelijke universiteit een voorbeeld nam aan haar oudste zuster. Sijes bevond zich in de unieke positie dat hij kon kiezen en voor een echte Amsterdammer lag de keuze voor de hand. Enige tijd later wilde Tilburg hem een professoraat aanbieden. Begrijpelijkerwijs moest Sijes even nadenken over het aanbod van wat deze radencommunist zag als 'een roomse werkgeversclub'. Toen sloeg Leiden opnieuw toe. U moet bij Daalder, de geestelijke vader van de Cleveringa-leerstoel, aan wie ik deze gegevens dank, zelf nalezen hoe dat in zijn werk ging, met alle typisch Leidse details van ontbrekend carbonpapier, vertrouwelijke telefoongesprekken om middernacht op het huisadres, misverstanden tussen bureaucraten en hun ondersteuning, alsmede het in de flank inhalen van officiële instanties.[12] Eenmaal benoemd, werd Sijes op 26 november 1970 door Rector Soeteman met ontroerende openheid en geestdrift begroet. Niet Leiden, maar Maoïsten van elders hebben vervolgens geprobeerd de eerste Cleveringa-hoogleraar de mond te snoeren. Dat mislukte, naar het lijkt doordat Leiden zich op hun komst had voorbereid. Maar dat was dan ook de enige keer dat onze universiteit zich bezondigde aan organisatie en het mag wel een wonder heten dat het toch goed afliep.

Het kwaad waartegen Cleveringa zich keren moest, is allang niet meer beperkt tot Hitler of Mao. Beider ondergang kon dat kwaad niet keren. Integendeel, wat in 1940 een absurde uitzonderingstoestand leek, vult vandaag meer dan de helft van de nieuwsuitzendingen van de televisie.

De Leidse Universiteit, de Academie van Cleveringa, wil daarbij niet werkeloos toezien. Academici begrijpen meer dan ze kunnen verwerken, en daarom hebben wij niet de illusie dat wij veel meer kunnen uitrichten dan het verwerven en verspreiden van geldige wetenschappelijke kennis omtrent vraagstukken van vrijheid, onderdrukking en tolerantie. Zo luidt de leeropdracht voor de vernieuwde leerstoel.

Alleen al de lectuur van de *Index on Censorship,* die in Nederland steunt op de inzet van een comité onder voorzitterschap van onze hoogleraar Mineke Schipper,[13] moet ons tot bescheidenheid manen. Daarbij gaat het dan nog om maar een segment van wat Leiden ooit tot verzet bracht, de schending van de vrijheid van meningsuiting. Overigens staat of valt daarmee de universiteit. Dat wisten Cleveringa, Barge en de anderen. Bij de Cleveringa-herdenking van 1995 maken we ons geen illusies, maar we kennen nog steeds de noodzakelijke inhoud van de koffer.

Ik heb gezegd.

B.J. ASSCHER

Recht, vrijheid en verantwoordelijkheid

1996

'Aldus blijven uit het verleden ook de groote figuren tot ons spreken, niet slechts de levendige taal der verbeelding, maar een sprake der werkelijkheid, die ook het huidige geslacht opnieuw bezielen kan. Een van zulke mannen van meer dan gewone allure, die de beste eigenschappen van karakter, toewijding en vaderlandsliefde in zich verenigd heeft is zeker wel de burgemeester van Leiden, Pieter Adriaansz van der Werff, in de moeilijkste jaren, waarin een veste verkeren kan en die in de vervulling van zijn plicht en zijn getrouwheid aan zijn eed en zijn vaderland voor het nageslacht een lichtend voorbeeld zal blijven.' Dat schrijft H.J. Bulten in zijn monografie *Een dapper Magistraat uit de 16e eeuw*.[1]

Als de wanhopige burgers van Leiden Van der Werff belagen en voedsel van hem eisen dan wel overgave van de stad aan de Spanjaarden, dan spreekt hij het samengestroomde volk toe met de woorden die hem onsterfelijk zouden maken: 'Lieve medeburgers, ik heb een eed gedaan, welke ik hoop door den Gever van alle goede gaven standvastelijk te houden; zo gij met mijn dood geholpen zijt, ik moet eens sterven en het is mij evenveel of gij het doet op zulk een wijze of de vijand; want mijn zaak is goed. Zijt gij dan met mijn dood geholpen, neemt mijn lichaam, snijdt het aan stukken en deelt daarvan zover als het strekken mag; ik ben des getroost.'[2]

Door deze woorden werden de burgers zó getroffen, dat zij hun dreigementen vergaten en zwijgend uiteengingen. Bij het lezen en aanhoren van deze kernachtige, 422 jaar oude toespraak ontdekt men in zichzelf tegenstrijdige gevoelens. Enerzijds wantrouwt men de herkenning. Men doet zijn uiterste best die toespraak in zijn tijd te plaatsen en alle verschillen met onze eigen tijd te signaleren. En dat zijn er vele. Men verbindt de betekenis der woorden met de omstandigheden, zoals wij die uit de geschiedenisboeken kennen. Door dat te doen beperken wij de geldigheid en de betekenis van die toespraak voor het heden. Dit op zich juiste streven heeft het paradoxale gevolg, dat, hoe beter wij begrijpen wat Van der Werff bedoelde, des te minder hij ons vandaag te zeggen heeft. De overeenkomsten tussen toen en nu gaan verloren in de verschillen: de paradox van het historicisme.

Anderzijds zoekt men min of meer automatisch naar overeenkomsten. En die zijn er natuurlijk ook in ruime mate. Met enige fantasie kan men de gehele scène in de huidige tijd overbrengen, zoals men ook regisseurs ziet doen met toneelstukken van Aeschylus, Aristophanes, Shakespeare en anderen. Boeiende interpretaties en prachtige voorstellingen, dat wel, maar het risico is geschapen, dat wij alleen het eigentijdse, moderne zien, en niet meer het genie en de oorspronkelijkheid van de schrijver. De vraag is dus eigenlijk, of wij, om de woorden van Van der Werff te begrijpen, de betekenis primair door de historie moeten laten bepalen, of dat wij die woorden los mogen snijden van hun wortels en een hedendaagse interpretatie mogen kiezen met nieuwe oorspronkelijke regels. Een onoplosbaar probleem.[3]

Desondanks is het boeiend om de rede van Van der Werff te vergelijken met die welke Cleveringa hield op 26 november 1940, en die ons hier vandaag tezamen brengt. Dat ligt ook besloten in de nieuwe opzet van de leeropdracht, die ik de eer heb te mogen vervullen. De Rector Magnificus, prof. Leertouwer, heeft in zijn herdenkingsrede vanaf deze plaats, gehouden op 24 november 1995 betoogd, dat er een herkenbaar en bezield verband zou dienen te bestaan tussen de gebeurtenissen van 26 november 1940 en de herdenkingen van nu en straks. In dat verband is het allerminst dwaas, ja ligt het eigenlijk voor de hand om de beide redes met elkaar te vergelijken, en wel omdat de thema's van mijn leeropdracht, te weten recht, vrijheid en verantwoordelijkheid zowel op 3 oktober 1574 als op 26 november 1940 centraal stonden en bepalend waren voor het handelen van zowel Van der Werff als Cleveringa.

Een vergelijking van de beide redes brengt allereerst een niet onaanzienlijk verschil aan het licht. Van der Werff heeft de zijne namelijk nimmer gehouden. Daarover zijn, voor zover ik heb kunnen nagaan, alle commentatoren het eens. En men kan het lezen in museum 'De Lakenhal' hier ter stede als bijschrift bij het bekende schilderij 'Burgemeester Van der Werff biedt zijn degen aan het volk' van de hand van Mattheus Ignatius van Bree, door hem geschilderd in opdracht van Koning Willem I en door deze in 1818 aan de stad geschonken. Maar, Van der Werff zou de woorden gesproken kunnen hebben, omdat zij geheel pasten bij zijn onbestreden moedige en gezagsgetrouwe houding tegenover de Spaanse belegeraar. Daarom wil ik het er vandaag voor houden dat ze gesproken zijn.

Een tweede verschil tussen beide redes wordt duidelijk door het verslag van de journalist William Howard Russell, die in opdracht van de *Times* de Krim-oorlog versloeg. Hij beschreef hoe hij aan de zijde van de Britse opperbevelhebber, Lord Raglan, vanaf een heuvel toekeek bij de 'Charge of the Light Brigade'. Hij zag hoe de Engelse cavaleristen een vrijwel zekere dood tegemoet galoppeerden, en hij zag ook dat Lord Raglan en zijn staf er niets aan konden doen. Russell was ervan overtuigd, dat de catastrofe van de 'light brigade' aan twee dingen te wijten was geweest: 'first to the distance of Lord Raglan from the field and secondly to his failure to understand that he saw more than the generals below could see'. De opperbevelhebber had ongemerkt het vermogen om het verloop van de strijd te beïnvloeden opgeofferd aan zijn wens er een goed overzicht over te hebben.[4]

Van der Werff zat midden in het gewoel van de strijd en had weinig of geen zicht op hetgeen zich buiten Leiden afspeelde. Zijn onverminderd grote reputatie heeft hij te danken aan zijn moedige besluit te willen standhouden, waar velen de stad aan de vijand wilden overgeven. Evenals dat het jaar tevoren, op 8 oktober 1573, het geval was in Alkmaar, is het niet primair aan de standvastigheid van de voormannen, maar aan de aanhoudende regenval te danken geweest, dat de Spanjaarden besloten het beleg op te breken. Van der Werff met zijn getrouwen in Leiden en 'Dirk Duivel en held Cabeljauw' in Alkmaar[5] hebben het geluk van de wereld gehad. Hun besluit tot standhouden tegen de vijand berustte op hun persoonlijke moed en niet op enig inzicht in de ontwikkelingen. Behoudens een ons onbekende meteorologische ervaring hadden zij dat inzicht niet.

Cleveringa daarentegen stond op de heuvel zoals destijds Lord Raglan. Hij kon volledig overzien welke risico's hij met zijn verzetsdaad zou gaan lopen. Zijn gepakte koffer is het bewijs. Hij taxeerde ook heel juist, dat de maatregelen van de bezetter, waartegen zijn verzet zich keerde slechts het begin vormden van een veel grotere tragedie. Al degenen, die Cleveringa heeft willen motiveren om in dat verzet het voortouw te nemen – ik noem geen namen – hebben gezwegen in de hoop, dat de oorlog en de bezetting een snel einde zouden vinden, zoals destijds de aanhoudende regenval in Alkmaar en Leiden redding bracht. Dat vertrouwen had Cleveringa niet, en de geschiedenis heeft hem gelijk gegeven. Ondanks zijn volledige inzicht en overzicht heeft Cleveringa gesproken. Dat onderscheidt hem van Van der Werff.

Naast de hiervoor gesignaleerde verschillen zijn er ook grote en belangrijke overeenkomsten. Ik wil daar iets uitvoeriger bij stilstaan, omdat die voor mijn betoog van wezenlijke betekenis zijn. Beiden hebben hun stem verheven te midden van een bevolking, die het individuele gebrek aan moed tot collectieve norm had zien verworden. Beiden ontworstelden zij zich aan deze lethargie en besloten zich openlijk te verzetten tegen het geweld, tegen de macht, welke, om met Cleveringa te spreken, op niets anders dan zich zelf kon steunen. De begrippen macht en geweld zijn door alle eeuwen heen de belangrijkste factoren geweest, waardoor de geschiedenis der mensheid is bepaald. Daaraan heeft helaas de prediking van geloof, hoop en liefde tot op de huidige dag te weinig kunnen bijdragen. Macht en geweld. Wie van die beide was er het eerst? Volgens de helaas te jong overleden Leidse hoogleraar/theoloog prof. F.O. van Gennep is er eerst de macht en dan het geweld. In zijn magnum opus *De Terugkeer van de Verloren Vader*[6] ziet hij de min of meer geformaliseerde instemming van de onderdanen als het fundament van de macht. Macht wordt als het ware gegeven door de onderdanen na een zekere vorm van overleg. Vanwege de instemming van de onderdanen met de keuze van degene die met macht wordt bekleed is Van Gennep van oordeel, dat de macht van het woord de ware macht is. Macht berust op het woord, niet op de daad, de machtsdaad, het geweld. Het geweld volgt na de macht. Het geweld is, zo zegt hij, het handhavingsmechanisme van de macht. Geweld dient om de verkregen macht te beschermen en te verdedigen.

Elias Canetti gaat in zijn beroemde studie *Massa & macht*[7] van een tegengestelde opvatting uit. Volgens hem is er eerst het geweld, dan de macht. Men verkrijgt macht door geweld. Eerst als het geweld zich meer tijd gunt gaat het over in macht. En als de herinnering aan de manier waarop de macht tot stand is gekomen is verbleekt, verkrijgt de macht een legitiem karakter.[8] De gevaarlijkste tijd voor de machthebber is in die visie het begin van zijn loopbaan, wanneer men zich nog herinnert hoe hij aan de macht is gekomen. Maar naarmate de tijd verstrijkt groeit de aanvaarding. Alle legitimiteit van macht berust op vergetelheid.

Geweld is grijpen. De grijpende hand of klauw is het voorportaal van de muil. Na het geweld van het grijpen komt het verslinden. Verslinden is macht. Er is met het slachtoffer afgerekend. Er is een stabiele machtstoestand ontstaan, waarin de machthebber zijn macht heeft bewezen. Het verzet is gebroken. De vergetelheid kan haar werk doen. Klauwen muil, hand en mond worden vaak als zinnebeeld van macht gebruikt. In de heraldiek bij leeuwen en adelaars, maar ook in de taal: je maintiendrai, in iemands handen vallen, hand en tand.

Het is boeiend Van Gennep en Canetti met elkaar te vergelijken. Canetti redeneert van het grijpen met de hand naar het verslinden met de mond. Van Gennep begint met de onderhandeling (let op het woorddeel hand) naar de macht van het woord, de mond dus. Beiden starten bij de hand (klauw) en eindigen bij de mond (muil). De dierlijke herkomst van de macht en het geweld is door Van Gennep naar menselijk niveau getild.

De enormiteit van het geweld, zoals dat in de meidagen van 1940 over Nederland is gespoeld is voor huidige generaties moeilijk meer in te voelen. Zij zeggen met een metafoor 'voetbal is oorlog', maar ze weten niet wat ze zeggen. Hoezeer sport zich soms manifesteert als een gestileerde vorm van oorlog voeren, met de verschrikkingen van de onderwerping aan geweld heeft zij niets te maken.

Iets van de dierlijke herkomst van het geweld en de macht heb ik zichtbaar willen maken om duidelijk te maken, dat men degenen die in de oorlog het hoofd voor de bezetter bogen niet al te hard mag vallen. Hun houding was de normale. Men kan dat betreuren, maar ik durf te stellen, dat elk volk in overeenkomstige omstandigheden vergelijkbaar zou handelen tegenover de overmacht en het geweld van een bezetter. Aan de meesten ontbrak de persoonlijke moed en ook het overzicht. Als er heldendaden zijn verricht is dat altijd en overal te danken geweest aan de enkeling, de pionier. Van der Werff en Cleveringa waren zulke pioniers.

Hoezeer de woorden van Cleveringa ons ook vandaag nog beet pakken, zijn rede is niet voor ons bestemd geweest, zomin als die van Van der Werff of van welke andere historische figuur dan ook. Wij nemen van historische redevoeringen op een andere wijze en in andere omstandigheden kennis dan de oorspronkelijke toehoorders. Wij mogen en moeten ons dus afvragen welke betekenis de rede van Cleveringa in de huidige tijd voor ons heeft. Wat hebben zijn woorden ons vandaag te vertellen? Als wij met die gezindheid lezen of luisteren dan moeten wij allereerst vaststellen, dat Cleveringa de macht van het woord op de meest indringende en tijdloze wijze in stelling heeft gebracht tegen het geweld van de bezetter. Als Drion zich in zijn Cleveringa-rede van 26 november 1990[9] afvraagt hoe Cleveringa ertoe kon komen om zijn verontwaardiging over de Duitse maatregelen tegen alle Joodse ambtenaren om te buigen in een verontwaardiging over de schandelijkheid om een zo groot geleerde als Meijers van zijn functies te ontheffen, dan waag ik het hem daarop te antwoorden, dat Cleveringa's rede juist door die ombuiging boven andere protesten uitstak. Door zijn verontwaardiging te gieten in de vorm van een lofprijzing van zijn intens bewonderde leermeester en collega verhief hij alle slachtoffers van de Duitse maatregel tot het niveau van Meijers. Meijers werd tot model van alle slachtoffers gesteld. Op geen grootsere wijze kon Cleveringa het onrecht ontmaskeren. En nog heden ten dage zou het voorbeeld van Meijers kunnen dienen als boegbeeld bij ieder protest tegen racisme en discriminatie.

Zo kom ik er toe, gelegitimeerd door dit rostrum, van waar zo vele eminente beoefenaren van wetenschap het woord voerden, mij de vraag te stellen, wat Cleveringa te zeggen zou hebben, welke boodschap hij voor ons in zijn koffer zou hebben meegebracht, indien hij hier 56 jaar na dato wederom het woord tot ons zou kunnen richten.

Ik zou menen, dat hij, het woord nemend, niet slechts indachtig zou zijn aan zijn eigen woorden van toen, maar ook wellicht aan die van de Rector Magnificus, prof. Huizinga, gesproken op 18 september 1933 naar aanleiding van het verzoek aan een nazigezinde Duitse hoogleraar, niet verder gebruik te maken van de gastvrijheid der Leidse Universiteit.[10] Prof. Huizinga zei toen onder meer: 'Een universiteit moet, om haar roeping in vrijheid getrouw te blijven, haar plicht en haar eer naar eigen maatstaf bepalen en zal zich bijwijlen handelend optreden voorgeschreven vinden, dat enkel dient tot verdediging van de gewijde geestelijke grond waarop zij staat.'

En misschien zou Cleveringa ook denken aan de zwarte vrouw Rosa Parks – wie kent haar nog – die in december 1955 weigerde te voldoen aan het bevel van een buschauffeur om haar zitplaats af te staan aan een blanke. Haar arrestatie vormde het begin van een spontane massa-actie onder leiding van Martin Luther King, die zijn hoogtepunt bereikte in één van de meest indrukwekkende episodes in de strijd om de rechten van de mens: de bus-boycot in Montgomery. In deze geweldloze strijd, die één jaar duurde was de overwinning aan de zwarten.[11]

En het is niet onwaarschijnlijk dat Cleveringa nog zou denken aan vele andere kleine en grote incidenten in Nederland en daarbuiten. Maar één ding staat voor mij vast. Als Cleveringa hier vandaag zou kunnen spreken, zou dat zijn vanuit een diepe zorg over toenemend racisme en discriminatie in dit land en zou hij een poging ondernemen om de positieve krachten in onze samenleving op te roepen tot een geweldloze strijd, een nieuw verzet tegen alle vormen van racisme en discriminatie.

Elf jaar geleden werd met steun van de Rijksoverheid het Landelijk Bureau ter Bestrijding van Rassendiscriminatie, het LBR, opgericht. Belangrijke maatschappelijke organisaties participeerden daarin (vakbeweging, kerken en een aantal organisaties van minderheden). Zo ontstond een redelijk breed draagvlak. Hoewel hier en daar wel resultaten zijn geboekt, blijkt de materie in de praktijk toch zeer weerbarstig. Er is een netwerk van Anti-Discriminatie Bureaus (ADB's) gevormd, waar men terecht kan met klachten over discriminatie en racisme. De strafwet is aangepast aan de modernste inzichten op dit terrein. De politiezorg is verbeterd door een opleidingstraject, dat door het LBR en de Anne-Frankstichting gezamenlijk is ontwikkeld. Bij de Algemene Wet Gelijke Behandeling is een Commissie Gelijke Behandeling ingesteld, waar men klachten over discriminatie kan indienen.

Een veelheid van voorzieningen, prachtige voorzieningen, dat wel, maar het verdient opmerking, dat al deze voorzieningen een eigen en actief optreden van de gediscrimineerde, van het slachtoffer vereisen. Het initiatief moet van hem uitgaan. Hij moet zich met zijn klacht melden en hij heeft een veelheid van motieven om dat niet snel te doen. De gang naar de civiele rechter heeft een hoge drempel en brengt veel financiële risico's met zich. De weg via het strafrecht levert het slachtoffer nogal eens teleurstellende ervaringen op. Er is nog altijd sprake van een zekere terughoudendheid bij de politie om een aangifte in een proces-verbaal vast te leggen. De voornaamste oorzaak daarvan is, dat deze aangiften bewerkelijk zijn en, gelet op de zware werkdruk, geen hoge prioriteit bij de politie genieten. Bovendien rijzen er vaak bewijsproblemen, ten gevolge waarvan de officier van justitie alsnog moet besluiten de zaak niet aan de rechter voor te leggen. En als dat toch gebeurt eindigt de zaak nogal eens in een vrijspraak bij gebrek aan voldoende bewijs. Geen bemoedigende vooruitzichten voor het slachtoffer.

De Commissie Gelijke Behandeling bestaat nog te kort om over de resultaten en effecten een oordeel te geven. Of het zou moeten zijn, dat dit gehele jaar bij het LBR nog geen zaken zijn aangemeld, die zich leenden voor het aanhangig maken bij die Commissie.

Aan de minderheden in Nederland is een prachtig systeem van rechtsbescherming geboden. Dat is een goede zaak, want daarmee zijn de normen vastgelegd en alleen al de vastlegging van een norm heeft zin, nog los van de handhaving. Maar van de effecten op de vermindering van racisme en discriminatie van dit mooie stelsel moet men helaas geen al te hoge verwachtingen koesteren. Het gehele systeem is ten gebruike gelegd in handen van de minderheden. Het is aan hen om er iets mee te doen, en zij doen het niet. Wij, autochtonen, hebben ons dus niets te verwijten. Of toch wel? Ik ken slechts één wet op het terrein van de bestrijding van racisme en discriminatie, die zich nu eens niet richt tot de minderheden, maar tot de autochtonen, de werkgevers. Dat is de Wet Bevordering Evenredige Arbeidsdeelname Allochtonen (WBEAA). Die wet is tot dusver geen succes gebleken. Het jaarverslag van het LBR over 1995 meldt, dat de wet tot nu toe zeer onvoldoende wordt nageleefd, al zijn er gelukkig ook werkgevers die de wet loyaal uitvoeren en die veel energie steken in de verbetering van hun personeelsbeleid ten aanzien van allochtonen. Ook het voorkeursbeleid via personeelsadvertenties sorteert weinig of geen effect. Hetzelfde jaarverslag vermeldt, dat een onderzoek heeft aangetoond, dat de meeste werkgevers geen coherent voorkeursbeleid voeren. Als in personeelsadvertenties een voorkeur voor allochtonen wordt uitgesproken, levert dat wel meer sollicitanten uit die hoek op, maar het is een volstrekt open vraag of die belangstelling ook leidt tot meer aanstellingen.

Als men zo het gehele veld van het allochtonenbeleid overziet stemt dat tot grote zorg en tot zeer weinig optimisme. Wat zijn de oorzaken? Natuurlijk: we hebben te maken met een grote hoeveelheid verschillende maar toch ook samenhangende vraagstukken, die elk op zich zeer complex zijn. Als voorbeeld van zo'n vraagstuk noem ik u de vraag of men de vrijheid van ouders een school voor hun kinderen te kiezen mag inperken teneinde het ontstaan van 'witte' en 'zwarte' scholen tegen te gaan. Aan één zo'n vraag zitten veel kanten. Enerzijds raakt men aan een grondrecht, de vrijheid van onderwijs, maar anderzijds ook aan diverse achterstandssituaties waarin minderheidsgroepen verkeren, zoals op het gebied van huisvesting en op dat van de arbeidsmarkt.

De grote moeilijkheid is, dat velen die verbetering willen brengen teveel hooi op hun vork nemen. Ze willen alle minderheidsvraagstukken tegelijk aanpakken en op alle fronten tegelijk scoren. Maar dat kan niet, helaas niet. In Nederland, zo is mij verteld, bestaan circa tachtig minderheidsgroepen van allochtone herkomst, afkomstig uit verschillende landen, verschillende culturen en met een verschillende verblijfsstatus. Het is een tot mislukking gedoemde ambitie de met de integratie van al deze burgers samenhangende vraagstukken in één samenhangend beleid tot een oplossing te brengen. De overheid probeert dat wèl, en daardoor ontstaat een soort 'stamppot-beleid', waarin geen licht meer kan vallen op de meerwaarde van elke groep afzonderlijk.

We marginaliseren de minderheidsgroepen in ons land door ze te etiketteren als gastarbeiders, vreemdelingen, asielzoekers, migranten, illegalen en wat voor namen we nog meer kunnen bedenken. Zo ontwikkelen we een wij-zij-denken, dat in de weg staat aan een geleidelijke, normale en gezonde integratie.

Ik hoop te hebben aangetoond, dat het niet mogelijk is in één beleid een oplossing voor de veelheid van problemen naderbij te brengen. Ik ben ervan overtuigd, dat de overheid er meer op uit zou moeten zijn deelproblemen te definiëren en voor de oplossing van elk van die problemen afzonderlijk een beleid te ontwikkelen. Met alle respect dat ik heb voor alle andere problemen en hun onderlinge samenhang op het gebied van racisme- en discriminatiebestrijding en van integratiebevordering wil ik vandaag één daarvan naar voren halen om daarop het volle licht van uw aandacht te richten. Dat is het probleem, of liever, dat zijn de problemen van een ook weer pluriform samengestelde groep allochtonen, die echter één bijzonder gemeenschappelijk kenmerk hebben, namelijk dat zij de Nederlandse nationaliteit bezitten, de Nederlandse allochtonen, de 'nieuwe' Nederlanders. Deze Nederlanders zitten in de knel. Of wij nu meer of minder sympathie hebben voor een veelkleurige bevolking, voor onbekende godsdiensten, culturen, gewoonten, of voor andere verschillen met onze traditionele opvattingen, deze Nederlanders horen erbij en zullen er altijd bij blijven horen. Maar toch worden zij door de 'oude' Nederlanders in één vlak gezien, zeg maar op één hoop gegooid met bijvoorbeeld asielzoekers of anderen, die hier om uiteenlopende redenen voor kortere of langere tijd en in elk geval zo lang mogelijk willen verblijven, legaal of illegaal. Het is juist de grote groep van asielzoekers, die vaak zeer lang moeten wachten op hun verzoek om een verblijfstitel, die een merkbare druk legt op de gevoelens van gastvrijheid en tolerantie van velen. Een moeizaam uitgevoerd verwijderingsbeleid van afgewezen asielzoekers vergroot die druk niet onaanzienlijk. Gastvrijheid en tolerantie worden extra zwaar beproefd bij schaarste aan werkgelegenheid, huisvesting en financiële middelen. De verminderde gevoelens van tolerantie strekken zich volstrekt ten onrechte ook uit naar de 'nieuwe' Nederlanders. Deze Nederlanders ervaren de groepen buitenlandse allochtonen als een ernstige bedreiging van hun eigen situatie. Terwijl zij zich uit de aard der zaak gaarne met hen solidair zouden willen verklaren, voelen zij zich door de allochtone buitenlanders in de rug gelopen. Zo zitten de 'nieuwe' Nederlanders klem tussen de 'oude' Nederlanders en de buitenlandse allochtonen. Ze horen erbij en ze horen er niet bij. Is deze diabolische patstelling te doorbreken? En hoe moet dat dan? Het merkwaardige verschijnsel doet zich voor, dat men bij het zoeken naar een ethisch fundament voor zijn houding telkens op het verkeerde been wordt gezet. De Bijbel staat vol met teksten over het gastrecht van vreemdelingen. Exodus 12:49 bijvoorbeeld bepaalt, dat eenzelfde wet zal gelden voor de geboren Israëlieten en voor de vreemden die in hun midden verkeren. En in Exodus 22:21 leest men: 'Een vreemdeling zult Gij niet onderdrukken noch hem benauwen, want Gij zijt vreemdeling geweest in het land Egypte'. En op de stèle van Hammoerabi kan men met enige deskundige hulp lezen, dat aan buitenlanders gelijke rechten en plichten toekomen als aan eigen onderdanen. De voormelde en ook nog andere Bijbelteksten zijn mij van zeer gewaardeerde theologische zijde verstrekt, namelijk door mijn zoon, maar een situatie als waarin de 'nieuwe' Nederlanders verkeren heb ik nergens behandeld gevonden. Alle teksten gaan steeds weer uit van de tegenstelling gastheer-gast, van het 'wij' tegenover 'zij'. Weliswaar worden die twee telkens op één niveau van rechten en plichten gebracht, maar dat is in de situatie waarin de 'nieuwe' Nederlanders zich bevinden niet voldoende. In het wij-zij-denken behoren de nieuwe Nederlanders bij 'wij'. Zij hebben geen boodschap aan gastrechten. Zij zijn geen gast. Zij zijn gastheer. Het is mijn overtuiging dat de specifieke belangen van deze groep Nederlanders niet goed zijn te dienen met een algemeen minderhedenbeleid, hoe hoog de gedachten achter zo'n beleid ook behoren te worden geschat.

De eeuwenoude geschiedenis van dit rostrum rechtvaardigt, ja vereist, dat een oproep klinkt aan overheden, aan organisaties van werkgevers en werknemers, aan woningbouwverenigingen en aan onderwijsinstellingen om zich te bezinnen op een gezamenlijke inspanning ten behoeve van de integratie van de nieuwe Nederlanders. Een apart beleid, dat geen afbreuk beoogt te doen aan de verantwoordelijkheid die alle Nederlanders – dus ook de nieuwe – behoren te voelen bij het bewaken en bewaren van het gastrecht. Een soort vóórintegratie dus, een integratie die een zo breed mogelijk draagvlak zal kunnen vormen voor een algemeen vreemdelingenbeleid. Het gaat uiteindelijk om een evenwichtige, geleidelijke en voor een ieder aanvaardbare integratie van alle minderheden in Nederland. Maar hoe kunnen wij daarin slagen als wij niet eerst de Nederlanders onder hen het gevoel hebben kunnen geven, dat zij van ons en wij van hen zijn. Als wij daarin slagen zal blijken, dat wij een categorie Nederlanders in ons midden hebben verworven, die beter dan wie ook in staat is het uiteindelijke integratiedoel te verwezenlijken. Zij weten waarover zij het hebben. Zij zijn door het dal gegaan en hebben hun droom verwezenlijkt gezien. Zij kennen alle moeilijkheden op de lange weg.

De macht van het woord is de hoogste macht. Van der Werff en Cleveringa hebben dat bewezen. Het woord is aan ons!

Mijnheer de Rector Magnificus, mijnheer de voorzitter en leden van het College van Bestuur, mijnheer de voorzitter en leden van het Curatorium van de Cleveringa-leerstoel, Dames en Heren,

Aan het einde gekomen van deze oratie, die beoogt een begin te markeren, doch die ten gevolge van de nieuwe opzet van de Cleveringa-leerstoel ook de trekken van een afscheidscollege vertoont, wil ik het College van Bestuur, dat mij heeft benoemd en het Curatorium van deze leerstoel, dat daartoe heeft geadviseerd dank brengen voor het in mij gestelde vertrouwen. Mijn leeropdracht 'Recht, vrijheid en verantwoordelijkheid' is zo ruim, dat ik gemeend heb daaraan invulling te mogen geven door in mijn colleges traditionele opvattingen over recht en vooral rechtspraak aan een kritische beschouwing te onderwerpen. Niet met de bedoeling om de studenten tot andere gedachten te brengen dan hun door hun eigen oordeel of vooroordeel zijn ingegeven, maar wel om hen tot het inzicht te brengen, dat de waarheid niet wordt gevonden, als men het te snel met elkaar eens is. Een snel compromis bewijst, dat niemand voldoende heeft nagedacht. Ik wil mijn studenten in het bijzonder danken voor de inspirerende wijze waarop zij deelnemen aan mijn colleges en mij tegenspel bieden. En ik wil u allen danken voor uw hogelijk gewaardeerde aanwezigheid.

Ik heb gezegd.

E. VAN THIJN

Ons kostelijkste bezit; over tolerantie, non-discriminatie en diversiteit

1997

Toen de gemeenteraad van Amsterdam, kort na het ontslag van de Joodse raadsleden op 30 november 1940, bijeenkwam, zei de toenmalige burgemeester De Vlugt daar geen woord over. Geen woord van dank, geen woord van spijt, laat staan een woord van protest.[1] Professor Cleveringa had toen zijn indrukwekkende rede – met alle risico's van dien – al gehouden. Zijn voorbeeld vond hier en daar op de Nederlandse universiteiten navolging, maar de bestuurlijke elite van Nederland zweeg als het graf. Sterker nog: de Duitse bezetter kreeg bij de anti-Joodse maatregelen volop medewerking.[2]

Een van de schrijnendste voorbeelden – dat ook Cleveringa hoog zat – was de Hoge Raad, ons hoogste rechtscollege, die zonder morren de anti-Joodse maatregelen sanctioneerde. Haar eigen voorzitter, mr. L.E. Visser, al 25 jaar lid, behoorde tot de eerste slachtoffers.[3]

Dat het falen van de bestuurlijke elite met de bevrijding – toen gevaar voor lijf en goed was geweken – geen einde nam, blijkt bijvoorbeeld uit de herbenoeming in 1946 van P.H. Smits, die eerder door Seyss-Inquart benoemd was. Uit protest legde Cleveringa zijn functie als voorzitter van de Leidse Studenten Zuiveringscommissie neer.[4] In de jaren daarna heeft hij om principiële redenen een benoeming tot lid van de Hoge Raad geweigerd. Smits, daarentegen, zou het in 1961 nog tot president brengen.

Waarom is de principiële opstelling van Cleveringa vandaag nog van zo'n groot belang? Sinds Blom in 1983 zijn oratie de titel meegaf *In de ban van goed of fout!*[5] bestaat er een neiging onder historici om deze moreel beladen begrippen te relativeren. Toen Nanda van der Zee recentelijk in haar boek *Om erger te voorkomen* het falen van de bestuurlijke elite in oorlogstijd aan de kaak stelde, kreeg zij een storm van kritiek te verduren. Deels terecht, waar het de 'vlucht' van ons Staatshoofd (en de gevolgen daarvan) betrof, maar voor het overige was de kritiek buiten proportie. Een van de kritiekpunten was dat zij zich teveel had laten meeslepen door de moralistische wijze van geschiedschrijving van de door haar zo bewonderde Presser.[6] Maar juist Presser heeft er al in *Ondergang* op gewezen dat de begrippen 'goed' en 'fout' vaak onhanteerbare vereenvoudigingen zijn. '"Goed" en "verkeerd" vertonen een ver uitwaaierend spectrum van schakeringen.'

Het zijn de eindpunten van een continuüm: er is een hemelsbreed schemergebied van passiviteit en onverschilligheid dat zich heel moeilijk achteraf, zonder de omstandigheden te kunnen wegen, met de precisie van de moraliteit laat inkleuren.[7]

Voor mij staat echter één ding buiten kijf. Hoe breder het schemergebied, des te markanter wordt de rol van diegenen die – anders dan, im groszen Ganzen, de bestuurlijke elite – wel de moed vonden om ethische beginselen te laten prevaleren boven puur lijfsbehoud.[8] Mensen als Cleveringa hebben een voorbeeldfunctie voor latere generaties. Het is 'de triomf van de enkeling toen de volksgemeenschap faalde', zei Van Randwijk over het verzet.[9] Zij zijn de dragers van het 'ethisch kompas', dat richtinggevend zou moeten zijn voor de inrichting van onze hedendaagse, democratisch-rechtsstatelijke, op multiculturaliteit gebaseerde, samenleving. De beweegredenen van Cleveringa spreken boekdelen. Hij kon eenvoudigweg niet accepteren dat Meijers (c.s.) 'ons zou worden genomen enkel en alleen om zijn Joodsche afkomst.' Dat ging in tegen alles 'wat wij gewend waren hier in Nederland te beschouwen als ons kostelijkste cultuurbezit.'[10]

Over dit 'kostelijkste cultuurbezit': tolerantie, non-discriminatie en respect voor culturele diversiteit gaat deze oratie. Daarbij zal achtereenvolgens worden ingegaan op het begrip tolerantie en de grenzen daarvan, migratie en minderhedenbeleid, de erkenning van culturele diversiteit als een grondrecht (nationaal en internationaal), de beginselen waarop een multiculturele samenleving zou moeten stoelen en de moreel-educatieve en rechtsstatelijke plicht van bestuurlijke elites om deze beginselen te verdedigen en uit te dragen. Zeker onder normale omstandigheden waarin vrijheid en verantwoordelijkheid, anders dan in de tijd van Cleveringa, onbedreigd zijn.

Als dit land van Erasmus, Spinoza, Coornhert al een 'kostelijk cultuurbezit' heeft, een nationale identiteit als men wil, 'Nederlands geestesmerk', om met Huizinga te spreken, dan behoort tolerantie zeker tot een van de wezenskenmerken.[11]

Toen John Locke in 1685 als vluchteling in Amsterdam zijn *Brief over de tolerantie* schreef was de Nederlandse Republiek, aldus Kossmann, een 'eiland van verdraagzaamheid'. Alhoewel het tolerantiebegrip van toen, te midden van de religieuze twisten, al van meet af aan een sterk ideële component had, de vrijheid van geweten, speelden toch ook pragmatische redenen een grote rol. 'Hoe zou een metropool als Amsterdam, het handelscentrum van Europa met zijn stapelmarkt en zijn wereldwijde betrekkingen, eenvormigheid kunnen opleggen aan de bonte bevolking die binnen zijn muren woonde?' vraagt Kossmann zich af.[12]

Deze ingebouwde spanning tussen ideële uitgangspunten en praktische noodzaak heeft het begrip tolerantie tot een diffuus begrip gemaakt, alhoewel ik het wel met Kossmann eens ben als hij zegt 'dat wij wel ongeveer weten wat wij er onder moeten verstaan'. Niettemin onderscheidt Michael Walzer in zijn recente boek *On Toleration* vijf manieren om tolerant te zijn, variërend van elkaar met rust laten 'for the sake of peace', via 'indifference to difference' en 'moral stoicism' tot meer actieve vormen van tolerantie zoals belangstelling en respect en, als hoogste vorm, het aanvaarden en aanmoedigen van culturele diversiteit als een verrijking van de samenleving.[13]

Kossmann zelf wijst op de paradox die in het begrip tolerantie ligt besloten. Tolerantie is strikt genomen een arrogant, neerbuigend begrip. 'Tolerantie betekent dat een dominante groep aan een niet-dominante toestaat meningen of bestaansvormen te hebben die van de gewone orde schijnen af te wijken. In de strikte betekenis van het woord is tolerantie discriminerend.'[14]

Tolerantie, op die manier, vooral semantisch, ingevuld, scoort laag op de schaal van Walzer en doet ook geen recht aan de feitelijke betekenis in de Nederlandse samenleving.

Naar mijn mening is tolerantie veeleer de 'way of life' van een pluriforme, multiculturele samenleving, waarin geen enkele groep kan of wil domineren en waarin wederzijds respect heerst en een gemeenschappelijk respect voor de grondregels van onze democratische rechtsstaat.[15]

Deze laatste toevoeging is voor een inhoudsvol tolerantiebegrip essentieel. Zoals ik al in 1985 betoogde *(Brandende kwestie)* mag tolerantie niet verward worden met 'permissiveness'. Wie uit naam van de tolerantie lankmoedig omspringt met de handhaving van onze rechtsregels en ter wille van de lieve vrede te pas en te onpas het gedooginstrument uit de kast haalt legt de basis voor een intolerante samenleving. Mensen verliezen dan op grote schaal het vertrouwen in een gelijke rechtsbedeling. 'Permissiveness' is de grootste vijand van de tolerantie. In een tolerante samenleving heeft iedereen het recht om 'anders' te zijn maar ook de plicht om eraan mee te werken dat de samenleving als geheel kan blijven functioneren. Een gemeenschappelijk respect voor een aantal 'kernwaarden' die het uitgangspunt van individuele autonomie en het gemeenschapsbelang met elkaar in evenwicht brengen, is een conditio sine qua non voor een tolerante samenleving.[16]

Dat roept de vraag op naar de grenzen van de tolerantie. Hoe tolerant dient een samenleving te zijn jegens groeperingen die zich tegen deze kernwaarden keren? Dit hachelijke vraagstuk is al in de jaren dertig door Van den Bergh aan de orde gesteld. In zijn oratie *De democratische staat en de niet-democratische partijen* opperde hij de mogelijkheid van een verbod van partijen die 'fundamentele zedelijke beginselen' beogen aan te tasten.[17] Hij was een roepende in de woestijn. Pas vele jaren later, toen het kalf al verdronken was, laaide de discussie weer op. Dat leidde uiteindelijk tot de

Wet van 17 maart 1988 tot wijziging van enkele bepalingen over verboden rechtspersonen. In de Memorie van Antwoord somde minister Korthals Altes een aantal verbodsgronden op. 'Uitlatingen zoals het aanzetten tot haat en uitingen die verboden discriminatie inhouden' behoren als 'strijdig met de openbare orde en de goede zeden' te worden aangemerkt. Zij houden een aantasting in 'van de als wezenlijk ervaren beginselen van ons rechtsstelsel die, indien op grote schaal toegepast, ontwrichtend zou blijken voor onze samenleving'.[18]

Tijdens een recent debat over een verdere aanscherping van deze verbodenverklaring lijkt minister Dijkstal – merkwaardigerwijs – juist te kiezen voor een versoepeling. Met een beroep op de 'veerkracht van de democratie' betrekt hij de stelling dat een partijverbod pas moet worden ingezet 'bij stelselmatige, zeer ernstige verstoring van het democratisch proces'.[19] Over de aanzet tot rassendiscriminatie als verbodsgrond wordt, in weerwil van het Internationale Verdrag inzake Uitbanning van alle vormen van Rassendiscriminatie,[20] dat ons daartoe verplicht, niet meer gerept.[21]

Ook bij de vraag of de vrijheid van demonstratie ook geldt voor haat zaaiende groeperingen is sinds kort een kentering te bespeuren. De vrijheid van demonstratie is voor het eerst in Nederland geïntroduceerd in de gemeenteraad van Amsterdam in het turbulente jaar 1966. Toen al stond het de initiatiefnemers voor ogen dat op het algemene beginsel van demonstratievrijheid ook uitzonderingen mogelijk zijn wanneer het gevaar dreigt dat rechten en vrijheden van derden worden aangetast.[22] Dat is evident het geval wanneer intolerante groeperingen een openbare manifestatie organiseren met het kennelijke doel tot discriminatie aan te zetten. De (inmiddels) grondwettelijke vrijheid van demonstratie moet dan wijken voor het recht van minderheidsgroepen om van overheidswege tegen dergelijke (intimiderende) vormen van (aansporing tot) rassenhaat te worden beschermd. Artikel 1 van de Grondwet (het non-discriminatiebeginsel) prevaleert dan boven artikel 9 (de betogingsvrijheid).[23]

Tot voor kort werd een dergelijk preventief demonstratieverbod door alle burgemeesters in Nederland binnen de bestaande regelgeving toegepast. Pogingen van extreemrechts om een demonstratie te organiseren werden beschouwd als een onaanvaardbaar risico voor de openbare orde. Maar in 1996 zijn burgemeesters zich, mede gelet op de jurisprudentie, gaan afvragen of het waardeneutrale begrip 'openbare orde' zich wel verdraagt met een niet-neutrale toepassing. Voor het eerst werden extreemrechtse demonstraties toegelaten. Dit leidde tot veel commotie en onbegrip. Een verzoek van burgemeester Franssen van Zwolle om in de Wet Openbare Manifestaties een meer inhoudelijke verbodsbepaling op te nemen liep stuk op onbegrip van regering en parlement. De hantering van het non-discriminatiebeginsel als verbodsgrond wordt gezien als 'preventieve censuur'. Weliswaar kan 'de betogingsvrijheid geen vrijbrief zijn voor het plegen van strafbare feiten', aldus de minister, maar die moeten dan maar achteraf strafrechtelijk worden aangepakt.[24] Ook hier laat de overheid na uitvoering te geven aan het Internationale Verdrag inzake de Uitbanning van alle vormen van Rassendiscriminatie dat het aanzetten tot rassenhaat en rassendiscriminatie verbiedt.[25]

De intimiderende werking die van extreemrechtse manifestaties op minderheidsgroepen uitgaat, zeker als deze door indringende televisiebeelden worden uitvergroot, moet niet worden onderschat. Van Donselaar wijst terecht op de onthechting die ontstaat als minderheidsgroepen 'vanuit de gevestigde politieke arena in steeds krachtiger bewoordingen worden aangespoord tot integratie en inburgering in een omgeving die alsmaar vijandiger en bedreigender wordt'.[26]

Tolerantie dreigt een leeg begrip te worden als de overheid bij een botsing van grondrechten niet pal staat voor het recht van iedere burger om gevrijwaard te worden van discriminatie en/of rassenhaat. De rol van de bestuurlijke elite moet, als het om de ethische beginselen gaat die aan de tolerantie ten grondslag liggen, richtinggevend zijn en wel op een zodanige wijze dat alle burgers zich daarin kunnen herkennen. Dit geldt te meer nu ons als tolerante samenleving de nieren worden geproefd. De opkomst van de multiculturele samenleving, de snel gewijzigde bevolkingssamenstelling met name in de grote steden, de voortgaande migratiebeweging die zich in deze, zich mondialiserende, wereld maar moeilijk laat indammen, maakt dat in heel Europa, van Griekenland tot Noorwegen, van Oostenrijk tot België, van Hamburg tot Toulon, het klimaat jegens etnische minderheden verhardt.[27] Ook in Nederland blijkt ons kostbaarste cultuurbezit aan erosie onderhevig te zijn. Uit recente publicaties blijkt dat ongeveer de helft van de bevolking vindt dat er teveel 'buitenlanders' in Nederland zijn (in Europa is dit gemiddeld 57%).[28] In de *Contourennota* van 1994[29] wordt eufemistisch gesproken over een 'afbrokkelend draagvlak' voor de multiculturele samenleving. In een rapport van pal over de grens, van de hand van de commissie-Huijsse, naar aanleiding van de explosieve groei van het Vlaams Blok in Antwerpen (24 november 1991), wordt gewezen op het samenvallen van de snelle groei van etnische groepen in oude, achtergestelde wijken, met het wegvallen van wat genoemd wordt de 'sociale weefsels', de aloude integratiekaders. Voeg daar aan toe de – vaak gemeenschappelijke – maatschappelijke verweesdheid in de vorm van sociaaleconomische achterstelling en alle ingrediënten voor een voedingsbodem van vooroordeel en vreemdelingenhaat zijn aanwezig. Maar het pijnlijkste 'familiedrama' aldus de commissie-Huijsse, is de verwijdering tussen de burger en de politicus. (Let wel: dit rapport dateert van voor de 'Witte Mars'.[30])

'De publieksagenda en de politieke agenda' sporen niet meer met elkaar. Bovendien is het 'ethisch profiel' van de politieke partijen verdwenen.[31]

Alhoewel de omstandigheden in België en Nederland verschillend zijn en van een uitslaande, rechtsextremistische brand in Nederland gelukkig geen sprake is, zijn enkele van de hoofdlijnen van de analyse van het rapport-Huijsse toch wel van toepassing op de Nederlandse situatie. Met name de (dreigende) verwijdering tussen de publieksagenda en de politieke agenda als het om de multiculturele samenleving gaat (een aspect dat Andeweg en Van Gunsteren in hun kruistocht tegen 'het kloofdenken' buiten beschouwing laten)[32] en de afwezigheid van een duidelijk, richtinggevend 'ethisch profiel' van de bestuurlijke elite op dit beleidsterrein, zoals recentelijk nog in de kwestie-Gümüs tot uitdrukking kwam, zijn herkenbare problemen.

Terwijl het een vaststaand feit is dat, als het om de acceptatie van de multiculturele samenleving gaat, het de bestuurlijke toon is die de muziek maakt. In *The Age of Migration* doen Castles en Miller een vergelijkend onderzoek naar de acceptatie van migratie in landen met een verschillende 'migratiegeschiedenis' in het bijzonder Duitsland en Australië.[33] Overal in de wereld, zo stellen zij vast, ontstaan spanningen tussen de toenemende culturele diversiteit binnen landen en de behoefte aan de ontwikkeling of het behoud van een eigen, nationale identiteit. In landen met een langere traditie als immigratieland, waar culturele diversiteit deel uitmaakt van de nationale identiteit (Australië) levert dit minder problemen op dan in landen waar men hardnekkig vasthoudt aan de fictie geen immigratieland te willen zijn en waar, geheel tegen de werkelijkheid in, immigratie wordt gezien als een tijdelijk fenomeen (in dit geval Duitsland). Ook hierbij is het de bestuurlijke elite die de toon zet. Als de overheid uitstraalt dat migratie een soort ritmestoornis is, een tijdelijk ahistorisch fenomeen, dan kan men moeilijk verwachten dat de maatschappelijke integratie van migranten, die het stempel van tijdelijkheid opgedrukt krijgen, probleemloos verloopt.

Castles en Miller wijzen op het grote belang dat overheden in *The Age of Migration* duidelijk zeggen waar het op staat. Migratie is een bijkomend gevolg van de wereld als 'global village'. Migratie is wereldwijd. Migratie is een blijvend verschijnsel. Migratie is min of meer beheersbaar, en restrictief toelatingsbeleid is, wil men de integratie van nieuwkomers goed laten verlopen, een noodzakelijk beleidsinstrument. Maar migratie is – in zijn volle omvang – zonder een nieuwe Berlijnse Muur, niet echt af te stoppen.[34] Overheden die zich achter een dergelijke illusie verschuilen vervreemden van hun burgers die hun ogen niet in hun zak hebben. Men moet dan niet vreemd opkijken als de publieke opinie verhardt en verschijnselen van intolerantie de kop opsteken. *The Age of Migration* vraagt om een bestuurlijke elite die zich, te midden van een proces van maatschappelijke transformatie, van zijn educatieve taak bewust is en met een politiek van 'socio-culturele architectuur' (Dror)[35] – vaak dwars tegen de stroom in – de weg bereidt voor een samenleving die zich instelt op een combinatie van politiek-maatschappelijke integratie en culturele diversiteit als samenbindend concept.

In ons land, waar de illusie dat Nederland geen immigratieland zou zijn, tot in de jaren negentig gold, heeft in het minderhedenbeleid door de jaren heen integratie met behoud van culturele identiteit steeds voorop gestaan. Een formule die het onderscheid tussen assimilatie en integratie markeert. In een belangwekkend proefschrift *Nederlandse politieke partijen over minderhedenbeleid* 1977–1995 analyseert Alfons Fermin de verschuivingen die zich in de loop der jaren in de politieke meningsvorming hebben voltrokken.[36] Hij hanteert daarbij drie beleidscategorieën c.q. waardencomplexen: *a.* sociaal-culturele verscheidenheid (cultuuremancipatorische processen); *b.* sociaaleconomische gelijkheid (bestrijding van maatschappelijke achterstanden) en *c.* politiek-juridische eenheid (gelijke rechten en plichten, gelijkheid voor de wet, gelijke behandeling, bestrijding van discriminatie en racisme, enz.).

Nadat aanvankelijk elk van de drie beleidscategorieën een gelijkwaardige (en samenhangende) betekenis werd toegekend, is er in de tweede helft van de jaren tachtig een kentering ontstaan, mede naar aanleiding van het rapport *Allochtonenbeleid* dat in 1989 door de WRR is uitgebracht.[37] Hierin wordt voorgesteld voortaan het integratiebeleid los te koppelen van het cultuurbeleid. Het minderhedenbeleid dient versmald en toegespitst te worden op sociaaleconomische integratie. Cultuurbeleving wordt primair gezien als een private aangelegenheid. In het daarop volgende discours gaat de VVD nog een stapje verder door het cultuurbeleid en de sociaaleconomische integratie tegenover elkaar te stellen. Het benadrukken van culturele verscheidenheid, een te sterke oriëntatie op de 'eigen etnische gemeenschap, identiteit en cultuur' zou de belangrijkste hinderpaal zijn bij de bewerkstelliging van de individuele, sociaaleconomische integratie.[38]

Ook het individualiseringsdebat miste bij de herijking van het minderhedenbeleid zijn uitwerking niet. In de *Contourennota* – van 1994 – deed het begrip 'inburgering' zijn intrede. Het begrip minderhedenbeleid werd min of meer afgeschaft en vervangen door 'integratiebeleid'. Daarbij ging het om gelijke rechten en plichten (het beleid werd minder vrijblijvend) voor alle burgers. Ook de PvdA sprak, aldus Fermin, voortaan over de noodzaak om bij een beleid, primair gericht op sociaaleconomische integratie, te spreken van een algemeen achterstandsbeleid, omdat daarmee wordt voorkomen dat mensen die in een moeilijke positie zitten, tegen elkaar worden opgezet.[39] Draagvlakverbreding overschaduwt de aandacht voor 'culturele kwesties'.[40] Al met al is in het minderhedendebat, met uitzondering van het CDA, dat vast bleef houden aan het aloude concept van 'integratie via emancipatie in eigen kring', de politieke aandacht voor de cultuur en identiteit van de allochtonen langzamerhand afgenomen. Dit is met name toe te schrijven, aldus Fermin, aan factoren als een afbrokkelend maatschappelijk draagvlak voor het integratiebeleid, interetnische spanningen in bepaalde oude stadswijken, de voortgaande immigratie, en de dreigende marginalisering van allochtone jongeren.[41]

Ik denk dat, alles overziende, de bestuurlijke elite in Nederland, door deze simplificerende keuze te maken, zijn educatieve taak dreigt te verwaarlozen. Door te kiezen voor een politiek van 'indifference for difference' zet men te laag in op de tolerantieschaal van Walzer. Het 'ethisch profiel' komt steeds meer op de achtergrond.

1. Door een probleem, namelijk de culturele diversiteit als belemmering voor sociaaleconomische integratie, weg te definiëren en het van de politieke agenda te schrappen is de oplossing ervan niet naderbij gebracht. Integendeel. De culturele diversiteit is een 'fact of life'. Ook als minderheden zouden kiezen voor assimilatie, worden zij toch door de buitenwacht gestereotypeerd. Bekend is het gezegde van J.-P. Sartre: 'Als de Jood niet zou bestaan, zou de antisemiet hem wel hebben uitgevonden.'[42] Door de culturele component weg te denken mist men ook de scherpte in de analyse van de oorzaken van achterstandssituaties, bijvoorbeeld van allochtonen op de arbeidsmarkt. In tal van rapporten is aangetoond dat discriminatie en vooroordeel hierbij wel degelijk een rol spelen.[43]

2. Het is een oversimplificatie om de culturele identiteitsbeleving van individuen en groepen volledig van elkaar los te koppelen. Natuurlijk is het grondrecht van elk individu om zelf zijn identiteitsbehoefte in te vullen de absolute 'bottomline' in onze democratische samenleving. Ik ben het eens met Baehr, een van mijn voorgangers op deze leerstoel, dat 'erkenning van collectieve rechten nooit afbreuk mag doen aan individuele rechten'.[44] Het staat elke allochtone burger vrij om te kiezen voor een 18-karaats assimilatie. Maar – en dat is mijn punt – het staat hem of haar ook vrij om te kiezen voor enigerlei invulling van de eigen cultuur of religie. In dit land, waar grondrechten als die van de vrijheid van vereniging en vergadering, de godsdienstvrijheid, de vrijheid van onderwijs, ons met de paplepel zijn ingegeven, behoeft dat geen nader betoog. Zo zullen wij ermee moeten leren leven dat de islam tot een van de belangrijkste godsdiensten in Nederland is geworden, een Nederlandse godsdienst met – hopelijk – straks ook in Nederland opgeleide imams. In navolging van Habermas pleit ik voor een politiek van erkenning 'die de integriteit van de enkeling ook beschermt in de levenscontexten waarin zijn identiteit wordt gevormd',[45] een beleidslijn die ook in overeenstemming is met art. 27 van het door Nederland en 134 andere landen geratificeerde Internationale Verdrag inzake Burgerrechten en Politieke rechten.[46]

3. Door de 'culturele component' weg te definiëren, al dan niet via het inburgeringsmodel, kiest de Nederlandse samenleving in feite voor een politiek van 'assimilatie'. Fermin wijst er terecht op dat een geforceerde assimilatie het belang en de functies van de etnische gemeenschappen veronachtzaamt, met name in een onzekere situatie als die waarin immigranten en hun nakomelingen zich bevinden.[47] Zo'n beleidslijn draagt niet bij tot de zo gewenste politieke stabiliteit en sociale cohesie, maar stelt deze eerder op de proef. Ook Castles en Miller hebben proefondervindelijk aangetoond dat 'policies that assume cultural conformity or that seek to impose it' op langere termijn contraproductief blijken te zijn.[48]

4. Het wegmoffelen van het belang van de culturele component is, zoals Fermin terecht vaststelt, voornamelijk ingegeven door de vermeende afbrokkeling van het draagvlak van de multiculturele samenleving. Maar ook hier is angst een slechte raadgever. Door de principia van de multiculturele samenleving niet te expliciteren, laat de bestuurlijke elite gods water over gods polder lopen en verzaakt zij haar educatieve verantwoordelijkheid. Burgers worden nu geacht binnen de realiteit van alledag – want de multiculturele samenleving is een feit – op de tast hun eigen weg te vinden. Als niemand het verschil markeert tussen oordelen en vooroordelen, krijgen de laatste vrij baan. Elke overheid krijgt de burgers die zij verdient.

5. In de wereld van verschil die zich, via ons televisiescherm, dagelijks aftekent, is de hang naar erkenning van culturele diversiteit een herkenbaar fenomeen. De ontkenning, of zelfs onderdrukking, van dat recht ligt ten grondslag aan tientallen conflicten en (potentiële) brandhaarden in alle delen van de wereld. De erkenning (en handhaving) van het fundamentele recht anders te zijn is misschien wel het belangrijkste wapen dat de internationale gemeenschap ter beschikking staat om nieuwe humanitaire rampen te voorkomen. 'Een nieuwe, democratische wereldorde, welke dan ook, is onbereikbaar zonder het commitment van zijn politieke en professionele leiders om een coherent program te ontwikkelen om collectieve rechten als mensenrechten te erkennen en te beschermen', aldus Flinterman en Klerk.[49] Het kan toch niet zo zijn dat deze constatering namens de (voormalige) Adviescommissie Mensenrechten 'in de polder die Nederland heet' (Bolkestein) alleen voor export is.[50]

In de wereld van verschil is het verschil (etnisch, religieus, cultureel), in het bijzonder na de val van de Berlijnse Muur, de belangrijkste bron van instabiliteit. Gewelddadige conflicten, burgeroorlogen, etnische zuiveringen en genocide teisteren diverse delen van de aardbol. De onafzienbare stroom van vluchtelingen van hot naar her zwelt aan en aan. De *World Conflict Map* 1995–1996 toont 95 brandhaarden, waaronder 20 zogenoemde 'high-intensity-conflicts'.[51] Al deze brandhaarden hebben één ding gemeen: culturele c.q. etnische minderheden worden in hun existentie bedreigd en vechten wanhopig voor enigerlei vorm van erkenning, zij het in de vorm van een eigen politieke entiteit, dan wel voor gelijke politieke, economische, culturele en religieuze rechten binnen bestaande entiteiten. In zijn Multatuli-lezing wijst Van Boven op het feit dat in veel van deze conflicten het recht op zelfbeschikking niet langer een perspectief kan zijn. 'Het valt moeilijk vol te houden dat elke etnische groep – waarvan er volgens wetenschappers vele duizenden bestaan – rechten zouden kunnen doen gelden op een eigen staat.'[52] Hij citeert met instemming de secretaris-generaal van de VN die in zijn *Agenda voor de vrede* (1992) zei dat als elke etnische, religieuze of taalgroep een eigen staat zou opeisen, er geen grens zou zijn aan versnippering en dat bijgevolg vrede, veiligheid en economisch welzijn voor een ieder steeds moeilijker verwezenlijkt zouden kunnen worden.[53] Het is onvermijdelijk, aldus Van Boven, dat zoveel mogelijk oplossingen gevonden moeten worden binnen bestaande staatsverbanden via toekenning van een hoge mate van autonomie, zelfbestuur en erkenning van de rechten van minderheden op het gebied van onderwijs, cultuur en religie. Anders gezegd: de verankering van culturele diversiteit binnen het bestaande statenstelsel is niet alleen een zaak van elementaire humaniteit (als fundamenteel recht op menselijke waardigheid), maar ook een basisvoorwaarde voor vrede en veiligheid in de wereld. In navolging van Hirsch Ballin pleit hij voor een 'ius gentium', een samenstel van algemeen erkende gedragsregels en fundamentele grondbeginselen, die uitstijgen boven de staatsraison en boven het nationale belang en die hun basis vinden in de imperatieve eisen van humaniteit. Hirsch Ballin zelf spreekt van, in het internationale recht te verankeren, 'constitutionele eisen, te stellen aan staatsverbanden die intern – etnisch, cultureel of religieus – pluriform zijn'. Ius gentium als universeel, richtinggevend recht voor alle (wereld)burgers als waarborg voor culturele diversiteit.[54]

Haaks op deze opvatting staat Huntingtons *Clash of Civilizations*[55] waarin weliswaar de primordiale betekenis van culturele diversiteit in de wereld uitgangspunt is (zij het dat hij, simplificerend, uitgaat van een achttal, door de grote wereldreligies gedomineerde, zogenaamde beschavingen), maar hij komt tot tegenovergestelde conclusies.

Hij wijst elke vorm van 'universalisme' af. De wereld moet leven met de immense verschillen die er tussen de grote wereldbeschavingen bestaan en het Westen moet ervan afzien zijn 'waarden en normen' (zoals mensenrechten en democratie) aan anderen op te dringen. Omgekeerd vindt hij dat binnen het door het christendom geïnspireerde Westen elke hang naar relativering van de eigen cultuur door het aanvaarden van culturele diversiteit moet worden tegengegaan. De grote bedreigingen van de westerse beschaving zijn, naar buiten toe, het universalisme en, naar binnen toe, het multiculturalisme. Beide strevingen hebben gemeen dat zij het unieke karakter van de westerse beschaving ontkennen en haar innerlijke kracht aantasten.[56] Beide strevingen zijn boter aan de galg, want beschavingen kunnen slechts functioneren op basis van een wederzijds vijandbeeld: 'Each has been the other's other'.[57] 'It is human to hate.'[58] De niet-westerse beschavingen (de islam voorop) zijn in toenemende mate anti-westers en het Westen verliest terrein en moet zich schrap zetten en meer identiteitsbewust worden. Huntington heeft het vooral niet begrepen op de islam. Elke vorm van diversiteit ontkennend, een simplificatie waar o.a. Van der Staay en Bolkestein al tegen in het geweer zijn gekomen,[59] zet hij de islam neer als de religie van het zwaard. 'De' islam is niet toevallig betrokken bij het merendeel van de etnische oorlogen in de wereld. 'De' islam voelt zich verheven boven het decadente, materialistische Westen. De sterke bevolkingsgroei, de opkomst van een goed opgeleide jonge generatie die zich een bestaan moet opbouwen terwijl elk economisch perspectief ontbreekt, maakt haar vatbaar voor fundamentalistische stromingen. Deze ontwikkeling heeft het karakter van een tijdbom.[60] Een 'clash of civilizations' langs de grenzen van het Westen, maar ook daarbinnen via immigratie, de 'sans-culottes' in de grote steden, laat zich uittekenen.[61]

Huntington noemt Bosnië-Herzegovina als het grote voorbeeld van een 'fault line war' waar het Westen de verkeerde kant heeft gekozen. Ten onrechte zijn de bordjes van 'good guys and bad guys' (waar hebben we dat eerder gehoord?) verhangen. Amerika heeft zich volgens Huntington door een naïeve hang naar multiculturalisme laten meeslepen in een uitzichtloos conflict langs verkeerde scheidslijnen. Het gevolg is verdeeldheid binnen het Westen (waartoe Huntington met name de Serviërs en de Kroaten rekent), het uitstel van een werkbare oplossing (de verdeling van Bosnië in een Servisch en een Kroatisch deel) en het ontstaan van een 'Fremdkörper' in Europa: een islamitische staat, die met steun van Iran snel zal radicaliseren.[62]

Deze kijk op de situatie in Bosnië werpt een schril licht op de 'banaliteit van het kwaad' die aan Huntingtons wereldbeschouwing ten grondslag ligt. Blijkbaar rechtvaardigt een innerlijke versterking en homogenisering van de christelijk-westerse beschaving een 'Blut und Boden'-politiek, mogen de geciviliseerde scheidslijnen gemarkeerd worden door etnische zuiveringen en wordt er ook niet gekeken op een genocide meer of minder. westerse waarden als individuele vrijheid, mensenrechten, respect voor elkaar enz., die te goed zijn voor de rest van de wereld, hoeven blijkbaar niet in acht te worden genomen als het gaat om de confrontatie met andere beschavingen. Laat staan dat het Westen in actie zou moeten komen als deze waarden elders met voeten worden getreden.

Voor mij is Bosnië nu juist het bewijs dat een diametraal tegenovergestelde politiek noodzakelijk is. In een wereld waarin nationalisme en etnische polariteit aan de orde van de dag zijn, dient de acceptatie van culturele diversiteit, dwars door het internationale statenstelsel heen, zowel in de binnenlandse als buitenlandse politiek een leidend beginsel te zijn. Een verder uiteenvallen van Bosnië dient dan ook met alle kracht te worden voorkomen, omdat het een gevaarlijke opmaat is voor een wereld waarin uitbarstingen van etnisch geweld even gewoon worden als koersschommelingen.

Het falen van met name de Europese bestuurlijke elite om tijdig en adequaat in te grijpen (met de genocide in Srebrenica als dieptepunt) is hopelijk geen omen van wat ons op dit continent nog te wachten staat. Zeker nu de EU op het punt staat de poorten open te stellen voor landen uit Midden- en Oost-Europa is het van groot belang, om met Konrád te spreken, het Europese erfgoed van 'cultural pluralism' ('a sensitive attraction to diversity, kept coherent by European humanism') veilig te stellen.[63] Dat betekent de erkenning van culturele diversiteit als een grondrecht met als voornaamste plechtanker een consequent antidiscriminatiebeleid. Op zich is het een stap vooruit dat in het onlangs tot stand gekomen 'Verdrag van Amsterdam' een antidiscriminatiebepaling (art. 6A) is opgenomen dat de Europese Raad de bevoegdheid geeft om 'gepaste actie' te ondernemen tegen discriminatie op grond van geslacht, raciale, etnische of sociale oorsprong, godsdienstige overtuiging, leeftijd of seksuele gerichtheid.[64] Maar het is ergerniswekkend dat ondanks dringende, unanieme, adviezen o.a. van de Europese adviescommissie inzake racisme en xenofobie (waarvan ik deel uitmaak)[65] deze bepaling geen rechtstreekse werking heeft gekregen, zodat burgers zich hierop voor de rechter niet kunnen beroepen. Ook moet de Raad tot een 'gepaste actie' met eenparigheid van stemmen besluiten, hetgeen een doortastend optreden van de Raad in de weg zal staan.[66]

Trouwens, wat moet men zich van een doortastend antidiscriminatiebeleid in Europees verband voorstellen als in een belangrijke lidstaat als de Bondsrepubliek het zogenoemde vreemdelingenbeleid op een grondwettelijk verankerde discriminatie is gebaseerd? Zo geldt daar het ius sanguinis (het afstammingsbeginsel), hetgeen betekent dat immigranten die niet van Duitse afkomst zijn, in beginsel geen volwaardig staatsburgerschap kunnen verwerven. Habermas noemt dit een betreurenswaardig gebrek aan 'ethisch-politiek zelfbegrip'.[67] In Frankrijk geldt het territorialiteitsbeginsel (ius soli), maar deze gaat de facto gepaard met een grote dwang tot aanpassing aan de dominante cultuur. Van een respect voor verschillen is, aldus Duyvendak, in het Franse model geen sprake.[68, 69]

In het algemeen geldt in Europa dat de 18 miljoen Derdelanders die hier sinds jaar en dag legaal woonachtig zijn, volgens de huidige regelgeving – die zonder naturalisatie geen burgerrechten toestaat – tot tweederangs burgerschap zijn veroordeeld. Zelfs een unaniem voorstel van de Europese adviescommissie inzake racisme en xenofobie om aan Derdelanders na vijf jaar legale aanwezigheid een recht op vrij verkeer binnen de EU toe te kennen, is door de Raad van Ministers op de lange baan geschoven.[70] Let wel: we hebben het dan nog niet over een (collectief) recht op culturele diversiteit (en dus van non-discriminatie). We hebben het hier over fundamentele, individuele burgerrechten van mensen uit een ander cultuurgebied dan het Europese in het Europa van de burger. En dan spreek ik maar niet eens over het immense vraagstuk van de vele miljoenen, vogelvrij verklaarde illegalen, die – vaak onder inhumane omstandigheden – op de steden van Europa zijn neergestreken en niet zelden tot speelbal zijn geworden van internationale, maffiose praktijken.

In de VS is de situatie op papier beter. 'The American Dream' is onder invloed van Martin Luther King en zijn beweging voor de burgerrechten sinds de jaren zestig en zeventig juridisch verankerd in wetten en jurisprudentie. In de praktijk heeft zich in de samenleving een sluipende segregatie voltrokken, schrijnend beschreven en gedocumenteerd in Hackers *Two Nations, Black and White. Separate, Hostile, Unequal.*[71] Regelgeving en praktijk staan in toenemende mate haaks op elkaar. De wijze waarop het de grootste minderheidsgroep in de VS vergaat verdraagt zich slecht met het grote belang dat deze trendsetter in de internationale arena – gelukkig – toekent aan hoge normen van menselijke waardigheid en gerechtigheid. Het is deze 'dubbele moraal' die gelet op het voorafgaande ook voor Europa geldt, en die, niet geheel onbegrijpelijk, in de internationale fora zoveel irritatie oproept als het Westen zich sterk maakt voor de universele geldigheid van de mensenrechten die dan bovendien als van eigen makelij worden gepresenteerd, voorbijgaand aan eeuwen van vertrapping.[72]

Wil het Westen de universaliteit van de fundamentele mensenrechten met geloofwaardigheid uitdragen – en persoonlijk vind ik dat dit ook in Nederland gedragen beleid, verankerd en een en andermaal herbevestigd in een reeks van Internationale Verdragen 'indeed beyond question' is – dan zal men toch in eigen huis een voorbeeldig beleid moeten voeren.

Als er al zoiets is als universeel geldende, minima moralia (fundamentele mensenrechten, gebaseerd op de waardigheid van ieder mens, gelijke rechten voor alle burgers, erkenning van culturele diversiteit enz.) dan zullen de landen die daarvoor ijveren hun eigen zaken, qua wetgeving en praktisch beleid, goed op orde moeten hebben. Nationaal en internationaal moet de bestuurlijke elite recht van spreken hebben.[73]

Dat geldt zeker ook voor Nederland, waar het draagvlak voor de multiculturele samenleving langzaam afbrokkelt en de eeuwige vlam van de tolerantie (een van de weinig benadrukte ingrediënten van ons fameuze poldermodel) als warmtekrachtbron aan sterkte inboet. Onze bestuurlijke elite moet de moed verzamelen om, zonodig dwars tegen de stroom in, het ethisch profiel van een op actieve tolerantie gebaseerde, multiculturele samenleving hoog te houden. Men heeft daarbij de keuze uit – grosso modo – een viertal scenario's die in grote lijnen, in een oplopende reeks, corresponderen met de tolerantieschaal van Walzer, de metaforen van Etzioni ('melting pot', 'rainbow' en 'mosaic'[74]) en de analytische clusters van Fermin.

Scenario 1 is het segregatiescenario. Het is het 'Two Nations'-verhaal, maar dan voor Nederland. Dat is in Nederland nog niet in volle hevigheid aan de orde. Uit diverse onderzoeken[75] is gebleken dat echte 'zwarte getto's' hier nog niet bestaan. Spangen, een van de meest gedepriveerde buurten in Nederland, is nog niet te vergelijken met Chicago Southside, aldus bijvoorbeeld Burgers en Kloosterman.[76] Maar geheel ondenkbaar is deze ontwikkeling niet. In de gemeente Den Haag vreest het gemeentebestuur het ontstaan van een aaneengesloten achterstandsgebied ter grootte van eenderde van de stad.[77] Het is zaak dat Nederland op zijn tellen past. Er tekenen zich ook in ons land ontwikkelingen af (zwarte en witte scholen, de duale arbeidsmarkt, groeiende concentraties van kansarme migranten in achterstandswijken) die zonder richtinggevende beleidsinterventies (magneetscholen, gemengd bouwen, interculturele communicatie[78] enz.) tot een neerwaartse spiraal kunnen leiden. In een recente notitie *De uitdaging van de multiculturele samenleving* spreekt het kabinet zijn zorgen uit over 'zodanige uitsluitings- en marginaliseringsprocessen dat voor een blijvende tweedeling langs etnische lijnen moet worden gevreesd'.[79] Dat is iets wat niemand wil.

Vandaar scenario 2: Het huidige minderhedenbeleid, gericht op integratie en inburgering (het 'melting pot-scenario'). Uitgaande van een plurale samenleving,[80] waarin alle burgers als individu gelijke rechten en plichten hebben. Dit neoliberale scenario abstraheert, zoals Fermin heeft aangetoond, van de sociaal-culturele component. Het begrip identiteit begint en eindigt bij het individu die zelf uitmaakt wat het is. Een 'heersende' norm is onbestaanbaar, omdat de identiteit niet door anderen wordt opgelegd.

Zo'n plurale samenleving behoeft ook geen 'gemeenschappelijkheid' aldus Van Gunsteren, de auteur van het WRR-rapport *Eigentijds Burgerschap* in een toelichting. Dat is niet nodig volgens hem, als we elkaar in het dagelijks leven maar niet voor de voeten lopen.[81]

Maar is dat nu juist niet de essentie van een samenleving, welke dan ook? En zullen we elkaar niet in toenemende mate voor de voeten lopen als situaties van maatschappelijke ongelijkheid en sociale uitsluiting hand over hand toenemen?[82] Een plurale samenleving, waarin iedereen op zichzelf is aangewezen en waarin geen gemeenschappelijke waarden en normen gelden, is een waarde(n)loze samenleving. Zij bestendigt de heersende situatie van fundamentele ongelijkheid die vroeg of laat de voedingsbodem zal zijn van etnische tegenstellingen à la scenario 1.

Betekent dit dat we dan maar moeten teruggrijpen op het oude vertrouwde emancipatorische scenario (3) (het 'rainbow-scenario') waarin de sociaal-culturele component als de maat van alle dingen wordt beschouwd? Integratie met behoud van identiteit als een onwrikbaar gegeven? Emancipatie in eigen kring eerst en van daaruit de grote sprong voorwaarts? Toegegeven: zo'n verzuilingsmodel is ons op het lijf geschreven. De aloude Nederlandse koopmansgeest, het welbegrepen eigenbelang, staat borg voor een modus vivendi tussen de verschillende bevolkingsgroepen. Maar we hebben elkaar weinig te zeggen. De multiculturele samenleving verwordt tot een optelsom van subculturen waarin wij vreemden voor elkaar blijven. Tolerantie en gelijke behandeling worden met de mond beleden, maar in de werkelijkheid van alledag zal de culturele component – zo dogmatisch en immobiel (en soms ook in een extreme vorm) gehanteerd – een belemmering blijven voor maatschappelijke en economische integratie. Dit scenario schiet tekort, omdat het niet creatief is, stigmatiserend, niet samenlevingsvormend, niet interactief, niet stressbestendig dus, en vroeg of laat in een segregatiemodel kan omslaan.

Mijn voorkeur gaat uit naar een vierde scenario, het interculturele scenario (Etzioni's 'mosaic-scenario'). Dat baseert zich op een samenleving waarin het recht van iedere burger voorop staat om op eigen wijze invulling te geven aan de eigen identiteit, al dan niet in groepsverband. In dit samenlevingsmodel staat de pluraliteit voorop, niet als een soort natuurgegeven, maar als een heersende norm die door iedereen als een vanzelfsprekendheid wordt aanvaard.[83]

Het is een samenleving waarin verschillende culturen interactief met elkaar omgaan. Waarin, ongeacht de school waarop je zit, intercultureel onderwijs wordt gegeven en opgeleid wordt tot actieve tolerantie. Waarin sociaal gemengde wijken worden ontworpen. Waarin de overheid (de politie voorop) een voorbeeld geeft door een afspiegeling te zijn van de samenleving. Een samenleving waarin we multicultureel zijn zonder er een punt van te maken. Waarin we afleren elkaar te beoordelen op uiterlijkheden.

Een samenleving waarin we van elkaar leren en gemeenschappelijk een aantal eigentijdse non-moralistische (niet op het privédomein gerichte) waarden en normen ontwikkelen, zoals gelijke behandeling, respect en zelfrespect, menselijke waardigheid, mensenrechten, mondigheid voor iedereen, respect voor het publieke domein en voor de buurman, burgerzin, gevoel voor ethische keuzes, tolerantie en de grenzen daarvan die weer bepaald worden door de rechten van de (individuele) mens enz. Een manier van samenleven, pluraal, maar met een aantal gemeenschappelijk ontwikkelde bouwstenen, waar we ook een beetje trots op kunnen zijn. Want trots zijn op en je thuis voelen in een samenleving is mede bepalend voor het gevoel van eigenwaarde en dat is bepalend voor je houding ten opzichte van de samenleving en, belangrijker nog, je medeburgers.[84]

Kortom: trots op ons 'kostelijkste cultuurbezit' waar Cleveringa aan refereerde.

De vraag of dit (interculturele) scenario voldoende draagvlak heeft is in hoge mate afhankelijk van de wijze waarop de bestuurlijke elite met de beginselen die eraan ten grondslag liggen omgaat. Hoe is het gesteld met het richtinggevend vermogen van de politiek? Is er voldoende bereidheid om – desnoods tegen de electorale stroom in – de waarden en normen, beginselen en strategische keuzes achter het te voeren beleid zichtbaar te maken? Is er voldoende 'Zivilcourage' om voor ons kostelijkste cultuurbezit te staan als puntje bij paaltje komt? De verleidingen dat niet te doen, zijn legio. Al eerder spraken wij over de toenemende afstand tussen de politieke en de publieksagenda. In zo'n situatie beschikken politieke partijen over een breed arsenaal aan verhullingtactieken.

De vermijding van het publieke debat, zeker in verkiezingstijd, is er een van. Het wegdefiniëren van de problemen (zoals met de sociaal-culturele component dreigt te gebeuren) is een andere. Het op al dan niet populistische wijze aansnijden van 'capita selecta' zonder deze in een breder, genuanceerd verband te plaatsen, is een derde methode.[85] Het, stapje voor stapje, aanscherpen van het vreemdelingenbeleid (inclusief de aantasting van het individuele asielrecht), om extreemrechts de ergste wind uit de zeilen te nemen, is al geen uitzondering meer in Europa.[86] En in sommige Europese landen, waar extreemrechts meer voet aan de grond heeft dan bij ons, wordt zelfs openlijk gediscussieerd over enigerlei vorm van samenwerking.[87]

Het zou niet de eerste keer in de Europese geschiedenis zijn dat door een gebrek aan standvastigheid van traditioneel-democratische partijen extreemrechts 'salonfähig' wordt gemaakt.

Zo'n ontwikkeling waarbij de dragende beginselen voor een goed functionerende, geïntegreerde multiculturele samenleving, namelijk: tolerantie en diversiteit, aan de vuilnisman worden meegegeven, moet tot iedere prijs worden voorkomen. Om op dit punt, in deze kritieke fase van onze geschiedenis, de politiek-bestuurlijke elite in Europa scherp te houden, heeft de Europese adviescommissie tegen racisme en vreemdelingenhaat, als onafhankelijk orgaan met sterke wortels in de civil society, een 'code of practice' ontwikkeld die in de komende maanden aan alle democratische partijen in Europa zal worden voorgelegd.[88] In deze code staat de voorbeeldfunctie van politieke partijen als richtinggevende actoren in de multiculturele samenleving centraal. Volgens de regels van onze democratie ligt, ondanks de verplaatsing van de politiek,[89] de toekomst van ons 'kostbaarste cultuurbezit' toch in hoge mate in hun handen. Zullen zij deze keer – in turbulente tijden – wel bij machte zijn het 'ethisch kompas' als richtinggevend instrument te hanteren? Of zullen zij, als puntje bij paaltje komt, toch weer zwichten voor de waan c.q. de (electorale) angst van de dag?

In het voorafgaande heb ik grote nadruk gelegd op de educatieve verantwoordelijkheid van de politiek-bestuurlijke elite. Toch is de rol van de politiek niet meer allesbepalend. Het primaat van de politiek is aan slijtage onderhevig. De democratische besluitvormingsprocessen zijn policentrisch geworden.[90] De maakbaarheid van de samenleving is geen resultante van een van bovenaf geregisseerde allocatie van waarden en normen.[91] De rol van de 'civil society'[92] als autonome, democratische krachtbron, wint aan betekenis. Een 'civil society', gebaseerd op netwerken van actieve burgers die bereid zijn zich, buiten de geëigende politieke kanalen om, in te zetten voor de publieke zaak. Een optelsom van enkelingen, waarvan sommigen (wie zal het zeggen?) wellicht bereid zijn ethische beginselen te laten prevaleren boven eigenbelang, daar waar de volksgemeenschap (c.q. hun vertegenwoordigers) het zou(den) laten afweten. Cleveringa was hiervan een typisch voorbeeld. Moge de Zivilcourage, die hij heeft opgebracht onder omstandigheden die wij hopelijk nooit meer zullen meemaken, tot in lengte van jaren ons aller inspiratiebron zijn. En met name waar het hem in essentie om ging, ons kostbaarste cultuurbezit: tolerantie, nondiscriminatie en diversiteit.

Het is voor mij een buitengewone eer om deze leerstoel die zijn naam draagt in vrijheid en verantwoordelijkheid te mogen bekleden. Ik dank de curatoren van de Cleveringa-leerstoel voor het feit dat men mij heeft willen voordragen en het College van Bestuur van deze universiteit, 'een bolwerk der vrijheid' ('praesidium libertatis') voor mijn benoeming. En de vakgroep Politieke Wetenschappen voor het feit dat zij mij in haar midden heeft willen opnemen.

Ik heb gezegd.

V.W. SIDEL

Medicine and human rights

1998

NOVEMBER 26, 1940

On November 26, 1940, the noted jurist Professor E.M. Meijers of the Faculty of Law at the University of Leiden, was barred from giving his scheduled lecture at the University. On that day, as part of a series of anti-Jewish measures imposed by the Nazi occupation forces in the Netherlands, all 2500 Jews who were members of the civil service of the Netherlands were dismissed. Among those expelled from their posts were the Chief Justice of the Supreme Court of the Netherlands and forty-one university professors, including Professor Meijers.[1]

Professor Rudolph Pabus Cleveringa, Dean of the Faculty of Law at the University and an authority on civil and international Law, spoke in place of Professor Meijers. In his speech in the packed Great Auditorium of the University, Dean Cleveringa came to the support of his colleague and declared that the Nazi's were violating international law. 'Their actions are beneath contempt,' he declared. His words were greeted by thunderous applause. One of the students in the auditorium remembered twenty years later what happened after Dean Cleveringa had finished: 'There were a few moments of silence and then suddenly, without previous arrangement, we started to sing the national anthem. There were few of us who could hold back our tears.' Copies of Dean Cleveringa's address were distributed throughout the Netherlands, so thousands were able to read the full text within a few days. Dean Cleveringa was imprisoned by the Nazi's two days later.[2]

At the same time as Dean Cleveringa's speech, Professor J.A.J. Barge, Professor of Anatomy and Embryology in the Faculty of Medicine, was scheduled to give the twelfth in a series of lectures on physical anthropology in the Anatomical Laboratory of the University. Professor Barge, a noted authority on the races of humankind, in his lecture refuted on scientific grounds the Nazi racial theories and the Nazi concept of an Aryan 'super-race'. Professor W. Hijmans, who attended the lecture as a medical student, recalls that Professor Barge made very clear his sharp rejection of the racist views of the Nazi occupiers.[3]

Later that same day Professor E.J. van Holk, Professor of Theology at the University, gave a scheduled lecture on philosophical ethics. He entreated his students on ethical grounds not to abandon the victims of the Nazi actions. His lecture that afternoon, one of a series on the stoic philosophers, included a discussion of the work of Baruch de Spinoza, the 16th-century Jewish philosopher whose family had found refuge in the Netherlands.[4]

Students at the University of Leiden, like students at the University of Delft, responded to the Nazi measures by initiating a strike; classes were suspended and at Leiden continued to be suspended for the duration of the war. Professors Cleveringa, Barge and Van Holk may not have been the only ones who spoke out on that memorable day. The official history of the University of Leiden for that period mentions the probability that other professors also showed their disapproval of the Nazi measures, but their names have not been recorded.[5] What is known, however, is that a number of Leiden professors, such as Professor Telders of the Faculty of Law, and a number of students, including a leader of the Leiden student resistance, Johannes Mulders, lost their lives during the Nazi occupation.

THE CLEVERINGA PROFESSORSHIP

Thus, on November 26, 1940, a courageous lawyer stated the importance of allegiance to justice, a courageous physician stated the importance of allegiance to science, and a courageous theologian stated the importance of allegiance to ethics, even under circumstances in which allegiance to justice, science and ethics carry great risks. The issues these three speakers emphasized have increased in importance in the half-century that has followed. Lawyers have increasingly become concerned with protection of human rights and with what has been termed 'international humanitarian law,' both within nations and internationally. Physicians have increasingly become concerned with protection of the rights to health and to health care and with protection of other human rights, both within nations and internationally. Philosophers and ethicists have increasingly become concerned with the ethical, theological and philosophical roots of protection of human rights and have emphasized the fact that Spinoza, a generation before the work of John Locke, taught that freedom to think and to speak is fundamental to the stability and the progress of a democratic society.

It is of profound relevance, and particularly to me as a foreigner, that these three great traditions came together within the course of a few hours on the campus of a great university in a historic city in an extraordinary nation. The University, founded in 1575 in recognition of the City's resistance to Spain, bears the motto 'Praesidium Libertatis' (Bulwark of Liberty). The City of Leiden justly prides itself on its history of hospitality to victims of persecution. Of special interest to a visitor from the United States who received his medical education in Massachusetts, the exiles included Puritans who found a temporary haven in Leiden in 1609 on their way from escape from persecution in England to the founding of Plymouth Colony in the New World. The Netherlands has a long history of admitting refugees, as exemplified by the acceptance into full citizenship of Jewish refugees from Spain and Portugal that included the family of

Baruch de Spinoza, of supporting the free exchange of ideas and of supporting international efforts to support the creation of a just, stable and peaceful world. This nation is the host in the Hague to the International Court of Justice and to the Organization for the Prohibition of Chemical Weapons. The Netherlands was host to the Hague Peace Conference in 1899 and will be host to the Hague Appeal for Peace Conference in 1999. Perhaps most important, the Netherlands has led the nations of the world in providing economic development aid to poor nations.

The Cleveringa Chair was created by the University of Leiden in 1970. The Chair has been filled through an annual one-year appointment by the University Board, usually in the Faculty of Law. The occupant of the Cleveringa Chair for 1998–99 has for the first time been appointed in the Leiden University Medical Center. The University Board specified that for this year the occupant of the Chair, which will have a University-wide character, should concentrate on 'justice, freedom and responsibility, especially regarding medicine and human rights.' It is a special privilege to be invited to be the occupant of this Chair, to give this Oration and to teach on medicine and human rights in this nation, in this city and at this university. I am grateful to the University Board and to the Dean and other members of the Board of the Leiden University Medical Center for this privilege and for the opportunity to pay homage to Professors Cleveringa, Barge and Van Holk and to all the others in the Netherlands and throughout the world who showed great courage in a terrible time.

THE RIGHT TO HEALTH

Law, ethics and medicine, as well as many other sectors of society, have essential roles to play in the protection of human rights. The importance of the first two has been discussed by previous Cleveringa Professors, but the importance of medicine in the protection of human rights requires more extensive discussion today.

The task of medicine and of those who labor in its vineyards must be the promotion and protection of health in its broadest sense. In the words of the Preamble to the Constitution of the World health Organization, 'Health is a state of complete physical, mental and social well being and not merely the absence of disease or infirmity.' Promotion and protection of human rights, I will argue in this address, is an essential element in the promotion and protection of health.

The Preamble to the Constitution of the World health Organization goes on to say that 'The attainment of the highest possible level of health is a fundamental human right.'[6] Protection of the right to health demands a number of actions, including elimination of threats to health caused by racism, sexism, ageism, homophobia and poverty, removal of barriers to equitable access to meeting basic needs such as those for education, housing, nutrition, public health and medical care, special protection of vulnerable populations, commitment to sustainable development and environmental protection, and protection from the unwanted risks of research.[7]

ELIMINATION OF BARRIERS TO HEALTH CAUSED BY BIGOTRY AND POVERTY

Almost sixty years after Professor Barge's lecture, racism and other forms of bigotry remain barriers to the promotion and protection of health. There is ample evidence that bigotry continues to exist in many countries of the world and may in some nations be increasing as groups such as immigrants are being 'demonized.'[8] The Neo-Nazi movement in Europe is one example. In the United States pseudo-scientific attempts, such as those in Herrnstein and Murray's book, *The Bell Curve*, are being made to justify racism and efforts to remedy the consequences of racism and sexism, such as 'affirmative action,' are being curtailed.[9] Discrimination against minority groups results in higher incidence and prevalence of illness and disability not only through denial of access to medical care and lower quality of care, but also through denial of equitable opportunities in housing, education and employment and in access to other services and benefits.

While there are indeed some illnesses, such as sickle cell anemia, that are statistically associated with other inherited characteristics such as skin color, for the most part the differences in health seen between groups of people characterized by their 'race' are determined by the social conditions imposed upon them. An important example is infant mortality in the United States, which for babies characterized as 'Black' is twice as high as the rate for babies characterized as 'White'. There is a vast amount of evidence that most of these differences in health status associated statistically with race, as well as other differences in health status, is caused by differences in social class, income, education, employment status, and other 'risk factors' and by differences in access to medical care.[10] Many of these differences in social conditions and in access to and quality of medical care are caused by 'racism', discrimination against individuals and groups of people based on skin color and on other perceptions of their 'race'. Some public health activists in the United States have even argued that the use of 'race' in public health statistics should be abandoned.[11] Victimization by other forms of bigotry, such as sexism, ageism, and homophobia, also appear to be associated with poor health.

The increasing gap between rich and poor – among countries and within countries – is an extremely important barrier to health. The gap in income, and especially in wealth, in the United States has increased sharply in the years since 1980, in part due to the replacement of higher-wage jobs by lower-wage jobs and in part by an increasingly regressive tax structure.[12]

The 1998 *Human Development Report*, published by the United Nations

Development Program, provides dramatic evidence of the international aspects of the increasing gap. The richest fifth of the world's people consume 86% of all goods and services; the poorest fifth consume just 1.3%. The world's 225 richest individuals have a combined wealth of over one trillion dollars, equal to the annual income of the poorest 47% of the world's population. Of the 4.4 billion people living in 'developing countries,' nearly three-fifths lack access to safe sewers, a third have no access to clean water, a quarter do not have adequate housing and a fifth have no access to modern health services of any kind. It is estimated that the additional cost of achieving and maintaining universal access to basic education and basic health care, reproductive health care for all women and adequate food, clean water and safe sewers for all is roughly $40 billion a year, less than 4% of the combined wealth of the 225 richest people in the world.[13]

In the name of 'economic development' a number of international and national policies have led to an increase in the grossly uneven distribution of income, with ever growing numbers of people living in poverty as well as in increasing depths of poverty. 'Structural adjustment' policies, foisted upon poor countries by the World Bank and other international financial institutions, force cuts in budget for educational, human and health services. Over the past decade the net flow of resources has shifted, and wealth now flows largely from poor countries to rich countries. 'Globalization' often increases levels of poverty and results, more often than not, in the neglect of government-funded social programs and regulations concerned with protecting the environment.[14]

Carrying charges and repayment of overwhelming debt cripple the economies of poor countries and threaten the health of their peoples by limiting governmental expenditure on services and by undermining development. A large proportion of the limited foreign exchange income of poor nations is used to make interest payments on their external debt. The debt crisis is deepening, its impact on government expenditures for human services is intensifying, and the Heavily Indebted Poor Countries Initiative, launched with such great optimism in 1996, has largely failed to make significant progress in reducing the debt.[15]

The United Nations has set as a goal for each rich country of the world to provide 0.7% of their gross national product (GNP) as annual foreign aid contributions to poor nations. Instead, overall official development assistance levels have fallen to their lowest level since 1973, and now average just 0.33% of GNP. The steepest decline occurred in the United States, where official development assistance was reduced from 0.56% of GNP in 1960 to 0.12% in 1996. Among the exemplary exceptions to the unwillingness of the world's industrialized nations to provide 0.7% of their GNP as aid is the Netherlands which, along with Norway and Sweden, regularly provides close to 1% of its GNP in governmental aid.[16]

Health workers can make a major contribution in their own countries and in the world to alleviation of *bigotry* and of poverty. Work against bigotry requires efforts, both nationally and internationally, to combat the demonization of those seen as different and threatening.

Internationally, increased efforts are required in order to end protectionist barriers and other impediments against trade and development that maintain poverty in less developed countries; to distribute world resources equitably; to promote cancellation of Third World debt without the conditions imposed by structural adjustment programs; and to invest in programs such as health services and education, especially in rural areas. Work to end poverty within nations includes support of programs that guarantee full employment, that protect the safety net for those without jobs or for those with jobs that fail to provide adequate income, and that lead to enactment of steeply-progressive income taxation and inheritance taxation to reduce the gap between rich and poor. In the United States, where attempts are being made to reduce progressive taxation and where the safety net in place since the 1930s was destroyed by welfare repeal legislation in 1996, these efforts are especially important.

ACCESS TO BASIC SERVICES AND TO MEDICAL CARE

Access to basic services, such as education, housing, nutrition, and public health, and to medical care of the highest quality attainable, is extremely important in the protection of health. Although level of education, for example, is one of the strongest predictors of health status and of well-being, worldwide more than 900 million adults are illiterate, two-thirds of whom are women. and more than 300 million children are not in primary or secondary school.[17] Public health services are essential to the maintenance of health. In many countries of the world public health services are desperately underfunded. Even in the United States, a rich country, there is clear evidence of gross neglect of public health services.[18]

Medical care is one of the essential elements in the protection of health and in the treatment and rehabilitation of the sick. Throughout the world, in countries rich and poor, many people have no access to basic medical care. Some people have no access to care because they lack the resources to purchase it and the state does not provide it, others lack access because services are not available in their communities, and others lack access because of *discrimination* on the basis of their poverty, caste, race, or status as prisoners, detainees, refugees, or undocumented or even documented immigrants. In the United States, some 43 million people, 16% of the population, totally lack insurance coverage against the cost of medical care services and it is estimated that 50 million more are grossly underinsured.[19]

Discriminatory practices not only deny people access to care but may also relegate others to inferior care. Failure to respect dignity in medical care settings has stigmatized people with conditions such as HIV/AIDS or those with mental or physical disabilities and has resulted in denial of appropriate treatment or their being subjected to inappropriate clinical interventions.[20] In the United States, there is increasing evidence that the quality of care for minority groups is often lower than for others.[21] Minority physicians, who are much more likely to care for minority people than other physicians, are still grossly under-represented. Current attacks on 'affirmative action' programs in the United States, such as the recent decisions in the States of California and Washington to end their programs, are likely to exacerbate this problem.[22]

Health professionals can have direct impact on the equitable provision of medical care services. This involves not only efforts to provide services wherever they are most needed in their own nations, but also efforts to support the work of the World Health Organization and of non-governmental organizations such as the Doctors of the World and Doctors Without Borders.[23] Physicians can also do more to educate medical students and other physicians on sensitivity to the needs of those being discriminated against.[24] They can also exert significant influence, through local community action and through political action, on provision of universal coverage for medical care services and on lowering the barriers to access to other human services.

SPECIAL PROTECTION FOR WOMEN AND CHILDREN

In many countries, women are denied full participation in society and the protection of basic rights. More than two-thirds of the 900 million illiterate adults in the world are women. Women work more than two-thirds of the world's working hours, yet they earn less than 10% of the world's income and own less than 1% of the world's property.[25] Practices harmful to their health, such as genital mutilation, are in some communities carried out to further social policies or cultural traditions.[26]

Violations of human rights exist in the design and implementation of health policies. For example, population policies that fail to respect the conditions necessary for individual decision-making may be less effective than those that respect autonomy. In the past few decades, governments and international agencies have increasingly recognized that women must be able to make and effectuate free and informed choices about reproduction. Yet these choices are limited in the design of health policies, as well as in their implementation. The promotion and protection of rights to education, information, privacy, and equal rights in marriage and divorce are necessary if population policies are to be successful.[27]

In addition, the rights of children are often violated. *The State of the World's Children,* the annual publication of the United Nations Children's Fund, highlights the horrendous problems faced by children in developing countries. The 1996 edition was devoted to the special impact of war on children, to be covered later in this address.[28] The 1998 edition presents material on child nutrition. Over 200 million children in developing countries suffer from malnutrition, which is a major factor in more than half of the annual 12 million deaths among children under the age of five. Malnourished children who survive are more likely to grow up with lasting mental or physical disabilities.[29]

Furthermore, more than 300 million children are not attending primary or secondary school. Children in many countries of the world are forced to work under brutal, unhealthy and unsafe conditions and while being denied an education.[30]

SUSTAINABLE DEVELOPMENT AND ENVIRONMENTAL PROTECTION

Prevention of despoilment of the physical environment and mitigation of environmental hazards where they exist are important factors in sustainable development and in the prevention of illness. Hazardous physical environments contribute to human illness, adverse psychosocial effects, economic disincentives, decay of infrastructure, and community disintegration.[31]

The 20% of the world's population living in the world's richest countries account for almost 90% of the world's private consumption.[32] The United States and other industrialized countries have since 1950 produced 76% of the world's cumulative carbon emissions from the burning of fossil fuels. Global carbon emissions increased from 1.3 billion tons in 1980 to 6.2 billion tons in 1996. Carbon dioxide, formed from carbon emissions in the atmosphere, is the most important 'greenhouse gas' – which causes 'global warming' – produced by human activities. Despite the 1992 climate change treaty in which the industrialized countries agreed to voluntarily hold emissions to 1990 levels by the year 2000, these nations increased the emissions. For example, Japan increased its emissions from 1990 to 1996 by 12.5%, Australia by 9.6%, and the United States by 8.8%.[33]

Increased illness and death, it has been predicted, will result from global warming-produced heat waves, air pollution, increased outbreaks of mosquito-borne and water-borne diseases, decreased availability of drinking water and diminution in food production and in ecological-life support systems.[34] Yet despite this forecast, industrialized countries gathered together at the Climate Change Meetings in Kyoto, Japan in 1997, and in particular the United States, were unwilling to pledge to reduce greenhouse gas emissions sufficiently to decrease the rise in global warming or to permit developing countries to increase their emissions sufficiently to allow adequate economic development.[35]

The physical environment was the major topic at the United Nations Conference on Environment and Development and the 'Earth Summit' held in Rio de Janeiro in 1992. The participants adopted a program of action known as Agenda 21 which established as a goal the protection of the earth's environment through sustainable development and through curtailment of activities that cause major environmental degradation. In the Review Conference held five years later at the United Nations Headquarters in New York City, the progress in implementation of Agenda 21 was reviewed. During the five years since 1992, annual emissions of carbon, which produce carbon dioxide, the leading greenhouse gas, had climbed to new highs, altering the composition of the atmosphere and changing the earth's heat balance. During these five years, the biological riches of the planet had been rapidly and irreversibly diminished. Huge areas of old-growth forests had been degraded or cleared – in temperate as well as tropical regions – eliminating thousands of species of plants and animals. Biologically rich wetlands and coral reefs were destroyed. It has been estimated that the total cost of implementing Agenda 21 would be approximately $600 billion per year, yet these resources have not been forthcoming.[36]

An especially egregious violation of denial of rights, often termed 'environmental injustice,' occurs when the areas inhabited by the poor or minority groups discriminated against within a society are those which are also most polluted.[37] In the United States, there is clear evidence of selective pollution of areas in which poor people or people of color live. Serious health-related inequities have been documented with respect to lead poisoning, proximity to noxious facilities, distribution of air pollution, exposure to health and safety hazards at work, consumption of contaminated fish, location of municipal landfills and incinerators, location of abandoned toxic waste dumps.[38]

The environment must be protected from further degradation. Eight nations – the United States, Russia, Japan, Germany, China, India, Indonesia and Brazil – are disproportionately responsible for degrading the environment in which their neighbors live. The recent forest fires in Indonesia are an example of irresponsible management of resources that led to degradation of the environment of the entire global region. Sustainable development should be globally redefined by specifying agreed-upon limits to critical resource consumption. These limits should be politically established and based on equal rights to the consumption of resources on a global per capita basis both within and between nations. To end military degradation of the environment, discussed later in this lecture, clear targets must be set for conversion of the resources used by the military to productive purposes and for conversion of military programs to programs fostering human development. environmental clean-up, health and peace.[39]

PROTECTION FROM RESEARCH RISKS

The human rights violations perpetrated by the Nazis in their medical experiments that were the subject of the Nuremberg 'medical trials,' and the Nuremberg Code that emanated from the trials, have been extensively reported.[40] Although there has been considerable progress in the regulation of human research over the past fifty years, contemporary medical research studies may still in some instances lack adequate informed consent procedures and the risks to the study population may still be disproportionate to the societal benefits. Some members of the medical research community may continue to use disenfranchised and vulnerable populations for human experimentation.

In the United States the long-term observation, without definitive treatment when it became available, of black men with syphilis in the southern part of the country is a well-known example of discriminatory selection of subjects for research and of failure to keep subjects appropriately informed of their options for treatment, even after effective treatment became available. Much of the suspicion that members of the African-American community in the United States have of medical care services has its roots in this and other discriminatory practices.[41] Furthermore, unethical experimentation, as we will note, is often associated with war or preparation for war in the name of 'national security.'[42] Health professionals have a responsibility, in the interest of both human rights and health, to make certain that the provisions of the Nuremberg Code and of more recent requirements for free and informed consent are universally observed.

THE RIGHT TO PEACE

In 1981 the World Health Assembly adopted the following resolution (WHA 34.38): 'The role of physicians and other health workers in the preservation and promotion of peace is the most significant factor for attainment of health for all.'[43]

FREEDOM FROM VIOLENT CONFLICT

Many people of the world are involved in violent conflicts over which they have no control. The 20th century has been the bloodiest in human history, with an estimated 250 wars, more than 110 million people killed, countless people wounded and at the very least 50 million refugees. Over the 50 years since the end of World War II, nuclear weapons have not been used in war and there is no clear evidence that biological weapons have been used; chemical weapons have been rarely used. On the other hand, 'conventional weapons' have since 1945 directly caused the deaths of more than 30 million. It is estimated that during World War I civilian deaths accounted for 14% of all deaths, during World War II 67% of all deaths, and during the 1980's about 75% of all deaths.[44] In the 1990's, since the end of the Cold War, violent conflict has claimed the lives of some 4 million people and the percentage of these deaths that are civilian deaths is estimated at 90%, many of them children.[45] Many millions more civilians have died from war-related hunger and disease as agriculture and the economy were destroyed. In 1997 more than 35 million people were refugees or internally displaced as a result of violent conflict and were forced to live in conditions contributing to spread of disease, malnutrition, and early death.[46] Moreover, these conflicts are often characterized by rampant and gross disrespect for the principle of medical neutrality and of the Geneva Conventions, which guarantee the provision of health care without discrimination to all injured and sick combatants and civilians during periods of conflict.[47]

War, preparation for war, and militarism lead directly to additional abuses of human rights that represent dangers to health. Denial of freedom of expression and suppression of the independence of health workers and the voices of medical and public health officials is more likely to occur during war or civil conflict. This alone can have deleterious effects on health because it compromises the ability to contain the spread of disease, sustain vaccination and immunization programs, address humanitarian emergencies, raise alarms about environmental threats to health, and put into place effective health policies and programs that reach all members of affected populations.[48] As we have noted, unethical human experimentation may be performed in the name of 'national security.'

Military activities also threaten development and the achievement of a better standard of living. The nations of the world divert extraordinary resources – approximately $800 billion annually – to war and preparation for war. It has recently been estimated that the cost of the U.S. nuclear weapons program have been at least $5.5 trillion since 1940, constituting 10% of all federal budgets in that half-century.[49] Even wealthy countries, such as the United States, suffer the consequences of diversion of resources to military purposes. Developing countries are the most affected, however, suffering delay or reversal of economic development and deprivation of essential nutrition, housing, education and health services. As Dwight Eisenhower, who had been elected President of the United States, said in 1953, 'Every gun that is made, every warship launched, every rocket fired signifies, in the final sense, a theft from those who hunger and are not fed, those who are cold and are not clothed. The world in arms is not spending money alone. It is spending the sweat of its laborers, the genius of its scientists, the hopes of its children...'

If significant portions of military expenditures are not reallocated to promote health and social well-being, the aims of sustainable development and environmental protection cannot be reached. All nations, especially the United States which spends 40% of the world's military expenditures, should reduce its military expenditures in inflation-corrected funds by at least 10% per year over the next 5 years and use the funds to alleviate poverty and improve social and health programs within their own societies and to provide aid to poor nations.[50]

Military activities are a major cause of devastation to the environment, not only during war but also before and after war. Examples include the devastation caused during the Indo-China War by bombing, mechanized land clearing, napalming, and herbicide-induced defoliation, and the environmental consequences of the Persian Gulf War. Atmospheric nuclear tests by the United States and the Soviet Union in the 1950s and early 1960s produced worldwide radioactive fallout. Even after the tests were moved underground, radioactive pollution continued to occur through venting into the atmosphere, or through the deposition of long-lived radio-nuclides underground. In addition, storage of large quantities of plutonium, which has a radioactive half-life of thousands of years, presents hazards of leakage in the ecosystem. Nonnuclear weapons also cause enormous pollution during their life-cycle. They generate large amounts of toxic chemicals, including cyanides, pesticides, PCB phenols and heavy metals. The U.S. alone generates 400,000–500,000 tons of military toxic waste annually, not including nuclear waste.[51]

The leading merchants of death, the six leaders in arms sales to the world, are the five permanent members of the United Nations Security Council – the United States, United Kingdom, France, Russia, and China – and Germany.[52] Proposals to end the international arms trade include the International Code of Conduct on Arms Transfers and a Draft Convention on the Monitoring and Reduction of Arms Transfers, Stockpiling and Production. The convention incorporates the concepts of 'territorial' (also known as 'non-provocative' or 'confidence-building') defense, economic conversion and alternative security. It moves beyond the current system of voluntary registration of arms transfers to mandatory registration, bans offensive military capacity and lays the foundation for an international system for global security.[53] The ultimate aim must be disarmament to a level of arms that will permit no more than 'territorial defuse' or 'defensive defense.' To ensure this, nations must further develop instruments of peaceful resolution of conflicts, such as confidence-building measures and dialogue, and implement a strict code of conduct not to export arms to countries in conflict regions, countries which violate the human rights of their people, and countries in which governments or non-government militias recruit or abduct children for use as soldiers. Health workers should also support proposals to declare illegal under international humanitarian law the use of weapons that cause 'superfluous injury or unnecessary suffering.'[54]

Health professionals have played an important role in conflict resolution and mediation. Training for non-violent conflict resolution and mediation should be introduced as elements of the curriculum in medical education and indeed at all levels of education.[55]

The work of the United Nations in peace-making and peace-keeping must be supported. The United Nations is the only existing international body that can organize such efforts. The United States, which is 1.5 billion dollars in arrears in its dues to the United Nations, and other nations that do not pay their United Nations dues should be urged to do so in full and on time.[56]

A just and peaceful international order also requires respect for the rule of law both within nations and among nations. The agreement in Rome in 1998 to establish a permanent International Criminal Court was an important step in this direction. It provides for an independent prosecutor who will be able to act upon allegations received from the public and covers genocide, crimes against humanity, and war crimes and aggression; there are provisions to protect the rights of victims and witnesses.[57]

FREEDOM FROM WAR-RELATED TORTURE

Torture, which has been documented in recent years in more than 100 countries around the world, is more likely to be carried out during war or civil conflict. Torture, as is well known, causes acute trauma and long-lasting physical or psychological suffering to survivors, their loved ones, and society at large.[58] Physicians and other health workers become complicit in torture when they certify individuals as able to withstand torture or falsify or fail to report evidence of torture in detention facilities.[59]

Physicians, psychologists and forensic pathologists have been at the forefront of efforts to document and expose torture, and their work has led to the emergence of treatment and prevention programs throughout the world. This work must be continued and strengthened.[60] Survivors of trauma from displacement, torture, and war often receive insufficient help in coping with the physical and psychological effects of these traumas. Health professionals must not only work to prevent torture but also help to provide adequate services for the victims.[61]

FREEDOM FROM WAR-RELATED RAPE AND GENOCIDE

Recent years have also seen, particularly in Bosnia and Herzegovina, the use of rape as a weapon of war. While rape has always been associated with war, it is now being used to cause pregnancy and therefore as an instrument of genocide. There have been recent efforts to declare rape a war crime, but arrest and prosecution of the perpetrators has so far been extremely difficult. This work must be continued and expanded. Health workers also have special responsibility to work for the arrest and prosecution of those who permit or perform rape during war. The International Criminal Court, the structure of which was recently negotiated in Rome, must be supported and strengthened.[62]

FREEDOM FROM WEAPONS OF MASS DESTRUCTION

The right to life and health is threatened by the existence and active deployment of nuclear, chemical and biological weapons, and anti-personnel landmines.[63] Nuclear weapons are the most destructive weapons ever devised. Despite some limited reductions in nuclear forces, approximately 35,000 nuclear warheads still remain in the world's nuclear arsenals, with a destructive power estimated at about 8 billion tons of TNT, equal to almost 1.5 tons of TNT for every human being on the planet. Many of these weapons remain on hair-trigger alert and pose a risk of accidental as well as purposeful detonation.[64] Both 'vertical' proliferation (additions to the stockpiles of nations that now possess these weapons) and 'horizontal' proliferation (spread of the weapons to nations that do not now possess them) continue. Examples of 'vertical' proliferation include the development of 'improved' weapons using subcritical tests and computer simulation (tests not prohibited by the Comprehensive Nuclear Test Ban Treaty (NPT)). Examples of 'horizontal' proliferation include the recent tests of nuclear weapons by India and Pakistan.[65]

The development, production, testing, stockpiling, transfer and use of chemical weapons was outlawed by the Chemical Weapons Convention (CWC) of 1993, which entered into force in 1997, but the nations of the world that possess chemical weapons and are required to destroy them by the CWC have only just begun to do so. The Organization for the Prohibition of Chemical Weapons, recently established in The Hague, is charged with the responsibility of ensuring that this is done. Although there has been no proven use of these weapons since they were used in the Iran-Iraq War and against the Kurdish village of Halabja during the 1980s. The use by a sect in Japan of chemical weapons to attack people in the Tokyo subway system illustrates the continuing risk of use of these weapons, not only by nations but by individuals and by groups.[66] Stockpiles of biological weapons are believed to continue to exist despite their being outlawed by the Biological Weapons Convention (CWC) of 1971, which entered into force in 1974. There is clear evidence that biological agents were produced by a number of nations and may have been weaponized by Iraq during the period leading up to the Gulf War.[67]

Life and health are jeopardized daily by anti-personnel landmines, which kill and maim indiscriminately, and continue to do so for decades after the cessation of a conflict. It is estimated that worldwide there are more than 110 million mines scattered and another 100–150 million in stockpiles. Every month more than 2000 people are killed or disabled by landmines. As a result of a campaign waged worldwide by non-governmental organizations, for which the 1997 Nobel Peace Prize was awarded, the Convention on the Prohibition of the Use, Stockpiling, Production and Transfer of Anti-personnel Mines and on their Destruction was negotiated in Ottawa in December 1997. The Convention calls for a total ban on the production, transfer, and placement of antipersonnel landmines. In September 1998, when the 40th nation ratified the Convention, bringing it into force, 130 nations had signed the Convention. To its shame the United States has stated that it will not sign the treaty in its present form. In addition an enormous effort, both in money and personnel, will be required to remove the millions of landmines now implanted in the world.[68]

Doctors also have special opportunities to educate the public and political leaders about the dangers of weapons of mass destruction, as illustrated by the work of physicians in Boston in 1962 who published a widely-known series of articles in *The New England Journal of Medicine* on 'The Medical Consequences of Nuclear War'. The nuclear weapons states must honor the commitment to nuclear disarmament to which they agreed in Article VI of the 1972 Nuclear Non-Proliferation Treaty, which was reaffirmed unanimously in 1996 by the International Council of Justice.[69] The nations of the world that have not done so must be urged to ratify the Chemical Weapons Convention, the Biological Weapons Convention, and the Landmines Convention and to work for their full implementation.

THE ROLE OF CIVIL SOCIETY

Governments and inter-governmental bodies such as the United Nations have an extraordinarily important role in protecting human rights and health. But many of the rich nations, especially the United States, and the international institutions they control, are much more concerned with political rights than with economic rights. When the governments of rich nations and intergovernmental bodies concentrate solely on political rights, other ways must be found to support economic rights and to support the prevention of war. In this context organizations of civil society (commonly called 'non-governmental organizations') and individuals have vital roles to play.[70]

Organizations in every sector of society must be mobilized for this task. Members of the legal profession, for example, have formed the International Association of Lawyers Against Nuclear Arms (IALANA), which has an active group in the Netherlands. The Johannes Wier Foundation for Health and Human Rights, affiliated with Physicians for Human Rights in the United States, performs important work on these issues. The International Physicians for the Prevention of Nuclear War (IPPNW), recipient of the 1985 Nobel Peace Prize, has as its affiliate in the Netherlands the Nederlandse Vereniging voor Medische Polemologie [Dutch Medical Association for Peace Research](NVMP). The NVMP has played an important role in the work for abolition of nuclear weapons. It has also made efforts to honor the work that physicians of the Netherlands have done to prevent war and to protect human rights.

An example is the NVMP recognition of the extraordinary contributions to work for peace of Dr. J.A. Verdoorn, a pioneer in the field of *medische polemologie* [medical peace research], by the republication in 1995 of his widely-honored 1972 book, *Arts en Oorlog* [The Physician and War].[71] They have also honored the heroic contributions made by Dutch physicians who resisted measures by the occupying forces to place medicine in the Netherlands under Nazi supervision. A majority of the physicians left the Dutch Medical Association as soon as it became obvious that the Nazi Administration would control the Association. Throughout the war many Dutch physicians, working under extremely difficult conditions, organized themselves effectively to resist the measures imposed by the occupiers. In 1945 the resistance group re-established the Dutch Medical Association and continued the publication of the former underground newsletter, *Medisch Contact* [Medical Contact], as its official publication.[72]

THE HAGUE APPEAL FOR PEACE

One of the important contributions of civil society in the Netherlands is its role in the organization of the Hague Appeal for Peace, a major end-of-century campaign and conference dedicated to the de-legitimization of war and the creation of a culture of peace. The Hague Appeal for Peace Conference will complete the extraordinary sequence of world conferences held over the last decade on children, the environment, human rights, social development, population, women, and habitat but with an important difference: this last major conference of this century is being convened by civil society rather than by governments. The Conference will be held in The Hague from May 11 to 15, 1999.

May 1999 marks the 100th anniversary of the First Hague International Peace Conference, called by Czar Nicholas II of Russia and the Queen of the Netherlands. It was the first time world leaders held a conference not to conclude or settle a war, but to focus on war prevention, arms control and peace-building measures. Initiatives leading to the formulation of international laws and institutions such as the League of Nations, precursor to the United Nations, can be traced to the 1899 efforts in The Hague.

The 1999 Hague Appeal for Peace Conference will address four specific themes:

- strengthening and expanding international human rights and humanitarian law;
- advancing the peaceful settlement of disputes, including conflict prevention and peace-building;
- devising strategies for achieving global disarmament, including nuclear abolition; and;
- examining the root causes of war and developing a culture of peace for the 21st century.

Over 600 non-governmental organizations from all sectors of civil society are supporting the Hague Appeal. Planning was initiated by IALANA, IPPNW, the International Peace Bureau, and the World Federalist Movement.

HONORING THE 50TH ANNIVERSARY OF THE UNIVERSAL DECLARATION OF HUMAN RIGHTS

Fifty years ago the United Nations General Assembly adopted the Universal Declaration of Human Rights (UDHR) to guarantee all human beings security, dignity, and well-being in every country of the world.[73] Although not binding in international law, the UDHR has set the foundation for dozens of international treaties and laws that protect human rights.

Many of the human rights discussed in this lecture are guaranteed by the UDHR. Articles 1 and 2 of the UDHR, for example, state that all human beings are born equal in dignity and rights and that these rights are guaranteed to everyone without distinction. Other rights guaranteed by the UDHR include the right to: freedom from torture (Article 5); freedom of opinion and expression (Article 19); work and just and favorable conditions of work (Article 23); rest and leisure (Article 24); a standard of living adequate for the health and well-being of all people and their families, including food, clothing, housing, medical care, and necessary social services (Article 25); education (Article 26); and 'a social and international order in which the rights and freedoms set forth in this Declaration can be fully realized' (Article 28).

On December 10, 1998, just two weeks from today, the world will celebrate Human Rights Day on the date of the 50th anniversary of the adoption of the UDHR. In this anniversary year everyone, and perhaps especially physicians and other health professionals, and all their institutions, and perhaps especially faculties of medicine, public health, nursing, and allied health professions, must join in increasing awareness of the connection between health and human rights. During the past decade, this awareness has led to new education and training about human rights for health professionals. Faculties of medicine, public health, and nursing have inaugurated full courses, seminars, short-courses, and sponsored conferences to advance understanding of health to protection of human rights.[74]

CONCLUSION

Physicians and other health workers have special knowledge of the close connection between health and human rights and of the health consequences of bigotry, of poverty, of degradation of the environment, and of militarism and war. International law is critically important, as Dean Cleveringa understood, to bring about the social and international order necessary for the realization of human rights and for the promotion and protection of health. But civil society and its institutions will have an increasingly important role to play, and health workers must be vitally involved in this development. The successful promotion of health, prevention of disease, and treatment and rehabilitation of those with disease and injury, are in large part dependent on the promotion and protection of human rights. In this anniversary year of the Universal Declaration of

Human Rights we must re-dedicate ourselves, in the words of the United Nations Charter, 'to advance and strengthen the respect of human rights for all people.'

ACKNOWLEDGEMENTS
Materials from which this oration was drawn was provided by Jos Weerts and Carolus de Jong van Lier of the Nederlandse Vereniging voor Medische Polemologie [Dutch Medical Association for Peace Research], the Netherlands affiliate of the International Physicians for the Prevention of Nuclear War; Annemiek Richters, Professor of Women and Health at the Leiden University Medical Center; Harm Beukers, Professor of Metamedica at the Leiden University Medical Center; W. Hijmans, Professor at the Leiden University Medical Center; Rik Boswerger, secretary of the Board of Leiden University Medical Center; Anthony Anderson of the University of Southern California; and members of the organizations forming the Consortium for Health and Human Rights, which consists of the Francois-Xavier Bagnoud Center for Health and Human Rights, Global Lawyers and Physicians, International Physicians for the Prevention of Nuclear War, and Physicians for Human Rights. In addition, Harm Beukers, Rik Boswerger, Ann Ferrara, Thomas Hall, Annemiek Richters, Ruth Sidel, Bert Jan Vermeer, and Jos Weerts have reviewed drafts of this address. Their comments and suggestions have been deeply appreciated, but any errors of fact or controversial statements of opinion are of course my own.

Ik heb gezegd.

JOB COHEN

Vreemden

2002

Aan de nagedachtenis van mijn moeder

1 INLEIDING EN VRAAGSTELLING

Op dinsdag 26 november 1940 betrad de decaan van de Juridische Faculteit prof. mr. Rudolph Pabus Cleveringa, om 10.00 uur 's ochtends, het Groot Auditorium van de Leidse Universiteit, – de zaal waar wij vandaag 62 jaar later opnieuw bijeen zijn gekomen.[1]

Enige dagen tevoren, op 21 november 1940, hadden de verschillende ministeries in Den Haag een circulaire de deur uit doen gaan, waarin melding werd gemaakt van de ontheffing uit hun functie van alle Joodse ambtenaren 'in opdracht van de Rijkscommissaris Seyss-Inquart'. Hier in Leiden zou deze maatregel leiden tot het vertrek van tien academische docenten, waaronder twee hoogleraren.

Een van die twee was prof. mr. E.M. Meijers, hoogleraar burgerlijk recht en internationaal privaatrecht, die zowel in eigen land als in het buitenland werd erkend als een rechtsgeleerde van uitzonderlijke verdienste. De gedachte dat ook Meijers zijn taak zou moeten neerleggen was voor velen ondragelijk en dat gold des te meer voor Cleveringa, die bij Meijers had gestudeerd en bij hem was gepromoveerd.

Op die dinsdag van 26 november 1940 sprak Cleveringa uitvoerig over de verdiensten van Meijers als geleerde en als mens en hij sprak daarbij de woorden: 'Het is deze Nederlander, deze nobele en ware zoon van ons volk, deze mens, deze studentenvader, deze geleerde dien de vreemdeling welke ons thans vijandig overheerst "ontheft van zijn functie"!'[2]

In het Groot Auditorium zat op die gedenkwaardige novemberochtend van 1940 een jonge, Joodse studente rechten. De zojuist aangehaalde woorden van Cleveringa vielen 'als balsem op haar twijfelende ziel': ze had het gevoel 'als zweven op dit ogenblik onze gedachten en stemmingen zonder klanken niettemin volkomen nauwkeurig kenbaar over en weer en af en aan tussen ons allen'. En vooral het allesoverheersende gevoel: 'Ik hoor erbij!'

'Ik hoor erbij' – een heel eenvoudige zin waarachter een complexe werkelijkheid schuil ging. Daar zat een jonge vrouw die in Nederland was geboren en getogen. Een Nederlandse vrouw die in een liberaal Joods gezin was groot gebracht, waarin de oeroude wetten en gebruiken van het Jodendom niet meer in zwang waren. Een Joodse, Nederlandse, vrouw die alleen het vooroorlogse Nederland kende. In haar beleving was dat een

Nederland waarin een geest heerste van volstrekte verdraagzaamheid op ieder gebied: afkomst, sekse, godsdienst en ras.

Toen werd het mei 1940, was er oorlog en was Nederland bezet door Duitsland. Voor de nationaal-socialistische Duitsers golden de Joden als 'Fremdkörper', een vreemd lichaam binnen de nationale staat, de aartsvijanden van Duitsland. Opeens was die jonge, Nederlandse vrouw veranderd in een 'vreemde', iemand die er niet bij hoort en als het aan de Duitsers lag er ook nooit meer bij zou horen. De Joden zouden, als vreemd element juist vanwege hun Joods zijn – zo bleek later – met man en macht uitgeroeid moeten worden. De afloop is bekend. Gelukkig niet voor de jonge vrouw die ik net ten tonele voerde; zij overleefde en was in de gelegenheid haar herinnering aan 26 november 1940 te noteren (de tekst van deze herinnering is achter deze rede opgenomen). Zij deed meer na de oorlog: zij trouwde met mijn vader en werd mijn moeder. Deze rede draag ik, in dankbare herinnering, aan haar nagedachtenis op.[3]

'Ik hoor erbij' – hoe velen zullen het mijn moeder in de achter ons liggende jaren hebben nagezegd? In ieder geval waren er velen voor wie vergelijkbare omstandigheden golden: zich thuis voelend in Nederland, in het tolerante Nederland, waar zoveel verschillende groepen vreedzaam naast elkaar leefden. Zoveel verschillende groepen, die vooral sinds de jaren zestig naar Nederland toekwamen, hier een leven opbouwden, kinderen kregen en steeds meer tussen twee culturen in gingen leven: de cultuur van het land van herkomst, waar ze zich steeds minder mee verwant gingen voelen, en de cultuur van Nederland, waar ze zich steeds meer thuis gingen voelen. En als dat al niet gold voor de eerste generatie, dan toch steeds meer voor de tweede en de derde generatie.

En toen kwam de schok van 11 september 2001, gevolgd door de woelige verkiezingsmaanden, culminerend in de moord op Pim Fortuyn, tot voor kort voor onmogelijk gehouden verkiezingsuitslagen en een klimaat dat voor immigranten zonder enige twijfel verhard is. Horen 'zij' er nog even veel bij als vóór 11 september 2001? Maar ook veel autochtone Nederlanders hebben zich de afgelopen jaren wel eens vertwijfeld afgevraagd: is dit nou Nederland? Hoor ik hier nog wel bij? Ben ik niet een vreemde in eigen land?

'Ik hoor erbij' – dat is een van de dingen die de mens het meest nastreeft.[4] Ieder mens is een sociaal wezen dat andere mensen nodig heeft, andere mensen opzoekt, met hen verbanden en gemeenschappen aangaat. Wie dat niet lukt, wie 'er niet bij hoort', om wat voor reden dan ook, zal zich vaak ongelukkig voelen. Toch is 'erbij horen' in onze tijd niet gemakkelijk en voor velen vaak ook niet vanzelfsprekend. In het huidige Nederland leven veel mensen als vreemden naast elkaar.

Hoe heeft deze situatie van vervreemding zich zo kunnen ontwikkelen? En minstens even belangrijk: hoe kunnen al die vreemden – autochtonen en allochtonen – zich opnieuw in ons land thuis voelen, er bij horen, waardoor tegelijkertijd al die gevoelens van onbehagen en onzekerheid die het laatste jaar zo duidelijk in onze samenleving naar boven zijn gekomen, overwonnen kunnen worden?

Dat zijn de twee onderwerpen waar ik het vanmiddag over wil hebben. Eerst zal ik een aantal ingrijpende ontwikkelingen van de afgelopen veertig jaar en hun gevolgen beschrijven om daarna na te gaan wat we eraan zouden kunnen doen.

2 VEERTIG JAAR VERANDERING IN NEDERLAND

In een lezing ten overstaan van de bestuurders van de vier grote steden[5] noemde de schrijver-filosoof Gabriël van den Brink vier van deze ingrijpende ontwikkelingen:

1. Individualisering
2. Democratisering
3. Privatisering
4. Globalisering

Ik voeg een vijfde ontwikkeling daaraan toe, namelijk secularisatie.

Deze ontwikkelingen, die ieder voor zich belangrijke positieve effecten hebben gehad op onze samenleving, gaan evenwel ook met schaduwkanten gepaard. En het zijn juist deze kanten die zich nu pregnant doen voelen en die om een reactie vragen – van de overheid, ja, maar niet uitsluitend van de overheid. Laat ik deze vijf ontwikkelingen nader onder de loep nemen.

2.1 Individualisering

Ten eerste de individualisering; dat is het proces waarin burgers zich los maken van traditionele verbanden zoals de kerk, de familie, de politieke partij, het dorp of de stad waar je geboren bent, de buurt waarin je woont. Deze individualisering werd en wordt door velen gezien als een bevrijding van een teveel aan traditioneel gezag en sociale controle, als een emancipatie van te klemmende banden uit het verleden. Hierdoor hebben mensen zich een individuele vrijheid verworven om te kiezen hoe ze hun leven willen vormgeven. De toegenomen welvaart sinds de jaren zestig maakte dat er ook inderdaad wat te kiezen viel. Belangrijke verworvenheden van de individualisering zijn bijvoorbeeld de emancipatie van vrouwen en van homoseksuelen. Voor geen goud zouden we weer terug willen naar de situatie van vroeger.

Maar de individualisering kent ook schaduwkanten. Dat we elkaar door de toegenomen welvaart niet meer direct nodig hebben – je hoeft bijvoorbeeld niet meer bij je ouders te wonen totdat je trouwt, of je hoeft je schoonouders niet meer in huis te nemen als ze oud zijn – is een verworvenheid, maar tegelijkertijd ook een verlies van bindingen die op zichzelf natuurlijk zijn. Door het verminderen van de sociale controle zijn er ook problemen ontstaan. Deze problemen zijn daar het grootst, waar de sociale controle het kleinst is: op straat, in het openbaar vervoer, het uitgaansleven, het voetbalstadion. Van den Brink zegt het zo: 'De meeste mensen houden zichzelf in de hand zolang zij door anderen gekend worden. Maar in anonieme en grootschalige omgevingen, waar geen enkele vorm van sociale controle bestaat laat menigeen zich gaan.'

Deze problemen vragen om een maatschappij waar mensen zich weer een deel van het geheel voelen, erbij horen, hun gemeenschappelijke normen hebben en tevens verantwoordelijkheid voelen voor het geheel, zowel in de kleinere cirkels van gezin en sociale groep, als voor de staat als geheel. Minder sociale controle vraagt van de kant van de overheid méér controle: meer toezicht en handhaving.

2.2 Democratisering

Ten tweede: de democratisering. Deze ontwikkeling, die nauw samenhangt met de zojuist beschreven individualisering, voltrok zich in Nederland vanaf de jaren zestig. Toen vond een Umwertung aller Werte plaats. De autoriteiten (overheid en politie voorop, en in hun voetspoor ouders, leerkrachten, de dominee en de pastoor) vielen van hun voetstuk en werden niet meer als bron van kennis en gezag gezien en erkend. Toen kwam de moderne, mondige Nederlandse burger tot ontplooiing.[6]

De democratisering heeft veel goeds gebracht; in combinatie met de zojuist beschreven individualisering werden mensen mondig en verantwoordelijk voor eigen leven en welzijn. Maar dat wil opnieuw niet zeggen, dat we de ogen moeten sluiten voor de negatieve kanten ervan. Het is juist deze negatieve kant die in deze tijd pregnant naar voren komt en zijn weerslag vindt in het normen- en waardendebat dat sinds enige tijd in Nederland woedt.

Een specifiek kenmerk van de moderne, mondige Nederlandse burger is dat hij zelf wil beslissen en zeggenschap wil hebben over alle aspecten van zijn leven. De moderne, mondige Nederlandse burger erkent geen enkele autoriteit vanzelfsprekend. Zelfs is er soms sprake van een grote minachting voor autoriteiten, vooral als de autoriteit de overheid is.

Als het gaat om normen, vastgelegd in wetten en regels, zal de moderne Nederlandse burger zelf wel uitmaken of een regel deugt, of die regel hem aangaat en of hij zich er wel of niet aan houdt. Sterker nog, sommige moderne Nederlanders menen zich niet beter te kunnen waarmaken dan door de regels juist te overtreden. De brutaalsten doen dat zelfs bewust. Zij proberen zo voldongen feiten te scheppen en daarmee de regels naar eigen inzicht te veranderen.

Tegenover deze moderne burger staat een veelal passieve en defensieve, want om allerlei ook hier genoemde en nog te noemen redenen, teruggedrongen en teruggetreden overheid. Misschien is dit gedrag van de overheid mede te begrijpen als we ons realiseren dat ook overheidsdienaren producten zijn van de Nederlandse samenleving van de afgelopen veertig jaar. Ook zij zijn mondige Nederlandse burgers die het liefst zelf bepalen waarom ze handelen, hoe ze handelen en wanneer ze handelen. Tussen moderne, mondige burgers heersen geen gezagsverhoudingen en is onderhandelen de norm om tot de oplossing van conflicten te komen. Het is ook niet verwonderlijk dat binnen deze context de praktijk van het willekeurig gedogen van grote en kleine wetsovertredingen tot bloei is gekomen. Dit gedogen biedt immers de mogelijkheid om, buiten de formele regels om, tot een compromis te komen waarmee zowel de meer en minder brutale burger, als de overheidsdienaren kunnen leven. Dat dit vrij particuliere compromis zich niets aantrekt van wat er verder in de samenleving leeft wordt hierbij meestal, maar wel ten onrechte, vergeten. Met alle negatieve gevolgen van dien voor de samenleving.

Want wat gebeurde er? Voorbeelden te over: krakers bepaalden wat voor eigendom ze wel erkenden en welk niet, en het werd gedoogd. De ene fietser stopte wel voor het rode licht en de ander niet, en er werd niet ingegrepen. In de bouw gingen aannemers, bouwondernemingen en overheidsdienaren zelf beslissen welke regels men wel en welke regels men niet wenste te volgen, en jarenlang kon dit doorgaan. En uiteindelijk gaan een minister en een Kamerlid samen een straatrace houden op de snelweg, en melden trots dat ze het verkeersrecht aan hun laars lappen. Het in eeuwen opgebouwde systeem van staat en recht kreeg zo 'rotschoppen', van onder en van boven.

Deze ontwikkeling heeft de rechtszekerheid van de burger aangetast en het optredend vermogen van de overheid ernstig ondermijnd. En dat heeft geleid tot een roep om een nieuwe consensus over een voor ons allen geldend stelsel van normen en waarden.

2.3 Privatisering

Dan de privatisering; daarvan is in principe sprake als taken die eerst door de overheid werden verricht, worden overgelaten aan of worden overgenomen door de private sector. Denk bijvoorbeeld aan de PTT en de NS, maar ook aan het ziekenfonds, de elektriciteitsvoorziening en de arbeidsvoorziening – alle werden de afgelopen jaren op afstand van de overheid geplaatst en veelal geprivatiseerd.

De behoefte aan privatisering ontstond in het begin van de jaren tachtig van de vorige eeuw als reactie op de uitwassen van de verzorgingsstaat: inefficiënte dienstverlening, bureaucratie, en oplopende kosten voor staat en samenleving. Door de verschillende privatiseringen werd er veel meer aan de marktsector overgelaten en werd de overheidssector kleiner. Gabriël van den Brink wijst erop dat er in het kielzog van de privatiseringen ook bij veel mensen een nieuwe houding ontstond,[7] waarin begrippen als 'meer marktwerking', 'bedrijfsmatig werken', 'risico's nemen', 'durven ondernemen' maatgevend werden. Deze nieuwe houding paste goed bij moderne, geïndividualiseerde burgers die genoeg hadden van de bureaucratie, inefficiëntie en regelzucht van de overheid en de overheidsbedrijven, en nu eens hun zaken zelf wilden regelen, niet alleen in het bedrijfsleven, maar ook bijvoorbeeld op scholen, in ziekenhuizen, en ja, zelfs bij de overheid.

De privatisering en daarmee gepaard gaande nieuwe werkverhoudingen gaven geïndividualiseerde burgers de mogelijkheid om zich op hun werk (maar ook op andere levensgebieden) als ondernemer op te stellen: je werkt hard, je investeert in een zaak, maar je krijgt er ook wat voor terug. Er zijn velen die zich mede hierdoor in de jaren negentig een flinke welvaart hebben verworven.

Maar ook deze ontwikkeling had zijn prijs – er ontstond een harder maatschappelijk klimaat; daar werden met name die mensen de dupe van die niet konden voldoen aan de eisen die door een marktgerichte economie worden gesteld op het gebied van opleiding, gezondheid, netwerken en sociaal gedrag. Niet iedereen kon en kan meekomen en het grote aantal WAO'ers zou daarvan wel eens mede een indicatie kunnen zijn. Deze mensen vormen zo langzamerhand een groep achterblijvers[8] met weinig macht en weinig mogelijkheden om hun positie te verbeteren of zelfs maar te handhaven.

Behalve tot een harder maatschappelijk klimaat leidde het proces van privatisering er vaak toe dat burgers, inmiddels consumenten of klanten geworden, geen greep hadden of konden krijgen op de geprivatiseerde instelling. In 'Grenzen aan de markt', een recente publicatie van de Wiardi Beckman Stichting,[9] wordt beschreven hoe de privatisering van overheidsinstellingen, hoezeer op zichzelf ook begrijpelijk en nuttig, op een aantal punten niet goed doordacht is en tot onvolkomenheden heeft geleid. Bij de inrichting van het nieuwe geprivatiseerde stelsel werd te veel gekeken naar markt- en winstdoelstellingen, en te weinig naar de vraag wat er in maatschappelijk opzicht wenselijk was in de desbetreffende sectoren. Zo werd geen van de operaties aangegrepen om de medezeggenschap van de consument te versterken, waardoor burgers bij klachten nergens heen konden. De overheid ging er immers niet meer over en de markt gaf niet thuis. Bovendien viel er bij vele privatiseringen van de afgelopen jaren voor de burger of de klant/consument niets te kiezen; men kon bij slechte dienstverlening niet bij de concurrent terecht, want die was er niet – denk bijvoorbeeld aan de privatiseringen van de NS, de elektriciteitsbedrijven, of kabelbedrijven zoals UPC. En zo hebben ook de privatiseringen van de afgelopen jaren aan een zekere vervreemding bijgedragen en geleid tot een roep om gehoord te worden, of men nu optreedt als burger of als klant/consument.

2.4 Globalisering

Naast individualisering, democratisering en privatisering deed zich de afgelopen veertig jaar nog een vierde ontwikkeling voor, te weten de globalisering. Globalisering is het verschijnsel waarbij de landen, culturen en mensen in de hele wereld door economie, migratie en informatietechnologie steeds meer en steeds sneller met elkaar verbonden raken. Kapitaalstromen, diensten en goederen, maar ook informatie en denkbeelden gaan razendsnel de hele wereld over, en trekken zich daarbij niets aan van nationale, culturele of ideologische grenzen. De Wereldbank, de Verenigde Naties, de Europese Unie, multinationale bedrijven als Shell en Philips, het Internationale Rode Kruis, McDonald's, Nike, Coca-Cola – het zijn allemaal aspecten van deze globalisering. De globalisering gaat gepaard met een omvangrijke migratie. Er is in de hele wereld geen grote stad meer te vinden die qua bevolking niet heterogeen en multicultureel is. Het gaat hierbij – zoals Geert Mak onlangs zei – om wetenschappers, bankiers, IT'ers, kunstenaars, studenten, zakenlieden, maar ook om arbeiders, koks en poetsers,[10] en zij komen zowel uit geïndustrialiseerde landen als de Verenigde Staten, Groot-Brittannië, Japan en Canada, als uit niet-geïndustrialiseerde landen zoals Marokko, Ghana en Pakistan. De migratie omvat dus zowel zogenoemde 'expats' als wat wij hier in Nederland 'allochtonen' noemen.

Deze globalisering wekt intussen bij velen aversie op. Grote groepen bestaande uit voornamelijk westerse jongeren, hebben al bij verschillende gelegenheden (zoals bij de Wereldtop-ontmoetingen in 1999 in Seattle en in 2001 in Bologna) hier scherp tegen geprotesteerd.

Maar ook in uiteenlopende ontwikkelings- en transitielanden ziet men allerlei weerstanden tegen globalisering. De globalisering wordt verantwoordelijk geacht voor de vernietiging van de lokale tradities en cultuur. Als reactie daarop ontwikkelen lokale politieke leiders diverse strategieën om de eigen tradities en cultuur te redden. Niet zelden wordt daarbij de etnische of religieuze kaart uitgespeeld om delen van de bevolking achter zich te verenigen. Dit leidt tot bewegingen als de African renaissance van Mbeki in Zuid-Afrika, de Asian values van Mahathir, maar ook tot het moslimfundamentalisme van Khomeini in Iran, de Taliban in Afghanistan en fundamentalistische groepen in bijvoorbeeld Indonesië.

Dichter bij huis zien we dat het vooral de immigratie is die wrevel oproept. Deze antiglobaliseringstendensen komen elkaar wereldwijd tegen in een herwaardering van de eigen culturele eigenheid. Dat gebeurt niet alleen bij ons, in Nederland en in andere Westerse landen, maar ook in van elkaar verschillende landen als Algerije en Tsjetsjenië, en bij uiteenlopende volkeren als bijvoorbeeld de Koerden, de Tamils en de Basken.[11]

2.5 Secularisatie

Als laatste ontwikkeling wil ik de secularisatie noemen. Dat is de ontwikkeling waarbij het individuele of maatschappelijk leven zich onttrekt aan de invloed van kerk en geloof. De secularisatie van de Westerse maatschappij en de Nederlandse maatschappij in het bijzonder is al sinds de 17e eeuw aan de gang, geïnspireerd door denkers als Descartes en Spinoza. De secularisatie van de maatschappij heeft onder andere geleid tot het principe van de scheiding van kerk en staat dat in Nederland in de 19e eeuw gestalte kreeg. Dit principe houdt kort samengevat in dat de kerken zich niet met staatsaangelegenheden mogen bemoeien, en de staat niet met de interne organisatie van de kerken en de inhoud van de geloofsbelijdenis. De kerken vervulden niettemin tot diep in de twintigste eeuw wel een gezaghebbende rol bij het uitdragen en overdragen van normen en waarden.

De secularisatie van het individuele leven is van recentere datum en is pas in de jaren zestig van de vorige eeuw in een stroomversnelling gekomen. In 1900 was 99% van de Nederlanders verbonden met een kerk of religie. Slechts 1% gold als buitenkerkelijk. Nu zegt 52% van de Nederlanders desgevraagd 'niets' te zijn, dat wil zeggen: zich met geen enkele kerk of geloofsrichting verbonden te voelen.[12]

De secularisatie van de maatschappij en de scheiding van kerk en staat zijn voor de meerderheid in Nederland basiswaarden van onze maatschappij; basiswaarden die niet ter discussie staan. De secularisatie van het individuele leven ziet men meestal als een van de keuzen die mensen kunnen maken bij het vormgeven van het persoonlijke leven. Bij deze vergaande secularisatie in Nederland zijn intussen wel twee belangrijke kanttekeningen te plaatsen. Ten eerste: de kerken hebben evenals andere autoriteiten, door individualisering en democratisering, veel van hun gezag verloren. Was het vroeger zo dat velen hun normen en waarden putten uit hun geloof of juist uit het verzet tegen het geloof (onze Nederlandse literatuur bulkt van de voorbeelden daarvan), nu is dat niet meer zo. Dat heeft geleid tot een vacuüm op het gebied van het uitdragen en overbrengen van normen en waarden – traditioneel het domein van kerk en geloof. Tot nu toe is geen enkele andere instantie of autoriteit erin geslaagd om dit vacuüm op te vullen. Andere bronnen van normen en waarden, zoals bijvoorbeeld politieke partijen, kranten en kunst en literatuur hebben eveneens aan invloed ingeboet.

Ten tweede: door globalisering en andere factoren hebben we te maken met een toestroom van grote groepen migranten waarvoor het geloof vaak wél de leidraad in het leven is. Dat roept de vraag op van de acceptatie door de hen omringende, geseculariseerde samenleving, en van hun integratie daarin. Wat het laatste betreft: het geloof is voor hen een gemakkelijke en voor de hand liggende ingang wanneer zij aansluiting zoeken in Nederland. Want waar vinden zij die in aanvang anders dan bij hun oorspronkelijke landgenoten? Die landgenoten hebben zich in Nederland vaak via hun geloof georganiseerd. Daarom zou de integratie van deze migranten in de Nederlandse samenleving paradoxaal genoeg misschien nog wel het beste via hun geloof kunnen verlopen. Dat is immers vrijwel het enige ankerpunt dat zij hebben wanneer zij de Nederlandse samenleving van de 21e eeuw betreden.

Deze beide ontwikkelingen, zo is mijn analyse, vragen om aandacht voor de rol van de religie in onze samenleving.

3 AMSTERDAM ALS VOORBEELD

Amsterdam is de stad waarin de ingrijpende sociale veranderingen van de afgelopen veertig jaar in Nederland zich het sterkst doen gevoelen. Nergens anders in Nederland is een stad zo divers en zo multicultureel als Amsterdam. Nergens is de bevolking zo geseculariseerd en nergens heeft de individualisering van de samenleving zo toegeslagen als in Amsterdam. Enige cijfers ter illustratie.

In Amsterdam woonden op 1 januari 2002 in totaal 735.000 mensen van 173 verschillende nationaliteiten; er waren ruim 87.000 mensen die niet de Nederlandse nationaliteit hadden. We hadden 332.000 alleenstaanden en 142.000 gezinnen. Als we de bevolking van Amsterdam bekijken vanuit de optiek van de etnische afkomst van mensen, dan werden 387.000 mensen (52,6%) tot de zogenoemde autochtonen en 348.000 mensen (47,4%) tot de allochtonen gerekend. Van deze allochtonen worden ongeveer 71.000 mensen dat wil zeggen 10% van de totale Amsterdamse bevolking tot de zogenoemde 'expats' gerekend.[13] In 2020 zal 60% van de Amsterdamse bevolking bestaan uit mensen met een niet-Nederlandse achtergrond. We zijn in de laatste vijftien jaren in feite een immigratiestad geworden en zullen dat voorlopig blijven ook. Of we dat willen of niet.

Dan de secularisatie: uit de vorige week door de Universiteit van Amsterdam en het beeldinstituut Imagine IC uitgebrachte cd-rom 'Gebedshuizen in Amsterdam' blijkt dat het percentage Amsterdammers dat 'niets' is ruim 60% is. De resterende 40% zijn verdeeld over 20% christenen (katholieken en protestanten tezamen), 17% moslims en 3% 'overige godsdiensten en levensbeschouwingen'.[14]

En dan heb ik nog niets gezegd over de diversiteit aan leefstijlen binnen en tussen de verschillende culturen en religies. Kortom: diversiteit is een wezenskenmerk van het huidige Amsterdam.

Ook voor deze grote diversiteit geldt dat zij positieve en negatieve kanten heeft. Positief is het feit dat onze stedelijke economie en cultuur kennelijk aan zoveel verschillende groepen ruimte en kansen biedt om gezamenlijk de stad tot verdere ontwikkeling te brengen, en dat velen die kansen ook benutten. De enorme diversiteit vormt voor velen juist een van de grootste aantrekkingskrachten van de stad. Het geeft de stad een grote dynamiek en verhoogt de daarmee samenhangende economische en culturele potentie van Amsterdam. Het multiculturele karakter van de stad is volgens het Britse weekblad *The Economist*, zelfs een van de grote 'assets' oftewel pluspunten van Amsterdam.[15]

De negatieve kanten van diversiteit zijn in datzelfde multiculturele karakter terug te vinden: in het onbehagen over het grote aantal allochtonen dat de stad haar multiculturele karakter geeft, en het feit dat een weliswaar klein percentage prominent in de criminaliteitscijfers figureert. Het maatschappelijk debat over integratie heeft vandaag bij velen – in heel Nederland – een negatieve lading. Dat is zorgelijk, maar niet verwonderlijk. Bevrijding van, al dan niet vermeende, taboes gaat kennelijk gepaard met excessen, in dit geval met om het hardst roepen hoe erg het allemaal is met al die buitenlanders. Ik doe daar niet aan mee: de integratie van migranten in de samenleving kent problemen, zeker, maar culturele diversiteit biedt ook kansen. Mijn inzet in dit debat is veel meer: problemen benoemen, en daarvoor oplossingen zoeken, maar ook jezelf als individu en als samenleving openstellen voor de goede kanten ervan; successen vieren als die er zijn, en die zijn er, zelfs veel meer dan velen nu willen zien.

Dit neemt niet weg dat het onbehagen over de multiculturele samenleving er voorlopig is en, als het over normen en waarden gaat, een bron is voor onzekerheid en een even grote behoefte aan duidelijkheid. Het wordt gecompliceerd doordat er in onze samenleving – ook zonder buitenlanders – veel onzekerheid bestaat over normen en waarden, en een gebrek aan sociale bindingen; de redenen liggen besloten in de vijf grote ontwikkelingen die ik hier heb besproken.

Onzekerheid omdat men in onze samenleving vaak niet meer van elkaar weet op welke waarden en normen de ander zijn gedrag baseert. De bronnen van in Nederland geldende waarden en normen van weleer (de Bijbel, de klassieke oudheid, en ook verschillende ideologieën zoals communisme, socialisme en liberalisme) hebben aan invloed ingeboet en zijn zelfs bij velen in onze samenleving niet meer echt bekend. Deze oude bronnen zijn hoe dan ook voor velen vervangen door wat men op de tv of in films ziet. Voor (anderen, veelal) immigranten uit moslimlanden, biedt onze samenleving weinig houvast, hetgeen ertoe kan leiden dat deze mensen teruggrijpen op tradities uit de eigen cultuur of op religieuze bronnen als de Koran. En die zijn weer bij de anderen in de samenleving totaal onbekend. Intellectuelen verwijzen op hun beurt graag naar de Verlichting, de Franse Revolutie en de mensenrechten als moreel fundament, maar in de praktijk komt dat eerder neer op een opsomming van vrijheden, dan op enige verantwoordelijkheid, grondplicht of gedragsregel, waar ook anderen houvast aan zouden kunnen hebben.

Het resultaat is dat mensen als vreemden tegenover elkaar staan. Je weet niet welke normen en waarden je met elkaar deelt (of niet deelt, want dat schept ook helderheid) en je weet dus ook niet wat je van de ander kunt verwachten. Je hebt alleen het vermoeden dat de ander zal handelen op basis van zijn eigen (voor jou vaak onbekende) normen en waarden.

Als vreemden tegenover elkaar hebben we het vermoeden – en dat verklaart ook meteen de bezorgdheid, ja zelfs de angst zoals criminoloog

Hans Boutellier dat in de *Intermediair* van enige weken geleden zei[16] –, dat als iedereen alleen maar handelt op eigen gezag of op basis van zijn eigen normen en waarden, het een enorm zooitje wordt. Vandaar ook de roep om duidelijkheid. Duidelijkheid over de geldende regels, zowel over de inhoud van de regels als de manier waarop de regels worden toegepast. Duidelijkheid over de regels waarop men kan worden aangesproken en men een ander kan aanspreken. Duidelijkheid over de rol van de overheid.

4 DE BOEL BIJ ELKAAR HOUDEN

Ik heb vijf belangrijke ontwikkelingen geschetst die zich de laatste veertig jaren in Nederland hebben voorgedaan. Ik heb positieve, maar ook negatieve gevolgen van deze ontwikkelingen genoemd. Ontwikkelingen die op elkaar inwerken, elkaar in hun gevolgen versterken, en die langzamerhand ertoe hebben geleid dat mensen als vreemden tegenover elkaar staan. De immigratie is zoals we hebben gezien maar één onderdeel van het complex van factoren dat geleid heeft tot een samenleving van vreemden.

De opgave is hoe we al die vreemden, al die verschillende individuen, die wel gezamenlijk het huidige Nederland vormen, bij elkaar kunnen houden. Er met zijn allen bij horen, daar gaat het om. Dat klinkt gemakkelijk, maar is het niet. De al eerder aangehaalde criminoloog Hans Boutellier heeft in een interview in *Intermediair* gezegd dat hij heel lang heeft gezocht naar datgene wat moderne Nederlanders gemeenschappelijk met elkaar hebben – hij heeft het niet gevonden.[17]

De schrijver Karel van het Reve heeft de vraag: 'bestaat er een Nederlands volkskarakter?' eens als volgt beantwoord. 'Ben je bij iemand op bezoek, dan zijn er maar twee dingen die je mag vragen. Je mag vragen of je eventjes van de wc gebruik mag maken, en je mag vragen om een glaasje water. Maar je mag niet opeens zeggen: nu zou ik graag een biertje willen drinken. (...) Dat is in strijd met het Nederlands volkskarakter.'[18]

In *Vrij Nederland* van 23 november jl. zijn drie historici, A.Th. van Deursen, Piet de Rooij en Marijke Spies het erover eens: Nederland moet zichzelf, ruim vierhonderd jaar na zijn ontstaan opnieuw uitvinden. Maar waar de Nederlanders het moeten zoeken? Ook zij komen er niet helemaal uit[19] – al zie ik in dit artikel getiteld 'Blauwdruk voor Nederland' wel een belangrijk aanknopingspunt, waar ik zo op terug kom. Van mijn vriend Jan Michiel Otto, hoogleraar recht en bestuur in de ontwikkelingslanden aan deze universiteit, hoor ik dat ook ontwikkelingslanden, en al veel langer dan wij, worstelen met de vraag: hoe kan je een natie bij elkaar houden, als de bevolking heterogeen is? En hoe kunnen recht en bestuur hieraan een bijdrage leveren?

Natuurlijk kan ook ik, in het korte bestek van deze rede, geen blauwdruk geven van de toekomstige ontwikkeling van Nederland. Maar in het verlengde van wat ik vandaag heb gezegd, wil ik een paar opmerkingen maken ten behoeve van de verdere discussie.

4.1 Burgerschap

Vreemden bij elkaar houden vereist, om met Geert Mak te spreken, 'een nieuw soort gemeenschappelijke lijm' die ertoe leidt dat er opnieuw een soort basisvertrouwen wordt geschapen.[20] Dat basisvertrouwen zou gevonden kunnen worden in een nieuwe invulling van het begrip burgerschap. Burgerschap is in de kern niets anders dan vertrouwen in elkaar als burgers van dezelfde gemeenschap: dorp, stad of land. Ik citeer opnieuw Geert Mak: 'vertrouwen, niet alleen in elkaars goede bedoelingen, maar ook in de kwaliteit van bestuur en rechtspraak, in de bekwaamheid en integriteit van politici, in de burgerzin van managers en ondernemers.'[21] Voor het herstel van vertrouwen is nodig een herstel van de verantwoordelijkheid. Verantwoordelijkheid: voor jezelf én voor het geheel, of dat nu de samenleving is of het bedrijf waarin je werkt, de school waar je kinderen op zitten, of de straat waarin je woont.

Er zijn in de samenleving tekenen dat velen op zoek zijn naar nieuwe vormen van verantwoordelijkheid en vertrouwen, oftewel burgerschap. In het bedrijfsleven zie je een streven naar verantwoord ondernemen. In grote bedrijven als Philips en Dell Computers zijn er gedragscodes opgesteld waarin de werknemers worden opgeroepen om verantwoordelijkheid te dragen voor hun handelen in het bedrijf jegens elkaar en jegens de consument. Ook de strijd tegen de globalisering heeft een aspect van burgerschap: men wil zelf verantwoordelijkheid dragen voor de eigen gemeenschap, en niet alles overlaten aan grote multinationals. Er zijn heel veel mensen die zich maatschappelijk betrokken voelen en die dat uiten door hun lidmaatschap van Greenpeace, Amnesty International of Artsen zonder Grenzen. Je ziet mensen verantwoordelijkheid nemen door zitting te nemen in straat- en buurtcomités. Of je ziet groepen Marokkaanse vaders, en Antilliaanse vaders, die zich organiseren om een bijdrage te leveren aan de oplossing van de criminaliteit onder respectievelijk Marokkaanse en Antilliaanse jongeren. Je hebt ontelbare moeders, dwars door alle bevolkingsgroepen heen, die om de beurt elkaars kinderen na schooltijd opvangen en ervoor zorgen dat de kinderen in een rustige en veilige omgeving eten krijgen en hun huiswerk kunnen maken. En zo zijn er talrijke andere voorbeelden waarin mensen verantwoordelijkheid nemen voor zichzelf en voor het geheel waar ze voor staan; daarmee opnieuw vertrouwen scheppend.

Er zijn dus heel veel voorbeelden van burgerschap in onze samenleving; we moeten niet doen alsof dat niet zo is. Maar kennelijk ervaren we de bestaande voorbeelden als te weinig en onvoldoende.

In onze diverse samenleving luidt de opgave (voor overheid, bedrijfsleven en individu) om ontwikkelingen die leiden tot maatschappelijke verantwoordelijkheid, onderling vertrouwen, sociale binding, solidariteit en waardering voor het andere, uitdrukkelijk te verstevigen.

4.2 Respect

Burgerschap in de huidige Nederlandse samenleving veronderstelt een aantal elementen. In de eerste plaats respect. Dat staat bij velen hoog genoteerd. Het is een teken van erbij horen – we hebben gezien hoe belangrijk het is.

Enige tijd geleden schreef een leraar Nederlands op een vmbo-school in Amsterdam Noord mij een brief – vol van zorgen die samenhangen met het onderwerp van vandaag. Ik heb hem vervolgens uitgenodigd voor een gesprek. De heer Van Loon, zo is zijn naam, is leraar op een typische Amsterdamse school, dat wil zeggen een school die zich kenmerkt door de grote diversiteit in culturele achtergrond van de leerlingen. Hij vertelde mij dat zijn leerlingen thuis vaak geen Nederlands spreken, niets weten van de Nederlandse geschiedenis of cultuur en vaak geen benul hebben van de normen en waarden van onze samenleving. Dat wil niet zeggen, dat deze leerlingen zich afkeren van de Nederlandse samenleving. Integendeel, zijn leerlingen willen, zoals zo velen, er graag bijhoren in Nederland – ze weten alleen niet hoe. En dus misdragen ze zich; in de klas is met hen geen land te bezeilen. Zodanig dat Van Loon – hij kan dat – dat gedrag bij zijn leerlingen aanhangig maakte: hoe maken we er samen wat van? Zodanig dat jullie wat van school opsteken en ik er ook een goed gevoel aan overhoud? De heer Van Loon vertelde mij dat zijn leerlingen worden verteerd door één verlangen: respect. Respect voor wie ze zijn, voor waar ze vandaan komen. En ook respect voor wie ze kunnen zijn: nieuwe Nederlanders. Zij willen respect krijgen van de Nederlanders en van de Nederlandse samenleving – wat ze op dit moment eigenlijk nooit krijgen. Zouden ze het wel krijgen, Van Loon is ervan overtuigd dat niet alleen hun gedrag aanzienlijk zou verbeteren, maar bovendien dat hun integratie in de Nederlandse samenleving veel beter zou verlopen.

Maar het omgekeerde geldt natuurlijk ook: als deze jongeren meer respect zouden tonen voor de cultuur en leefgewoonten van de Nederlanders, dan zouden ze van hen ook meer respect terug krijgen.

Respect is uiteindelijk wederzijds: het is geven en nemen. Als we het hebben over het ontwikkelen van de bij burgerschap horende kwaliteiten vertrouwen en verantwoordelijkheid, dan zullen we met zijn allen moeten leren, niet zozeer hoe we van anderen respect krijgen (dat hebben we immers meestal niet in de hand) maar meer hoe we anderen respect geven.

Daartoe is onder meer nodig dat we opnieuw het vermogen ontwikkelen om met verschillen om te gaan. De historicus Piet de Rooij zegt in het al eerder aangehaalde artikel 'Blauwdruk voor Nederland' in *Vrij Nederland* hierover: 'Het cruciale punt is dat we in de jaren zeventig de ervaring zijn kwijtgeraakt om met grote verschillen om te gaan.'[22] Hij wijt dat aan het ontstaan van een zeer egalitaire samenleving, waar gelijkheid het toverwoord is en hij zegt: 'Het vermogen om met andersdenkenden als moslims te leven, heeft Nederland toen verloren.'

Dat vermogen krijgen we niet één-twee-drie terug, dat is duidelijk; wat niet wil zeggen dat we niet daaraan moeten werken. Het veronderstelt een hernieuwde bezinning op en het in de praktijk brengen van, ik zou bijna willen zeggen oeroude Nederlandse waarden als verdraagzaamheid, in gesprek blijven en de dialoog zoeken. Het gaat er niet om dat we geen waardeoordeel, ja zelfs een negatief oordeel, meer zouden mogen hebben over de opvattingen en gedragingen van anderen. Natuurlijk mag dat wel. Als je respect als uitgangspunt neemt, heb je juist meer ruimte om kritisch te zijn en op de inhoud in debat met elkaar te gaan. Respect impliceert echter ook dat het mogelijk en wenselijk kan zijn om een negatieve reactie op meningen en gedragingen van anderen te onderdrukken, als daarmee een hoger doel gediend is. Dat is in oorsprong de betekenis van tolerantie: niet dat we ons waardeoordeel opschorten, wel dat we onze negatieve reactie onderdrukken als dat nodig is.[23] Dat hoger doel zou bijvoorbeeld eruit kunnen bestaan dat wij liever de boel bij elkaar houden en de diversiteit van alle Nederlanders respecteren, dan dat wij de boel uit elkaar laten knallen door elkaar te gaan verketteren.

4.3 Agenda van de overheid

Dan is er een tweede concretisering van het begrip burgerschap: het vermogen om een antwoord te vinden op de uitdagingen van de vijf ingrijpende ontwikkelingen die ik hier heb geschetst. Bij de bespreking van de negatieve gevolgen van die vijf ontwikkelingen heb ik per ontwikkeling proberen aan te geven tot welke maatschappelijke vraagstellingen die aanleiding geven.

Ik vat dat nog eens samen:

1. Individualisering met daaraan gekoppeld het wegvallen van sociale controle, leidt tot de roep om sociale samenhang, en meer overheidstoezicht en handhaving.
2. Democratisering leidt tot de roep om een nieuwe consensus over het voor ons allen geldende stelsel van normen en waarden.
3. Privatisering leidt tot de roep te worden gehoord, of men nu optreedt als klant in relatie tot een bedrijf of als burger in relatie tot de overheid.
4. Globalisering leidt tot een herwaardering van het culturele eigene.
5. Secularisatie leidt tot een herijking van de rol van religie.

In deze maatschappelijke vraagstellingen die alle met burgerschap te maken hebben zitten aanknopingspunten voor een nieuwe agenda voor de overheid – maar ik herhaal: niet alleen voor de overheid.

4.3.1 Meer toezicht, meer handhaven

Het wegvallen van de sociale controle door vergaande individualisering en democratisering roept een reactie op. Vrijwel iedereen in Nederland is nu voor meer toezicht, strenger handhaven en niet meer gedogen. Regels zijn er om te handhaven en wie ze overtreedt krijgt straf, dat is zo ongeveer wat men wil.

De rampen in Enschede en Volendam en de fraudes in de bouwsector die recent tot een Parlementaire Enquête hebben geleid, hebben het belang van toezicht en handhaving indringend op de nationale politieke agenda gebracht. Op het niveau van het dagelijks leven is de behoefte aan toezicht en handhaving het sterkst wanneer het om asociaal gedrag in de publieke ruimte gaat: overlast door rondhangende jongeren, het agressieve gedrag na sluitingstijd op het Rembrandtplein en Leidseplein, het gedrag van voetbalhooligans, drugsverslaafden die schreeuwen, fietsers die op het trottoir rijden, jongeren die zich ernstig misdragen in de bioscoop – iedereen heeft er schoon genoeg van.

Maar ook de vele privatiseringen leidden tot een vraag om meer toezicht op eenmaal geprivatiseerde overheidsinstellingen.

Meer toezicht impliceert dat er autoriteiten zijn (in het publieke en private domein) waarop burgers, maar ook klanten of consumenten een beroep kunnen doen als er wat mis is en dat die autoriteiten vervolgens kunnen ingrijpen. Bij meer toezicht kan het dus gaan om meer toezichthouders op pleinen en straten, op school en in het openbaar vervoer; meer blauw op straat, maar ook om toezicht met behulp van elektronische hulpmiddelen zoals cameratoezicht of elektronische bewaking, en ook om het vaker instellen van toezichthoudende autoriteiten zoals de Nederlandse Mededingingsautoriteit (NMa) en de OPTA.

Van een heel andere orde is de roep om strenger handhaven en het gedogen voorbij. Dat is gemakkelijker gezegd dan gedaan. Dat vergt in de eerste plaats een andere opstelling en instelling van de overheid. Nodig is ook dat handhaving van wetten en regels politieke prioriteit geniet en dat de overheid hiertoe in financieel en personeel opzicht wordt toegerust. Laten we elkaar niet voor de gek houden: meer handhaven en minder gedogen vergt in Nederland – door de vandaag geschetste gevolgen van individualisering en democratisering – een enorme inhaalslag. Maar niet alleen de overheid moet een inhaalslag maken en zich anders opstellen tegenover wetten en regels. Als het einde aan het gedogen ons ernst is, dan moet ook de Nederlandse burger, dan moeten ook u en ik, een omslag maken in ons denken en in ons doen en laten – ik kom hier aan het eind van mijn betoog op terug.

4.3.2 Normen en waarden

Dit brengt mij bij de roep om een herstel van normen en waarden. Allerlei zaken die ik vandaag heb besproken: het onbehagen over de multiculturele samenleving, de onzekerheid over de al dan niet gedeelde normen en waarden, en de daaraan gekoppelde roep om duidelijkheid zijn niet zozeer tekenen van een verval van normen en waarden, maar eerder tekenen dat de bestaande regels die er in onze samenleving toch echt wel zijn, diffuus zijn en vaak niet worden nagekomen: noch door de burgers, noch door de instellingen die ze moeten uitvoeren, noch door de overheid en andere instellingen die de regels moeten handhaven. Hoe zouden we nu kunnen werken aan een beter besef en een betere naleving van onze waarden en normen? Op wie zouden wij ons moeten richten? Ik denk op twee groepen. Ten eerste, zij die de regels niet kennen, ten tweede zij die ze wel kennen maar niet wensen na te leven.

Over beide groepen valt iets te zeggen. Eerst de groep die zich niet aan de regels c.q. de spelregels houdt omdat zij de regels niet kent. In deze groep zitten niet alleen allochtonen, zoals vaak wordt gedacht, maar ook veel autochtone Nederlanders. De regels die niet bekend zijn kunnen van allerlei aard zijn. Ze roepen vragen op als: waarom mag ik geen petje dragen op school? Waarom is men in Nederland tolerant jegens vreemdelingen? Hoe moet ik me gedragen op straat, in het verkeer, in het publieke domein, in bioscopen, restaurants? Waarom zijn de straffen in Nederland zo laag? Wat is een parlement? Wat moet ik als ouder doen als mijn kind uit de klas is gestuurd?

Tegen dit soort onwetendheid moeten we opkomen door te investeren in het onderwijs en daarbij meer dan in het recente verleden de nadruk leggen op onderwerpen als Nederlandse taal, vaderlandse geschiedenis, staatsinrichting en maatschappijleer. Dit kan ook een bijdrage leveren aan de bij velen geconstateerde behoefte van herwaardering van het eigene.

In de tweede plaats zullen we – niet alleen in het onderwijs – moeten investeren in het ontwikkelen van burgerschap, waarin de vraag centraal staat: 'hoe ben ik een volwaardige burger van Nederland': Daar kunnen dan kwesties aan de orde komen die ik vanmiddag ook heb geschetst: respect, omgaan met verschillen, verantwoordelijkheid dragen voor jezelf en voor anderen. En ten derde zullen we van geval tot geval de regels opnieuw moeten expliciteren en breed bekend moeten maken wat er gebeurt als de regels worden overtreden. Van geval tot geval: van een protocol voor zwembaden dat onlangs in Amsterdam tot stand is gekomen en dat het gedrag op en rond zwembaden regelt en sanctioneert tot de 'Tien geboden' die in Gouda voor het gedrag in de publieke ruimte zijn opgesteld. Je zou dit soort regels voor het gedrag dat wenselijk is voor het publieke domein op allerlei terreinen kunnen vaststellen: op scholen, universiteiten, studentenhuizen, in bioscopen, of op het sportveld.

Dan is er de veel grotere groep mensen, dwars door alle bevolkingsgroepen heen, die de spelregels wel kent, maar er, als het hen uitkomt, niet naar handelt. En dat weet men donders goed van elkaar.

De belangrijkste spelregel die niet meer wordt nagekomen is die van de 'gehoorzaamheid aan de regels' of 'het je houden aan afspraken'. Of dit nou gaat om wetten, gedragsregels op school, op het werk of op straat, je houden aan gemaakte afspraken is op heel veel plaatsen in Nederland een probleem.

De echte vraag van het normen- en waardendebat in Nederland is dan ook veel meer: hoe zorgen we ervoor dat het merendeel van de mensen zich houdt aan eenmaal vastgestelde afspraken en regels, zodat de overheid of een andere autoriteit alleen hoeft op te treden tegen degenen die willens en wetens de regels overtreden?

De vraag van de spelregels is dus een van morele aard. En als we het over gehoorzaamheid hebben dan hebben we het ook over de vraag naar de autoriteit aan wie gehoorzaamd dient te worden.

En dan zien wij de bui al hangen: sinds de jaren zestig hebben allerhande autoriteiten aan gezag ingeboet – ik heb daar al veel over gezegd. Binnen deze context is de praktijk van het gedogen tot bloei gekomen, die we zo langzamerhand met zijn allen niet meer willen.

4.4 Burgers ook aan slag en niet alleen de overheid

De overheid moet dan ook in staat worden gesteld om beter te kunnen handhaven en een einde aan het gedogen te maken – ook daarover heb ik vandaag iets gezegd. De overheid kan echter heel veel willen, maar is nergens als de wet massaal wordt overtreden. De overheid is nergens als wij, burgers van Nederland, massaal van mening zijn dat een kritische moderne, mondige Nederlander zich nooit beter als zodanig laat kennen dan wanneer hij of zij wetten en regels overtreedt.

Het is evident dat de praktijk van het gedogen zich niet verdraagt met de huidige roep om duidelijkheid en zeker niet met het verlangen naar een autoriteit die normen stelt en die ook handhaaft. Wie een einde wil maken aan het gedogen zal daarom ook het eigen gedrag onder de loep moeten nemen. Wie om een beslissende autoriteit vraagt, zal ook de bereidheid moeten hebben om zich naar die autoriteit te voegen. Hoe moeilijk dat is, kunnen we allemaal bij onszelf nagaan. Want ook wij zijn moderne, mondige Nederlanders. Maar: 'zelf willen beslissen' en de roep om een autoriteit die beslist, gaan niet samen.

Hiermee heb ik nog niets gezegd over de aard van die autoriteit. Duidelijk is dat een terugkeer naar de patriarchale, hiërarchische structuren van weleer door de meeste Nederlanders niet wordt gewenst, en ook niet meer kan.

Maar dat hoeft ook niet. Toen werden de regels van boven opgelegd zonder dat de gewone leden van de gemeenschap erin werden gekend. Daartegen kwam men in de jaren zestig in opstand, vaak terecht.

Tegenwoordig pakken wij dit anders aan, niet alleen in Nederland maar wereldwijd. Men probeert tegenwoordig eerst in gemeenschappelijk overleg grondregels te formuleren of te herformuleren. Dankzij de moderne IT kunnen tegenwoordig talloze mensen en instellingen daarbij hun stem laten horen. Zo gaat het tegenwoordig ook in Johannesburg en Jakarta, dus waarom niet bij ons. Als die regels dan eenmaal worden vastgesteld, dan spreken we met elkaar af dat wij ze in het belang van ons allen écht gaan handhaven. Die wens om het samen eens te zijn over de regels en de handhaving ervan, is de grondslag van elke staat en raakt tegelijkertijd de kern van het begrip burgerschap, waarin verantwoordelijkheid en vertrouwen centraal staan.

'Samen' betekent dat je elkaar bij voorbaat accepteert, ook al ben je het niet eens. Ook hier komen burgerschap, respect en tolerantie om de hoek kijken. Zoals wij de SGP accepteren in ons staatsbestel, hoewel zij geen vrouwelijke leden toelaten, zo moeten wij ook bepaalde groepen orthodoxe moslims accepteren, die bewust hun vrouwen discrimineren (tenminste, wanneer zij daarbij niet de wet overtreden). Ik vertrouw erop dat de mogelijkheden tot ontplooiing die er in ons land zijn, op termijn ook voor die vrouwen nieuwe kansen bieden. En ik vertrouw er ook op dat de instituties van ons land bij een roep om bescherming van gediscrimineerde vrouwen, adequaat zullen reageren – dat wil zeggen, de nodige bescherming en morele steun zullen bieden. Tegelijk moeten wij de tegenstellingen niet aanscherpen. Nog altijd is onze samenleving redelijk vreedzaam. Maar laten wij waken tegen oplaaiende etnische conflicten en geen olie op het vuur gooien. Laten wij het debat met de noodzakelijke nuances voeren. Die nuances heb ik vandaag tot uiting proberen te brengen.

5 CONCLUSIES

Ik heb u vanmiddag een vijftal ontwikkelingen geschetst die enerzijds veel positiefs, veel vrijheid in verschillende gedaanten hebben gebracht, maar anderzijds schaduwkanten vertonen die in hun onderlinge samenhang tot een samenleving van vreemden hebben geleid. De immigratie is zoals ik eerder heb gezegd, slechts een onderdeel van een complex aan factoren die tot de huidige vervreemding hebben geleid – de vijf geschetste ontwikkelingen, individualisering. democratisering, privatisering, globalisering. en secularisatie zijn er allemaal debet aan. De vreemde in onze samenleving is niet alleen de vreemdeling.

Ik heb vervolgens geprobeerd in kaart te brengen wat nodig is om al die vreemden, die verschillende individuen, die tezamen het huidige Nederland vormen, bij elkaar te kunnen houden, bij elkaar te laten horen. En ik heb u uiteengezet dat daarvoor nodig is een herstel van vertrouwen in elkaar en verantwoordelijkheid voor elkaar, en dat ondergebracht onder het begrip burgerschap. Vervolgens heb ik aangegeven dat burgerschap steunt op twee pijlers: respect en het vermogen van onze samenleving (overheid en burgers tezamen) om een antwoord te vinden op de desintegrerende aspecten van de vijf geschetste megatrends. Bij de eerste pijler (respect) heb ik verwezen naar het belang van ware tolerantie en het vermogen om met verschillen om te kunnen gaan. Bij de tweede pijler heb ik gewezen op het belang van:

a. Een overheid die in staat is om toezicht uit te oefenen en op te treden tegen overtredingen van wetten en regels.

b. Burgers die zich aan de regels houden.
c. Het expliciteren van normen en waarden voor hen die de regels niet kennen.
d. Het samen formuleren van regels om de autoriteit van de regels te garanderen.

Dat brengt mij tot slot opnieuw bij professor Cleveringa. Toen hij op die gedenkwaardige 26 november 1940 de reeds aangehaalde woorden sprak: 'Het is deze Nederlander, deze nobele en ware zoon van ons volk, deze mens, deze studentenvader, deze geleerde dien de vreemdeling welke ons thans vijandig overheerst ontheft van zijn functie,' liet hij zien dat in het bestempelen van een ander tot 'vreemde' of 'vreemdeling' een keuze ligt. De keuze namelijk om iemand tot vreemde te bestempelen, of om dat niet te doen. Cleveringa accepteerde het niet dat Meijers door de Duitsers tot een vreemde werd gedegradeerd. Daarmee liet hij zien dat Meijers – en daarmee ook mijn moeder – er volgens hem gewoon bij hoorde.

Die keuze om mensen erbij te laten horen kunnen wij ook maken.

Ik heb gezegd.

De rede van Cleveringa van 26 november 1940: een herinnering

H. Cohen-Koster

Het lijkt een gemakkelijk te beantwoorden vraag: u bent op 26 november 1940 bij de rede van Cleveringa geweest. Kunt u uw indrukken daarvan beschrijven?

Het verzoek en het daarop mijnerzijds spontaan gegeven antwoord brengen een kettingreactie van gevoelens en emoties op gang.

Ik zie mezelf zitten, veertig jaar geleden in het Leidse Groot Auditorium. Het is een duidelijk plaatje, te midden van de ontelbare duistere plekken in mijn geheugen. Ik zie mezelf zitten, maar wie was dat, die veertig jaar geleden daar zat als eerstejaars studente? Het naoorlogse leven heeft me zo volledig opgeslokt dat degene die daar zat, bijna een vreemde is geworden. Ik tracht hardnekkig terug te gaan naar de omstandigheden en gevoelens van toen.

Terwijl ik daarmee bezig ben, hoor ik toevallig dat de spreker bij een van de herdenkingsbijeenkomsten, gehouden naar aanleiding van de dood van Cleveringa, zijn zoon van zestien jaar citeerde, die, nadat hij de rede gelezen had, zei: Wat een slap verhaal. Is dat nou alles? Het treft me diep, een dergelijke uitlating in deze tijd over iets dat van zo grote invloed is geweest op mijn eigen leven.

Maar is het zo vreemd dat een jongen van deze tijd, gewend aan demonstraties, harde eenzijdige kreten, bezettingen en wetsovertredingen, alles bijna dagelijks op de tv te zien en te horen, en dit tegenover een overheid die tot het uiterste tracht tolerant te zijn – dat zo'n jongen vol onbegrip staat tegenover deze beheerste, uiterst beschaafde en welovervogen woorden, uitgesproken tegenover een bezetter voor wie het begrip tolerantie niet bestond?

Als ik dit verhaal ga schrijven, dan zal het mede een poging zijn om die onbekende jongen iets te laten voelen van het effect dat veertig jaar geleden deze schijnbaar zo rustige woorden gehad hebben. Hoewel het natuurlijk gaat om de persoon en de woorden van Cleveringa, kan ik niet anders dan in het kort ook mijn eigen geschiedenis weergeven, om duidelijk te maken hoe en waarom ik daar zat.

Er is veel strijd, altijd geweest, over de vraag wat nu bepalend is voor de loop van de geschiedenis: personen, productieverhoudingen, klassenstrijd, structuren. Maar dit kleine stukje geschiedenis over mezelf is een geschiedenis van emoties – de lichte plekken in mijn geheugen.

Ik ben een Joodse, die niet is opgegroeid in het warme nest van oeroude Joodse wetten en gebruiken. Van mijn liberale ouders herinner ik mij de woorden: je bent een Jood en daar mag je je nooit voor schamen. En wat het geloof betreft, zoek je het zelf maar uit. Het effect van deze woorden was niet dat ik me ging verdiepen in het Jodendom, maar wel dat kerk en christendom dus taboe voor me waren.

Dat waren dan ook de problemen toen ik op het Haarlemse gymnasium kwam, en niet dat andere, want op dat gymnasium was geen schijn of schaduw van antisemitisme te vinden. De geest die daar heerste, was een van volstrekte verdraagzaamheid op ieder gebied: afkomst, sekse, godsdienst en ras.

In dit verband herinner ik me twee dingen uit de latere schooljaren. De Duitse leraar, die met grote letters en een verbeten gezicht het woord Nazi op het bord schreef en ons uitlegde wat dat betekende. En die andere leraar, een z.g. edelfascist, met wie wij uitvoerig plachten te debatteren, en die eens lachend tegen me zei dat er ook veel te veel Joodse advocaten en artsen waren, en, op mijn verbaasde opmerking dat die mensen toch gewoon door hun intelligentie hun examens hadden gehaald, antwoordde: Ja, maar dat is toch een bepaald soort sluwheid...

Toen mijn Amsterdamse studententijd begon, werden de berichten uit Duitsland steeds dreigender. Maar – het is nauwelijks te geloven in deze tijd – als studenten bemoeide je je niet met de maatschappij. Zeker niet in de meisjesstudentenvereniging, waar ik een nog ouderwets onbekommerde, gezellige tijd doorbracht. Dat alles zonder de lange rijen stempelende werklozen te zien, en zonder me al te zeer te laten beroeren door de onwezenlijke berichten van over de grens.

Tot de Duitse vluchtelingen kwamen, tot mijn vader op een dag zei: áls wij willen emigreren, dan moeten we het nu doen. En mijn absurde antwoord: wat alle Joden meemaken, wil ik ook meemaken.

En dan gaat er eindelijk iets veranderen in dat beschermde leventje, met de oogkleppen voor.

De man met wie ik zal gaan trouwen, behoort tot het grote leger van werklozen. Met hem doorleef ik de ellende van de vergeefse sollicitaties naar een leraarsbaan. Intussen volgen de oorlogsgeruchten elkaar steeds sneller op. Mobilisatie. Huwelijk met mijn man, die nu officier is. Nog altijd die kinderlijke gevoelens uit een beschermde jeugd: mij kan niets gebeuren.

Dan vallen de bommen op het vliegveld achter ons huis. In een flits de oorlogsdagen. En het onvoorstelbare gebeurt. Capitulatie. De nu voor deze generatie niet na te voelen geweldige schok van het vertrek van Koningin Wilhelmina: het plotseling alleen en verlaten zijn.

Hierna volgen de slagen elkaar snel op: de dood van mijn man, die niet mee wil maken wat komen gaat; de militaire begrafenis met geweren waar geen kogels meer in zitten. Dan, heel kort daarna, het overlijden van mijn vader, altijd de rots waarop ik bouwde. Alleen met mijn moeder in de eerste bezettingsmaanden. Eindelijk volwassen. De Duitse legers trekken op met een verbijsterende snelheid. Frankrijk verloren. De NSB op straat in zwarte uniformen. De Nederlandsche Unie, waarbij je je aansloot omdat die daartegen een tegenwicht leek. Angst en verwarring. De oude drogredenering: in dit land zullen ze niet met de Joden doen wat ze in Duitsland deden. De vraag: wat is een Jood? wordt steeds dringender. Ik ben een Jood omdat ik vier Joodse grootouders heb. Maar ik wil weten wat dat werkelijk betekent. Ik volg een cursus bij een zeer geliefde rabbijn, maar er komt geen antwoord op mijn vragen.

Het andere probleem: wat moet ik gaan doen? Mijn doctoraal is nu waardeloos, een leraarsbaan is dan al uitgesloten voor Joden. Om allerlei redenen lijkt de rechtenstudie in Leiden een oplossing.

Ik zie me uit de trein stappen in Leiden, voor de eerste keer. Alle ellende van de laatste maanden moet op mijn gezicht te lezen zijn: een vage bekende neemt diep z'n hoed voor me af.

Ik weet hoe oud ik me toen voelde te midden van de eerstejaars. Maar het is moeilijker me goed voor ogen te houden dat ik toen niet wist wat we nu weten. De toekomst was nog totaal onbekend: de bevrijding pas na meer dan vier lange oorlogsjaren – wie kon dat vermoeden? –, Auschwitz, met alles wat dat inhield, een nog onbekende naam.

Twijfel, onzekerheid en angst in en om mij.

Wat zullen de volgende anti-Joodse maatregelen zijn? In ons voorstellingsvermogen van toen leken werkkampen in Duitsland het allerergste. En hoe zal men reageren op de bezetting, zal men zich trachten aan te passen aan de onvermijdelijke overwinning van Duitsland zoals Colijn al meteen deed? Verzet lijkt onmogelijk.

Tot mijn verbazing beginnen de colleges mij toch te boeien en de afstand tussen mijn medestudenten en mij blijkt te overbruggen; het leven begint toch weer iets normaals te krijgen. Ik zit dan ook in de schouwburg als het bericht mij bereikt: morgen om 10.00 uur spreekt Cleveringa over Meijers.

Voordat ik naar het Rapenburg ga, loop ik, zoals altijd, even binnen bij mijn schoonvader, die mijn studie zo stimuleert, en ik zeg tegen hem: Wat jammer dat nu juist Cleveringa zal spreken, dat lijkt mij zo'n saaie man! En zijn antwoord: Wacht maar tot je hem gehoord hebt; hij is een Fries en als daar uitkomt wat er van binnen brandt, dan zul je iets beleven!

Het Groot Auditorium is stampvol. In doodse stilte begint Cleveringa met het voorlezen van de die morgen ontvangen brief van het departement waarin Meijers de ontheffing van de functie van hoogleraar is aangezegd. Na het droge voorlezen hiervan begint de woede al door te dringen in de zin: 'Ik geef u dit bericht in zijn naakte kaalheid, en zal niet pogen het nader te qualificeren.'

Dan begint de stem steeds striemender te worden: 'Evenmin zal ik met mijn woorden uw gedachten pogen te leiden naar hen van wie het schrijven... is uitgegaan.' Volgt de passage die ik beleefd heb als een trap in het gezicht van degenen die behoren tot het verachtelijk soort mensen dat tot deze daad in staat is; een trap die ze doet verdwijnen om plaats te maken voor de 'lichtende figuur van hem wien onze aanwezigheid hier geldt'. De verachting die de stem uitdrukte, was erger dan welke belediging dan ook had kunnen zijn. Ik weet niet of ik heel precies geluisterd heb naar de beschrijving van de bijzondere verdiensten van de geleerde Meijers, maar de zin: 'Het is deze Nederlander, deze nobele en ware zoon van ons volk... die de vreemdeling, welke ons thans vijandiglijk overheerscht, ontheft van zijn functie' valt als balsem in mijn twijfelende ziel. In deze indrukwekkende zaal, waar 'ik het gevoel heb, als zweven op dit oogenblik onze gedachten en stemmingen zonder klanken niettemin volkomen nauwkeurig kenbaar over en weer en af en aan tusschen ons allen' zit ik in een gemeenschap van gelijkgezinden, gelijkvoelenden. Ik hoor erbij!

En de prachtige slotzin, die alle hoop op de toekomst richt, doet ons als één man opstaan en spontaan het Wilhelmus zingen zoals ik het nog nooit gehoord heb en nooit meer horen zal. Iedereen moet zich op dat moment ervan bewust zijn geweest dat hij een historisch moment heeft meebeleefd.

Niemand weet wat de gevolgen zullen zijn.

Diep onder de indruk kom ik thuis. Het iets willen doen wordt mij gemakkelijk gemaakt omdat de moeder van Cleveringa vlak bij mij in de buurt woont. Een bloemetje moet iets uitdrukken van wat ik voel. Ik zie nog het lieve gezicht waarop afwisselend trots en angst te zien zijn. Angst – want het koffertje voor de gevangenis staat klaar.

Ik tracht de rede nog eens over te lezen met de ogen van de zestienjarige van nu. Wat mist hij er in? Natuurlijk de stoere kreten van nu: wij protesteren, wij eisen, wij dreigen met acties: staking, bezetting!

Integendeel: 'Wij kunnen zonder in nutteloze dwaasheden te vervallen, welke ik u met klem moet ontraden, thans niets anders doen dan ons buigen voor de overmacht.'

En het resultaat? Geen demonstraties, geen andere openlijke protesten dan de al voorbereide studentenstaking. De bezetter reageerde hierop met sluiting van de universiteit. Maar belangrijker dan sluiting en collegestaking was, allereerst voor de toehoorders, later ook voor de velen die de rede lazen en doorgaven, de geweldige stimulans tot daadwerkelijk verzet. Van hieruit, maar natuurlijk ook uit andere bronnen, leidt de weg naar de stencils en ondergrondse krantjes, naar het vervalsen van persoonsbewijzen, naar het zoeken van onderduikadressen, naar het stelen van distributiebonnen, naar het vervullen van koeriersdiensten, naar al dat verborgen werk dat uiteindelijk mij en zoveel anderen het leven zou redden.

Natuurlijk, ik weet het: degenen die de risico's namen, waren een kleine minderheid. Geen volk is een volk van helden. Maar naast de velen die niet durfden, niet konden of niet wilden, en degenen die collaboreerden of profiteerden, staan die anderen die onder het motto 'blijf met je rotpoten van onze rotjoden af!' de Februaristaking begonnen, en staat de nobele figuur van Cleveringa.

En er valt nog een ander diep spoor te volgen; ik ben mij dat pas veel later bewust geworden: de veiligheid van de Jood is niet alleen in Israël te vinden. De veiligheid ligt daar waar echte verdraagzaamheid en werkelijke democratie bestaan. Die veiligheid geldt dan helemaal niet alleen voor Joden, maar voor alle minderheidsgroepen en uiteindelijk voor iedereen.

Ik hoop dat de zestienjarigen van nu, die leven in een tijd dat die democratie van alle kanten wordt bedreigd, dat het eeuwige probleem van de verdediging van de democratie met democratische middelen, moet worden opgelost in de levensgrote uitdagingen van deze tijd – kernbewapening, kernenergie, werkloosheid, woningnood –, dat die generatie zich zal laten inspireren door mensen, al zijn het maar enkelen, die hun emoties laten beheersen door hun verstand, en die de moed hebben hun woorden te laten volgen door daden waarvan zij de consequenties hebben overzien en aanvaard.

LOUISE FRESCO

Nieuwe Spijswetten

2002

'Aan de miljoenen die geen twee maaltijden per dag hebben,
kan God alleen verschijnen als brood.'
Mahatma Gandhi[1]

Stel dat Eva vandaag had geleefd, waarmee had zij dan Adam verleid? Zou zij voor hem een frikandel uit de muur trekken?[2] Of zou zij Adam een maand lang op een dieet van *Supersize Mac* hamburgers zetten, zoals regisseur Morgan Spurlock deed in zijn provocerende documentaire? Begint de hedendaagse zondeval met deze van cholesterol druipende symbolen? Ons Kwaad heeft talloze vormen: hartkwalen en zwaarlijvigheid,[3] de vervuiling van onze voedselketen met kankerverwekkende kleurstoffen, de onherroepelijke vernietiging van het regenwoud door grote vleesbedrijven, en, niet als minste, de mondiale massacultuur.

Maar wellicht zou een denkbeeldige Eva zich aan de traditie houden en Adam een glanzende appel aanbieden, afkomstig van een genetisch gemanipuleerde appelboom. Een verleidelijk kleinood, geplukt door zachte meisjeshanden, bestraald en verpakt in plastic, door kerosine slurpende vliegtuigen vervoerd. Want ook dat is ons Kwaad: genetische modificatie, bestraling, kinderarbeid, energieverspilling.

Is er in deze Hof van Eden dan geen alternatief? Ja, een milieubewuste Eva zou voor Adam naar de natuurwinkel fietsen om er een onbespoten, biologische appel van een vergeten ras te kopen, in papier verpakt. Als zij niet al de voorkeur zou geven aan een banaan met Max Havelaarkeurmerk. Stribbelt Adam nog tegen dat een echte man geen fruit eet, dan wijst Eva hem op de morele voordelen van de vegetarische hamburger. De erfzonde vandaag is niet zomaar *Fast Food*, genetische modificatie of de vrije markt, maar de verwarring over wat we kunnen en mogen eten.

Eten is geweten. Dat is al zo sinds dat oude verhaal over de ingewikkelde verhouding tussen voedsel, kennis, goed en kwaad uit de drie monotheïstische godsdiensten: Eva's verleiding door de slang, het eten van de 'appel'[4] van de boom der kennis, de verdrijving uit het paradijs. Het is een merkwaardige intrige die zich op allerlei wijzen in de westerse kunst heeft gemanifesteerd, van Masaccio tot Lucas van Leyden en Auguste Rodin.

Vrees niet, dit wordt geen inleiding in de theologie: net zomin als de moderne evolutietheorie een intelligente ontwerper veronderstelt, put de wetenschap van landbouw en voedsel uit Bijbelse vertellingen. Toch resoneren in dit verhaal allerlei relevante vragen. Is voedsel noodzaak of zonde? Kan voedsel zo maar van de boom geplukt worden of moet het in het zweet des aanschijns verbouwd worden? Is een paradijselijke overvloed aan voedsel ons intuïtieve ideaal?

Eva's verhaal laat zien dat de allereerste wet in de drie monotheïstische godsdiensten betrekking had op voedsel.[5] Met voedsel begon ieder moreel besef, en verleiding tot het kwaad is daarvan de tegenhanger, al is voedsel van oudsher ook verbonden met saamhorigheid en charitas. Dat is wat ons mensen onderscheidt van andere organismen.

In de geschiedenis van de menselijke voedselvoorziening zijn de vijfenzestig jaar sinds professor Cleveringa zijn rede uitsprak minder dan een oogwenk. Toch zijn die laatste decennia zonder twijfel uniek. De generaties na de Tweede Wereldoorlog hebben de snelste bevolkingsgroei meegemaakt die de mensheid ooit in haar twee miljoen jaar geschiedenis heeft vertoond: een verdrievoudiging tot meer dan zes miljard mensen. Dit biologische 'succes' was mogelijk door de toegenomen controle over ecologische processen waardoor steeds meer producten van fotosynthese voor de mens beschikbaar kwamen. We kunnen ons nauwelijks voorstellen hoe bijzonder deze ontwikkeling is. Bijna al onze calorieën zijn nu afkomstig van organismen die zijn *gedomesticeerd*, dus waarvan de mens voortplanting, leefmilieu en selectie van genetische eigenschappen heeft beïnvloed.[6] In evolutionair opzicht was dat een meesterzet, al waren we niet de eersten. Enige miljoenen jaren vóór ons hebben termieten en mieren al schimmels en luizen geëxploiteerd. Wij zijn laatkomers, maar ongeëvenaard door de schaal waarop en de snelheid waarmee wij talloze soorten tot instrument van onze behoeften hebben gemaakt.

Van alle mensen (*Homo erectus*) die ooit hebben geleefd zijn 90% jagers en verzamelaars geweest, maximaal 5% zijn of waren boeren en de rest stedelingen.[7] Landbouw ontstond pas in de laatste tienduizend jaar.[8] Maar zonder landbouw geen stedelijke cultuur en geen klasse van denkers en kunstenaars. Zo revolutionair was deze uitvinding dat in de eerste vijfduizend jaar de wereldbevolking vertienvoudigde (van 5 tot 50 miljoen tussen 10.000 en 5.000 jaar geleden). Hoewel een uitwisseling van soorten en technologie al eerder ontstond tussen Azië, het Midden-Oosten en Europa, kwam de genetische mondialisering vanaf 1492, de ontdekking van de Nieuwe Wereld, in een stroomversnelling. De gevolgen voor de wereldvoedselvoorziening waren radicaal. De belangrijkste gewassen in Afrika, cassave, maïs en aardnoot,[9] komen uit Amerika, terwijl tarwe uit het Midden-Oosten de basis werd voor de voeding in de VS. Bijna elke maaltijd[10] bevat 'ingrediënten' – genetisch materiaal, nutriënten zoals stikstof, water – die van elders komen en met behulp van collectieve kennis zijn geproduceerd. Sinds het midden van de vorige eeuw worden niet alleen zaden maar ook grote hoeveelheden voedsel over duizenden kilometers vervoerd.[11] Daarvan maken overigens ook ziekteverwekkende soorten dankbaar gebruik.

Landbouw en voeding hebben veel geprofiteerd van de toepassing van wetenschap.[12] Voortbouwend op eeuwen van experimenten door boeren en ruwweg één eeuw van systematisch onderzoek, en dankzij de verbeterde communicatie en handel, is de wereld nu gemiddeld gesproken in staat zichzelf te voeden. Dit is niet alleen een kwestie van volume. Veredeling, plaagbestrijding maar ook bemesting leiden tot een betere kwaliteit.[13] In het licht van de evolutie kunnen we niet anders dan ons verbazen over het feit dat een enkele boer vandaag honderden hectares tegelijk kan bewerken waardoor duizenden families aan de andere kant van de aardbol worden gevoed.

Voor het eerst in de geschiedenis is de situatie ontstaan dat de overgrote meerderheid van de mensheid geen dagelijkse strijd meer om voedsel levert. *Acute* honger is van een algemene, een specifieke en gelukkig meestal tijdelijke bedreiging geworden, vooral als gevolg van natuurrampen, maar ook door toedoen van misdadige regimes. Maar de historische afname van acute honger maskeert dat *chronische* honger nog steeds bestaat. Het is een onverdraaglijke gedachte dat 50.000 van de 400.000 baby's die op deze dag geboren worden, hun leven beginnen met chronisch voedseltekort dat hun groei en hun hersenontwikkeling vertraagt en hen vatbaar maakt voor ziekten. Als volwassenen zullen zij daardoor minder productief zijn. En ondervoede moeders krijgen weer kinderen wier immuunsysteem verzwakt is.[14] *Chronische* honger is niet een kwestie van een absoluut tekort of te lage productie, maar van de onmogelijkheid voedsel te verwerven door arbeid of inkomen.[15] Ongeveer één miljard mensen leven van minder dan één US$ per dag,[16] en twee miljard mensen lijden aan een tekort aan micronutriënten zoals ijzer en bepaalde vitamines. Honger is een onzichtbare ramp. Aan de gevolgen van honger sterven per dag 20.000 mensen; in twee weken zijn dat er net zo veel als de slachtoffers van de tsunami van december 2004.

Niettemin is, ondanks de verdrievoudiging van de wereldbevolking, het aantal calorieën per hoofd met bijna een kwart gestegen sinds 1945. Het percentage ondervoede mensen is afgenomen van 35% in 1960 tot 13% nu.[17] De schande van onze tijd is niet alleen dat honger en armoede nog steeds bestaan, maar dat met name in Afrika de voortgang stagneert. De geschiedenis bewijst immers dat honger kan worden uitgebannen.

Juist in die gebieden waar voedselschaarste al vele decennia tot het verleden behoort en die zozeer hebben geprofiteerd van de toename en diversiteit van voedsel, overheerst vandaag een gevoel van onbehagen. Het succes in het terugdringen van de honger wordt overstemd door het gevoel, ook bij de middenklasse in ontwikkelingslanden, dat we niet volgens het huidige stramien voort kunnen gaan. Hoewel dit onbehagen deels de luxe weerspiegelt van degenen die nooit honger hebben gekend, zijn er vele vragen te stellen bij de veranderingen in natuurlijke ecosystemen door de mens.[18] Neem de mondialisering[19] van de vleessector. Ruim een kwart van het aardoppervlak[20] wordt nu gedomineerd door veeteelt, direct door graaslanden of indirect door de productie van voer. De groei bestaat vooral uit pluimvee en varkens, die rondom stedelijke centra worden geconcentreerd, ver verwijderd van de gebieden waar hun voer wordt verbouwd. Technisch en economisch kan verder gegroeid worden, ook met de nodige aanpassingen om schade aan milieu, dierenwelzijn en volksgezondheid te beperken. Aan wetenschappelijke oplossingen ontbreekt het niet. Maar tegelijkertijd roept deze ontwikkeling enorme twijfels op. Is dit wat we willen, honderdduizenden kippen met afgehakte snaveltjes, al zijn loslopende kippen vatbaarder voor ziekten? Willen we echt dat Brazilië verandert in een groot sojaveld, al levert dit inkomen op? Mogen wij ons in het westen wel bemoeien met de Aziatische vraag naar goedkoop dierlijk eiwit?

En er is meer. We spreken ongemerkt van kippen in leg'batterijen' alsof de beesten een collectief aangedreven productiemachine zijn. Door de razendsnel voortschrijdende technologie schijnt de grens tussen natuurlijk en kunstmatig, tussen levend wezen en apparaat te vervagen.[21] Onze prometheaanse ambities[22] roepen steeds meer vragen op.

Biologisch en historisch is het een unicum dat de overgrote meerderheid van één soort, de mens, individueel nu op geen enkele manier voor zijn eigen voedsel kan zorgen. Geen van ons hier zou een dag overleven zonder de ingewikkelde netwerken van gespecialiseerde producenten en distributeurs. Ons onbehagen ontstaat doordat wij halsoverkop de moderne, hoogtechnologische voedselvoorziening zijn binnengevallen. In ons hart verlangen we naar toen de wereld leger en stiller was, verlangen we naar een paradijs waar voedsel vanzelfsprekend aan de boom hing.

Er is geen reden om te vervallen in het pessimisme van de Schaduwdenkers, die menen dat moderne technologie onherroepelijk tot een ecologische en economische crisis leidt, of de naïviteit van de Lichtzoekers, die onmiddellijk terug willen keren naar de 'ongecompliceerde' leefwijze van vroeger. Wie het verleden idealiseert, vergeet dat wie niet rijk was niet alleen weinig at, maar ook heel vaak voedsel dat verontreinigd of bedorven was, en dat het vergaren van voedsel vroeger een dagtaak was. In de zeven jaar sinds ik hun standpunten in de Huizinga-lezing onder de loep nam, zijn geen nieuwe feiten boven tafel gekomen.[23] En toch... er schuilt in ieder van ons iets van een Schaduwdenker en een Lichtzoeker, om met Milton te spreken, iets van *Paradise Lost* en *Paradise Regained*.

Voedsel lijkt symbool van alles wat er mis is in deze wereld, met de verhouding tussen staten en bevolkingsgroepen, tussen arm en rijk, met de wetenschap, met onze plaats tussen de andere soorten op deze planeet, en met onszelf. Sinds Eva weten we dat voedsel alles te maken heeft met voorstellingen van goed en kwaad, schuld en verantwoordelijkheid.

En met verleiding! De moderne mens, nauwelijks de voedselschaarste ontgroeid, heeft grote moeite zijn consumptie te beperken en blijft dóóreten. Voedsel combineert dan ook bij uitstek het duale karakter van genieten en schuld. Door zijn uitgekiende combinatie van kleur- en smaakstoffen en textuur, en door de associatie met zondig genieten, is de Big Mac Hamburger voor iedereen onweerstaanbaar.[24] Ook in Miltons epische gedicht *Paradise Lost* ligt de verleiding in de appel zelf. De slang spreekt van

... fruit of fairest colours mixed,
Ruddy and gold.... more pleased my sense
Than smell of sweetest fennel...[25]
or the teats
Of ewe or goat dropping with milk....

We moeten het verhaal van Eva dus ook lezen als een waarschuwing: voedsel is een gevaar dat ingetoomd moet worden door de juiste keuze en combinatie van voedingsmiddelen.

Daarvoor is een religieuze autoriteit nodig die het onveilige voedsel sanctioneert, letterlijk: heilig maakt. De oudste gedetailleerde voedselvoorschriften zijn die van het *kasjroet*,[26] en ook de islamitische *halaal-wetten* hebben dezelfde achtergrond (*halaal* betekent 'dat wat is toegestaan'). Er is in de loop van de geschiedenis tevergeefs gezocht naar de symboliek van deze wetten[27] en het is een misverstand dat zij gebaseerd zijn op (al of niet correcte) medische inzichten.[28] De bedoeling van de spijswetten was niet de bescherming van gezondheid en milieu, al is dat soms een neveneffect geweest. Het verbod op het eten van varkensvlees bijvoorbeeld weerspiegelt de ecologie van het Midden-Oosten, waar mens en varken concurreren om voedsel en water, en waar varkens veel minder hittebestendig zijn dan geiten en schapen, de soorten die daar vanaf het begin zijn gedomesticeerd. Een verstandig gebruik van schaarse hulpbronnen ging hand in hand met het voorkómen van parasitaire infecties bij de mens.[29] Voor Maimonides lag het belang van de spijswetten echter in het handhaven van de regels zelf en in het verbond dat daarmee werd bevestigd. Of zoals de antropologe Mary Douglas concludeerde: het *kasjroet* en vergelijkbare taboes zetten aan tot meditatie over de eenheid, reinheid en volledigheid van God in confrontatie met het planten- en dierenrijk.[30]

Daarmee werd eten tot een weloverwogen daad van zelfcontrole, een serie beslissingen over productie, bereiding en consumptie. Ook als er weinig regels waren, zoals in het christendom, bestond de neiging tot matiging, soms door vasten. Overal ontstond er een heldere tweedeling tussen wat je kunt eten en wat niet. Zo is vlees van koeien hogelijk gewaardeerd in Japan, maar ontoelaatbaar voor hindoes. Waar in de loop der eeuwen maar enige ruimte was voor twijfel, bogen priesters, rabbi's en oelama's zich over de juiste interpretatie. Met andere woorden, de concrete voedselgewoontes verschilden aanzienlijk, maar er was weinig verwarring over wat goed was, al bleef er ruimte voor bijgeloof.

In de loop van de vorige eeuw is de sanctionering van voedsel door religie verschoven naar de onpersoonlijke autoriteit van nationale en internationale regelgeving en voorlichtingsbureaus. Dit is ten koste van de individuele verantwoordelijkheid gegaan,[31] terwijl ook secularisatie de voedselvoorschriften heeft verdrongen. Handel, verstedelijking en migratie hebben een situatie geschapen waarbij het voedselaanbod zowel verruimt als verengt: er is meer keuze, maar dat wat men gewend is te eten en de omstandigheden om dat te bereiden zijn niet altijd voorhanden. Steeds meer voedsel wordt onderweg en gehaast geconsumeerd. In het westen leidt dit tot 'grazen': het voortdurend eten, met name van snacks, lopend op straat, voor televisie en beeldscherm. Wie wil eten, hoeft zich door seizoen noch sluitingstijden beperkt te voelen.

Tegelijkertijd wordt steeds duidelijker dat voedsel de sleutel is tot gezondheid, direct door zijn huidige samenstelling maar ook in de toekomst door de versterking van de preventieve werking van fytochemicaliën zoals antioxidanten of isoflavonen. Verleiding, minder fysieke arbeid, voedselbeschikbaarheid en -samenstelling, het ontbreken van regels en onzekerheid over wat goed en gezond is, leiden tot overgewicht, ook in ontwikkelingslanden. Juist daar ontstaat in snel tempo een mondialisering van eetgewoontes door een verschuiving naar duurdere, westerse voedingsmiddelen en meer dierlijke eiwitten, suikers en vetten. De gevolgen daarvan laten geen twijfel bestaan: een toename van chronische aandoeningen zoals hart- en vaatziekten, diabetes en kanker.

Het symptoom van onze nieuwe erfzonde is obesitas, het resultaat van verwarring en de zucht naar telkens meer. Voor het eerst zijn er meer mensen in de wereld zwaarlijvig dan er honger lijden.[32]

Vandaag bepalen niet klimaat, schaarste en voedselvoorschriften de maaltijd, maar aanbod, koopkracht en verleiding. Er is een discrepantie ontstaan tussen technologie, economie en de morele basis van ons handelen. Kennis en economie blijken ambigue krachten: voedsel is voor velen goedkoper[33] geworden, maar honger en vetzucht gaan hand in hand. De kloof tussen overdaad en tekort is schrijnender dan vroeger. Al heeft mondialisering ongekende kansen geschapen, de markt beschermt niet vanzelf de zwakste groepen noch publieke goederen zoals volksgezondheid of biodiversiteit. En vooral: vooruitgang heeft geen effect gehad op de evolutie in de zin dat de huidige mens zich heeft aangepast aan de overvloed en tegelijk oog heeft voor het gemeenschappelijk belang. We hebben alle kennis om honger uit te bannen, de natuur te beschermen en verantwoord te eten, maar we zijn collectief niet in staat die toe te passen.[34] Integendeel, onze waardensystemen zijn niet meeveranderd met onze technologische mogelijkheden. Er heerst verwarring alom, door de afwezigheid van religieuze sanctionering, wetenschappelijke autoriteit en gebrek aan kennis. Het is de voedingsbodem voor een veelheid van claims over gezondheids- en cosmetische eigenschappen van voedingsmiddelen en goed bedoelde alternatieven. Het belang van goede voeding bij de preventie van chronische ziekten[35] mondt uit in een veelheid van voedingsmiddelen en diëten met gezondheids- en cosmetische claims zoals koffie en chocolade, en een explosie van kookboeken.

Neem bijvoorbeeld het succes van *Slow Food*,[36] de Italiaanse beweging die zich presenteert onder het motto 'het *recht* op genieten' als een kruising tussen gastronomie en idealisme, in navolging van de Schaduwdenkers en Lichtzoekers. Hoe inspirerend de oorspronkelijke intentie ook moge zijn, in extreme vorm is het benadrukken van de streekgebonden producten en autarkie elitair: zonder afhankelijkheid van voedsel van elders, zou de wereldbevolking niet gevoed kunnen worden en zouden arme landen niet kunnen exporteren.

Dat wil niet zeggen dat het aan goede bedoelingen ontbreekt. In de laatste twintig jaar wisselen baanbrekende studies en verklaringen van politieke leiders elkaar af. Op het gebied van voedsel blijven de resultaten achter, ondanks twee wereldvoedseltoppen (in 1996 en 2002). Dat ligt niet aan de politieke instrumenten, want al in de Universele Verklaring van de Rechten van de Mens uit 1948 is voedsel als individueel recht en collectieve verantwoordelijkheid beschreven.[37] De recente internationale Richtlijnen voor het Recht op Voedsel[38] gaan verder dan het fundamentele recht om geen honger te lijden (dat direct verbonden is met het recht op leven), door ook de staat verantwoordelijk te maken voor de toegang tot voedsel dat adequaat is in hoeveelheid en kwaliteit om gezond en actief te leven, en dat duurzaam geproduceerd is. Hiermee wordt eindelijk voedsel met duurzame landbouwmethoden verbonden. Ondanks deze vooruitgang blijft de tekortkoming van dergelijke teksten de eenzijdige nadruk op voedseltekort als onderdeel van de mensenrechten.

We hebben een nieuw paradigma nodig, een coherent stelsel van gedragsregels voor individuen, overheden, bedrijfsleven en maatschappelijke organisaties om voedsel weer centraal te stellen in een duurzame, rechtvaardige wereldsamenleving.

Ik stel u voor wetenschappelijk verantwoorde Spijswetten te ontwerpen die taboe en sanctionering terugbrengen: de waarschuwing voor het gevaar van onmatigheid in productie en consumptie, en het essentiële van voedsel als cultuurgoed, de 'heiligheid' zo men wil. Deze *Nieuwe Spijswetten* moet u niet zien in juridische zin maar in de betekenis van een niet-religieus engagement. In de relaties tussen staten, in de verhouding tussen overheid en samenleving en in individueel gedrag stellen de nieuwe spijswetten voedsel weer centraal. Ik geef u een paar voorbeelden.

Voedsel is geen olie waarmee naar hartenlust gespeculeerd kan worden.

In de relaties tussen *staten* kan voedsel niet zonder meer behandeld worden als andere goederen waarvan vraag en aanbod door de markt worden geregeerd. In het verleden moge voedsel dan vaak als machtsmiddel gebruikt zijn, de onderschrijving van de Doelstellingen voor het Millennium door alle lidstaten van de VN luidt wellicht een nieuwe fase in. We zullen naar een erkenning moeten, ook binnen de WTO, dat voedselvoorziening zowel lokale steun als eerlijke handel vereist. Naast bestaande sanitaire normen kunnen de Nieuwe Spijswetten aangeven hoe producten worden verbouwd en vervoerd om de schade aan milieu of tradities te verdisconteren. Waar om gezondheidsredenen de vraag naar producten als suiker of palmolie afneemt, moeten landen die sterk van deze producten afhankelijk zijn geholpen worden alternatieven te vinden.

In de relatie tussen *overheid en samenleving* betekenen de Nieuwe Spijswetten dat de overheid meer verantwoordelijkheid moet nemen om consumenten houvast te geven. Toegang tot geloofwaardige informatie over individuele en ecologische risico's is een eerste stap. Maar gedragsverandering is tijdrovend en kostbaar. Bij micronutriëntentekort, waarvan we vermoeden dat het een rol speelt in de ontwikkeling van obesitas,[39] moeten we directe oplossingen overwegen door voedingssupplementen te verstrekken in ontwikkelingslanden en in achterstandswijken. In arme wijken zal de overheid ook moeten stimuleren dat winkels voedsel van voldoende diversiteit en kwaliteit aanbieden.[40] Belastingmaatregelen zijn problematisch en een bronbelasting op vet en suiker zou waarschijnlijk internationale complicaties veroorzaken. De overheid kan wel een aantal beperkingen opleggen op overmatige porties, op snoepautomaten, op een te hoog gehalte aan vet, zout en suiker. Maar even belangrijk is het bevorderen van bewustwording, zodat overeten straks net zo ondenkbaar is als bijvoorbeeld roken.

Een van de uitdagingen van vandaag is hoe de private sector de publieke zaak kan bevorderen. De Nieuwe Spijswetten zouden ook het *bedrijfsleven* stimuleren tot discussies met overheid en klanten over de diversiteit, samenstelling, oorsprong en presentatie van het aanbod, in kantines, ziekenhuizen, winkels, treinen. Hoewel er vooruitgang wordt geboekt met voedingsinformatie, kan veel meer gedaan worden aan de volledigheid en toegankelijkheid daarvan. Wie weet komt het nog eens tot een spijswettenkeurmerk, omvattender dan wat er nu bestaat aan garanties op ecologische producten en eerlijke handel. Om bijvoorbeeld het risico van te hoge zoutinname te vermijden zou de consument met een oogopslag moeten kunnen zien hoeveel van de dagelijkse dosis een product bevat. Het bedrijfsleven zal zich overigens moeten voorbereiden – in navolging van de zaken die aangespannen werden tegen tabaksproducenten – op de aanklacht dat kinderen door snoep- en frisdrankautomaten op scholen op het verkeerde pad worden gezet, en dat arme obesitaspatiënten hoge publieke kosten meebrengen.[41]

Bij *individueel* gedrag gaat het bij de Nieuwe Spijswetten niet om een simpele calorieënteller of een bewegingsmeter of om verboden in de trant van: eet nooit meer iets dat niet uit je eigen streek komt, en alleen maar datgene wat het seizoen verschaft, eet geen voedsel dat na de oogst in een fabriek is verwerkt of kippen uit legbatterijen, eet geen suiker noch dierlijke vetten, en eet niets waarbij kinderarbeid is gebruikt, eet nooit tijdens het winkelen. De Nieuwe Spijswetten zijn een manier van denken, van expliciete vragen stellen over wat we eten en wat anderen eten. Het is opvallend dat uit een recente enquête blijkt dat voeding niet voorkomt op de lijst van dingen waar Nederlanders zich zorgen over maken.[42] De Nieuwe Spijswetten kunnen een manier van denken bieden, van expliciete vragen stellen over ons voedsel en dat van anderen.

Voedsel is geen brandstof die nu eenmaal in het lichaam moet worden gegoten, voedsel moet met respect worden behandeld: voorzichtig gewassen, geduldig gesneden, zorgvuldig bereid en bewaard, opdat alleen het hoogstnodige wordt weggegooid.[43] Er zijn fantastische lessen te bedenken waarbij scholieren hun eigen maaltijd en hun vuilniszak analyseren en werkstukken maken met titels als ‘Hoe komt het dat je bananen in de sneeuw kunt eten?’ of ‘Waarom koeien geen suikerziekte krijgen’. Waarom is voedsel geen vast onderdeel van de vaderlandse geschiedenis? Waarom organiseren we in Nederland geen Feed me Better-campagne[44] zoals in het Verenigd Koninkrijk? In het Midden-Oosten, bakermat van de drie monotheïstische godsdiensten, zegt men: *la gastronomie est fille de la civilisation* (gastronomie is de dochter van de beschaving[45]). Het lijkt me een prachtig motto voor een dialoog, daar, en met nieuwe Nederlanders hier.

Eten is een ontologische transformatie, dat wat ik niet-ben, wordt ‘ik’: *Dis-moi ce que tu manges, et je te dirai ce que tu es.*[46] Dat lijkt vanzelfsprekend, immers wie zich dagelijks voedt met hamburgers moet wel een ander mens zijn dan een lactovegetariër. Maar Brillat-Savarins bekende uitspraak betekent ook dat we zijn wat we eten omdat we via ons voedsel onlosmakelijk verbonden zijn met de ecologische kringlopen van onze planeet. Er is geen intiemere manier om om te gaan met de natuur dan te eten. Wij bestaan uit de elementen die wij opnemen, zij het niet op de manier die Giuseppe Arcimboldo voor ogen had toen hij keizer Rudolf II met wenkbrauwen van peultjes en een perenneus schilderde.[47] Maar wel bijna letterlijk: stel dat de mens als miereneter was geëvolueerd, dan hadden wij en de wereld er totaal anders uitgezien.

Eten is weten. Mijn nieuwe spijswetten zijn geen voorstel tot religieus reveil of juridische bemoeizucht, maar een aanzet tot een sociaal contract voor individuele en collectieve voedselvoorziening. Zoals de oude, religieuze wetten het doel hadden voedsel te sanctioneren, zo pogen de nieuwe spijswetten voedsel te ontdoen van zijn vanzelfsprekendheid. Maar in tegenstelling tot de stringente voorschriften uit het verleden gaat het niet om moderne taboes te lanceren. Dit is dus geen poging tot een dieet voor de 21e eeuw dat slaafs gevolgd kan worden door wie het morele gelijk aan zijn kant wil hebben. Maar wel een aanzet tot bewustwording over wat er op tafel verschijnt, hier en elders. Met de Nieuwe Spijswetten doe ik een oproep tot een publiek debat. Een debat over de verbondenheid van voedsel en mens, plantenrijk en dierenrijk, zonder mystificatie, gebaseerd op wetenschappelijke kennis en sociale verantwoordelijkheid.

Als Eva een Leidse studente was geweest, zou zij dan Adam in de mensa hebben verleid met 'verwenkwark aardbei'?[48] Ik laat het antwoord aan u over, want u hebt meer ervaring met de Leidse universitaire voorzieningen dan ik. Maar wat Eva er ook haalt, ik hoop dat zij Adam verleidt met verhalen over voedsel en de rol die het speelt voor de mensheid. Laat Eva beginnen met de geschiedenis van de appel, die te traceren valt uit de botanische variatie van de bomen die groeiden uit de pitten die de volksverhuizers uitspuugden langs hun route van China door de Kaukasus naar Europa, met de Etrusken in de rol van wetenschappelijke vernieuwers door hun uitvinding van het stekken.[49] En laat Eva de tragische geschiedenis vertellen van de aardappel waarbij uitgebuite indiaanse mijnwerkers, blootsvoetse monniken, stelende koksmaten en de Ierse hongersnood figureren.[50]

Eten is weten, eten is geweten. Voedsel verbindt ons met het verleden en met de toekomst, en met de rest van de wereld, dus met vraagstukken van rechtvaardigheid en solidariteit. Voedsel is relevant voor alle faculteiten. Moge mijn pleidooi voor nieuwe spijswetten in seculiere zin op een bescheiden en indirecte wijze ook een eerbetoon zijn aan Professor Meijers.[51]

Ik heb gezegd.

KEES SCHUYT

Democratische deugden; groepstegenstellingen en sociale integratie

2006

1 INLEIDING

Collectieve herinneringen vormen het geheugen van een samenleving, zoals individuele herinneringen de stof vormen voor iemands persoonlijke identiteit. Hoewel herinneringen altijd selectief zijn en vaak geïdealiseerd worden, vormen ze de brug naar morele waarden, die wij willen vasthouden (Feldman 2004: 19). Nog slechts weinigen kunnen terugdenken aan de heftige gebeurtenissen in de week van 23 tot 27 november 1940. Velen echter kunnen overdenken wat het betekent om de stem van het geweten te volgen tegen een totalitaire bezetter. Het behoort tot de taak van elke generatie om dat ook te doen, steeds opnieuw. Wat gebeurde er precies?

Op 23 november 1940 kwamen professor Cleveringa, decaan van de juridische faculteit, en zijn collega Telders bijeen om de bevestiging te bespreken van de geruchten dat alle Joodse ambtenaren ontslagen zouden worden. Dit besluit betekende voor de juridische faculteit dat de collega's Meijers en David van hun ambt zouden worden ontheven. Cleveringa en Telders spraken op die zaterdag met elkaar af dat Cleveringa in zijn hoedanigheid als decaan op dinsdagmorgen op het college-uur van Meijers de studenten zou toespreken. Op 26 november gaf hij in zorgvuldig geformuleerde en ingehouden bewoordingen dit college, dat naast een eerbetoon aan zijn ontslagen leermeester een van de eerste protesten werd tegen de Jodenvervolging. Op het einde van zijn college verwijst hij naar de ongrondwettigheid van het ontslag:

> 'Maar in de faculteit, die blijkens haar doelstelling gewijd is aan de betrachting van de rechtvaardigheid, mag toch déze opmerking niet achterwege blijven: In overeenstemming met Nederlandsche tradities verklaart de Grondwet iederen Nederlander tot elke landsbediening en tot de bekleding van elke waardigheid en elk ambt benoembaar, en stelt zij hem, onafhankelijk van zijn godsdienst, in het genot van dezelfde burgerlijke en burgerschapsrechten. Volgens artikel 43 van het Landoorlogsreglement is de bezetter gehouden de landswetten te eerbiedigen *sauf empêchement absolu*' (Cleveringa 1940/1973: 29).

Cleveringa stond in zijn protest niet alleen. Op diezelfde dag en een dag eerder werden soortgelijke protesten uitgesproken, onder andere door V. Koningsberger in Utrecht, S.C.J. Olivier en J. Smit in Wageningen en door de theoloog L.J. van Holk, eveneens in Leiden, die een college gaf over de filosoof Spinoza (Van Holk en Schöffer 1983: 5). Het protest van Cleveringa werd befaamd, mede omdat vanwege het 'zegt het voort' een groot studentenpubliek aanwezig was en omdat zijn rede, achtergelaten op zijn lessenaar, spoedig werd vermenigvuldigd en verspreid. De tekst van de rede van Koningsberger in Utrecht, eveneens achtergelaten, werd door een aanwezige student meegenomen en uit angst voor represailles vernietigd. Vrijdag jongstleden, 24 november, is de eerste Koningsbergeroratie gehouden te Utrecht. Hiermee wordt een goede Leidse traditie landelijk verbreed (Hesseling 2006).

De zin van het opnieuw in herinnering brengen en op vaste tijden herdenken van deze en andere aangrijpende gebeurtenissen, is gelegen in het voortzetten en ondersteunen van een morele traditie, waarvan in Leiden Meijers, Cleveringa, Telders, de gebroeders Drion en vele anderen de culturele symbolen zijn geworden. Deze morele traditie, onderdeel van de westerse, humanistische beschaving, koestert de bescherming van het individuele geweten – vragen van gewetensvorming en gewetensvrijheid –, ondersteunt het publieke verzet tegen onrecht en discriminatie, soms met gevaar voor eigen leven, en vermeerdert en verspreidt de kennis over het ongrijpbaar diepe kwaad dat is geschied tijdens de nationaal-socialistische overheersing in Europa.

2 DEUGD EN KENNIS

Het gaat om weten, geweten en niet vergeten. Deze gedachte is indrukwekkend verwoord in de geschriften van Primo Levi. In het twaalfde hoofdstuk van zijn persoonlijk verslag uit het *Lager* van Auschwitz, vertelt Levi, de scheikundige die door lotsbestemming een rasverteller werd, het verhaal van zijn jonge Franse medegevangene, Pikkolo, die graag een beetje Italiaans wilde leren – elkaar verstaan, een gemeenschappelijke taal was noodzakelijk om in het kamp te overleven (Levi 1987: 129). Levi begint dan enkele vroeger uit zijn hoofd geleerde verzen van Dante, uit het Inferno, hardop op te zeggen. Maar dat gaat moeizaam. Zijn geheugen vertoont gaten, totdat hij opeens een vers van Canto XXVI – de Zang van Ulysses – achter elkaar kan opzeggen:

'Considerate la vostra semenza:
fatti non foste a viver come bruti
ma per seguir virtute e conoscenza.'

'Besef goed waar je van afstamt: jullie
zijn niet gemaakt om te leven als beesten,
maar om te streven naar deugd en kennis.'

Primo Levi heeft de beschrijving van deze gebeurtenis in het midden van zijn boek geplaatst, op een omslagpunt, dat wijst van de hel naar de vrijheid, de vrije zee, die Ulysses bevoer, en naar diens schip dat symbool staat voor de drang tot kennis. In deze terzine staat een levensfilosofie: gij zult U nimmer verlagen tot een beestachtig bestaan; het gaat in ons leven om deugd, het individuele geweten (*conoscenza, conscience*), en om kennis, weet hebben van (*knowledge, consciousness*), om het onderzoeken van de werkelijkheid. 'Hoe is het mogelijk geweest?' en 'Waarom is het gebeurd?'.

Deugd en kennis zijn niet tot elkaar te herleiden. Zij vertegenwoordigen elk op zich de twee belangrijkste waarden van het mens zijn: de rede en de vrijheid, die het geweten en de verantwoordelijkheid mogelijk maken. Zij kunnen zelfs met elkaar in conflict komen, hetgeen ze bij Dante en Levi ook doen (Giuliani 2003: 44). Primo Levi plaatst zichzelf uitdrukkelijk en welbewust in de klassieke humanistische traditie in Europa, gekenmerkt door redelijkheid, tolerantie, geloof in de kracht van woorden, in taal, eerbied voor stilte, voor zelfbeheersing, liberaliteit, Sefardische wijsheid, scepticisme, geestigheid en een groot vertrouwen in natuurwetenschappelijke kennis (Cicioni 1995: xii). Verlichtingswaarden tegenover *dark times* (Arendt 1955).

Met zijn vertellingen, verhalen en interviews wilde Levi, naar eigen zeggen, drie dingen bereiken: 1) getuigenis afleggen, zoveel mogelijk mensen informeren over de historische feiten in Auschwitz, waarbij Auschwitz symbool staat voor alles wat is geschied; 2) proberen te begrijpen hoe en waarom deze feiten gebeurden en 3) het scheppen van precondities, cultureel, mentaal en politiek-sociaal, die verhinderen dat dergelijke feiten zich zouden herhalen. 'Dit nooit meer' was het veelgehoorde maatschappelijke doel, dat velen zich met hem direct na de Tweede Wereldoorlog gesteld hebben. Het bracht de herbevestiging van de democratische rechtsstaat, de formulering van de Rechten van de Mens in 1948 en 1950 en het vormde de grondslag voor de vestiging van de Europese Gemeenschap. Zestig jaar later wordt dit doel al soberder geformuleerd: het 'dit nooit meer' is veranderd in 'niet nog eens en nog eens', nu ook op Europese bodem pogingen tot genocide niet verhinderd konden worden en nu het onberekenbare kwaad nieuwe vormen heeft aangenomen, een lijnvliegtuig als moordwapen.

Een sterk gewortelde en levendige democratie is een van de belangrijkste precondities om niet opnieuw als 'redeloze dieren' te leven. Een democratie is echter altijd fragiel, omdat ze aan de ene kant aan alle belangen en verlangens de vrijheid geeft zich te uiten en zich te ontplooien en aan de andere kant de eenheid van een politieke gemeenschap moet representeren en bewaren (Ricoeur 1992: 257–258). Hoe gaat een samenleving met aanhoudende groepstegenstellingen en groepsconflicten om en welke middelen heeft een democratie om een destructieve afloop van dergelijke conflicten tegen te gaan of de kans daarop te verminderen? Dit is de vraag die ik in dit openbaar college voor u wil behandelen.

De titel van deze oratie luidt: democratische deugden, groepstegenstellingen en sociale integratie. Ik houd de tweeledige opdracht van Primo Levi in gedachten: het gaat om kennis en deugd. De oratie heeft derhalve twee delen: welke specifieke, sociaalwetenschappelijke kennis draagt bij aan het inzicht in de dynamiek van groepstegenstellingen en groepsconflicten? Welke deugden moeten worden beoefend om de democratische rechtsstaat zo levendig mogelijk te houden, als preconditie ter verhindering van nieuwe onmenselijkheid?

3 HET ONBEREKENBARE KWAAD

Het begrijpen van de precondities waaronder de Holocaust heeft plaatsgevonden is de essentie van de ethiek, die uit Levi's werk naar voren komt. Maar moeten we ons niet meteen afvragen, zoals Primo Levi zelf, Hannah Arendt, Jean Améry, Elie Wiesel en vele anderen deden, of wat zich heeft afgespeeld wel ooit valt te begrijpen? Hebben we niet te maken met het absolute, onbegrijpelijke, onvergelijkelijke, radicale kwaad, dat ligt buiten elk begrip, en buiten de normale maatstaven van misdadigheid? Gewone misdaden worden herkend aan de tegenovergestelde waarden die zij in het concrete geval miskennen. Liegen veronderstelt waarheid, verraad veronderstelt de waarde van trouw en loyaliteit. Goed en kwaad zijn zo met elkaar in normale oppositie verstrengeld. Valt de Holocaust buiten deze, buiten elke normaliteit? Welke positieve waarden ontstaan uit de reflectie op en een analyse van het nationaal-socialisme dat als beweging elk begrip van humaniteit, ja het begrip mens zijn en menselijkheid zelf, wilde uitbannen?

Ondanks het feit dat bovengenoemde schrijvers de onbegrijpelijkheid van de Holocaust hebben benadrukt, wijzen ze er op dat de menselijke verantwoordelijkheid hiervoor niet wordt ontkend. Er is geen sprake geweest van een mythische, metafysische of religieuze strijd van Het Goede tegenover Het Kwade of van God tegenover Duivel. Het gaat om een bezinning op het kwaad, waartoe mensen in staat blijken te zijn. Primo Levi wijst daarom het begrip absoluut kwaad af. Hij neemt het bestaan van grijze zones aan, waarbinnen in telkens verschillende mate, afhankelijk van de vele voorstelbare en onvoorstelbare omstandigheden, goede en kwade elementen van menselijk gedrag samen optreden. Absoluutheid veronderstelt een zuiverheid, die er niet is. De werkelijkheid wordt immers gekenmerkt door onzuiverheid, door amalgamen. Bovendien zou een absoluut kwaad geen ruimte meer laten voor het individuele geweten en voor morele verantwoordelijkheid, die aan individuen een keuze lieten, hoe klein die soms ook was (Levi 1991).

Hannah Arendt gebruikte in haar studie *The Origins of Totalitarianism* (1951) het begrip 'radicaal kwaad', dat zij ontleende aan de filosoof Kant. Kant beschreef als een van de eersten het radicale kwaad niet als een metafysisch verschijnsel, maar hij bracht het onder de noemer van menselijke verantwoordelijkheid en vrijheid. Natuurrampen en andere ontzettende gebeurtenissen die ziekten en dood veroorzaken, vallen buiten het bereik van de mens en daarmee buiten de zedelijke wet. Het kwaad daarentegen is een verschijnsel, dat voortkomt uit een geperverteerde zwakte van de wil (Kant 1793/1977; Anderson-Gold 2001; Rossi 2005). Later echter muntte Hannah Arendt een nieuw begrip: de banaliteit van het kwaad, een uitdrukking die overigens pas in de allerlaatste zin van het verslag van het Eichmannproces wordt geïntroduceerd (Arendt 1963: 252). Dit heeft geleid tot een enorme en zeer lange discussie in de politieke en moraalfilosofie over hoe de twee begrippen 'radicaal' en 'banaal' kwaad met elkaar te rijmen vielen (Lara 2001). De banaliteit werd sterk afgewezen door Jean Améry (1977), G. Scholem en S. Benhabib (1994), maar Hannah Arendt wilde er vooral mee aangeven dat gewone, alledaagse mensen tot onvoorstelbare dingen in staat zijn en dat dit wijst op de sociale en niet op een metafysische oorsprong van het kwaad. Banaliteit van het kwaad wil niet zeggen dat het kwaad minder erg is, maar dat het om kwaad gaat dat volledig verstrengeld is met het alledaagse leven en dat dan niet of nauwelijks meer als zodanig wordt onderkend. Kwaad als een tijdelijk gedeelde levensvorm (Ferrara 2001: 178–179). Radicaal is het kwaad dat tot aan de wortels (radix) van de beschaving reikte en dat, zoals het nationaal-socialisme, niet alleen mensen vernietigde, maar de idee van menselijkheid zelf teniet wilde doen, geheel wilde uitroeien.

Deze discussie over het kwaad gaat nog steeds door en vermengt zich nu met de discussie over nieuwe en hedendaagse manifestaties ervan (Bernstein 1996, 2006; Alford 1997; Lara 2001; Neiman 2002; Safranski 2004; Vetlesen 2005; Ophir 2005). Zelf heb ik een voorkeur om te spreken van 'onberekenbaar kwaad'. De uitdrukking is van Arendt zelf afkomstig, uit een van haar vroege artikelen uit 1945: 'Dit is zeker: op hen, en alleen op hen die een oprechte vrees koesteren voor de onvermijdelijke schuld van het mensdom, kunnen we vertrouwen om, als het er op aan komt, overal te vechten – zonder angst en compromissen – tegen het onberekenbare kwaad, waartoe mensen in staat blijken te zijn' (Arendt 1994: 132). Hier wordt de nadruk gelegd op het onvoorstelbare en onvoorspelbare van bepaalde vormen van menselijk gedrag en op de teleurstelling dat zelfs dit onvoorspelbare en onvoorstelbare toch telkens weer mogelijk blijkt te zijn. Mensen zijn tot heel veel kwaad in staat.

Het begrip 'onberekenbaar' legt tevens een verbinding met de problematiek van tegenwoordig, met nieuwe vormen van genocide, nieuwe vormen van terreur én nieuwe vormen van banaliteit: gewone, onopvallende HTS-studenten in Hamburg; een werkloze monteur in Londen, die vele, niets vermoedende reizigers op weg naar hun werk doodde. Onberekenbaar is grensoverschrijdend, niet te kwantificeren, diepgaand, maar ook onvoorspelbaar, met nieuwe onschuldigen als slachtoffer.

De discussie in de morele en politieke filosofie over het kwaad – radicaal, banaal of onberekenbaar –, die door Arendt is begonnen en waaraan zij zelf een belangrijke bijdrage heeft geleverd, leidt tot een drietal conclusies:

1. Verantwoordelijkheid voor wandaden van onberekenbaar kwaad blijft voorop staan, ook al kan men de omvang van de verantwoordelijkheid niet goed schatten.
2. De idee van humaniteit dient bewaard te blijven; juridisch gepositiveerd in misdaden tegen de menselijkheid, en moreel verankerd in de idee van menselijke waardigheid en recht op leven voor ieder mens; een differentiatie tussen politieke, strafrechtelijke en morele verantwoordelijkheid is daarbij mogelijk en zinvol.
3. Het kwaad komt in een sociaal gewaad; als aanvulling op de sterk moraalfilosofische analyse dient een sociologische en sociaalpsychologische analyse van de mechanismen die het kwaad conditioneren en/of begeleiden.

4 VAN SOCIALE MAKELIJ

Het kwaad is van sociale makelij. Aan massaal geweld tegenover bepaalde bevolkingsgroepen gaat meestal een intensivering van groepstegenstellingen vooraf. Deze intensivering heeft bovendien typische, steeds terugkerende kenmerken. Allereerst komt het kwaad bijna nooit als een openlijke ontkenning van de morele wet, maar wordt het als iets goeds voorgesteld, als een gerechtvaardigde onderneming met eigen idealen en principes, waar velen achter kunnen staan en ook achteraan willen lopen. Er worden uitdrukkingen gebruikt die ontleend zijn aan de bekende en vertrouwde cultuur zoals reinheid en zuiverheid. Een voorhoede acht zich uitverkoren en schept voor zichzelf uitzonderlijke rechten en speciale verantwoordelijkheden. Goed en kwaad komen vermengd naar voren en hierin schuilt de verraderlijke, moeilijk zichtbare, sociologische component. Kwaad wordt niet minder intersubjectief tot stand gebracht en gedragen dan het goede, en de bestrijding van het allerergste kwaad loopt immer het gevaar zelf bepaalde eigenschappen van dat bestreden kwaad over te nemen (Alexander 2001; Aho 1994).

Dat geweld tegen specifieke groepen meestal gepaard gaat met een motief van zuiverheid kan aan vele historische voorbeelden, onder andere aan de geschiedenis van de godsdienstoorlogen in Europa, worden geïllustreerd. Barrington Moore, de bekende historisch socioloog, maakte in zijn studie *Moral Purity and Persecution in History* (2001) een vergelijking tussen de bloedige godsdienstoorlog in Frankrijk in de tweede helft van de zestiende eeuw en de terreur tijdens de Franse Revolutie en constateerde dat in beide situaties, de ene van religieus geweld, de andere van seculier en politiek geweld, sprake was van een steeds sterker wordende drift tot morele zuiverheid en van een sterke afkeer van ónzuiverheid, van bezoedeling, besmettelijkheid.

De roep om zuiverheid en terugkeer naar een oorspronkelijk, niet gecorrumpeerd christendom van de groep pas bekeerde Hugenoten in Frankrijk (1530–1572) werd beantwoord door de gevestigde kerk met het tot besmet verklaren van deze groep afvallige oproerkraaiers, die nog eerder dan lepralijders de stad moesten worden uitgewezen. Initiële groepstegenstellingen worden scherper gemaakt en verhevigd met een toename van afkeurende percepties, van beide kanten. Vijandbeelden ontstaan en alle leden van de bestreden groep worden met het vuile, het vieze, het dierlijke, en het onkuise geassocieerd. 'Hugenoten slapen met de duivel.' Onderscheidingen binnen de tot vijand verklaarde groep vallen weg, de omgang met de vijand wordt verboden: 'De enig goede Hugenoot is een dode Hugenoot.' De gehele groep wordt gedehumaniseerd en gedemoniseerd, letterlijker nog dan in de twintigste eeuw, want bijna iedereen geloofde nog in het bestaan van de echte duivel (Barrington Moore 2000: 39–44).

Legitieme oppositie, vooral tegen de clerus, was in dat tijdperk niet mogelijk. Het religieuze conflict liep schijnbaar onontkoombaar naar de bloedige ontknoping in het St. Bartholomeüsbloedbad op 24 augustus 1572. Veelal arme inwoners van Parijs, daartoe aangezet door de politieke machthebbers, brachten welgestelde Hugenoten in groten getale om. Barrington Moore wijst er op dat onder het religieuze conflict ook sociale klassentegenstellingen wel degelijk een rol speelden.

Compromissen in religieuze conflicten leken schier onmogelijk. Pas toen aan andere waarden, zoals vrede, voorspoed, orde en welvaart, zwaarder gewicht werd toegekend kwam de weg vrij voor wat we nu religieuze tolerantie noemen. Ketterij werd toen nog steeds afgekeurd, maar het doden van ketters werd uiteindelijk als groter kwaad gezien. Tolerantie is immer, toen en nu, het kiezen tussen twee kwaden, het afwegen van een negatief iets tegen een kleiner negatief iets (Lecler 1958; Schuyt 2001). De religieuze tolerantie kwam met de erkenning dat het niet aan de mensen gegeven is om de laatste waarheid over God en Gods bestaan te kennen. De kern van de religieuze tolerantie bestaat in de opvatting dat godsdienstige waarheidsclaims niet objectief beslecht kunnen worden, doch slechts kunnen worden verinnerlijkt. Daarmee ontstond tevens het inzicht dat de waarheid of onwaarheid van godsdienstige opvattingen geen uitgangspunt diende te zijn van praktisch staatkundig handelen.

In de seculiere context van de Franse Revolutie kreeg zuiverheid een minder religieuze of seksuele betekenis. Het fanatisme echter waarmee de revolutionairen, Danton, Robespierre, Saint Just, de zuiverheid van hun politieke onderneming bewaakten deed niet onder voor de religieuze haat van twee eeuwen daarvoor. Nu ging het om de morele verbetering van de samenleving, van het volk, dat in wezen zuiver was, maar door het corrupte oude regiem en de onwillige gematigde partijen was verpest. Opvoeding van alle burgers, met de guillotine als afschrikwekkend middel, zou de ideale samenleving, gezuiverd van de kwalen van de beschaving, naderbij brengen. Politieke verschillen werden morele verschillen en politieke opponenten werden daardoor als een morele bedreiging gezien, wat leidde tot de verdere zuivering van de niet helemaal zuiveren door de zuiverste van allen, Robespierre.

Zo gaat het vaak. De strijd tussen radicalen en gematigden die tijdens de Franse Revolutie speelde, was exemplarisch voor de eeuwige strijd tussen het streven naar een definitieve staat van heil en het realistische, graduele streven om stap voor stap, beetje voor beetje, binnen de grenzen van het mogelijke, maatschappelijke situaties te verbeteren (Barrington Moore 2001: 100). Het Jacobijnse rationalistische streven naar morele verbetering en verheffing van het volk wordt gezien als de voorloper van de nog grotere politieke en morele ijverzucht van communisme en fascisme in de twintigste eeuw. Het toont de donkere, vaak niet erkende schaduwkanten van Verlichting en vooruitgang en de irrationele grondslagen van het streven naar morele perfectie. Barrington Moore wijst met zijn historische voorbeelden welbewust op de sociologische componenten van massaal geweld tegen groepen, namelijk:

- dat het zich steeds voorstelt als het streven naar iets goeds, naar morele zuiverheid, in het hier en nu, en als dat niet lukt, in ieder geval later;
- de verheviging en verscherping van groepstegenstellingen en de daarbij horende groepsdruk;
- de creatie van vijandbeelden en het afsluiten van onderling verkeer;
- het via woorden en beelden demoniseren en dehumaniseren van de achtervolgde groep.

Die componenten zijn niet uitdrukkelijk voorbehouden aan vroegere tijden, maar kunnen zich telkens weer opnieuw, na perioden van rust en vrede, manifesteren. Hij sluit zijn boek af met een tamelijk sombere constatering: 'Niet zo lang geleden, zeg, na de Tweede Wereldoorlog, leek het erop, dat de strijd tegen de meest virulente vormen van irrationalisme en intolerantie gewonnen was. We konden ons richten op het bestrijden van onwetendheid, ziekte en honger en misschien een beetje van het leven genieten. Een halve eeuw later ziet dat perspectief, met de terugkeer van alle oude spoken en de creatie van nieuwe horreurs, eruit als een van de grote illusies van de twintigste eeuw' (2001: 133; mijn vertaling).

5 DE FRAGILITEIT VAN DE DEMOCRATIE

Groepstegenstellingen kunnen worden gecreëerd, aangewakkerd, gemanipuleerd en uitgebuit, zoals de geschiedenis talloze malen heeft laten zien. Ik som de lange lijst vanaf de Grieks-Trojaanse oorlog tot aan de recente conflicten op de Balkan en elders niet op. De vraag die zich opdringt is of de democratie, zoals die zich na de Franse Revolutie heeft ontwikkeld en zich in de negentiende en twintigste eeuw met het algemeen kiesrecht heeft versterkt, het verschil maakt. Vormt de democratie niet alleen het bolwerk van vrijheid, maar ook een systeem om hardnekkige groepstegenstellingen en groepsconflicten zodanig te reguleren, dat de destructieve en gewelddadige krachten die er in elke maatschappij zijn, worden afgeremd? Is een levendige democratie de preconditie om, zoals Primo Levi hoopte, te verhinderen dat nogmaals onmenselijk kwaad zich manifesteert? Dit was ook het onderwerp van Drions Cleveringa-oratie in 1967, *Intellectuelen en democratie*, waarin hij zich afvroeg: 'Wat voor relevantie heeft de intellectuele voorgeschiedenis van fascisme en nazisme voor de situatie van nu en voor de verantwoordelijkheid, die intellectuelen nu dragen voor het behoud van onze democratische instellingen?' (Drion 1967/1986: 14)

5.1 De democratische paradox

Een democratische rechtsstaat is in beginsel te beschouwen als een systeem waarin tegenstellingen en conflicten van allerhande aard (belangentegenstellingen, religieuze verschillen, uiteenlopende politieke en maatschappelijke overtuigingen, regionale belangen en eigenaardigheden en maatschappelijke achterstanden) worden erkend en niet op voorhand worden afgewezen of bestreden. Een democratie geeft, door grondwettelijke rechten gegarandeerd, de vrijheid en de mogelijkheid tot verschillen. De politicologe Chantal Mouffe noemt dit de democratische paradox (Mouffe 2000): een democratie legt de nadruk op erkenning van verschil, conflict en tegenstellingen, maar ondersteunt en onderhoudt gelijktijdig een gemeenschappelijke identiteit, de eenheid van een politieke gemeenschap. In een democratie kan niemand een superieure claim leggen op de inrichting van de samenleving, geen partij kan zich op welke grond dan ook stellen boven een andere partij. Daarin verschilt de democratische staatsvorm, de minst slechte zoals Churchill al zei, van autoritaire en totalitaire staten en van de traditionele, op hiërarchie of theocratie gebaseerde staatsvormen.

In de strijd van ideeën en opvattingen is iedereen vrij en gelijk, niet echter in het handelen. Daarnaast maakt Mouffe een onderscheid tussen antagonisme en agonisme (Mouffe 1993; Mouffe 2000). Antagonisme is een strijd tussen vijanden (*enemies*), agonisme een strijd tussen tegenstanders (*adversaries*). Het doel van een democratisch systeem nu is om 'het antagonisme om te vormen tot agonisme. De specifiekheid van de democratie ligt in de erkenning en legitimiteit van conflict met de gelijktijdige weigering om conflicten autoritair te onderdrukken. Een democratische samenleving erkent een pluralisme van waarden' (Mouffe 2000: 117, mijn vertaling). Het gaat er dus om om van vijanden tegenstanders te maken en tegenstanders, politieke, religieuze of maatschappelijke, niet tot vijanden te maken (Phillips 2002: 10).

Het hier geformuleerde doel is een lastige opgave voor elke democratie, vooral wanneer meerderheid en minderheden van elkaar verwijderd raken en elkaar vijandig gezind worden. De samenleving heeft enkele instituties ontwikkeld om dit tegen te gaan: het rechtsproces en rechtsstatelijke beginselen, die bescherming bieden aan de enkeling en aan minderheidsgroepen; onafhankelijke sociale systemen om naar waarheid te zoeken, zoals wetenschap en kunst; tolerantie ten opzichte van het vreemde, het afwijkende, het andere; en afzonderlijke methoden van niet-gewelddadige conflictbeslechting. Ik heb deze instituties eerder en elders de vier steunberen van een samenleving genoemd (Schuyt 2006). Deze instituties zijn belangrijk, want ze houden een samenleving bijeen als die verscheurd dreigt te worden door felle groepsconflicten en scherpe wij-zijtegenstellingen. In die situatie heeft een samenleving, net als grote kathedralen, steunberen nodig om tegenwicht (*contreforts*) te bieden aan alle middelpuntvliedende krachten.

5.2 Een pathologie van groepstegenstellingen

Dit nu is allemaal theorie, weliswaar geen grauwe theorie, maar wel een ideale voorstelling van zaken. Hoe werkt het in de praktijk? Is er een verschil in het vermogen om met conflicten om te gaan tussen prille en fragiele democratieën en stabielere vormen? Als schoolvoorbeeld van een democratie die er niet in is geslaagd om zich staande te houden te midden van verscheurende groepsconflicten wordt steevast gewezen op de lotgevallen van de Weimarrepubliek. Een democratie biedt geen garantie om een samenleving te behoeden af te glijden naar de grootste misdaden. Met de hulp van de conservatieve partij kon Hitler in 1933 legaal aan de macht komen (hoewel hij – dat wordt er vaak niet bij gezegd – niet legaal aan de macht is gebleven). Men kan de Weimarrepubliek zien als een pathologie van groepstegenstellingen met militante partijvorming van links- en rechts-extremistische groeperingen; met toenemend crimineel geweld dat zich vermengde met politiek geweld en met politieke moorden (Boterman 2005); met een aangewakkerd antisemitisme (Hecht 2003) en met een gepolitiseerde rechtspleging (Hannover en Hannover 1966). Het vriend-vijanddenken werd tot het uiterste aangescherpt door de nationaal-socialistische rechtsgeleerde Carl Schmitt die in 1932 de legale machtsovername juridisch voorbereidde en legitimeerde (Dyzenhaus 1999). Scherpe tegenstellingen vormen het wezen van de politiek, beweerde Schmitt, en de vijand die een existentiële bedreiging van het eigen ik vormde moest met alle geweld bestreden worden. De theoretische vijand in zijn rechtsleer was de eeuwige vijand uit Hitlers *Mein Kampf*. Als het beeld van de vijand eenmaal stevig gevestigd is, neemt de sociale groepsdruk en het groepsdenken een eigen vlucht, de taal verandert oude en vertrouwde betekenissen in nieuwe eufemismen om het kwaad te verdoezelen (Klemperer 2000) en slechts zeer weinigen kunnen en durven zich onder die omstandigheden te verzetten tegen de macht van sociale controle die van de heersende groepen uitgaat. Deze sociale druk voltrok zich in alle instituties van de samenleving (Abel 1938). In de Weimarrepubliek ziet men de tegenkrachten, in mijn terminologie de steunberen, zoals een eerlijk rechtsproces, wetenschappelijke waarheidsvinding, de tolerantie en de niet-gewelddadige conflictbeslechting, als het ware voor de eigen ogen inzakken, althans zo kan men het *with hindsight* interpreteren.

Dit alles voltrok zich in slechts vijftien roerige crisisjaren (1918–1933), wat duidelijk maakt hoe snel een omslag kan plaatsvinden. Het is hier niet de plaats om in detail de sociologische groepsprocessen die aan de fatale ommekeer ten grondslag liggen te beschrijven, maar het falen van zo'n prille en fragiele democratie moet ons des te meer aansporen om de onderliggende dynamiek en spiraalbewegingen van groepstegenstellingen en groepsconflicten te leren doorzien.

Doet een volwassen democratie, zoals je thans de Nederlandse en ook de Duitse democratie kunt noemen, het dan beter? Is een goed gewortelde en gepraktiseerde democratie in staat met opkomende groepstegenstellingen om te gaan? Geven de afgelopen vijf jaar in Nederland, waarin het rustige bestel werd opgeschrikt door twee politieke moorden en een schietpartij met dodelijke afloop op een middelbare school, aanleiding tot zorgen? Ik denk hierbij niet alleen aan het maatschappelijke normbesef, maar ook aan het functioneren van de democratie in het licht van toenemende spanningen tussen bevolkingsgroepen, tussen gevestigde Nederlanders en nieuwkomers, tussen jong en oud, rijk en arm, tussen oude en nieuwe politieke groeperingen, tussen gelovige moslims en niet-gelovigen, tussen mensen met een blanke en met een niet-blanke huidskleur? Hoe reageert onze huidige democratie op deze groeiende groepstegenstellingen en potentiële conflicten?

5.3 Kritiek op de liberale democratie

De liberale democratie ondervindt kritiek van velerlei kanten. De liberale democratie met zijn praktijk van neutralisering en juridisering van conflicten wordt bekritiseerd omdat het te weinig waarden zou ondersteunen waar de maatschappij het van moet hebben. De democratische rechtsstaat wordt afgeschilderd als saai, langzaam en stroperig, niet spectaculair, door en door technocratisch werkend. Deze kritiek op de technocratie van de twee Paarse kabinetten was naar mijn mening een onderliggende stroom die de turbulente kritiek van Fortuyn en anderen rond 2001 deed uitmonden in een hevige draaikolk van het oude politieke systeem. De waardenneutraliteit wordt niet als een goede, maar juist als een ongunstige eigenschap beschouwd. Gewezen wordt op het atomistische mensbeeld dat ten grondslag zou liggen aan de moderne liberale en democratische rechtsstaat, waardoor te weinig gemeenschapswaarden worden ontwikkeld of ondersteund. Deze kritiek van de zogenaamde communitaristische denkers (Etzioni, Selznick) is uiteindelijk vrij mild, omdat niemand van deze denkers af wil van de individuele vrijheidsrechten en van de democratisch verankerde procedures, ook al worden die als 'kil' en niet als hart- en zielverwarmend beschreven. Conflicten worden in het gemeenschapsdenken onderschat en weggemoffeld alsof een gemeenschap, denk aan een gezin, een bedrijf of een kerkgenootschap, geen conflicthaarden of onderdrukking van individuele personen zou kennen. Individu en groep worden als een harmonische eenheid gezien, waar de liberale opvatting blijft uitgaan van het primaat van het individu als *locus of value*. Het grootste verschil tussen de liberale denkers en de gemeenschapsdenkers zit in het al of niet erkennen van groepsrechten, met name waar het de groepsrechten van etnische minderheden in een democratie betreft. Liberale denkers zijn daar tegen, met name vanwege het belang van de bescherming van de enkeling tegen de soms nogal onderdrukkende aanspraken van sterk homogene, sociale groepen. Naar mijn mening een terechte zorg.

Scherpere kritiek op de liberale rechtsstaat komt van een aantal neoconservatieve auteurs die de liberale democratische rechtsstaat als een zwak en vermolmd instituut beschouwen, dat onvoldoende weerstand biedt en naar hun mening kan bieden tegen de ondermijning van de democratie van binnenuit – gevestigde belangen geven te weinig ruimte en aandacht voor de gewone burger – en tegen de nieuwe vijanden van buitenaf, met name de georganiseerde politieke islam (Spruyt 2005: 61–63 en 73–78). De conservatieven Wilders en Spruyt keerden zich, in navolging van Fortuyn, tegen artikel 1 van de Grondwet, het artikel dat de juridische bescherming van minderheidsgroepen vastlegt. In het kielzog van de ex-directeur van de Burke Stichting kan men spreken van een dubbele terugkeer van de rechtsgeleerde Carl Schmitt, die eerst via Leo Strauss en diens leerlingen grote invloed heeft gehad op de neoconservatieve revolutie in de Verenigde Staten en wiens denken en invloed van daaruit weer over de oceaan is teruggekeerd naar Europa en naar ons land (Norton 2004; Müller 2003; Lilla 2001: 49–76; Smith 2006). Spruyt beroept zich op de vriend-vijandtheorie van Carl Schmitt om te wijzen op het gevaar van de opkomende islam in Europa, hoewel hij zich daarbij eerlijk en correct distantieert van het levenslang volgehouden antisemitisme van Schmitt. Schmitt is een gevaarlijk denker, *a reckless mind*, zoals Lilla hem noemt (Lilla 2001). Het theologische uitgangspunt van een alles of niets keuze voor of tegen God – 'wie niet vóór mij is, is tegen mij' – wordt overgeplant op de politieke orde, en vervolgens wordt het politieke domein begiftigd met een zendingsdrift die bij de religie hoort. Het vriend-vijandschema, dat mogelijkerwijs metafysisch deugdzaam is voor oprechte gelovigen, trekt zo een heilloze streep door moderne samenlevingen die op geen enkele manier meer, ook niet idealiter, met een homogene katholieke geloofsgemeenschap kunnen worden vergeleken. Ondanks een toenemende populariteit heden ten dage vertegenwoordigt Schmitts óf-óf-denken een duidelijke antidemocratische ideologie (Von Martin 1962: 174–186; Lilla 2001: 7376; Safranski 2000: 120–125). Het lijkt me een tour de force om de antidemocraat Schmitt als gids te nemen om de liberale democratie te redden, zoals Spruyt voorstelt (Spruyt 2005: 60 en 63). Zijn interpretatie van zowel Schmitt als Leo Strauss is op zijn minst nogal eenzijdig te noemen (cf. Meier 1998; Smith 2006; Braekman 2006).

Echter, het praktische gevolg van deze manier van vijanddenken en polariserend politiek bedrijven, die kenmerkend is voor revolutionaire neoconservatieven, kan zijn dat het als een *self fulfilling prophecy* gaat werken. Er wordt geen scherp onderscheid (meer) gemaakt tussen islamitische terreurgroepen, de georganiseerde politieke islam en de grote onbepaalde groep islamaanhangers. Hierdoor ontstaat een gegeneraliseerd vijandbeeld met de mogelijkheid dat de onbepaalde, tot vijand verklaarde, grote groep, zich steeds sterker als vijand gaat gedragen. De dynamiek van groepstegenstellingen zal hier een eigen ontwikkeling doormaken en eigen gevolgen creëren. In de Verenigde Staten heeft het neoconservatieve vijanddenken zich reeds vermengd met het fundamenteel-christelijke apocalyptische denken, dat godsdienstige tegenstellingen ziet als een definitieve strijd die nu of nooit beslist moet worden (Crowley 2006: 102–188). De *clash of civilizations* wordt vooral verwacht, gevreesd of gehoopt door diegenen, die op het uiterste zijn ingesteld. Ongeduld naar de hemel plaveit een weg naar de hel.

5.4 Hoe nu verder?

De drie prominente opvattingen in de hedendaagse democratie, de sociaalliberale en liberaal-democratische stroming, het gemeenschapsdenken en het neoconservatisme, hebben verschillende benaderingen van conflicten. De eerste vertrouwt nog immer op juridische procedures en daaraan verwante overlegsituaties. Conflicten worden niet uit de weg gegaan, maar kunnen zoals bijvoorbeeld langdurige conflicten tussen werkgevers en werknemers, met overleg en compromisbereidheid worden opgelost. Het gemeenschapsdenken gaat in principe uit van harmonie binnen elke gemeenschap en vertrouwt op deze manier op een cohesieve samenleving van gemeenschappen binnen een grotere gemeenschap. Conflicten kunnen worden opgelost, ook die tussen individuele leden en de groep, door een beroep te doen op de individu-overstijgende gemeenschapswaarden. Het neoconservatisme zoekt de confrontatie en zet bepaalde conflicten, met name op het gebied van verschillen in culturele waarden, op scherp. Er worden geen compromissen gesloten met, of relativeringen geaccepteerd van westerse waarden, die in principe superieur geacht worden boven die van andere culturen. Voor de eigen democratische samenleving is een terugkeer naar oude hiërarchische gezagsstructuren wenselijk; via gedegen opvoeding kan de westerse wereld van de slappe houdingen en uiteindelijk van de neer- of ondergang gered worden. Ten aanzien van de rol van de godsdienst is er een verdeelde houding: naast fundamentalistische christenen staan overtuigde atheïsten die uitsluitend in de waarden van de Verlichting geloven.

Alle drie de stromingen worstelen voorts met de min of meer losse uitdagingen van het populisme in velerlei vormen en gedaanten (Laclau 2005; Blommaert e.a. 2004). Kritiek op de democratie is kritiek op de gevestigde orde en deze kritiek, soms maar half verwoord, komt van alle kanten: van buurtbewoners die hun buurt zagen verslechteren, van middenstanders die door grootbedrijven worden weggeconcurreerd, van politieke entrepreneurs die de kans pakken om via de politiek een bekende en gerespecteerde plaats te krijgen, van ondernemers die de politieke besluitvorming te traag, te stroperig en te veeleisend vinden en van op internet opererende rechts-extremistische jongeren met oude antisemitische denkbeelden en andere racistische opvattingen over niet-blanke medeburgers (Homan 2006). Immigrantenjongeren vieren op eigen wijze hun maatschappelijk ongenoegen bot, proberen op hun beurt de gevoelde beledigingen om te zetten in uitdagend en grensoverschrijdend gedrag en bezorgen plaatselijke politici handenvol werk.

Zo staan we er nu ongeveer voor: ontevredenheid over politiek en democratie is al een tijd lang gaande, hoewel de deelname aan verkiezingen op een aanvaardbaar peil blijft. Politieke partijen weten niet goed hoe de populistische kritiek in het democratische stelsel moet worden ingebouwd, terwijl groepstegenstellingen zich ondertussen op de voorgrond dringen. Links en rechts vliegen groepen elkaar in de haren en bestrijden elkaar op internet. Het is zeer moeilijk te voorspellen of de groepstegenstellingen ten goede of ten kwade keren. De democratie bergt zowel het beheerst beteugelen van groepsconflicten als het uit de hand laten lopen van conflicten als mogelijkheid in zich. Om bepaalde condities op te sporen die bijdragen aan beheersing of explosieve ontwikkeling is het gewenst dieper in te gaan op de dynamiek van groepstegenstellingen.

6 DE DYNAMIEK VAN GROEPSTEGENSTELLINGEN: EEN ANALYSE VAN VIER COMPLEXE CONDITIES

6.1 Convergerende inzichten

De sociaalwetenschappelijke literatuur over groepsgeweld en andere extreme vormen van massale misdaden jegens specifieke bevolkingsgroepen is aanzienlijk, maar nog enigszins overzichtelijk. De literatuur over conflicten en conflictbeheersing daarentegen is overstelpend en dat al enkele decennia lang. Ik heb hier, noodgedwongen, een selectie uit gemaakt en daaruit een eigen analyseschema opgesteld, waarin zoveel mogelijk theoretische inzichten uit diverse studies en empirische bevindingen zijn verwerkt. Het opvallende daarbij is dat ondanks de zeer uiteenlopende theoretische uitgangspunten van de verschillende studies bepaalde conclusies steeds convergeren.

Zo beschreef de sociaal-psycholoog Staub de culturele precondities van de Holocaust en de psychologische houdingen van daders, slachtoffers en omstanders. Daarnaast vergeleek hij de Turkse wreedheden jegens en massale vernietiging van honderdduizenden Armeniërs in 1915, zich onder meer baserend op studies van de historicus Toynbee uit 1915 en 1916, met de *killing fields* van Cambodja. Naast de systematische uitlokking van provocaties en het daarop volgende proces van dehumanisering, lette Staub vooral op de rol van omstanders, die zoals bekend was uit sociaal-psychologische experimenten, vaak niet reageren en het kwaad laten begaan (Staub 1989: 184–187 en 208–209).

De Amerikaanse socioloog Aho deed minutieus empirisch onderzoek naar enkele gevallen van antisemitisme bij extreemrechtse groeperingen in het noorden van de Verenigde Staten, waarbij hij de daadwerkelijke invloed van onjuiste en smadelijke informatie op internetsites over verdacht gemaakte inwoners van een klein dorp, leidend tot het vermoorden van die totaal onschuldige personen, kon aantonen. Zijn *Sociology of the Enemy* formuleert drie duidelijke kenmerken van het geweld tegen specifieke groepen, te weten:

1. Het kwaad (*evil doing*) is niet te scheiden van het goed, omdat het kwaad altijd begint met het bestrijden van ander beweerdelijk 'groter' kwaad.
2. De strijd tegen een kwaad maakt de strijdende partijen tot steeds hechtere eenheden die door de vergrote onderlinge solidariteit binnen elk kamp steeds minder in staat zijn andere informatie over 'de vijand' tot zich te nemen; afwijkende meningen worden binnen de eigen groep systematisch onderdrukt.
3. Hoe gevaarlijker het beeld is dat een partij schept van de vijand, hoe meer men in dit beeld gaat geloven en hoe gemakkelijker men de strijdmethoden van die vijand tot de eigen methode maakt; het bestrijden van kwaad wordt zelf besmet met soortgelijk kwaad (Aho 1994: 8–20).

Aho schreef dit allemaal op, lang voor de recente oorlogsvoeringen in de Balkan, in Afghanistan en Irak. Hij acht het op grond van zijn onderzoek niet onmogelijk om diepliggende vijandbeelden af te breken, met name door systematisch de vertekening van informatie over de vijand te corrigeren en te verbeteren. Hij geeft er ook voorbeelden van. Internet kent echter dit soort systematische verbetering van valse en onjuiste informatie nauwelijks.

Twee radicaal tegenover elkaar staande theoretische benaderingen van groepsgeweld komen verrassenderwijs toch tot nagenoeg dezelfde conclusies ten aanzien van de condities die nodig zijn om gewelddadige groepsconflicten te verminderen. De eerste is de studie *One for All, The Logic of Group Conflict* (1995) van Russell Hardin, een Amerikaans politicoloog en vooraanstaand vertegenwoordiger van de rationele keuzetheorie, die menselijk gedrag vooral verklaart uit individuele nutsfuncties. Hardin vroeg zich af waarom personen zich zouden aansluiten bij alles opslokkende groepen, soms zelfs met opoffering van het eigen leven, terwijl de theorie van collectief handelen nu juist een exitoptie van individuen verwacht. Immers als de groep alle kooltjes uit het vuur haalt, hoef je dat zelf niet meer te doen. Het standaardvoorbeeld hiervan is altijd het vakbondslidmaatschap en *free riders*-gedrag, maar waarom is het al of niet meevechten niet een even groot raadsel? Met het systematisch volgehouden paradigma van de rationele keuze analyseerde hij het gewelddadige conflict in de recente Balkanoorlog, dat nogal vaak als een historisch onvermijdelijk en onherstelbaar irrationeel groepsproces wordt gezien. Onder bepaalde omstandigheden is het rationeel je bij een veeleisende groep aan te sluiten – en dit maakt veel agressief gedrag rationeel verklaarbaar – maar uiteindelijk is het onverstandig om je persoonlijke identiteit op te geven ten behoeve van collectieve identiteiten. Op de lange duur is een samenleving meer gebaat bij het bevorderen van waardenpluralisme en persoonlijke identiteiten dan bij een eeuwige strijd tussen groepen om de macht aan te blijven moedigen.

Een radicaal andere benadering biedt de socioloog Thomas Scheff, die op basis van nauwgezette observaties van gedrag in microsituaties in de context van macrocondities de verklaring van gewelddadige conflicten vindt in de rol van onderdrukte emoties, met name de emoties van trots, schaamte en daaraan gerelateerde woede. Hij past zijn vernieuwende sociologische theorie toe op uiteenlopende gewelddadige conflicten: op het ontstaan van de Eerste en Tweede Wereldoorlog, op huiselijk geweld en op het geweld van criminele jongeren in groepsverband. Hij herinnert de lezer eraan dat aan de vooravond van het uitbreken van de Eerste Wereldoorlog in alle Europese hoofdsteden, Berlijn, Londen, Parijs, gejuicht werd om de opgevoerde oorlogsstemming en dat vele jonge mensen zich enthousiast aanmeldden voor de Groote Oorlog, die weldra tot de gruwelijke belevenissen van de twintigste eeuw zou gaan behoren. Hoe kunnen mensen in massa's zo opgewonden raken dat ze worden meegesleept in woede-uitbarstingen? Hoe kon Hitler zijn particuliere pathologie en zijn eigen woede-uitbarstingen overbrengen op zo'n overgroot deel van de Duitse bevolking? Dat is de vraag die Scheff in zijn studie *Bloody Revenge, Emotions, Nationalism and War* stelde en die hij met een originele micro-macroanalyse en vanuit zijn theorie van emoties inderdaad heeft beantwoord (Scheff en Retzinger 1991; Scheff 1994; 1997).

6.2 Vier complexe condities

Hoe gaat een samenleving met aanhoudende en groeiende groepstegenstellingen en groepsconflicten om en welke middelen heeft een democratie om een destructieve afloop van conflicten tegen te gaan of tegenstellingen te verminderen? Dit zijn de twee vragen die ik nu achtereenvolgens wil trachten te beantwoorden, enigszins vermetel omdat bij de beantwoording ervan bijna alle basisverschijnselen van het sociale leven aan de orde komen.

Op basis van de in de vorige paragraaf genoemde studies kom ik tot de formulering van vier complexe condities die ieder afzonderlijk en in onderlinge samenhang een cruciale rol spelen in het ontstaan, het verloop en de al of niet gewelddadige afloop van groepsconflicten. Elke conditie is op zich complex van aard, dat wil zeggen ze bestaan zelf weer uit een aantal verschijnselen, die op elkaar inwerken. De vier condities zijn niet onafhankelijk van elkaar, ze kunnen gelijktijdig voorkomen en elkaar versterken, maar elke conditie leent zich afzonderlijk voor interventies en ombuigingen. In samenhang werken de condities in een bepaalde richting: als alle vier de condities volop en tegelijk aanwezig zijn, dan is de kans op een destructieve afloop het grootst. Destructief wordt hier opgevat als ernstig inbreukmakend op de psychische en fysieke integriteit van bij het conflict betrokken personen. Omgekeerd kunnen de condities voor een destructieve afloop ook worden afgebroken en omgebogen, bijvoorbeeld met alle middelen die een democratie en een open samenleving in zich bergen. Het spiegelbeeld van deze vier condities gezamenlijk bevat dan de voorwaarden voor een goed geïntegreerde, gezonde samenleving. In mijn conclusies kom ik hierop terug.

De vier condities zijn:

1. De overheersing van collectieve identiteiten boven persoonlijke identiteiten; het zwelgen in of verzwolgen worden door collectieve identiteiten, waardoor de vorming of de ontwikkeling van een persoonlijke identiteit wordt genegeerd of teniet wordt gedaan;
2. De intensivering van groepstegenstellingen, zodanig dat die zich ontwikkelen tot alomvattende wij-zijtegenstellingen, vaak in de vorm van meerderheid versus minderheid;
3. De aard en de beslechtingswijze van groepsconflicten, met name of er sprake is van een belangenconflict of van een waardenconflict;
4. De rol van niet-erkende of niet-onderkende emoties, in het bijzonder de emoties van schaamte en woede.

Bij de eerste conditie gaat het vooral (maar niet uitsluitend) om de dynamiek binnen groepen, bij de tweede conditie vooral om de verhouding tussen groepen. Deze intra- en intergroepsrelaties in hun onderlinge samenhang genomen zijn bepalend voor de mate van sociale integratie in een samenleving, waarbij integratie als begrip ruimer wordt opgevat dan uitsluitend de verhouding tussen etnische groepen. Sociale integratie is een dynamisch evenwicht dat bestaat tussen delen in een samenleving en tussen delen en gehelen. Een theorie van sociale integratie kan slaan op elke soort samenleving, de Weimarrepubliek net zo goed als de verzuilde samenleving in Nederland anno 1950, waar ook sprake was van fervente godsdienstige groepstegenstellingen en belangenconflicten, of anno 1970, waar sprake was van generatieconflicten. Als het goed is kan de theorie uiteraard ook worden toegepast op hedendaagse verschijnselen in de eigen samenleving met fervente om godsdienst en godsdienstigheid draaiende tegenstellingen en nieuwe generatieconflicten. Ik zal elk van de condities hier kort bespreken. De complexiteit vraagt om nadere uitleg en uitwerking, die ik hopelijk in de loop van het lopende academische jaar voor studenten zal mogen geven en die ik zal toelichten aan historische en contemporaine voorbeelden van groepsconflicten.

6.3 Persoonlijke en collectieve identiteiten

6.3.1 Groepsonderscheidingen

Aan de basis van groepstegenstellingen liggen groepsonderscheidingen. Op zichzelf zijn groepsonderscheidingen een alledaags gegeven. Groepsonderscheidingen zijn onvermijdelijk en geven een belangrijke ordening aan het sociale leven. We zijn er aan gewend: jong-oud, meisje-jongen, Nederland-België, blank-zwart, eilandbewoners-vastelanders. Je kunt het zo gek niet bedenken of de menselijke geest is vernuftig geweest in het benoemen van groepsverschillen: aan deze kant van de rivier of aan de overkant, buurten boven of beneden de spoorlijn, Grieken en barbaren, Spanjaarden en Moren, Sefardische of Askenazi-Joden, rooms-katholieken, Grieks-katholieken, orthodox-katholieken, oud-katholieken enzovoorts. Hetzelfde kan gezegd worden van groepstegenstellingen: die zijn goed noch slecht. Net als goedaardige en kwaadaardige poliepen zijn er goedaardige en kwaadaardige groepstegenstellingen: Rotterdam en Amsterdam, sociologen en medici, Serviërs en Kroaten, fietsers en automobilisten.

Behoren bij een groep is een natuurlijke neiging van mensen. Geen Ik zonder Wij, geen eigen identiteit zonder ergens bij te horen, bijvoorbeeld bij een familie. De mens is een sociaal wezen, maar daarmee is hij nog geen kuddedier. In principe bevatten alle groepsonderscheidingen de mogelijkheid tot de vorming van een identiteit, hoe willekeurig de onderscheidingen ook zijn. Het hangt van de context af of onderscheidende kenmerken relevantie verkrijgen en de mogelijkheid geven tot de vorming van een identiteit. Veel willekeurige onderscheidingen leiden niet tot groepsvorming, nog minder tot groepsbewustzijn en zijn daarmee verwaarloosbaar, maar zelfs in kleine verschillen kan een grote sociale werkelijkheid huizen. Niemand komt op het idee om de mensen in deze zaal met blauwe of met rode stropdassen of met blauwe of rode feestjurken als een groep te beschouwen, maar de groep die hier zit met zwarte stropdassen of strikken vertegenwoordigt een levendige academische gemeenschap met een geschiedenis en met verwachtingen voor de toekomst die hen met elkaar verbinden, meer of minder strak. Die gemeenschap bestaat, ook al zien we alleen maar uiterlijke kenmerken en rituele gebeurtenissen.

Kortom, welke groepsonderscheidingen aan individuele personen identiteiten verschaffen is tot op grote hoogte willekeurig, dát dergelijke onderscheidingen plaatsvinden is dat niet. Het is als met de taal: het vermogen tot taalvorming is vermoedelijk aangeboren, welke taal men als eerste leert spreken is volkomen afhankelijk van plaats, tijd en toeval. De klassieke vraag die hierbij opkomt is of er onderscheidende kenmerken zijn die zo fundamenteel zijn, dat elke samenleving zich rondom die kenmerken organiseert. Men wijst dan op primordiale kenmerken: geslacht, leeftijd, etniciteit, huidskleur, allemaal kenmerken die bijna onveranderlijk zijn. En men wijst op de iets minder onveranderlijke, maar wel fundamentele kenmerken als het behoren tot een godsdienstige groepering, het beschikken over kennis, kapitaal, het bezetten van al of niet overerfelijke maatschappelijke posities, het horen bij bepaalde sociale klassen en standen. De macht van primordiale kenmerken, die vaak verantwoordelijk gesteld wordt voor onophoudelijke, onuitroeibare groepsconflicten en oorlogen – het werd bij de Balkanoorlog weer serieus als oorzaak aangevoerd – wordt vaak overschat. Ze determineren minder het sociale gedrag dan wordt verondersteld. Wel bieden primordiale kenmerken typische mogelijkheden tot identiteitvorming met vaak verregaande gevolgen.

Identiteitsvorming op basis van dergelijke collectieve kenmerken is niet onproblematisch. Individuen kunnen zodanig opgaan in een groep of collectiviteit dat zij een eigen persoonlijke identiteit verliezen. Omgekeerd kunnen bepaalde collectiviteiten, zoals gesloten gemeenschappen, etnische groepen of politiek geëngageerde actiegroepen, zo veel eisen van hun leden dat er geen plaats is voor eigen opvattingen, strevingen en dus voor een eigen persoonlijke identiteit. Veel Wij, geen Ik, zo zou ik deze verhouding tussen individu en groep/collectiviteit willen samenvatten. Deze dialectiek van persoonlijke en collectieve identiteit, van deel en geheel, is cruciaal. Derhalve zal ik iets meer moeten zeggen over het begrip identiteit.

6.3.2 Identiteit: wie ben ik?

Er is een logische, een psychologische en een sociologische betekenis van identiteit. Identiteit is logisch als twee dingen hetzelfde zijn: A is identiek aan B, als ze dezelfde eigenschap hebben (Seidel 2006). A is identiek aan A, als het over de tijd heen steeds hetzelfde blijft, maar wat als A in de tijd verandert, nauwelijks zichtbaar, maar toch niet meer hetzelfde ding is? Is A dan nog A? Die vragen zijn lastig genoeg om te beantwoorden, maar toegepast op personen komen dezelfde vragen op. Ben ik steeds dezelfde persoon door de tijd heen, wetende dat het lichaam van wieg tot graf immer aan het veranderen is? De Franse filosoof Paul Ricoeur heeft bij deze vraag een gelukkig onderscheid gemaakt met behulp van de Latijnse begrippen: *idem* (hetzelfde) en *ipse* (zichzelf). *Idem* slaat op de uiterlijke staat, *ipse* op de psychische werkelijkheid. Zo kan een mens veranderen en toch zichzelf als zichzelf blijven zien (Ricoeur 1992: 116–125; Halsema 2006). Persoonlijke identiteit is duurzaam. Maar zelfs deze stelling levert de nodige hoofdbrekens op, want wanneer ben je jezelf?

De moeilijkheid om te bepalen wie je bent, komt treffend naar voren in een kort gedicht van de theoloog Dietrich Bonhoeffer, gemaakt in de Tegelgevangenis in Berlijn in 1944:

'Ben ik werkelijk wat anderen van mij zeggen?
Of ben ik alleen wat ik weet van mezelf?

Wie ben ik? De een of de ander?
Ben ik nu de een en morgen de ander?
Ben ik beide tegelijk?' (Bonhoeffer 2005)

In psychologische zin wordt onderscheid gemaakt tussen identiteit en identificatie. Identiteit wordt toegekend op basis van een objectief uiterlijk kenmerk, het is een etiket dat je krijgt opgeplakt of dat je jezelf opplakt. Het heeft een objectieve betekenis. Identificatie is het zich bewust oriënteren op bepaalde waarden, vanuit bepaalde motivaties iets doen. Wat wil je in en met je leven? Het antwoord op die vraag bepaalt je motivatie om dingen te doen, het geeft een persoon een *inner sense of direction*, in de woorden van de psycholoog Erik Erikson. Hier heeft identificatie uiteraard een subjectieve betekenis en staat voor een persoonlijke keuze en ontwikkelingsgang door de levenscyclus heen (Erikson 1964: 87). Het onderscheid, dat overigens vaak over het hoofd wordt gezien, is van belang omdat de objectieve en uiterlijke kenmerken zeer vaak worden gelijkgesteld met subjectieve belevingen en strevingen. Je bent Kroaat, dus je staat aan onze kant en je moet mee oorlog voeren. Je bent blank, dus lui en dom. Vooroordelen jegens groepen berusten op het toekennen (attribueren) van eigenschappen op basis van objectieve, meestal uiterlijke, vaak slechts oppervlakkige groepskenmerken: Limburgers houden van wielrennen.

Sociologisch is het onderscheid tussen een identiteitsbepaling op basis van objectieve kenmerken en de ontwikkeling van een persoonlijke identiteit op basis van morele oriëntatie en levenskeuze van groot belang. Het verklaart het vaak gehanteerde onderscheid tussen collectieve en persoonlijke identiteiten, waarbij het subtiele betekenisverschil tussen identiteit en identificatie verdwijnt. Waar ik van persoonlijke identiteit spreek heeft dit in ieder geval het element van persoonlijke levenskeuze, identificatie en *inner sense*. Groepen hebben echter soms zoveel macht over personen of hebben zo'n grote aantrekkingskracht dat de identificatie van individuele personen volledig en uitsluitend wordt bepaald door het groepslidmaatschap. De persoon gaat dan helemaal op in de groep met een collectieve identiteit, wordt als het ware opgeslokt. Als dit gebeurt muteert de persoonlijke identiteit, dat wil zeggen ze ondergaat een significante verandering: het persoonlijke verdwijnt, het collectieve wordt dominant. In deze mutatie ligt een eerste oorzaak van de latere als noodzaak ervaren deelname aan groepsgeweld jegens andere groepen, mits uiteraard aan andere omstandigheden wordt voldaan. Als er geen afstand meer is tussen de persoonlijke en de collectieve identiteit, en het individu verzwolgen wordt door de groep of de collectiviteit, dan wordt het des te waarschijnlijker dat het individuele handelen volledig wordt bepaald door wat de leiders van de groep willen. En zoals de geschiedenis, de ervaring en veel sociaalpsychologische experimenten leren, kan dit ver gaan. Groepen gaan vaak veel verder dan de individuen die daar deel van uitmaken zelf willen of gewild hebben. Dat geldt niet alleen voor jeugdbendes, politbureaus en gewelddadige milities, maar ook voor veel gewone groepen. Nee zeggen tegen de groep waar je graag deel van uitmaakt blijkt eenvoudigweg zeer moeilijk te zijn.

Uiteraard is er een levendige interactie tussen persoonlijke en collectieve identiteiten, en zijn er vaak hevige botsingen. Het drama *Antigone* is de klassieke icoon voor de botsing van de culturele normen van de groep die de onderwerping van het individu en de persoonlijke keuze, op basis van familieverwantschap en goddelijke wetten, van het individu eisen. Het Wij vermorzelt het Ik. De democratische staatsvorm is bedoeld om dit soort conflicten tussen individu en groep te reguleren: geen Wij zonder Ik. Maar naarmate groepen heviger met elkaar in conflict zijn, wordt de ruimte voor de persoonlijke keuzen en identificaties geringer.

Grote nadruk op culturele identiteit is steeds dubbelzinnig geweest. Opgevat als collectieve identiteit met verwaarlozing of onderdrukking van persoonlijke identiteit vormt het een belemmering van persoonlijke vrijheden, meestal van vrouwen, van kinderen, van personen met afwijkende meningen en opvattingen. Jean-Francois Bayart ontkent eenvoudigweg het bestaan van een culturele identiteit en noemt het een illusie. Identiteiten zijn steeds wisselend naar historisch-sociale context en juist het politiek benutten en opkloppen van dergelijke non-existente culturele identiteiten vindt hij een gevaarlijk spel, dat helaas nogal vaak over de gehele wereld wordt gespeeld: op de Balkan, in Afrika, in Europa, vroeger en nu (Bayart 2005). Culturele, collectieve, categorale classificaties en op basis daarvan toegeëigende of toegekende identiteiten vormen een gevaarlijke schakel in het verloop en de afloop van groepstegenstellingen in elke samenleving. Dit geldt ook voor de huidige westerse samenlevingen. Ondanks het zelfbeeld van een zeer sterk geïndividualiseerde samenleving valt mij juist op hoezeer ook de moderne samenleving gepreoccupeerd is en zeer sterk werkt met collectieve beelden, culturele groepsscheidingen en categorale classificaties met bijbehorende sociale oordelen: veel Ik dus en tegelijk veel Wij en veel Zij. Dat hoeft niet met elkaar in tegenspraak te zijn, omdat geïsoleerde individuen zonder duidelijke persoonlijke identiteiten erg gevoelig zijn om de golven van een oceanisch Wij-gevoel over zich heen te laten komen. Hier ligt een mogelijke verklaring voor extremistische jongerengroepen op zoek naar een duidelijke identiteit. In een geatomiseerde samenleving is de toename van groepsgeweld geen anomalie.

6.3.3 Het non-discriminatiegebod

Het is hier de plaats om te herinneren aan het door mij gegeven citaat uit de 26-novemberrede van professor Cleveringa, waar hij sprak over het grondwettelijk gebod tot non-discriminatie. Dat doet meteen aan artikel 1 juncto artikel 3 van onze huidige Grondwet denken, die luiden:

> Artikel 1:
> 'Allen die zich in Nederland bevinden, worden in gelijke gevallen gelijk behandeld. Discriminatie wegens godsdienst, levensovertuiging, politieke gezindheid, ras, geslacht of op welke grond dan ook, is niet toegestaan.'

> Artikel 3:
> 'Alle Nederlanders zijn op gelijke voet in openbare dienst benoembaar.'

In artikel 1 is, in sociologische zin, sprake van twee zuivere primordiale kenmerken, ras en geslacht, aangeboren en niet of nauwelijks te veranderen, en drie zelf gekozen of zelf te kiezen categorale kenmerken, die zowel tot levendig groepsleven kunnen leiden alsook van tijd tot tijd veranderbaar zijn. Deze vijf kenmerken zijn in de grondwet opgenomen om blijvend te herinneren aan de historische ervaringen van vervolging en discriminatie van bepaalde bevolkingsgroepen. Ras is een historisch beladen term, die bijna niet meer gebezigd wordt, althans niet in Nederland en die bovendien wetenschappelijk misplaatst is. Niettemin vormt juist deze historische context de relevante achtergrond van het discriminatieverbod in constituties, declaraties en internationale verdragen. Wie artikel 1 wil schrappen schrijft de geschiedenis weg (of wil zelf graag geschiedenis schrijven). Om precies te weten wat discriminatie als sociaal fenomeen inhoudt is een beschrijving van racisme naar mijn mening nog steeds zinvol. Van racisme is sprake als men de natuurlijke superioriteit claimt van één ras, bijvoorbeeld het blanke, het Germaanse, boven andere, die men eerst afzonderlijke negatieve eigenschappen – meestal sociale en psychologische – heeft toegekend. In racisme gaan culturele en sociale oordelen en vooroordelen samen onder de noemer van pseudo-objectieve kenmerken. Essentieel is de superioriteitsclaim: een rangordening in hoog en laag, meteen geassocieerd met goed en slecht, vervolgens met goed en kwaad, gewenst en ongewenst. Hoewel de wetenschap het begrip allang heeft afgezworen, zwerft het nog rond in bepaalde hoeken en gaten van de samenleving, langs de voetbalvelden, op internetsites, bij de verheerlijking van nationaal-socialistische helden in gesloten rechts-extremistische groeperingen.

Bij racisme gaat het om een evident niet relevant kenmerk. Bij discriminatie, gebaseerd op andere groepsonderscheidende kenmerken, gaat het steeds om de vaststelling of het onderscheidende kenmerk relevant is. Discriminatie is vooral een handelingspatroon: een systematische benadeling van individuele personen op basis van het feit dat men tot een bepaalde categorie of groep behoort of tot die groep gerekend wordt, ook wanneer men zich dat niet bewust is of dit zelf helemaal niet wil. Dat overkwam de schrijfster Dubravka Ugresic, die van de ene op de andere dag tegen haar zin van Joegoslaaf tot Kroaat gebombardeerd werd. Zij vult nu bij de vraag naar haar nationaliteit het antwoord 'geen' in (Ugresic 1993). De essentie van discriminatie zit in het feit dat een individu wordt beoordeeld en behandeld uitsluitend op grond van dit categorale of groepskenmerk. Kinderen vanaf de eerste klassen van de basisschool vinden niets zo erg als collectieve straf: als één iemand iets verkeerd gedaan heeft, moet de héle klas nablijven. Het leidt tot sterke onrechtgevoelens en de kern hiervan ligt naar mijn mening in de ervaring dat men niet als persoon, als individu, maar als sociale categorie, als lid van een groep wordt beschouwd. In het voormalige concentratiekamp Mauthausen staat een heel eenvoudig herinneringsteken, een kleine plaat met als opschrift: 'alleen omdat ze Jood waren'. In de Verenigde Staten konden burgers tot 1965 niet stemmen, alleen omdat ze zwart waren. In Zuid-Afrika mocht je ten tijde van de apartheid op bepaalde plaatsen in zee zwemmen, alleen als je blank was.

Directe discriminatie is zichtbaar en nu ook strafbaar. Het gaat om uiterlijke en duidelijke handelingen, niet om gedachten en gevoelens. De grens tussen denken en doen, tussen denken en zeggen en tussen zeggen en doen is soms moeilijk te trekken, maar het is van belang om die grens wel in stand te houden. De gewetensvrijheid garandeert geen inval van de gedachtepolitie en de grenzen van de uitingsvrijheid en discriminerend handelen worden bewaakt door de rechter. Het grondwettelijk non-discriminatiegebod is een van de belangrijke middelen van de democratische rechtsstaat om de negatieve eigenschappen en gevaren van collectieve identiteitstoekenning te verminderen.

Met de voorbeelden van discriminatie op grond van categorale en groepskenmerken wordt duidelijk dat collectieve identiteiten niet alleen van binnenuit ontstaan, maar ook van buitenaf, door anderen, worden opgelegd. De interactie tussen objectieve, collectieve identiteitstoekenningen en subjectieve identiteitsvorming is soms zo sterk dat gediscrimineerde groepen het collectieve kenmerk als dé bepalende factor nemen in de persoonlijke identiteitsbepaling. Dit heeft zich vooral voorgedaan bij zich emanciperende groepen (bijvoorbeeld bij Afro-Amerikanen, vrouwen, homoseksuelen, gehandicapten), maar het kan ook plaatsvinden bij slachtoffers van eenzelfde delict of van een ramp en bij andere sociale categorieën die zich tot zelfbewuste groep ontwikkelen. De relatie binnen groepen is dus mede afhankelijk van de relatie tussen groepen. Dit leidt naar de tweede complexe conditie.

6.4 De intensivering van groepstegenstellingen

Er zijn zoals gezegd goedaardige en kwaadaardige groepstegenstellingen. Goedaardige vertonen vaak een *joking relationship*, waarbij met tegenstellingen wordt gespeeld zonder dat men tot serieuze bedreigingen aan het adres van de andere groep overgaat. Wat men, bijvoorbeeld in de sport, aartsvijanden noemt of *Angstgegner*, wordt met zichtbare ironie uitgedragen. Maar als deze ironie ofwel niet begrepen wordt ofwel werkelijk vijandige en venijnige trekjes krijgt, zoals bij bepaalde supportersveldslagen met grimmige gevolgen, dan slaat de goedaardige tegenstelling om naar een kwaadaardige. Dit proces dat veel wegheeft van een maatschappelijke celdeling zouden we tot in detail en van zeer nabij willen observeren. Dat kan niet altijd en voor meer inzicht zijn we afhankelijk van historische studies, empirisch sociologisch onderzoek en sociaal-psychologische experimenten zoals het gevangenisexperiment met studentvrijwilligers die de rol van bewakers en gevangenen moesten spelen en zodanig in hun rol opgingen, dat het experiment na twee dagen dringend moest worden afgebroken.

De intensivering van groepstegenstellingen, waarbij niet de overeenkomsten maar de verschillen tussen groepen en groepsleden verscherpt naar voren worden gebracht, is een langdurig sociaal proces met enkele vaste terugkerende patronen. Men spreekt zelfs van de wet van de groepspolarisatie, een verschijnsel dat het gedrag van straatbendes, hooligans, belangengroepen, religieuze groepen, sekten, politieke partijen en zelfs naties kan omvatten (Sunstein 2003: 111). In een al oudere studie over agressie wordt polarisatie omschreven als:

> het produceren, bevestigen en versterken van elkaar uitsluitende tegenstellingen die in confrontatie en contestatie onverzoenlijk tegenover elkaar staan en naar een botsing streven. Al dan niet opzettelijk worden bestaande of groeiende conflicten toegespitst tot een of-of-situatie die geen andere keuze laat dan zege of nederlaag, triomf of vernietiging. Vanaf een bepaalde, snel bereikte graad

> van polarisatie zijn alle andere alternatieven uitgesloten. Gezworen vrienden worden verbitterde vijanden; wie niet voor mij is, moet tegen mij zijn, iets daartussen is er niet, omdat ook geen pardon wordt gegeven (Hacker 1971: 138).

De interne groepssolidariteit wordt in deze situatie in beide kampen versterkt, zoals reeds door Simmel als een vaste wetmatigheid van groepsconflicten werd vastgesteld (Simmel 1955; Coser 1956). Eigen agressie wordt op anderen geprojecteerd, die daarmee in een dramatische vereenvoudiging tot een bedreigende, gevaarlijke agressiebron wordt, die direct moet worden uitgeschakeld (Hacker, ibidem).

Polarisatie staat tegenover pluralisme en het verdragen van complexiteit. 'De complexe, gelaagde, naar alle kanten pluralistisch bepaalde problemen van de werkelijkheid verlangen dikwijls gelaagde en complexe oplossingen die conflictspanningen voorlopig verdragen, gecompliceerde kwesties openhouden en verschillende alternatieven beproeven' (Hacker 1971: 136). Vereenvoudigingen, de 'grote simplificateurs' van Jacob Burkhardt, leiden tot monocausale verklaringen, die gaan werken als zichzelf waarmakende voorspellingen: een overdreven nationalisme leidt tot elkaar bitter bestrijdende nationaliteiten; wie slechts gelooft in de taal van geweld, schept een gewelddadige, brute wereld, zoals de geschiedenis van het nationaal-socialisme geleerd heeft.

Waaraan kan men nu dit polarisatieproces herkennen? Ik kan een aantal elementen opnoemen zonder te beweren dat ik hierin volledig ben. Enkele lijken op het proces dat ik al eerder aan de hand van de vervolging van Franse Hugenoten heb geschetst, hetgeen er op wijst dat op dit terrein de geschiedenis ons veel kan leren.

Allereerst wil ik wijzen op de rol van de taal en andere symbolische uitingen. Het in detail bestuderen van taaluitingen, teksten en literaire bronnen, is hierbij een belangrijk hulpmiddel. Het symbool heb ik eens het virus van de sociale wetenschappen genoemd en slechts in microscopische analyse van symbolen en andere uitingen kunnen sociale veranderingen worden gevolgd en beschreven (Schuyt 1986). Zo'n analyse kan wijzen op significante verschuivingen in de betekenis van woorden en begrippen, verschuivingen die zelf verwijzen naar veranderingen in het handelen jegens bepaalde groepen of categorieën. De filoloog Klemperer deed dat op indrukwekkende wijze door van dag tot dag bij te houden hoe de woorden hun betekenis verloren in de eerste periode van het nationaal-socialisme in Duitsland. Eufemistisch taalgebruik en andere propagandistische taalombuigingen vormden zo de *markers* van wat te wachten stond (Klemperer 2000). In onze tijd zou een nauwkeurige analyse van de betekenisverschuiving van bijvoorbeeld het begrip 'illegaliteit' van 1940 tot 2000 of van de herwaardering van het begrip 'ruimte' tot interessante conclusies kunnen leiden.

Men kan groeiende groepstegenstellingen echter ook aflezen aan de stijl van communicatie. In de hedendaagse samenleving valt mij het hyperbolische op, het veelvuldig gebruik maken van de overdrijvende trap, in de communicatie over bepaalde groepen alsof discriminatie gemakkelijker wordt door alle eigenschappen nog eens dik aan te zetten. Het is alsof elke boodschap slechts aankomt als die gegoten is in de reclametaal van commerciële instellingen: hard, luid, verschrikkelijk overdreven, onwerkelijk, met om de minuut herhaling van het zojuist reeds vertelde of vermelde. Deze stijl, die zeker wordt beïnvloed door de hevig concurrerende media, draagt bij aan polarisatie, die soms zo snel gaat dat een nuchtere en op de werkelijkheid gerichte analyse van gebeurtenissen en omstandigheden overgeslagen wordt. Overdrijving is een erkend wapen geworden in de strijd tussen groepen. Apart dient gelet te worden op dehumaniserend of demoniserend taalgebruik of op de aanduiding van andere groepen met dierkundige namen: varkens, ezels, geiten, adders, duivelsgebroed en andere denigrerende aanduidingen, die een bijdrage leveren aan de rechtvaardiging van maatregelen tegen en handelswijzen jegens achtervolgde groepen. Als deze benamingen slechts als reviaanse ironie bedoeld zijn, is het van belang om zich te vergewissen of de anderen op wie de spot is gericht dit ook als zodanig herkennen.

Een tweede element in het polarisatieproces is eenzijdige informatie of selectieve informatieverwerving. Stereotiepe beelden over en weer van met elkaar strijdende groepen worden gevoed door het tot zich nemen van eenzijdige berichtgeving over die groepen en het weren van alle contra-informatie. Informatie op het internet is, tegen alle beweringen in, hierbij eerder een *simplifier* dan een objectieve bron. Veel radicale en militante groeperingen zoeken en vinden de meest belastende informatie over anderen, of maken de spookbeelden van anderen zelf. Objectief wetenschappelijke informatie wordt overgeslagen, soms zelfs door officiële regeringen, en dit leidt tot het voortduren van stereotiepe beelden, die op zichzelf de maatschappelijke polarisatie verder uitdragen. Om diezelfde redenen worden afwijkende meningen, maatschappelijke *dissenting opinions* en een 'ander geluid' veelvuldig geweerd. Democratische samenlevingen hebben een open opinieklimaat nodig, maar in een polariserend proces worden tegengeluiden van de officiële lijn of van meerderheidsmeningen onderdrukt (Sunstein 2003). In de Verenigde Staten is van deze situatie op dit moment meer sprake dan in Nederland of algemener in Europa.

Het opstellen van historische mythen en het maken van vele vaak manke historische vergelijkingen is eveneens typerend voor een polarisatieproces. Als dat heel bewust gebeurt, zoals het geval was bij de machtsvorming van Milosevic, is er sprake van bewuste manipulatie: intensivering van groepstegenstellingen wordt dan een opzettelijk ingezet middel in de politiek, hetgeen sommige auteurs ertoe heeft gebracht de nadruk te leggen op het artificiële karakter van elke groepstegenstelling die politiek wordt uitvergroot. Dit doet zich vooral voor bij overdreven nationalisme, dat andere nationaliteiten naar het leven gaat staan. Men hoeft niet zo cynisch te zijn als Hobsbawn die opmerkte: '*making history wrong makes a nation*' om toch in te stemmen met zijn waarschuwing dat nationalisme lijkt op een giftig antidotum: een heel klein beetje ervan werkt heilzaam, heel veel ervan is dodelijk (geciteerd bij Hardin 1995). Zo is het met veel groepstegenstellingen, die worden geïntensiveerd door de combinatie van overdrijving, onvolledige en selectieve informatie, het zich afsluiten voor tegengeluiden, het verdraaien van geschiedkundige en andere feiten of het willen scoren met snelgemaakte maar meestal valse historische vergelijkingen, vooral vergelijkingen ontleend aan fascisme en nationaal-socialisme. Die laatste zijn ook hier te lande niet van de lucht. De klacht van Drion in zijn Cleveringa-rede van 1967 kan veertig jaar later moeiteloos worden herhaald (Drion 1967). Samen leveren deze polariserende verschijnselen een klimaat op van verharding en verscherpte tegenstellingen, uitmondend in wat ik zou willen noemen een sfeer van 'gegeneraliseerd wantrouwen'.

Nu is een situatie van gegeneraliseerd vertrouwen in een samenleving niet erg gemakkelijk bereikbaar, maar de omgekeerde situatie, waarin men medemensen die men niet kent, primair gaat beoordelen op negatieve categorale kenmerken, versterkt de eenmaal ingezette polarisatie. Gegeneraliseerd wantrouwen verschilt van het gezonde wantrouwen, dat men op de markt en in handelsbetrekkingen met vreemden koestert, in die zin dat nu ook de maatschappelijke sferen waarin enig vertrouwen gewoon noodzakelijk is, zoals in het verkeer en in het vervoer, in de openbare ruimte, op scholen en in fabrieken, met een primaire afweer en achterdocht worden geconfronteerd. Gesloten gemeenschappen als terreurgroepen met een zeer hoog onderling vertrouwen, produceren op deze wijze in een open maatschappij een hoge graad van gegeneraliseerd wantrouwen, zoals Hardin nuchter constateert (Hardin 2006).

In een sfeer van wantrouwen wordt ook het zich bedreigd voelen aangewakkerd, met name in situaties van onzekerheid, gevaar en overlevingsnood. Veel etnisch geweld van onderling elkaar bestrijdende groepen in voormalig Joegoslavië en in enkele voormalige Sovjetrepublieken kwam en komt voort uit het afweren van de al of niet terecht gepercipieerde bedreiging door anderen (Hardin 1995). Juist om die bedreiging af te wenden, gaat men als eerste over tot geweld jegens de anderen, waarna de zichzelf waarmakende voorspelling inderdaad wordt waargemaakt: bedreiging volgt op bedreiging en geweld lokt geweld uit en rechtvaardigt het tegengeweld. Als het eenmaal zover is, dan wordt de groepstegenstelling vaak zo groot, dat de ruimte voor persoonlijke opvattingen en persoonlijke stellingname evenredig kleiner wordt. Afwijkende meningen binnen de eigen groep worden als gevaarlijk en ondermijnend gezien. Groepsidentiteiten of categorale identiteiten drukken persoonlijke identiteiten nu geheel weg. Men moet kiezen: voor of tegen de groep.

Zo kunnen ook in een open samenleving zeer gesloten gemeenschappen ontstaan, die uiteindelijk een overall klimaat van vijandigheid scheppen. Groepen worden ten opzichte van elkaar gesloten en er ontstaan twee kampen, waartussen geen onderling verkeer meer wordt toegestaan. Strafkampen, detentiekampen, concentratiekampen, werkkampen worden in een dergelijk gepolariseerd klimaat opgericht (Gilroy 2000). Zo is het eerder gegaan en zo kan het, ergens in de wereld, weer opnieuw gaan.

Hoe zou een democratische samenleving een dergelijke, in alle beknoptheid geschetste polarisatie kunnen tegengaan? Het gaat vooral om zelfstandige sociale processen waar het recht weinig greep of invloed op heeft. Men kan denken aan het leerstuk van de strafbare belediging bij de excessieve verbale bejegeningen, maar het zich eenzijdig afkeren van informatie en andere openheid is nauwelijks met juridische middelen te remmen. Veel eerder gaat het hier om het openhouden van de open samenleving, het grondig investeren in goed en zelfstandig onderwijs en persoonlijke ontwikkeling, en het blijven voeren van rationele discussies. Het gaat dus om het toestaan van afwijkende meningen, om het niet overdrijven, om waarheidslievendheid bij de informatieverstrekking en -verwerking, om een zelfstandige bijdrage van wetenschappelijke kennis bij het afbreken van allerhande vooroordelen jegens bevolkingsgroepen, die als een bedreiging worden gezien voor de eigen samenleving. Ten slotte worden veel groepstegenstellingen minder groot of fel als er over de gehele linie welvaartsverbetering optreedt. Hier komt de derde conditie in het spel.

6.5 De aard en de beslechting van groepsconflicten

Onder groepstegenstellingen ligt bovendien een sociale structuur, waarin verschillende groepsconflicten naar voren komen. De Amerikaanse sociaal-psycholoog Morton Deutsch definieert een conflict als 'onverenigbare activiteiten', die op alle niveaus van menselijk handelen kunnen optreden: binnen één persoon, tussen personen, binnen en tussen groepen, binnen en tussen naties of blokken van naties (Deutsch 1977: 17). Dat conflicten bestaan of ontstaan is onvermijdelijk en niet verontrustend. Alleen in utopische samenlevingen bestaan geen conflicten en de weg naar Utopia ligt bezaaid met kwade voornemens die meestal ook zijn uitgevoerd. Het gaat om de manier waarop conflicten worden beslecht en opgelost. Het conflictproces kan constructief en destructief verlopen, waarbij de context van het conflict medebepalend is voor de verdere afloop (Lewin 1948; Burton 1990; Kriesberg 2003). Conflicten binnen coöperatieve relaties verlopen anders dan die in een competitieve context. Een aantal observaties van Deutsch zijn ook voor ons onderwerp belangrijk, zoals conflicten voortkomend uit angst en aversie die moeilijker op te lossen zijn op een coöperatieve wijze dan conflicten voortkomend uit tegengestelde doelstellingen. Hoe intenser het conflict, des te moeilijker dit op te lossen is op coöperatieve wijze. Conflicten die het zelfrespect van partijen bedreigen zijn moeilijker op coöperatieve wijze op te lossen dan conflicten die het zelfrespect niet aantasten. Conflicten tussen gelijkwaardige partijen zijn moeilijker op te lossen dan conflicten tussen partijen binnen een hiërarchie in macht en status (Deutsch 1977: 45–47).

Coöperatief wil zeggen via overleg en zoveel mogelijk met deelname van de betrokkenen. Hoor en wederhoor zijn hierbij vanzelfsprekend. Argumenten en rationele uitwisseling van standpunten worden gerespecteerd. Men is tot compromissen bereid. In dit verband is het oude onderscheid dat door de Noorse rechtssocioloog Vilhelm Aubert gemaakt is nog steeds van belang. Aubert onderscheidde twee soorten conflict: belangenconflicten en waarden- of geloofsconflicten en hij verbond hier meteen een ander conflictverloop aan. Belangenconflicten, waarvan de markt voor goederen en diensten het beste voorbeeld is, zijn rationeel te doorgronden (Aubert 1971: 152–176). Het traditionele conflict tussen werkgevers en werknemers over de jaarlijkse loonstijgingen is een klassiek voorbeeld: de ene partij vraagt zes procent, de ander biedt twee en na lange onderhandelingen komt er een niet onverwacht compromis te voorschijn: om en nabij vier procent. Conflicten gekenmerkt door de schaarste, dat wil zeggen in marktverhoudingen, verlopen ondanks de tegengestelde belangen en activiteiten, toch meestal soepel, omdat ze van eenzelfde waardenpatroon, bijvoorbeeld de begeerlijkheid van een auto, van goederen of van geld, uitgaan. Ruil is de historische institutionalisering van eigendomsoverdrachten, toen roof en geschenk als uitsluitende overdrachtsmechanismen tekortschoten.

Geloofs- of waardenconflicten echter zijn anders gestructureerd: een waardenconflict berust op een verschil van opvatting over wat de normatieve betekenis is van objecten of van handelingen, over wat heilig is en wat niet. Partijen delen juist niet dezelfde waarden en over geloofsartikelen kan men diepgaand van mening verschillen. Er is geen basis voor ruil of compromissen: met de waarheid wordt niet gemarchandeerd, opvattingen over de geoorloofdheid van abortus of euthanasie kunnen zeer moeilijk met geven en nemen worden bijgelegd. Zelfs een typisch vakbondsachtig voorstel om een christelijke feestdag te ruilen voor de viering van het Suikerfeest, stuitte op weerstand. Het verloop van waardenconflicten is dus heftiger, compromislozer, en heeft een groter gevaar voor een destructieve afloop, tenzij ook hiervoor verschillende oplossingen worden gevonden, zoals bijvoorbeeld de religieuze tolerantie na bloedige strijd een uitweg bood: cuius regio, eius religio. De strijdige opvattingen werden verdeeld over de geloofsopvattingen van de vorsten en die beloofden dat ze de gelovigen en elkaar niet meer zouden lastigvallen met geweld. Het geloof werd vervolgens verinnerlijkt.

Ik kan de betekenis van deze twee conflictsoorten het beste illustreren aan twee conflicten, die de komende dertig jaar onze samenlevingen zullen beheersen: enerzijds het dreigende generatieconflict, anderzijds het hangende conflict tussen gelovige moslims in westerse landen en geseculariseerde gelovigen en ongelovigen. Het eerste conflict raakt met de financiering van de AOW een open zenuw van de Nederlandse politiek, het laatste conflict raakt een open zenuw van de Nederlandse samenleving. Hoe loopt het multiculturele treffen in de komende dertig jaar af?

Ik kan hier niet de inhoud van beide conflicten bespreken, maar ik wil vooral een vormvergelijking maken. Het generatieconflict is eerst en vooral een belangenconflict tussen goed te definiëren leeftijdsgroepen en cohorten, waarbij berekeningen kunnen worden gemaakt, wetenschappelijke analyses behulpzaam zijn en compromissen kunnen worden gevonden. Kortom, het is een typisch conflict dat via het overlegmodel kan verlopen. Zelfs een afwijking van dit model, de plotselinge oprichting van een alternatieve vakbond, werd razendsnel in het model opgenomen: de alternatieve vakbond werd aan de onderhandelingstafel uitgenodigd en een voortrekker wist zich in een recordtempo tot Kamerlid om te smeden. Dit generatieconflict is prototypisch in zijn verloop en oplossingen die kaarsrecht passen in de soms zo versmade overlegdemocratie. Ik voorzie derhalve niet dat de generaties letterlijk in loopgraven tegenover elkaar zullen komen te staan, hooguit in metaforische zin. Ze hebben elkaar nodig en op microniveau houden ze zelfs veel van elkaar; er is eenvoudigweg onvoldoende basis om deze groepstegenstelling in polariserende zin aan te scherpen. Leeftijd of het behoren tot een cohort biedt daarvoor onvoldoende categorale identiteit. Men kan zich in elkaars situatie inleven: we worden allemaal ouder en we zijn allemaal jong geweest. Als men er verder over nadenkt kunnen aan het conflict zelfs enkele belangrijke waarden worden ontdekt, zoals de waarde die men hecht aan de continuïteit van het leven, of de generativiteit die ouderen opbrengen om aan volgende generaties iets wezenlijk belangrijks achter te laten. Deze specifieke waarden kunnen bijdragen aan het vreedzame verloop van het in details toch vrij ingewikkelde en lastenverzwarende conflict (Schuyt 2005; 2006).

Vergelijk het generatieconflict met het geloofsconflict tussen gelovige moslims en de seculiere westerse samenlevingen. Het geloof verschaft moslims een identiteit, die bij de meeste op de eerste plaats komt, zelfs belangrijker wordt gevonden dan nationaliteit. De groepscultuur, gevoegd aan etnische en culturele achtergronden, is zeer sterk en veelal dwingend voor vrouwen en kinderen en voor diegenen die het geloof achter zich willen laten. Levenswijzen en opvattingen over de opvoeding, over de verhouding tussen ouders en kinderen en de verhoudingen tussen mannen en vrouwen verschillen opvallend van die van de moderne opvattingen van westers opgevoede Nederlanders (Sniderman, Hagendoorn en Prior 2003). De in ons land in de laatste dertig jaar langzaam veroverde inzichten over de gelijkberechtiging van vrouwen, homoseksuelen, gehandicapten en over de rechten van kinderen op een eigen partnerkeuze worden voorlopig niet door veel gelovige moslims gedeeld. Compromissen op geloofsterrein worden, geheel volgens de theorie van Aubert, verwacht noch op prijs gesteld. Met andere woorden, ligt hier wél een stevige botsing tussen een wij- en een zijgroep in het verschiet? Worden geloofsconflicten, zoals vroeger, voornamelijk met het zwaard van fanatieke gelovigen uitgevochten? Wat valt te verwachten, te voorspellen of op grond van sociaalwetenschappelijke inzichten voorop te stellen om aan dit diepgaande conflict een niet-destructieve draai te geven?

Ik pretendeer op geen enkele manier voor dit diepgaande en mogelijk dreigende conflict een oplossing te bieden, maar theoretisch zou ik het, in navolging van Aubert, als volgt willen duiden: hoe kan een dergelijk waardenconflict omgevormd worden tot bepaalde, eventueel van elkaar verschillende, belangenconflicten? Hoe kunnen vervolgens die belangenconflicten verder met al of niet tijdelijke compromissen en maatregelen worden behandeld? Zo geformuleerd kan men denken aan de opname van deze in aantal aanzienlijk groeiende groep gelovigen in het politieke bestel, waarbij opvalt dat de snelheid waarmee conflictanten in het generatieconflict worden opgenomen in het politieke bestel omgekeerd evenredig is aan de moeizame vertegenwoordiging van deze groep in de politieke arena. Maar politisering dwingt tot zelforganisatie en tot het sluiten van compromissen: *bonding* brengt *bridging*.

Als men echter de maatschappelijke situatie van deze groepen ook ziet als een verdeelprobleem en met name, met het oog op de toekomst, de positie van jongeren ziet als een allocatieprobleem van de gehele Nederlandse samenleving, dan komen praktische maatregelen in het vizier. Gerekend over de komende dertig jaar kan men bovendien wijzen op het feit dat voor de oplossing van het generatievraagstuk en het opvangen van de gevolgen voor de vergrijzing, de bijdrage van andersdenkende immigrantenjongeren niet alleen wenselijk, maar zelfs noodzakelijk wordt. Het waardenconflict heeft een aantal pure belangenaspecten. Dit wil niet zeggen dat de oplossingen daarmee erg gemakkelijk zullen zijn. Een droge opsomming van enkele sociologische gegevens zal de moeilijkheidsgraad onderstrepen: de jeugdwerkloosheid is onder immigrantenjongeren twee keer zo hoog als onder andere jongeren: 24 tegen 12 procent. 28 procent van alle vroegtijdige schoolverlaters is allochtoon. De arbeidsparticipatie is onder Nederlanders ruim hoger dan onder niet westerse immigranten: 68 tegen 48 procent. Zestig procent van diegenen die een integratiecursus volgen beheersen de Nederlandse taal niet beter na de cursus (hier valt dus veel te verbeteren). In 92 wijken in Nederlandse gemeenten vormen niet-westerse allochtonen een meerderheid, hetgeen wijst op een aanzienlijke segregatie in de huisvesting, die daarmee goed vergelijkbaar is met de gesegregeerde woongebieden van de gekleurde bevolking in de Verenigde Staten met de daaraan gekoppelde sociale problemen van drugsgebruik en criminaliteit. In de politieregistratie komen allochtone jongeren in de leeftijd van 12–17 jaar drie keer zo veel voor, en in de leeftijd van 18–24 jaar precies tweemaal zo veel, hetgeen duidt op aanzienlijke problemen van sociale controle door de eigen groep en in de wijdere samenleving. In Amsterdam doet een kwart van de allochtone leerlingen niet mee aan de Cito-toets, in Bos en Lommer is dit de helft. Op het einde van de basisschool is de gemiddelde achterstand ongeveer tweeënhalf leerjaar. Het aantal illegalen in Nederland wordt door het CBS geschat op tussen de 46.000 en 116.000, door Engbersen in 2002 op tussen de 112.000 en 163.000 en door Leerkes in 2004 tussen de 125.000 en 225.000, maar daarbij waren ongeveer 25.000 Oost- en Zuid-Europeanen meegeteld (Engbersen 2002; Engbersen, Van San en Leerkes 2006). Ten slotte blijkt uit onderzoek dat de helft van de ondervraagde allochtonen vindt dat de westerse levenswijze niet samengaat met die van een goede moslim (Sniderman, Hagedoorn en Prior 2003).

Zo bezien zijn het belangenconflict, bestaande uit een verdelingsprobleem, en het maatschappelijke ordeprobleem van minstens even grote urgentie als het geloofsconflict, zo niet groter. Waardenconflicten kunnen derhalve verzacht worden door het naar voren schuiven van de urgentie van de oplossing van belangenconflicten, zoals de Nederlandse traditie van de dominee en de koopman altijd met succes heeft beproefd. Aan de oplossing van de verschillende belangenconflicten en ordeproblemen dient derhalve grote prioriteit gegeven te worden, omdat godsdienstige conflicten, die een grote samenhang vertonen met sociaaleconomische achterstanden of achterstelling, een groter polarisatiepotentieel vertonen dan wanneer godsdienstige verschillen dwars door alle maatschappelijke gelederen heen lopen. De aanpak van het veelkoppige belangenconflict en van het maatschappelijke ordeprobleem is echter wel sterk afhankelijk van de identiteitsvorming van immigrantenjongeren.

Wanneer de zo sterk aanwezige en overheersende collectieve identiteit geen ruimte biedt voor de ontwikkeling van een eigen persoonlijke identiteit, dan is een van de voorwaarden voor een goed geïntegreerde samenleving niet aanwezig. Die overheersende collectieve identiteit wordt zowel ondersteund door de groepscultuur alsook in stand gehouden door de gemakkelijke stereotypevorming bij de andere groepen in onze samenleving. Problemen op de arbeidsmarkt, bij sollicitaties en bij de toegang tot huisvesting worden versterkt door categorale oordelen en vooroordelen. Zo blijkt de eerste complexe voorwaarde een directe relevantie te hebben voor deze derde conditie en omgekeerd kan de verbetering van de welvaartspositie van veel immigranten de negatieve neerwaartse kracht van collectieve identiteit, die velen gevangen houdt, verminderen.

6.6 Van conflict naar geweld: de rol van niet-onderkende emoties

Verscherpte groepstegenstellingen en -conflicten hoeven niet automatisch te eindigen in geweld. De sprong van conflict naar geweld is op zichzelf een complex sociaal verschijnsel, waar biopsychologische, sociaalpsychologische en sociologische factoren in onderlinge relaties allemaal aan bijdragen. Slechts weinige onderzoek(st)ers komen toe aan een geïntegreerde theorie. Ook het navolgende is slechts een klein onderdeel van een grote wetenschappelijke puzzel naar de verklaring van geweld in de samenleving.

Het is de verdienste van de door mij reeds genoemde Amerikaanse socioloog Thomas Scheff dat hij een theorie ontwikkeld heeft, waarin het gedrag op individueel niveau, op collectief niveau en de interacties daartussen een plaats gekregen hebben: een micro-macroanalyse. Op microniveau was Scheff niet tevreden met de gebruikelijke, maar te eenvoudige pen-en-papiervragenlijsten naar eigen en andermans gedrag, maar paste hij de verbatimanalyse van reële conversaties en andere teksten toe, later aangevuld met videoanalyse van sociale interacties (Scheff en Retzinger 1991). De betekenis van woorden en gedragingen – bijvoorbeeld een terloops gemaakte denigrerende opmerking of een beledigende toespeling op iemands uiterlijk – kregen op deze wijze een plaats in de analyse van menselijk sociale relaties. De reacties op dergelijke opmerkingen kunnen worden geregistreerd: mensen kunnen zich schamen naar aanleiding van die opmerkingen, een gevoel van opkomende woede onderdrukken of er een onaangenaam gevoel van verwarring of verlegenheid (*embarrassment*) aan overhouden (Scheff 1994: 77–95).

Inhoudelijk bestaat zijn originele bijdrage aan de theorievorming uit de verbinding tussen de rol van emoties, met name de sleutelemoties trots, schaamte en woede, in individuele interacties én de rol van deze emoties in de samenleving als geheel. In tegenstelling tot de veelgehoorde indeling in schuld- en schaamteculturen, waarbij westerse samenlevingen zich in tegenstelling tot niet-westerse zouden kenmerken door een schuldcultuur, betoogt Scheff dat schaamte in de westerse samenleving geenszins is verdwenen, maar in feite onderdrukt wordt. Verwijzend naar het werk van Norbert Elias voor de langetermijnontwikkeling en enigszins daarvan afwijkend, stelt hij dat de schaamte ondergronds is gegaan (Elias 1939/1982; Scheff 1992). Hij baseert zich op de analyse van teksten van zeer uiteenlopende aard (gesprekken in gezinnen, tussen echtelieden, in criminele jeugdbendes, conversaties tussen pubers, maar ook brieven en telegrammen van politici en andere hooggeplaatste gezagsdragers). Hieruit blijkt dat schaamtegevoelens niet meer bewust worden onderkend of genegeerd.

Als iemand een grove fout heeft gemaakt, zegt hij niet: ‘ik schaam me hier diep voor’, maar ‘het was een vervelend moment voor me’. Het subjectieve, onaangename gevoel wordt weggewerkt en wordt naar een geobjectiveerde situatie buiten ons verlegd. Ik wordt het, een moment, een situatie. Zo wordt schaamte in onze samenleving op velerlei manieren ontkend en daardoor in sociale situaties ook niet meer onderkend. Dit geldt a fortiori voor vele takken van de sociale wetenschappen, zoals de economie en de sociologie, waar primair wordt gekeken naar de rationele grondslag van gedrag en heel weinig aandacht is voor de irrationele, emotionele aspecten ervan. Kleinerende, spottende of discriminerende opmerkingen roepen bij bespotte individuen of groepen gevoelens van schaamte op: 'ben ik zo?', 'zo ben ik toch niet?'. Het ontkennen of niet onderkennen van deze schaamtegevoelens wekt woede op, waarbij het uitleven van die woede maatschappelijk gezien niet snel wordt aanvaard. Men schaamt zich omdat men woedend wordt, men wordt woedend omdat men zich daarvoor schaamt en men gaat zich schamen voor die schaamte. In navolging van Helen Lewis (1971) noemt Scheff dit schaamte-woede-schaamtesequenties en laat hij zien dat dit een zichzelf versterkend proces is dat ten grondslag ligt aan vele vormen van geweldpleging, zowel van individueel geweld, van huiselijk geweld als van uitbarstingen van collectief geweld. Veel historische voorbeelden van collectief geweld laten verborgen schaamte-woedesequenties zien (Scheff 1991).

De verbinding met de structuur van sociale relaties wordt gevonden in de observatie dat schaamte fungeert als een sleutelemotie tussen mensen. Niet-onderkende schaamte doet mensen van elkaar verwijderen: men voelt zich onaangenaam, maar weet tegelijk niet onder woorden te brengen waarom. Articulatie van emoties wordt niet aangemoedigd. Openlijk erkende schaamte en toegeven aan die gevoelens brengt mensen weer nader tot elkaar: 'jij bent ook maar een mens' of 'wij maken zelf ook wel eens van die grove fouten'. Sleutelemoties in de samenleving zijn volgens Scheff trots, schaamte, woede en droefheid en alle vier hebben ze een grote invloed op de aard van sociale relaties. Trots brengt mensen bij elkaar, werkt solidariserend, vooral wanneer er sprake is van authentieke, niet van gemaakte of artificiële trots, zoals bij opgeklopt nationalisme. Als men gezamenlijk iets goeds tot stand heeft gebracht is trots terecht. Gebroken en gekrenkte trots echter brengen schaamte, en als die niet als zodanig worden onderkend brengen ze woede teweeg en treedt de schaamte-woede-schaamte-woedesequentie in werking, leidend tot uitbarstingen van geweld. Wat geldt voor individuen geldt ook voor groepen, indien kan worden aangetoond dat de emotionele huishouding van leiders van groepen kan overslaan op, of al of niet bewust kan worden overgebracht naar een grote schare volgelingen of groepsleden. De psychopathologie van een leider zoals Hitler, van wie de schaamte-woedeaanvallen door veel biografen is geboekstaafd, kon zo overslaan op de ook emotioneel in verwarring verkerende grote groepen Duitsers, na de vernederingen van het Verdrag van Versailles. Individuele psychopathologie is besmettelijk en collectief overdraagbaar, zo laat Scheff zien (Scheff 1991: 105–123). Het volstaat niet om collectieve geweldsuitbarstingen jegens bevolkingsgroepen alléén te verklaren uit al of niet pathologische kenmerken van individuen, ook niet alléén uit sociale en culturele factoren, maar het gaat erom juist de causale invloeden van het een op het ander aan te tonen: van micro naar macro en weer terug, van deel naar geheel en van geheel weer terug naar de delen.

Toegepast op het probleem van collectieve identiteiten wijst Scheff op de onderdrukking van persoonlijke gevoelens wanneer en doordat de groep het individu volledig opslokt of overspoelt. Individuele personen kunnen dan verzwolgen worden door of zelf volledig gaan verzwelgen in grotere groepen (*engulfment*). Dit is een gevaarlijke situatie, een sociale mutatie, omdat het tekort aan aandacht voor persoonlijke gevoelens en identiteit leidt tot vervreemding, tot frustraties, tot vernederingen en woede. Wrok en ressentiment vormen in de schaamte-woede-schaamte-woedesequenties aanvullende factoren in de voor buitenstaanders vaak onverwachte, plotselinge, irrationele, onbegrijpelijke uitbarstingen van woede en geweld.

Verscherpte wij-zijtegenstellingen voeden schaamte, woede en ressentiment over en weer. Die emoties kunnen, tenminste als men goed kijkt en luistert, worden aangetroffen zowel bij de oorspronkelijke bewoners van oude buurten in grote steden, alsook bij de nieuwe inwoners van diezelfde buurten, in het bijzonder bij een groot deel van de immigrantenjongeren. Het potentieel aan niet-onderkende schaamte, woede en ressentiment is groot en wordt vergroot door de toename aan grove categorale generalisaties over en weer. Ressentiment ontstaat uit het onvermogen om iets (bijvoorbeeld schaarse goederen, prestige of prestatie) te verwerven, wat dan wordt geïnterpreteerd als het door anderen gedwarsboomd worden in het verkrijgen van die verlangde goederen (Scheler 1961). Het is een negatieve en zeer improductieve emotie omdat ze niet aanzet tot eigen prestaties of succes, maar zich blijft concentreren op de anderen, die in de weg staan. Ze is verwant aan groepsjaloezie. Men gaat niet zelf aan de slag maar blijft als het ware hangen aan het wel en wee van anderen, die als bron van verwijten, ergernissen, ontevredenheid en agressie worden gezien. Er is sprake van een projectie van eigen onvrede, verborgen schaamte en verholen woede. Rancune is herkenbaar aan het veelvuldig schelden op anderen, negatieve oordeelsvorming over anderen, liefst in felle afkeurende bewoordingen en aan het niet geïnteresseerd zijn in hoe zaken zouden kunnen worden verbeterd, want dan zou de bron van ergernis wegvallen (waar wel de handen uit de mouwen worden gestoken ter verbetering van de situatie verdwijnt vaak ook het ressentiment). Men herkent in deze beschrijving Menno ter Braaks rancuneleer (Ter Braak 1937/1992: 178).

Met andere woorden, verscherpte wij-zijtegenstellingen, negatieve, categorale of collectieve oordeelsvorming bergen de schaamte-woede-geweldsequenties in zich en samen vormen ze een cruciale schakel in het uit de hand lopen van oplopende groepstegenstellingen. Het onderkennen van dit kruitvat van emoties, onder andere bij bepaalde groepen jonge immigranten, is een van de helaas sterk verwaarloosde opgaven van de open samenleving. Met wettelijke maatregelen valt hier weinig te doen;

het is bovenal een zaak van de samenleving als geheel, van de *civil society* voor het zorgen en het in stand houden van gezonde maatschappelijke verhoudingen.

7 CONCLUSIES EN ENKELE PRAKTISCHE CONSEQUENTIES

De enigszins lang uitgevallen analyse van de dynamiek van groepstegenstellingen en groepsconflicten leidt tot de volgende conclusies:

Als de vier condities (of precondities in Primo Levi's terminologie) alle vier tegelijk aanwezig zijn, dan is een destructieve afloop van groepstegenstellingen in de samenleving eerder te verwachten dan een constructieve oplossing ervan. Dat wil zeggen (1) als collectieve identiteiten overheersen en persoonlijke identiteiten wegdrukken en (2) als er een zeer sterke polarisatie van groepstegenstellingen is ontstaan en (3) als belangenconflicten leiden tot sterk scheve verdelingen in materiële posities die bovendien langs etnische, godsdienstige of kleurlijnen lopen en er voor geloofsconflicten geen praktisch-politieke compromissen aanvaardbaar zijn en (4) als in de wijdere samenleving sprake is van onderdrukte en niet-onderkende schaamte-woedesequenties, dan is de kans op een desintegratie van het samenlevingsverband groot.

Laat ik duidelijk zijn: zo ver is het naar mijn mening in Nederland nog lang niet (Scheff is voor de Verenigde Staten pessimistischer in zijn oordeel). Weliswaar neemt het denken en handelen vanuit collectieve identiteiten toe en bestaat er binnen verschillende etnische groeperingen nog steeds erg weinig ruimte voor de vrije ontwikkeling van persoonlijke identiteiten, met name voor vrouwen, kinderen, homoseksuelen en ongelovigen. Er is echter nog geen sprake van een verregaand proces van maatschappelijke polarisatie. Men moet de mate van polarisatie niet overdrijven, hoewel overdrijving een van de drijfveren is achter polarisatie en er een duidelijke toename aan, meestal metaforische overdrijvingen is te constateren (puinhopen en tsunami's zijn krachtige metaforen gebleken). De verdeling van primaire en positionele goederen is een blijvende bron van zorg, met name ten aanzien van gesegregeerde huisvesting, onderwijsprestaties en arbeidsdeelname van etnische minderheidsgroepen, maar deze verdeling is niet onwrikbaar scheef in maatschappelijke instituties vastgelegd en is nog steeds aan verandering ten goede onderhevig. Discriminatie op deze sociaaleconomische terreinen is wél ruim aanwezig en dient uitdrukkelijk te verminderen. Theologische conflicten kunnen met het zwaard noch met politieke middelen worden beslecht, maar de oplossing ligt in de reeds eerder beproefde vormen van religieuze tolerantie: de persoonlijke verinnerlijking van openbare godsdienstige waarheidsclaims en het vasthouden aan het grondrecht van vrijheid van godsdienst. Vrijheid van godsdienst houdt echter ook in de vrijheid om de godsdienst achter zich te laten. Ten slotte zijn schaamte-woedesequenties zonder meer aanwezig en worden ze sterk verwaarloosd; hier zal dringend meer aandacht aan geschonken dienen te worden in de opvoeding, onderwijs, geestelijke verzorgingsinstellingen en in wetenschappelijke studies.

Positief geformuleerd ontstaat uit de analyse van de dynamiek van groepstegenstellingen ook het beeld van een goed geïntegreerde samenleving. Die samenleving is geïntegreerd die:

a. *binnen* groepen voldoende evenwicht heeft bereikt en weet te handhaven tussen enerzijds persoonlijke identiteiten en anderzijds collectieve of groepsidentiteiten, die bovendien een grote mate van vrijwilligheid dienen te behouden;
b. *tussen* groepen voldoende evenwicht heeft bereikt en weet te handhaven tussen enerzijds meerderheden en/of dominante groepen, respectievelijk collectiva en anderzijds minderheidsgroepen en niet-dominante collectiva; dit evenwicht dient zodanig te zijn dat kleinere minderheidsgroepen niet volledig worden opgeslokt of weggedrukt door de dominante groep.

In een goed geïntegreerde samenleving is sprake van een tweesoortig evenwicht binnen en tegelijkertijd tussen groepen, dat door Scheff in navolging van de Amsterdamse socioloog Goudsblom een bimodale sociale structuur genoemd wordt (Scheff 1991: 58). De Ik-Wij-balans en de Wij-Zij-balans dienen dan niet naar een van de vier polen (te veel ik, te veel wij, te veel wij, te veel zij) uit te slaan. Dit evenwicht is echter niet gemakkelijk in een samenleving te vinden of te handhaven. Volgens Scheff lopen de westerse samenlevingen het risico door de overwegend materialistisch-egoïstisch ingestelde economische instellingen het evenwicht binnen groepen en tegelijkertijd tussen groepen te verliezen: te veel Ik, te weinig ruimte en respect voor Zij (Scheff 1997). De permanente wisselwerking tussen beide voorwaarden is evident: als het evenwicht tussen groepen verloren gaat en scherpe wij-zijtegenstellingen ontstaan, wordt de ruimte voor de ontwikkeling van persoonlijke identiteiten evenredig kleiner en omgekeerd.

Men kan het ook anders zeggen: de situatie van sociale integratie verbeeldt de ideale, open democratische rechtsstaat. Daarin wordt persoonlijke identiteitsvorming gegarandeerd door rechtstatelijke beginselen en mensenrechten, autonomie en privacy worden beschermd door individuele grondrechten en groepsvorming door de klassieke vrijheidsrechten van godsdienst, vereniging en vergadering. Als de democratie goed werkt is de kans op evenwichtige sociale integratie het grootst. Om dit te bevorderen zijn naar mijn mening enkele praktische consequenties van belang, met name die processen die moeilijk via wet en recht worden beïnvloed.

Ik noem allereerst het benadrukken van het belang van de vorming van persoonlijke identiteiten boven collectieve identiteiten. De subjectieve, morele motivaties van personen zijn veel belangrijker voor hun identiteit dan oppervlakkige en uiterlijke groepskenmerken. Dit zal in het sociale leven uitdrukkelijk erkend moeten worden, bijvoorbeeld bij sollicitaties en het afmeten van prestaties. Daarnaast dienen gefixeerde en absolute, collectieve identiteiten (categorale, culturele of classificatoire identiteiten), met name wanneer er geen exitmogelijkheid bestaat, gerelativeerd te worden en waar mogelijk afgebroken. Ze leiden gemakkelijk tot escalatie van groepstegenstellingen.

Wat dus vooral nodig is, is de vorming en ontwikkeling van persoonlijke identiteiten. Deze zijn complex, gelaagd, ingewikkeld en uit vele dimensies van de persoon samengesteld (Appiah 2005; Sen 2006). Dit geldt voor iedereen: voor de kosmopolitisch ingestelde wereldburger, met familie- en gezinsbanden over de gehele wereld; voor de uit verre streken geïmmigreerde jeugdigen in de grote steden van Europa; voor de uit Nederlands-Indië afkomstige Nederlanders; voor de Hollandse professor in de sociologie die nauwelijks iets opmerkelijks heeft meegemaakt. Ook voor haar/hem geldt een complexe en gelaagde persoonlijke identiteit, die primair gericht is op kennisvermeerdering en de vrije beoefening van wetenschap. De belangrijkste identiteitsbepalende factor – al wat hem of haar motiveert en morele oriëntatie geeft – is de gerichtheid op een internationale wetenschappelijke gemeenschap. Wetenschap kent geen grenzen. Nationale identiteit komt dan, bij wijze van spreken, pas op de tweede, vierde of vijfde plaats.

Van de huidige, moderne samenleving vormen deze complexe, gelaagde en samengestelde persoonlijke identiteiten de kern. Ze vormen een beschrijvend kenmerk van de huidige sociale werkelijkheid. We zijn allemaal 'mengelmensen', om een gelukkige uitdrukking van de Zuid-Afrikaanse schrijver Breyten Breytenbach te gebruiken. De manier waarop deze identiteiten tot stand zijn gekomen en verder worden ontwikkeld is voornamelijk via het vertellen van biografische geschiedenissen: iedereen heeft haar of zijn eigen levensverhaal, dat verder gaat en nooit stilstaat. Persoonlijke identiteiten zijn narratieve identiteiten (Ricoeur 1992: 113/39). Confrontaties kunnen worden omgezet in ontmoetingen, waarbij de veronderstelde categorale of collectieve identiteitsbepaling vanzelf verdwijnt en vervangen wordt door persoonlijke identiteiten. De samenleving kan derhalve met een metaforisch beeld worden beschreven als een polyfonie, als een veelklank, waarbij elke stem een eigen geluid maakt en het geheel een onoverzichtelijk mengsel wordt van botsende stemmen, geluiden, confrontaties en contrapunten. Logisch gezien is de samenleving dan een *fuzzy set* van een veelheid van afzonderlijke *fuzzy sets*.

Met deze nadruk op persoonlijke identiteiten kan ik nu ook een van mijn eigen oude puzzels oplossen. Met name deze: Huib Drion stelde in zijn tweede Cleveringa-oratie in 1990, getiteld 26 *november 1940 en de terugblik vijftig jaar later*, dat hij het gevoel had gehad, toen en ook nog in 1990, dat de 'grote lofrede op Meijers niet helemaal ter zake was'. Ik citeer: 'Ook als Meijers toevallig een minder groot jurist en geleerde was geweest, zou het ontslag van de aan de universiteit verbonden Joodse docenten en andere ambtenaren even schandelijk zijn geweest' (Drion 2005: 63). Natuurlijk, over de schandelijkheid kunnen we het volledig met Drion eens zijn, maar ook met de aarzeling over de lofrede? Door zijn collega Meijers als een groot, internationaal geleerde te schetsen benadrukte professor Cleveringa, bewust of onbewust, juist de unieke persóónlijke identiteit van professor Meijers. Voor elke andere ontslagen ambtenaar of docent zou eveneens een eigen, even uniek persoonlijk verhaal te vertellen zijn geweest. Die persoonlijke identiteit laat zich nimmer, van niemand, reduceren tot en mág ook nimmer worden gereduceerd tot een collectieve identiteitsbepaling, hem opgelegd op grond van een willekeurig groepskenmerk. Dat is de les geweest van toen, zo goed door professor Cleveringa verwoord. Dat is ook de les van nu.

8 TOT SLOT: DEMOCRATISCHE DEUGDEN

Primo Levi spoorde ons aan om kennis en deugd na te streven. Grote kennis en wetenschappelijke inzichten zijn onvoldoende om, als het eropaan komt, keuzen te maken. Ga je mee met de groep of weersta je de groepsdruk? Wanneer worden groepstegenstellingen zo groot en zo dringend dat er een uiteindelijke loyaliteit moet worden gekozen en met wie, met welke groepen of met welke waarden is men dan loyaal? Heeft men de moed om, net als professor Cleveringa, de stem van het geweten te volgen tegen de machtigen, de velen, de meerderen en de meerderheden, indien rechten van individuen worden geschonden?

Om deze lastige vragen te beantwoorden is meer nodig dan kennis alleen. Levi noemde dit samenvattend: *virtute*, deugd. Ik vind dat een gelukkige omschrijving. Die sluit niet alleen aan bij de huidige herwaardering van een deugdenethiek in de morele filosofie en in de wetenschapsfilosofie, waar intellectuele deugden opnieuw worden ontdekt, maar spreken over deugden geeft aan het zoeken naar gemeenschappelijke waarden en normen in een pluriforme en verdeelde samenleving een geheel eigen accent. Waarden- en normendiscussies werken exclusief, dat wil zeggen ze benadrukken ónze waarden tegenover die van anderen. Een deugdenethiek daarentegen legt accent op het intrinsieke karakter van waarden in de vorm van deugden en overstijgt daarmee de vele inhoudelijke verschillen tussen zeer uiteenlopende waarden- en geloofssystemen. De overeenkomsten daartussen worden verrassend groot als men naar de in elk geloof of waardensysteem nagestreefde deugden kijkt.

Bovendien leggen deugden nadruk op het doen, op het praktische individuele handelen. 'Deugden zijn geen boven ons hoofd hangende geboden of wenkende idealen; ze verwijzen naar de ontwikkeling van een levenshouding en naar de reflectie op goed leven die daarin gestalte krijgt. Ze verwijzen naar gerealiseerd leven' (Dresen 2006: 81; Van Tongeren 2003). Om deze reden, het ontwikkelen van een levenshouding en een karakter, kunnen deugden de democratie versterken (Gordon 2001; Dagger 1997). Deugden zijn zelf door en door democratisch. Want in de beoefening van de deugd streeft men niet naar objectieve perfectie, naar morele zuiverheid of naar op anderen behaalde topprestaties, maar naar individuele excellentie, ieder in de eigen rol en hoedanigheid, in *his or her station and duty*. Iedereen kan op een eigen manier groeien en floreren, beter worden dan men op dat moment is, men kan zich onderscheiden zonder dat dit ten koste van anderen hoeft te gaan.

Inhoudelijk kan de democratie versterkt worden door specifieke democratische deugden in ere te houden, zoals: het leveren van een actieve bijdrage aan de samenleving in plaats van passieve berusting, openstaan voor meerstemmigheid, polyfonie, hoor en wederhoor in dagelijkse conflicten als een vanzelfsprekend iets beschouwen, het niet onderdrukken van een afwijkende mening – je kan namelijk altijd ongelijk hebben, de ander kan je met goede argumenten overtuigen. Maar ook andere levenshoudingen horen hierbij zoals het ontwikkelen van een gevoel voor verhoudingen, voor hoofd- en bijzaken, voor fair play, niet overdrijven, niet te veel of te vroeg dramatiseren of gemakkelijk generaliseren; respect betonen voor de persoonlijke autonomie van mensen en, laat ik dat vooral niet vergeten: burgermoed, het opkomen voor andermans rechten, wanneer die op onrechtvaardige wijze grof worden geschonden.

Het meest kenmerkende van deze democratische deugden is dat zij niet onderworpen zijn aan de wet van de schaarste, want zij kunnen elke dag opnieuw worden gemaakt, net als enkele andere waardevolle dingen in het leven, zoals liefde en muziek.

> 'Er is evenveel muziek in de wereld als deugdzaamheid. In een wereld van vrede en liefde zou muziek de universele taal zijn en mensen zouden elkaar op die wijze van verre groeten op de wegen en in de velden, zoals een Beethoven nu nog uit de verte zijn zeldzame intervallen laat klinken' (Thoreau 1973: 9–10).

WOORDEN VAN DANK

Aan het einde gekomen van mijn rede wil ik allereerst u, mijnheer de Rector Magnificus, zeer hartelijk danken voor de bijzondere, vererende uitnodiging om voor het academische jaar 2006–2007 de Cleveringa-leerstoel te mogen bezetten. Ik heb ook niet nagedacht over de aanvaarding van deze uitnodiging. U weet dat het voor mij persoonlijk heel veel betekent om weer terug te zijn bij mijn eigen oude universiteit, waaraan ik mijn universitaire studie en loopbaan ben begonnen en waar ik zo veel goede dingen in mijn leven aan te danken heb.

Ik dank de leden van het Curatorium van de Cleveringa-leerstoel die mij voor deze benoeming hebben voorgedragen, voor het vertrouwen dat u in mij hebt willen stellen en ik hoop dat ik dit vertrouwen in mijn werk voor studenten die in het onderwerp van mijn leerstoel geïnteresseerd zijn, niet zal teleurstellen.

Ik dank in het bijzonder de drie dochters van professor Cleveringa voor hun aanwezigheid, vandaag, en ik hoop dat zij nog vele, vele jaren, op de 26e november, in ons midden aanwezig zullen mogen zijn.

Gaarne wil ik hier de vice-president van de Raad van State, mr. H.D. Tjeenk Willink, bedanken voor zijn collegiale vriendschap en voor de ruimte die mij geboden is om deze leerstoel te aanvaarden.

Ik wil deze gelegenheid ook te baat nemen om alle andere collega's en medewerkers van de Raad van State te bedanken voor de grote welwillendheid waarmee u mij in uw midden heeft willen ontvangen. In het bijzonder dank ik de Kamervoorzitters mr. J. Polak, mr. R. Loeb en mr. H. Lubberdink, en in hen al mijn collega's van de Afdeling Bestuursrechtspraak, voor hun wijze en vriendelijke hulpvaardigheid.

Ik wil de vrienden van mijn jaarclub en hun partners in het bijzonder bedanken voor de jarenlange vriendschap, die in Leiden, deze maand precies 45 jaar geleden, begonnen is. Uit het oogpunt van maatschappelijke tegenstellingen en opvattingen lijken we wel op de meest pluriforme samenleving ooit, hoewel ik als socioloog te goed weet dat in 1961 slechts drie procent van alle achttien tot vierentwintigjarigen naar de universiteit ging. Zo representatief waren we dus toch niet. Ik draag met veel genoegen deze oratie aan jullie op.

Ten slotte het thuisfront dat mij, zoals steeds, in raad en daad terzijde staat. Veel gaat vanzelf en behoeft geen uitleg. Maar het is prachtig, Trees, om ons bij deze gelegenheid te herinneren dat wij elkaar op een zaterdagmorgen hier in het Groot Auditorium hebben leren kennen. Wij zijn daar nog steeds enorm blij om, samen met onze dochters, Adriënne en Pauline, onze schoonzonen en natuurlijk met Lianne, Youri en Sem, onze al zo groot wordende kleinkinderen.

En u, geachte toehoorders, die bij deze plechtigheid aanwezig hebt willen zijn, dank ik voor uw aandacht.

Ik heb gezegd.

LITERATUUR

Abel, Th., *The Nazi Movement.* New York 1965 (oorspronkelijk 1938).

Aho, J.A., *This Thing of Darkness, A Sociology of the Enemy.* Seattle 1994.

Alexander J., Toward a Sociology of Evil, in: M.P. Lara, *Rethinking Evil.* Berkeley 2001, p. 153–173.

Alford, C.F., *What Evil Means to Us.* New York 1997.

Améry, J., *Schuld en Boete voorbij*. Amsterdam 2000 (oorspronkelijk verschenen in het Duits 1977/1999).
Anderson-Gold, S., *Unnecessary Evil, History and Moral Progress in the Philosophy of Immanuel Kant*. New York 2001.
Appiah, K.A., *The Ethics of Identity*. Princeton 2005.
Appadurai, A., *Fear of Small Numbers, An Essay on the Geography of Fear*. Durham 2006.
Arendt, H., *The Origins of Totalitarianism*. New York 1951, 11e ed. 1967.
Arendt, H., *Men in Dark Times*. New York 1955.
Arendt, H., *Eichmann in Jerusalem, A Report on the Banality of Evil*. New York 1963 (in het Nederlands vertaald als *De Banaliteit van het Kwaad*. Amsterdam 1969, hernieuwd uitgegeven 2005).
Arendt, H., *Essays in Understanding 1930–1954*. New York 1994.
Aubert, V., *Proeven van rechtssociologie*, vertaald en ingeleid door B. Peper en K. Schuyt. Rotterdam 1971.
Bayart, J.F., *The Illusion of Cultural Identity*. Londen 2005 (oorspronkelijk in het Frans 1996).
Benhabib, S., Hannah Arendt and the redemptive Power of Narrative, in: L.P. Hinchman en S.K. Hinchman (eds.), *Hannah Arendt, Critical Essays*. New York 1994, p. 111–143.
Bernstein, R.J., *Hannah Arendt and the Jewish Question*. Cambridge 1996.
Bernstein, R.J., *The Abuse of Evil, The Corruption of Politics and Religion since 9/11*. New York 2006.
Blommaert, J., E. Corijn, M. Holthof e.a., *Populisme*. Berchem 2004.
Bonhoeffer, D., *Wie ben ik? Teksten om te Overdenken*. Kampen 2005.
Boterman, F., De Schaduw van de Eerste Wereldoorlog als Katalysator van Naoorlogs Geweld, politiek geweld en oorlogsmythe in de Republiek van Weimar', in: J. Pekelder en F. Boterman (eds.), *Politiek Geweld in Duitsland*. Amsterdam 2005, p. 93–121.
Braak, M. ter 1937/1992, Het nationaal-socialisme als rancuneleer, in: E. Francken (ed.) *De Draagbare Ter Braak*. Amsterdam 1992, p. 171–189.
Braekman, A. (ed.), Carl Schmitt, speciaalnummer *Wijsgerig Perspectief*, jrg. 46, nr. 3, 2006.
Burton, J., *Conflict: Resolution and Prevention*. Basingstoke 1990.
Cafaro, Ph., *Thoreau's Living Ethics, Walden and the Pursuit of Virtue*. Athene 2004.
Charny, L.W., *Fascism and Democracy in the Human Mind*. Londen 2006.
Cicioni, M., *Primo Levi, Bridges of Knowledge*. Oxford 1995.
Cleveringa, R.P., *Inleidende Colleges als Decaan uitgesproken*. Leiden 1946.
Cleveringa, R.P., *26 Novemberrede & Afscheidscollege*. Zwolle 1973.
Cleveringa, R.P., *Gedenkschriften*, uitgegeven door L.E. van Holk en I. Schöffer. Leiden 1983.
Coser, L., *The Functions of Social Conflict*. New York 1956.

Crowley, Sh., *Toward a Civil Discourse, Rhetoric and Fundamentalism.* Pittsburgh 2006.

Dagger, R., *Civic Virtues, Rights, Citizenship, and Republican Liberalism.* Oxford 1997.

Dante Alighieri, *Hel*, vertaald, ingeleid en geannoteerd door Jacques Janssen. Nijmegen 1999.

Deutsch, M., *The Resolution of Conflict.* New Haven 1977.

Dresen, G., Kiezen tussen cynisme en waanzin belooft weinig goeds, in: S. Neiman e.a., *In het Zicht van de Galg, Helden en het Kwaad.* Nijmegen 2006, p. 69–88.

Drion, H., Intellectuelen en democratie, Cleveringarede 1967, in: *Denken zonder Diploma.* Amsterdam 1986, p. 5–26.

Drion, H., *Van, over en met Huib Drion (1917–2004).* Den Haag 2005.

Dyzenhaus, D., *Legality and Legitimacy, Carl Schmitt, Hans Kelsen and Hermann Heller in Weimar.* Oxford 1997.

Dyzenhaus, D. (ed.) *Law as Politics, Carl Schmitt's Critique of Liberalism.* Durham 1998.

Engbersen, G. et al., *Illegale Vreemdelingen in Nederland. Omvang, Overkomst, Verblijf en Uitzetting.* Rotterdam 2002.

Engbersen, G., M. van San en A. Leerkes, A Room with a View, Irregular Immigrants in the Legal Capital of the World, in: *Ethnography*, vol. 7, nr. 2, 2006, p. 205–238.

Elias, N., *Het Civilisatieproces.* Utrecht 1982.

Erikson, E., *Insight and Responsibility.* New York 1964.

Feldman, S.P., *Memory as a Moral Decision.* Londen 2004.

Ferrara, A., The Evil That Men Do, in: M.P. Lara, *Rethinking Evil.* Berkeley 2001, p. 173–189.

Gilroy, P., *Between Camps, Nations, Cultures and the Allure of Race.* Londen 2000.

Giuliani, M., *A Centaur in Auschwitz, Reflections on Primo Levi's Thinking.* Oxford 2003.

Gordon, R.S.C., *Primo Levi's Ordinary Virtues, From Testimony to Ethics.* Oxford 2001.

Hacker, F., *Agressie, de Verloedering van de Moderne Wereld.* Bilthoven 1971 (oorspronkelijk in het Duits 1971).

Halsema, A., Het zelf als ander – mijn lichaam als ander, Ricoeurs notie van identiteit, in: *Algemeen Nederlands Tijdschrift voor Wijsbegeerte*, jrg. 98, nr. 2, april 2006, p. 94–111.

Hannover, H. en E. Hannover, *Politische Justiz 1918–1933.* Frankfurt am Main 1966.

Hardin, R., *One for All, The Logic of Group Conflict.* Princeton 1995.

Hardin, R., *Trust.* Cambridge 2006.

Hecht, C., *Deutsche Juden und Antisemitismus in der Weimarer Republik.* Bonn 2003.

Hegger, A. e.a., *Over Schuld en Schaamte.* Tilburg 2005.
Hesseling, G., *Recht en Vrede Kussen Elkaar*, 1e Koningsbergeroratie, Utrecht 2006.
Holk, I.E. van en I. Schöffer (eds.) *Gedenkschriften van Prof Mr. R.P. Cleveringa.* Leiden 1983.
Homan, M., *Generatie Lonsdale, Extreem-rechtse Jongeren in Nederland.* Antwerpen/Amsterdam 2006.
Jenkins, R., *Social Identity.* Londen 1996.
Kant. I., Die Religion innerhalb der Grenzen des blossen Vernunft, in: I. Kant, *Die Metaphysik der Sitte*, Werkausgabe Band VIII, Frankfurt am Main 1977 (oorspronkelijke uitgave Köningsberg 1793).
Klemperer, V., *LTI, De Taal van het Derde Rijk.* Amsterdam 2000 (oorspronkelijk in het Duits 1975).
Kriesberg, I., *Constructive Conflicts.* New York 2003.
Ladau, E., *On Populist Reason.* Londen 2005.
Lara, M.P. (ed.), *Rethinking Evil, Contemporary Perspectives.* Berkeley 2001.
Lecler, J., *Histoire de la Tolérance au Siècle de la Reforme.* Parijs 1958.
Levi, P., *Is dit een mens & Het respijt.* Amsterdam 1987 (oorspronkelijk in het Italiaans 1958 en 1963).
Levi, P., *De Verdronkenen en de Geredden.* Amsterdam 1991 (oorspronkelijk 1986).
Lewin, K., *Resolving Social Conflicts.* Londen 1948.
Lewis, H.B., *Shame and Guilt in Neurisis.* New York 1971.
Lilla, M., *The Reckless Mind, Intellectuals in Politics.* New York 2001.
Martin, Von, A., De *Spanning tussen Orde en Vrijheid.* Utrecht 1962 (oorspronkelijk in het Duits z.j.).
Meier, H., *The Lessons of Carl Schmitt.* Chicago 1998.
Moore, B., *Moral Purity and Persecution in History.* Princeton 2000.
Mouffe, Ch., *The Return of the Political.* Londen 1993 (2de ed. 2005).
Mouffe, Ch., *The Democratic Paradox.* Londen 2000.
Müller, J.W., *A Dangerous Mind, Carl Schmitt in Post-war European Thought.* New Haven 2003.
Neiman, S., *Evil in Modern Thought.* Princeton 2002.
Norton, A., *Leo Strauss and the Politics of American Empire.* New Haven 2004.
Ophir, A., *The Order of Evils, Towards an Ontology of Morals.* New York 2005.
Phillips, A., *Equals.* Londen 2002.
Phillips, A., *Going Sane.* Londen 2006.
Ricoeur, P., *Oneself as Another.* Chicago 1992 (oorspronkelijk in het Frans 1990).
Rossi, Ph.J.S.J., *The Social Authority of Reason, Kant's Critique, Radical Evil and the Destiny of Humankind.* New York 2005.
Safranski, R., *Het Kwaad.* Amsterdam 1998 (oorspronkelijk in het Duits 1997).

Scheff, Th. J., Rationality and Emotion, Hommage to Norbert Elias, in: J.S. Coleman and Th. J. Fararo, *Rational Choice Theory, Advocacy and Critique*. Londen 1992, p. 101–119.
Scheff, Th.J., *Bloody Revenge, Emotions, Nationalism and War*. Boulder 1991.
Scheff, Th.J., *Microsociology, Discourse, Emotion, and Social Structure*. Chicago 1994.
Scheff, Th.J., *Emotions, the Social Bond and Human Reality, part/whole analysis*. Cambridge 1997.
Scheff, Th.J. & S.M. Retzinger, *Emotions and Violence, Shame and Rage in Destructive Conflicts*. Lincoln 1991 (Backimprint 2002).
Scheler, M., *Ressentiment*, edited and with a foreword by I. Coser. New York 1961 (oorspronkelijk in het Duits 1915).
Schmitt, C., *Het Begrip Politiek*. Amsterdam 2001 (oorspronkelijk in het Duits 1932/1963).
Schuyt, C.J.M., *Filosofie van de Sociale Wetenschappen*. Leiden 1986.
Schuyt, K., Tolerantie en democratie, in: D. Fokkema en F. Grijzenhout (eds.), *Rekenschap 1650–2000*. Den Haag 2001, p. 115–145.
Schuyt, K., Hoe verdragen wij elkaar in een vergrijzende samenleving?, in: *De Uitdaging van de Vergrijzing, Verslag van de Eerste Jan Brouwer Conferentie*. Haarlem 2005, p. 33–39.
Schuyt, K., *Steunberen van de Samenleving*. Amsterdam 2006.
Seidel, C.E., Persoonlijke identiteit en fundamenteel zelfbegrip, in: *Algemeen Nederlands Tijdschrift voor Wijsbegeerte*, jrg. 98, nr. 2, april 2006, p. 76–93.
Sen, A., *Identity and Violence*. New York 2006.
Simmel, G., *Conflict and the Web of Group Affiliations*. New York 1955 (oorspronkelijk in het Duits 1900).
Smith, S., *Reading Leo Strauss, Politics, Philosophy, Judaism*. Chicago 2006.
Sniderman, P., L. Hagendoorn en M. Prior, De moeizame acceptatie van moslims in Nederland, in: *Mens en Maatschappij*, jrg. 78, nr. 3, 2003, p. 199–217.
Spruyt, B.J., *De Toekomst van de Stad*. Zoetermeer 2005.
Staub, E., *The Roots of Evil, The Origins of Genocide and Other Group Violence*. Cambridge 1989 (paperback edition 1992).
Sunstein, C.R., *Why Societies Need Dissent*. Cambridge, Mass. 2003.
Thoreau, H.D., *Reform Papers*. Princeton 1973.
Tongeren, P. van, *Deugdelijk Leven. Een Inleiding in de deugdenethiek*. Nijmegen 2003.
Ugrevic, D., *Nationaliteit: Geen*. Amsterdam 1993.
Vetlesen, A.J., *Evil and Human Agency, Understanding Collective Evildoing*. Cambridge 2005.

ROSALYN HIGGINS

Ethics and International Law

2009

I am honoured to be invited to deliver the 2009 Cleveringa Lecture. This lecture honours a man whose profound sense of ethics led him to act with extraordinary bravery.

I have tried to learn as much as I can about the remarkable man we recall tonight.

I thank those who have assisted me in this quest, and very particularly Mrs. ten Kate, Professor Cleveringa's daughter. Thanks to her kindness, I have held his impressive writings in my hands, seen old photographs, and have learned more of his life in the university he so loved.

Professor Cleveringa was Professor of Commercial Law and also of Procedural Law. Before the war he had a special responsibility for the students coming from the Dutch East Indies. And in 1940 he was Dean of the Faculty of Law. Though an important professor, he was also a modest man, drawing no attention to himself.

When as a young man Rudolph Pabus Cleveringa had prepared his thesis, his tutor had been Professor E. M. Meijers. As is often the case with a very able student and his tutor, they became in due course professional colleagues and then personal friends.

In November 1940 the German occupying authorities issued an edict requiring the dismissal of all Jewish academics from their posts. They were to teach no more. On 26 November, at the hour Meijers should have given his customary lecture, Cleveringa presented himself to the students instead, and gave his momentous address. He protested strongly against the dismissal of Jewish academics. He told the students how fundamentally incompatible was the order with the Dutch tradition of equality and non-discrimination – a tradition that had reflected itself not just in laws but also in the very life of the nation. He then spoke of the greatness of his dismissed colleague Meijers. His lecture was the embodiment of the University motto 'Praesidium libertatis' – bastion of freedom.

The next day this great university was closed and Cleveringa was taken by the occupying authorities to Scheveningen prison, where he was interrogated. No charges were ever brought against him. He was simply kept there – allegedly 'for his own protection'.

And so it went on. Professor Koningsberger, Professor of Plant Physiology, had also spoken out against the dismissal of Jewish colleagues at

Utrecht, as did Professor Telders and others at Leiden. Professor Telders was imprisoned shortly after the 26 November lecture. In the summer of 1941, Cleveringa was, thanks to the intervention of friends, allowed to visit his ailing mother for a fortnight. This period was extended, Cleveringa was essentially freed – but not allowed to go to Leiden.

In 1944 he was imprisoned again, now at Vught camp. He was joined there by Benjamin Marius Telders. Telders was sent from there to Bergen-Belsen and died in that place of horror shortly before the British liberation. Cleveringa was freed from the Vught camp in 1944 and he existed as a 'non-person' in the Netherlands, waiting for a post-war future.

His colleague Meijers was imprisoned after his dismissal from Leiden. He was imprisoned in various places in the Netherlands and was ultimately sent to Theresienstadt.

By some miracle, he, his wife, and their daughter survived and were able to return eventually to the Netherlands.

Leiden reopened in May 1945 with an opening attended by Her Majesty Queen Wilhelmina. Cleveringa became Rector Magnificus in 1946 and was in that post when the university bestowed an honorary degree on Winston Churchill.

Tonight, 26 November, it is Cleveringa's lecture to the students that we commemorate.

1 ETHICS, JUSTICE AND INTERNATIONAL LAW

For a lawyer the question of 'unjust laws' presents very difficult problems. Neither the ordinary citizen nor indeed the judge can pick and choose between laws he or she likes or does not like: 'the law is the law'. This guiding principle of the lawyer feels less qualified than the soldier's guiding principle ('orders are orders'), for it is generally recognized that the soldier's duty of obedience ceases in the face of an order to commit a crime. But how are ordinary people to be protected against pernicious laws and what role can the lawyer or judge play in such protection?

Just as Cleveringa had things to explain to the students in the face of the dismissal of Jewish colleagues in 1940, so Gustav Radbruch, a German professor, had something to say to his students in 1945. He wrote a letter ('Funf Minuten Rechtsphilosophie')[1] addressing the lawyer's dilemma of the relationship between legal security and validity on the one hand, and the sense of justice on the other. He explained to the students,

> The conflict between justice and legal certainty may well be resolved this way: the positive law, secured by legislation and power, takes precedence even when its content is unjust and it fails to benefit the people, unless the conflict between statute and justice reaches such an intolerable degree that the statute... is flawed law and must yield to justice.

This so-called 'intolerability formula' is often described as the Radbruch formula and it is referred to as such in the judgments of the German courts which have had to face this issue. Many German judges left their homeland rather than apply Nazi laws.

Of course, this reasoning has not been without its opponents, for example the legal philosopher H.A. Hart, who insisted on the separation of law from morals.[2] Without this separation, said Hart, there was a confusion between law as it is and law as it should be.

This is, of course, the debate between legal positivism and others, on which there is a vast literature. It also feeds into the larger question of whether law is indeed value-free, or rather a tool of social engineering the very purpose of which is to secure particular values.

Some great jurists, like Lord Denning, the famous English judge, somehow adroitly skated over the dilemma. He never admitted to choosing 'the law as it should be "over" the law as it is'. He had a strong sense of justice, and somehow, through inventive interpretations, the 'law as it is' always *was* the 'just' legal solution. He was greatly admired, and generally a beloved figure for his simple way of speech and kindness in court. But he also had his opponents, who thought he delivered justice rather than legal certainty.

In international law we find something of the same debate. There, the operative concepts are just a bit different: *lex lata*, the law as it is, and *lex ferenda*, law in the making, not yet crystallized. The 'law as it should be' is assimilated into this notion of 'law that is not yet fully formulated'. Some international lawyers – again, those inclined towards positivism – insist upon a rigorous distinction. My own approach has been to avoid the dichotomy as much as possible, but not by the rather sleight-of-hand methodology of Lord Denning. Rather, in my own view, law is really to be seen not as rules but as opposing norms which must be chosen between (no use of force/self-defence). And that can only be done by articulating the values which can be promoted by the one choice over the other.

But in any event, this is a matter of general philosophy and not confined to the agonizing choices between 'the law as it is' and 'justice', as faced by Cleveringa and others.

Unless you are a positivist (which I am not), the Radbruch formula (law, unless it presents an intolerable conflict with justice) is rather attractive. The trouble, of course, is that we each have a different perception as to when that level of 'intolerable conflict' has been reached. In England, during the prime ministership of Margaret Thatcher, thousands upon thousands refused to pay the so-called 'poll tax', which in their eyes was profoundly unjust. In the eyes of others, this law might at most have been said to fall within the Radbruch formula of 'unjust and failing to benefit the people', but still did not present such an intolerable conflict between statute and justice as to render it a 'flawed law' that must yield to justice.

If one accepts that a law is in principle to be obeyed, even if personally we regard it as unfair and undesirable, how can we objectively know if denial of that law may nonetheless exceptionally be warranted because of this 'intolerable degree' of conflict with justice?

At the end of the day, each such dilemma will have to be resolved by brave judges and by brave citizens. There is no global answer to cover every case. But our understanding of the difference between a law that is detested and a law that is intolerable may be assisted by a framework of reference. And that is to be found in existing laws that underpin the values of our society.

One such value-based law that assists in assessing the relationship between another law and 'justice' is the law of non-discrimination. And I now turn briefly to that topic.

2 ETHICS AND NON-DISCRIMINATION

Professor Cleveringa told his students, in his famous brave lecture, that discrimination was anathema to Dutch values. Every international lawyer is also imbued with the idea of non-discrimination. It has a long history in the subject.

The principle of non-discrimination was present in the jurisprudence of the Permanent Court of International Justice before the events that precipitated Professor Cleveringa's speech. The Permanent Court showed a profound insight into what was necessary to make the protection of national minorities a reality. In the *Polish Upper Silesia* case of 1926, the Court insisted that what the minority was entitled to was equality in fact as well as in law; and that, while the claim to be a member of a national minority should be based on fact, self-identification was the only acceptable method of association.[3] In the *Minorities Schools* case of 1928 the Permanent Court determined that special needs and equality in fact 'are indeed closely interlocked, for there would be no true equality between a majority and a minority if the latter were deprived of its own institutions, and were consequently compelled to renounce that which constitutes the very essence of its being as a minority'.[4] Of equal importance were the findings on what does *not* constitute discrimination: it was not discrimination to limit minority schools to those whose minority language was in fact their mother tongue, for therein lay the key to the benefits.

We all have a general sense of what is discriminatory. International law has sought to tie the idea to discrimination on the grounds of race, colour, sex, language, or political opinion. This formula is to be found in many treaties, including the European Convention on Human Rights and the International Covenant on Civil and Political Rights (ICCPR). In recent years the formula has sought to keep up with the realities, and with the times, by adding the prohibition on grounds of ethnic, national, or social origin, or sexual orientation.

The General Comment 18 of the Committee on Human Rights (which operates under the ICCPR) tells us that

> 'Non-discrimination, together with equality before the law and equal protection of the law without any discrimination, constitute a basic and general principle relating to the practice of human rights.'

One clause in the ICCPR, Article 2(1), requires each state party to ensure to all persons within its territory and subject to its jurisdiction the rights recognized in the Covenant, without any such discrimination. A question which the Committee had to grapple with was whether that meant that no claim could be brought of discrimination as regards matters not to be found in the provisions of the Covenant. For example, the Covenant does not purport to deal with social security and disability entitlements. It would seem that no claim by a citizen in respect of discriminatory treatment by a state in such matters could come before the Committee under Article 2(1) (which specifically prohibits discrimination in respect of rights guaranteed by the Covenant).

However, the Committee ruled that Article 26 of the Covenant was more generally formulated, prohibiting 'any discrimination under the law'. The Committee – and now is the moment for me to admit that I was a rather active member at the relevant time! – decided that if a country had no law on a particular matter, discrimination in respect of it could not fall under its remit. But if a government *did* allow an entitlement as a matter of law, the Covenant prohibited discrimination in respect of that entitlement, even if it was not a legal entitlement of the Covenant itself.

And so it came about that, in a series of cases, the Committee found the Netherlands to have been in violation of the non-discrimination principle in Article 26, in respect of social security and disability benefits.[5] This was not easy for the Netherlands, which with justification regarded itself as a law-complying nation, and which was somewhat astonished at the finding of discrimination in respect of something (social security) on the face of it outside the Covenant.

I know there were serious and long discussions in the Dutch government about these findings – not least because there were very considerable financial implications flowing from them. In considering its course of action, the Netherlands could not only have challenged the correctness of the finding, but could also have insisted that the Committee was not a court of law, and could at the end of the day be ignored. But the commitment of the Netherlands both to international institutions and to the concept of non-discrimination was such that these findings were in the event accepted, and indeed acted upon. I have always hugely admired this.

Of course, non-discrimination does not necessarily require that everyone be treated identically. There may be reasons, good reasons, for differentiations being made. If a state decided to provide free transport for its pensioners, it will not have violated any non-discrimination provision by making the young people pay for their trams and trains. I benefit from the *vijfenzestig* (65+) tickets at the cinema. That is no discrimination against youthful movie-goers.

General Comment 18 deals with this in its paragraph 8, which provides that 'The enjoyment of rights and freedoms on an equal footing, however, does not mean identical treatment in every case.' It continues,

> 'Not every differentiation of treatment will constitute discrimination, if the criteria for such differentiations are reasonable and objective and if the aim is to achieve a purpose which is legitimate under the Covenant.'

I need hardly say that excluding persons from a profession, or from serving in a particular job, on the basis of their religion or race, can never be anything other than discrimination.

There is very much international case law on this topic. And of very special interest, I think, has been the interface between international and national law on the question of *positive* discrimination (sometimes referred to as affirmative action). The United States, in particular, struggled with these complex issues in a series of cases[6] where those then referred to as black students were given certain preference over others in university admissions, entry to the police force, and so on. The US courts held that, provided a past inequity was being redressed, provided there was a current societal need for current imbalances to be alleviated, provided the measures were temporary, and provided the measures did not amount to quotas as such, they were not unconstitutional. The United States Constitution, of course, prohibits discrimination.

3 ETHICS AND ARMED CONFLICTS AND HUMANITARIAN DISASTERS

If non-discrimination is central in peacetime to the international lawyer's sense of ethics, so humanitarian law (*ius in bello*) is central to the provision of core ethics in times of conflict.

International humanitarian law (IHL) is the body of law which governs the conduct of hostilities. It speaks to the notion that in times of conflict all trace of law is *not* lost. Parties are limited in the choice of methods used in warfare. They are also constrained in their choice of targets. Further, international humanitarian law lays down how those who are no longer participants in the conflict (the injured, the captured) are to be treated. And it instructs an occupier as to how he must behave within the land occupied.

It is hard to exaggerate the importance of this corpus of law. The cynic who believes that nothing is obeyed of this law is wrong. It is in the interests of all that conflict, if it has to happen, be conducted according to norms applicable to everyone. An invading state may still have some of its own military being held as prisoners of war. And a state, fearing reprisals if it uses an unlawful weapon, will surely not use such means and is satisfied with the prescriptions of IHL on the matter. There is a great mutuality of interest underlying IHL, and – although terrible things continue to happen all around us – there is often a genuine effort by parties at compliance.

The military conflict between the United Kingdom and Argentina over the Falklands in 1982 was conducted by both parties with a very high regard for what international law required. Such a 'civilized' conduct of war is perhaps unusual. But the existence of the requirements of IHL does act as a restraining factor, and without them the conduct of military hostilities would be infinitely worse.

There is a vast body of law on these matters emanating from international conventions – the post-Second World War 1949 Geneva Conventions, of course, but many others too. And there is now a great corpus of judicial pronouncements on the obligations of international humanitarian law. In the *Advisory Opinion on the Legality of the Threat or Use of Nuclear Weapons*, the International Court of Justice (ICT) stated what it termed the two cardinal principles of international humanitarian law: first, the distinction between combatants and non-combatants, including civilians; and second, that states do not have unlimited freedom of choice in the weapons they use.[7] As to the second element, some weapons are prohibited in terms. As regards others – including, recently, phosphorus shells – countervailing positions are held by the protagonists. It is for the courts and other leading decision-makers to offer ethical interpretations and to take an ethical lead when opportunity arises.

Some of the underlying problems, of course, are agonizingly difficult. What if as today we all too often see – one state deliberately locates its heavy weaponry in a school or a hospital complex? There should be much, much more concerted international effort directed at condemning such behaviour, and finding means to make international outrage effectively bear upon the state concerned. At the same time, the protection of the civilian population remains a cardinal principle. Collateral damage (i.e. damage not intended, but regrettably in the particular case incidental to action against a legitimate target) will always occur. But deliberate targeting, in circumstances where it will necessarily be impossible to distinguish between civilians and combatants, remains unlawful. And this is so even if it is the targeted state which has itself chosen to 'hide' its military within its civilians, even indeed among schools and hospitals. IHL is not 'reciprocal'. The values that the norms represent are absolute. State A is not relieved of its obligations under law because state B has already violated other provisions. The military dilemmas that this presents state A with are real, but can only be resolved by other paths of international action.

Professor Cleveringa, in his famous lecture which we commemorate tonight, was dealing with legal and ethical issues that arise in the context of military occupation. He cited to the students Article 43 of the Hague Regulations on the Laws and Customs of War on Land, which provides that the occupying power is required to respect the laws in force in the country of occupation 'unless absolutely prevented'. Germany certainly was not 'absolutely prevented' from respecting the Netherlands' laws of equality and non-discrimination.

In 2004, in its *Advisory Opinion on the Legal Consequences of the Construction of a Wall in the Occupied Palestinian Territory*, the ICJ took the opportunity to state that the Hague Regulations had become part of customary international law. They were not dependent upon the protagonists being parties to the pertinent convention (or treaty). And the Court observed that Article 43 was applicable to the West Bank.

That same Article, cited by Professor Cleveringa, was at issue again before the Court in the 2005 case between the Democratic Republic of the Congo and Uganda. In an interesting finding, the Court held that a state does not have to be in occupation of an entire territory for it to be an occupying power (with the legal obligations that entails). The Ugandan forces had passed through large swathes of Congolese territory, without actually replacing local authority by their own. But it *was* an occupying power in Ituri Province and Article 43 of the Hague Regulations applied. The Court stated that Uganda was accordingly under an obligation not only – as would always be the case – to ensure that their own troops did not violate IHL and human rights. As an occupying power, it had to 'protect the inhabitants of the occupied territory against acts of violence, and not to tolerate such violence by any third party'.[8] So it had to be vigilant to prevent violations of IHL and human rights by all persons within the territory it occupied, 'including rebel groups acting on their own account'.[9]

A few words must now be said about the question of so-called humanitarian intervention which is one of the controversial areas of contemporary international law. For some, the right of a state to use force in international relations is strictly constrained by the combined effect of Article 2(4) and Article 51 of the Charter. Force against another state may not be used unless it is in self-defence (or unless it is authorized by the Security Council as necessary for the maintenance or restoration of international peace). For other states, some situations may be so appalling that to watch and do nothing is the ultimate immoral act. For them there has to be a right, *in extremis*, to intervene for humanitarian reasons. And some states, who think the potential for abuse is so worrying that there should be no publicly acknowledged entitlement to intervene, even *in extremis*, in fact will not much protest if they share the intervener's perception that an intolerable moral situation has arisen.

Actions by individual states or groups of states in Kosovo and Sierra Leone are well-known examples of this range of dilemmas.

In recent years some (but not sufficient) persons have begun to appreciate that the legal question of humanitarian intervention cannot be dealt with in isolation, or just centred on a perception of sovereignty that refuses all outside interference, with nothing more.

Secretary-General Kofi Annan spoke in the Great Hall of the International Court of Justice in May 1999, shortly after the NATO bombing of Kosovo in the wake of the horrors, including ethnic cleansing, being perpetrated there. There was a great debate raging as to whether this military action, classified by those engaged in it as humanitarian intervention, was lawful. Kofi Annan reiterated that force was only to be used in individual or collective self-defence. But then he said (and I paraphrase him): but it is not enough that states simply berate unlawful uses of force. They have a *responsibility*, which they are failing to exercise, to ensure that extreme situations of suffering, which a state or states feel(s) calls for humanitarian intervention, do not occur. It is not enough to allow such situations to arise, and then simply protest at actions, perhaps unlawful, to alleviate them.

This line of reasoning, which I personally appreciate very much, was rather courageously pursued and elaborated by Kofi Annan. Ban Ki-moon put it thus in January this year:

> 'The twentieth century was marred by the Holocaust, the killing fields of Cambodia, the genocide in Rwanda, and the mass killings in Srebrenica, the latter two under the watch of the Security Council and United Nations peacekeepers. Genocide, war crimes, ethnic cleansing and crimes against humanity: the brutal legacy of the twentieth century speaks bitterly and graphically of the profound failure of individual states to live up to their most basic and compelling responsibilities as well as the collective inadequacies of international institutions. These tragic events led... Kofi Annan... to ask whether the UN and other international institutions should be exclusively focused on the security of States without regard to the safety of people within them. Could sovereignty, the essential building block of the nation-State era and of the United Nations itself, be misused as a shield behind which mass violence could be inflicted on the populations with impunity? How deeply and irreparably had the legitimacy and credibility of the United Nations and its partners been damaged by such revelations? Could we not find the will and the capacity in the new century to do better?'[10]

Sadly, the answer to this last question appears to be in the negative. We only have to look at Darfur, Myanmar, among other situations. But there is an increasing effort, now led by Ban Ki-moon, to breathe life into the idea of responsibility to protect. Francis Deng, the distinguished Sudanese academic and occasional representative of the Secretary-General, worked on refining the concept of sovereignty as 'sovereignty as responsibility'. He and his colleagues emphasized that sovereignty entailed obligations towards one's own people, as well as certain international privileges. The state, by fulfilling fundamental protection obligations and respecting core human rights, would have far fewer reasons to be concerned about unwelcome intervention from abroad.[11]

It was at a conference convened by Canada that the phrase 'responsibility to protect' was coined. Within that concept, the conference commission identified three elements: responsibility to prevent, responsibility to react, and responsibility to rebuild.[12] Kofi Annan included in his continuing work some of these ideas, and his own reports[13] in turn provided a basis for the 2005 World Summit. His January 2009 report in response to the Summit Outcome Document paraphrased, *inter alia*, that '(b) the responsibility to protect applies, until it should be otherwise decided, only to genocide, war crimes, ethnic cleansing and crimes against humanity'. Realism and political sense ensured that the concept would not be said to apply, for example, to the response to a national disaster. As the report also said, '(c) while the scope should be kept narrow, the response ought to be deep'.[14]

Practical details followed as to what was to be expected by whom in what circumstances. I find this January 2009 report by the Secretary-General on Implementing the Responsibility to Protect to be very impressive. The Secretary-General has appointed a Special Adviser on the topic and it remains central to his agenda.

The responsibility to *prevent*, one of the three elements said by the Commission to be integral to the concept of responsibility to protect, had been addressed by the ICJ when it handed down its 2007 judgment in the *Genocide* case, that is, *Bosnia and Herzegovina* v. *Serbia and Montenegro.*

The ICJ rejected Serbia's contention that the obligation to prevent was absorbed by the obligation to punish, holding that the duty to prevent was 'normative and compelling'. The Court made clear that the obligation was one of conduct and not one of result. Responsibility would only be incurred 'if the State manifestly failed to take all measures which were within its power, and which might have contributed to preventing the genocide'. It set out a flexible test for deciding whether a state has duly discharged the obligation to prevent that took into account 'the capacity to influence effectively the action of persons likely to commit, or already committing, genocide', which would depend on geographical proximity and political links between the state and the main actors in the potential genocide.

A state cannot escape responsibility by claiming that its actions would not have sufficed to prevent the genocide: this is not only irrelevant to the breach of the obligation of *conduct* but also ignores the possibility that the combined efforts of several states might have averted the genocide. The ICJ built important restraints into the obligation to prevent. A state acting on the obligation may only act 'within the limits permitted by international law'. The obligation must be undertaken 'while respecting the United Nations Charter and any decisions that may have been taken by its competent organs'. Such limits are important because the obligation to prevent is triggered at a very early stage: 'the instant that the State learns of, or should normally have learned of, the existence of a serious risk that genocide will be committed'. A state may violate the obligation to prevent even if it had no certainty that a genocide was about to be committed. (*Complicity* in genocide, in contrast, requires proof both that the state was aware that genocide was about to be committed or was in progress and that the state took positive action to furnish aid or assistance to the perpetrators.)

For the Court, its findings on the obligation to prevent genocide are elements that are very particularly forward-looking in its judgment.

4 ETHICS AND THE INTERNATIONAL LAWYER

I have spoken thus far on how the very character of international law incorporates into much of its substantive norms concepts that the layman may recognize as relating to ethics.

That the law he or she invokes or applies is ethical in its content is not, of course, the same as ensuring that the international lawyer is himself or herself ethical. But that is important, too, because the application of law (even an ethical law) is rarely automatic. Legal submissions to a judge are rarely simply 'right' or 'wrong'. The judge is often deciding which of two perfectly decent alternatives is to prevail. Articulating the implication of each choice for the values the law seeks is certainly a help. But it is not enough. The lawyer herself or himself must have a deep sense of ethics properly to carry out the noble tasks of this profession.

Instilling this sense of ethics is both an easy and a difficult job. It is easy because the medical and legal professions emphasize, as a condition of being called to the profession, the importance of ethics in all that lies ahead. I know that when English law students are admitted to the Bar, the senior barrister of the Inn to which that student is attached makes a speech. Each such speech will vary in content. But a constant and always present theme is that of ethics. The student barrister is told that of course he must do everything to advance his client's case, whether or not he thinks the arguments persuasive himself and whether or not he likes the client. Everyone is entitled to be well represented in a court of law. But the new barrister is also firmly told that his *primary* duty is not to the client, but to the *court*. Honesty to the court, never misleading the court, is what is fundamental. The new barrister is also told that when any problems of ethics arise, he should always go to a senior barrister, to seek advice as to what is the ethical course for him to follow.

I suppose – but I may be wrong – that comparable things happen in other national Bar arrangements.

But it is *hard* to instil this sense of ethics. It is hard because, in international law at least, once embarked upon the profession, there do not exist structures for the control of the behaviour of the lawyer. Further, given that international lawyers, and indeed international judges, come from very varied backgrounds, there is often not a common sense as to whether something is, or is not, ethical.

I have certainly noticed, when occasional matters have arisen in the ICJ in relation to counsels' conduct that have disturbed me, that my civil law friends take a more relaxed approach to these matters than I do. For example, it feels to me professionally incorrect for a new argument or a new document to be introduced by counsel at a stage in the pleadings when his opponent will have no opportunity to respond. And it is deeply unethical for a counsel to seek to mislead a court by suggesting that certain documents say things that they do not. But what seems unethical to me may warrant no more than a resigned shrug from a civil law colleague... It seems we look at things differently.

There is no International Bar in the formal sense of the term. The ICJ does not itself prescribe who may or may not plead before it. So we have, from the different countries, government officials, advocates, and barristers (often not specialists in international law), and academics who are indeed leading specialists in the subject. The ethics of their professional conduct will, if they are at the national Bar, largely be a matter for that Bar. If they are not professional advocates and barristers, it is largely unregulated.

So far as the international judiciary is concerned, the European Court of Justice in 2007 and the European Court of Human Rights in 2008 adopted codes on ethical behaviour for the judiciary. Both of these are more detailed than the comparable provisions that are applicable to Members of the Bench of the ICJ.

Of course, some things are totally obvious. An international judge is not a representative of his or her national state. A judge is to decide matters on the basis of law and not of his or her national interests. This question of the independence of the judiciary is critical to the effective functioning of the courts concerned, and to international confidence in those courts. The issue is not a simple and formalistic one. It *is* difficult for a judge, even if his or her government would never dream of making representations to that judge, to decide a case in a manner adverse to the stated position of the government. Just as we speak in certain situations of 'self-censorship', so a judge is keenly aware of how his or her views will be regarded at home. This is only human nature. Sometimes it may be a case in which a government has stated publicly its views on the law and the importance it attaches to them. The *Advisory Opinion on the Legality of the Threat or Use of*

Nuclear Weapons (1996) was such a case. And sometimes it may be a case in which a judge's national state is actually a party before the Court. Even when no pressure is improperly brought, a judge may feel the need to draw on some moral courage to decide in a certain way. Indeed, all sorts of incidents that arise in a judge's career are a test of the judge's ethical probity.

5 CONCLUSION

The pressures upon, and concerns that may be felt by, an international judge are of course very, very different from the problem that faced Professor Cleveringa and the courage with which he acted.

Professor Cleveringa (unlike a judge who has to decide a case one way or another) was not under any external compulsion to lecture to the students after the dismissal of Professor Meijers. He could perfectly well have strongly disapproved the actions of the occupying Germans, without speaking out publicly. He could have co-operated to the absolute minimum, but left it at that.

Further, the moral act of speaking out carried not only risks but also probable penalties for others. How any such public speech would impact upon the university, and upon his family, were also matters that would have required deep consideration. Professor Cleveringa made his moral choice. Knowing as he did the almost certain personal consequences, he acted with great courage.

Such courage, in such extreme circumstances, is born out of a pre-existing sense of morality and of ethics. This can be instilled by family, by religion, by sense of national tradition.

I have tried this evening to show the role that international law may play in contributing to our sense of ethics and justice, the bedrocks of a courage that may sometimes be needed.

NAWOORD

Praesidium libertatis

Ineke Sluiter

Wat zit er onder in Cleveringa's koffer? In dit boek hebben wij een selectie bijeengebracht van de redes die sinds 1956 onder Cleveringa's vlag aan de Leidse universiteit zijn gehouden. De sprekers van deze redes dachten terug of keken vooruit, bezonnen zich op de zin van het herdenken (in de eerste periode) of leefden (in de derde periode) door hun maatschappelijk geëngageerde onderwerpkeuze en presentatie zelf de waarden vóór waarvoor Cleveringa's optreden in 1940 het symbool was.[1] In elk van de redes is plaats voor het onderwerp 'herdenken'. Maar als groep bezien zijn deze redes ook zelf het overdenken waard: samen vormen zij als het ware een museum van het herdenken van de Tweede Wereldoorlog in Nederland. Zo maken zij, in hun historische opeenvolging beschouwd, een algemeen fenomeen zichtbaar, namelijk dat er stadia zijn in de manier waarop een groep met grote, vaak traumatische gebeurtenissen uit het eigen verleden omgaat.

Wat is de rol van het gedeelde verleden voor een groep als de Leidse universitaire gemeenschap, en wat voor ontwikkeling zit er in die rol als een anker- en referentiepunt? In deze bundel werd zichtbaar hoe de historische verschuivingen zich aftekenden: eerst is de herdenking nog niet geïnstitutionaliseerd, vanaf 1956 is dat in toenemende mate wel het geval: we zitten dan nog in een periode waarin de oorlog tot het recente en zelf beleefde verleden hoorde, iets waarover je met andere ooggetuigen kon spreken. In deze tijd heeft iedereen zijn particuliere herinneringen in te brengen, maar al snel ontstaat er, uit wat welhaast een maatschappelijke onderhandeling mag heten, ook een gedeeld verhaal van het Leidse verzet, een verhaal waarover men het eens kan zijn. Dan volgt de periode waarin het generatieverschil noopt tot bezinning op het herdenken zelf. En daarna komt de tijd waarin wij ons nu bevinden, waarin we langzaam maar zeker de ooggetuigen zien wegvallen en het moeten doen met de gestolde (zij het nog steeds aan onderhandeling onderhevige) vorm van onze culturele herinnering. Opeens is er urgentie bij het registreren van de verhalen van diegenen die uit eigen ervaring over die cruciale gebeurtenissen kunnen spreken, het besef dat deze vorm van herinnering vergankelijk is. En met de kritische distantie van inmiddels zeventig jaar is er ook steeds meer ruimte gekomen voor nuancering, aandacht bijvoorbeeld voor andere verzetsdaden dan alleen het protest van Cleveringa, of alleen wat er in Leiden gebeurde.

Als net benoemde Leidse hoogleraar werd ik rond het jaar 2000 voor het eerst met de Leidse herinneringscultuur geconfronteerd. Het stemde tot nadenken. Uit dat nadenken kwam een essay voort, dat in de *Mare* van 27 november 2003 in verkorte vorm werd gepubliceerd. Het oorspronkelijke essay (Amstelveen, december 2002) drukken wij hieronder met enkele kleine wijzigingen af als afsluitende beschouwing in deze koffer van Cleveringa.

Praesidium libertatis, bolwerk van vrijheid. Het is een bijzonder fraai motto voor een universiteit, en een waardig ankerpunt voor de culturele identiteit van de Leidse academie. Een motto ook dat telkens opnieuw gebruikt kan worden als kader om het gedrag en de geestelijke houding van de Leidse academici, al is het maar als ideaal, voor de groep herkenbaar te typeren, want zo werkt dat bij de totstandkoming van groepsidentiteit. In zijn oorspronkelijke context staat *praesidium libertatis* voor het Leidse verzet in de Tachtigjarige Oorlog dat leidde tot de oprichting van onze universiteit. Later werd het een ophangpunt voor een verhaal uit het meer recente verleden, het moedige optreden van de Leidse hoogleraar Cleveringa toen de bezetter in november 1940 Joodse geleerden aan de universiteiten ontslag aanzegde. De continuïteit van het motto suggereert automatisch parallellen tussen de oorspronkelijke context van *praesidium libertatis* en de nieuwe.[2]

Gemeenschappelijke viering en herdenking is een belangrijk en waardevol middel om groepsidentiteit te consolideren. De 26-novemberbijeenkomsten die overal ter wereld Leidse alumni bij elkaar brengen om Cleveringa's belichaming van de *praesidium libertatis*-gedachte te vieren en te herdenken, zijn daarvan een prachtig voorbeeld – en de Leidse universiteit doet er goed aan deze traditie te continueren; het is er daadwerkelijk één om trots op te zijn. Maar als academie mag je zo'n herdenking niet laten geschieden zonder reflectie op wát je precies uitdraagt en doorgeeft. Daarover gaat dit stuk. Dit is de versie die wij gewoonlijk horen:

> In november 1940 verbood de bezetter Joodse geleerden nog langer werkzaam te zijn aan universiteiten. Aan de Leidse universiteit trof dit verbod o.a. de rechtsgeleerde prof. E.M. Meijers. Uit protest tegen zijn ontslag hield prof. R.P. Cleveringa, decaan van de rechtenfaculteit, op het uur waarop Meijers college had moeten geven een protestrede in het academiegebouw. De rede kreeg grote bekendheid omdat hij onmiddellijk in het clandestiene circuit verspreid werd. Prof. Cleveringa wist dat zijn protest hem in moeilijkheden kon brengen: hij had thuis al een koffertje klaarstaan. Inderdaad werd hij gearresteerd en maandenlang in detentie gehouden.

Dit is een mooi verhaal over een staaltje van moed en morele verantwoordelijkheid. Ik wil dan ook op geen enkele wijze afbreuk doen aan het voorbeeldige optreden van decaan Cleveringa. In de Cleveringa-lezing van november 2002 beschrijft Job Cohen hoe zijn moeder onder Cleveringa's gehoor was, en hoe zij, als Joodse studente, er het gevoel aan ontleende dat zij echt thuis was in Leiden. Dat gevoel was kennelijk duidelijk sterker dan de mogelijke observatie dat er eigenlijk wel érg weinig Joodse hoogleraren (twee) of medewerkers (acht) in Leiden waren – dat gold in die tijd ook voor bijvoorbeeld rooms-katholieken. De bedoeling van het protest en het effect ervan waren goed, dat is niet aan de orde. Belangrijker is om stil te staan bij de verschillen tussen de oorspronkelijke context en die waarin het verhaal wordt doorgegeven – verschillen die kunnen maken dat bepaalde elementen ervan een andere interpretatie krijgen.

Alles in de oorspronkelijke context van Cleveringa's rede evoceerde de aanwezigheid, of beter gezegd afwezigheid van zijn promotor Meijers. Zijn naam wordt nadrukkelijk genoemd, iedereen weet wat de aanleiding voor de rede is, het is Meijers' college-uur, en verwijzingen als 'de lichtende figuur... van hem wie onze aanwezigheid hier geldt' in Cleveringa's betoog zijn glashelder. Tegenwoordig wordt veelal selectief uit de rede geciteerd (bovenvermeld citaat is populair), zodat de *moderne* lezer in eerste, niet-geannoteerde instantie de indruk kan krijgen op een 'lege plaats' te stuiten; Meijers is er niet, niet in de collegezaal, maar ook niet in de tekst, zoals die wordt aangehaald – wat eerst functioneerde om hem extra nadrukkelijk naar voren te halen, draagt nu potentieel bij tot zijn daadwerkelijke verdwijnen. Dat geldt des te sterker nu de Cleveringa-activiteiten niet meer alleen een aangelegenheid zijn van de Faculteit der Rechtsgeleerdheid, waar de meeste mensen zullen weten wie Meijers was, maar zijn uitgebreid tot een symbool voor de hele universiteit.

En dan de rest van het moderne verhaal: na Meijers' ontslag verdwijnt hij eigenlijk helemaal uit beeld, en de camera focust op Cleveringa: hij spreekt, hij vreest arrestatie, hij wordt opgepakt, hij wordt na een aantal maanden Vught vrijgelaten.[3] Dit verhaal laat opnieuw voor de moderne recipiënt ervan een grote leegte gapen: WAT GEBEURT ER MET MEIJERS?

Nadat ik in 1999 in Leiden was aangesteld als hoogleraar Grieks (als niet-Leidenaar, niet vertrouwd met de Leidse tradities) werd mij voor het eerst in 2000 gevraagd om een 26-novemberlezing te verzorgen. Voor de gelegenheid las ik er natuurlijk het een en ander over, en ook mijn thema 'moed, mannelijkheid en manipulatie' paste bij de gebeurtenis (maar ging toch echt over Griekenland!). Ik mocht naar Amsterdam waar wij dankzij het aardige en betrokken organisatiecomité een bijzonder geanimeerde avond hadden. Er was wel één verrassing: de bijeenkomst in de kring Amsterdam vond plaats in de 'Industrieele Groote Club' aan de Dam, een club waartoe Joden al vóór de oorlog geen toegang hadden (over vrouwen heb ik het maar helemaal niet). Na de bevrijding werd er vanuit het toenmalige gebouw van de voorloper van deze club nog geschoten op feestvierders op de Dam, waarbij ook slachtoffers vielen.[4] Hoe dan ook: de locatie is zeker interessant! Je zou kunnen betogen dat het juist een bijzonder geschikte plaats is, bijvoorbeeld om een meer gelijkwaardige aandacht voor de twee oorspronkelijke protagonisten in het verhaal te realiseren – maar daar moet je dan wel iets aan doen. Ik deed een poging daartoe in mijn openingswoorden: dat ik juist op die plaats als Leidse hoogleraar van Joodse origine en dochter van een Holocaust-overlevende een 26-novemberlezing mocht houden, kwam mij voor als een overwinning op de geschiedenis.

Dit jaar bezocht ik Londen en Twente. Ik liep nog steeds te denken over de Leidse versie van het verhaal, onze nieuwe 'charter-myth', en wat het toch was dat mij er geregeld een wat ongemakkelijk gevoel bij gaf, toen er opeens meer stukjes op hun plaats vielen. Onder mijn gehoor in London bevond zich een oudere dame die mevrouw Meijers, een dochter van professor Meijers bleek te zijn – helaas kwam ik daar niet vroeg genoeg achter om nog even met haar door te praten. Maar terug in Nederland vertelde ik erover aan mijn moeder, die achteloos antwoordde: 'Oooh, Clara Meijers, ja die ken ik wel!' Verpletterde stilte. Toen ik informeerde hoe dat zat, bleek dat prof. Meijers met zijn vrouw en dochter hetzelfde traject tussen drie concentratiekampen had afgelegd als mijn moeder, toen een tiener, met haar hele familie: vanuit Barneveld naar Westerbork naar Theresienstadt (Terezín) in Tsjecho-Slowakije, ze zaten in dezelfde groep. Opeens bleek de lege plek in het Leidse verhaal gevuld te kunnen worden met verhalen, vele ervan ook publiek toegankelijk en geboekstaafd. Hoe Meijers in Barneveld gewoon aan zijn wetenschappelijke werk zat,[5] hoe hij met zijn grote reputatie en gezag één van de meest vooraanstaande leden van de groep was,[6] hoe hij na de bevrijding door de Russen, toen de Nederlandse regering erg langzaam was met het organiseren van de repatriëring van de gedeporteerden, de leiding in handen nam, en onder meer kans zag op de radio te komen en een oproep te doen, die ook effect schijnt te hebben gesorteerd.[7] Maar ook een veel persoonlijker herinnering uit de *oral history* van mijn familie: mijn moeders pleegzusje trouwde in Theresienstadt met een jongen die ze in Barneveld ontmoet had. Prof. Meijers schreef een verklaring voor ze dat dat huwelijk als rechtsgeldig moest worden beschouwd, ook al was het niet voor de burgerlijke stand gesloten, maar slechts in een religieuze plechtigheid bevestigd. Op basis van dat stukje papier met Meijers' handtekening eronder is na de oorlog inderdaad het huwelijk met terugwerkende kracht op de juiste datum erkend. Meijers was veel meer dan alleen de *aanleiding* voor echt-Leidse moed van anderen: hij was zelf óók een Leidenaar – al vanaf 1910 hoogleraar! – en stond, binnen de mogelijkheden die hij had, óók voor de academische en morele waarden van het *praesidium libertatis*. In zijn eigen tijd werd dit als vanzelfsprekend onderkend,[8] nu is het de moeite van de expliciete vermelding waard.

In dit betoog heb ik maar aan één lege plek in ons Cleveringa-verhaal (dus NIET in de oorspronkelijke rede van Cleveringa) iets proberen te doen; er zijn meer punten waarop kritische kanttekeningen geplaatst kunnen worden, of aanvullingen voorgesteld.

Cleveringa was niet de enige die protesteerde, Meijers was niet de enige die werd weggestuurd en de gevolgen van de Jodenvervolging aan den lijve ondervond. Beiden staan zij niet alleen voor morele waarden, maar zijn ze ook heel specifiek in hun denkwijze en optreden beïnvloed door hun *academische* vorming, hun vak: Cleveringa hield zijn protest geheel vrij van politieke statements of verwijzingen naar de racistische principes die aan het ontslag ten grondslag lagen;[9] hij concentreerde zich op de lof van Meijers, het ontbreken van een rechtsgrond voor ontslag, en de strijdigheid met de Grondwet. Meijers zou dat vast herkend hebben: hij werd in Westerbork geraadpleegd door een arts die door de Duitsers verplicht werd gemengd-gehuwde Joodse vrouwen gedwongen te steriliseren en die zich afvroeg of de vrouwen na een Duitse nederlaag schadevergoeding van hem zouden kunnen eisen. Presser rapporteert het vervolg als volgt: '[men won het advies in] van de in Westerbork vertoevende jurist prof. Meijers die, na met nadruk verklaard te hebben, dat hij over de sterilisatie zelf geen oordeel gaf, meende, dat een latere rechtbank zulke eisen zou afwijzen, omdat er onder zeer sterke pressie (levensgevaar) gehandeld was'.[10] Beiden, zowel Meijers als Cleveringa, zien uiteraard de morele problematiek, maar argumenteren in eerste instantie en desgevraagd vanuit hun training en academische expertise.[11]

En zo valt er nog wel meer aan te vullen. Maar het gaat mij niet om compleetheid. Het verhaal is waardevol zoals het is, maar wint mijns inziens als ten minste de twee gekozen protagonisten, als vertegenwoordigers van onze universiteit, een meer gelijkwaardige plaats erin krijgen. Meijers was, als geestelijk vader en uitwerker van het nieuwe Burgerlijk Wetboek en in alle opzichten zeer vooraanstaand rechtsgeleerde, een aansprekende focus voor het oorspronkelijke protest, men kon zich gemakkelijk met hem identificeren en zijn particuliere lot hielp om de algemene verontwaardiging richting te geven – maar daar mag het verhaal niet stoppen, daar mag hij niet uit het verhaal verdwijnen. Cleveringa stak *en plein public* zijn nek uit voor een collega als decaan van zijn faculteit, en ondervond daarvan de zeer bedreigende gevolgen. Beiden kwamen na de oorlog terug aan de Leidse universiteit.

Het is zonder meer de moeite waard dit verhaal door te geven. Maar als wij het willen blijven gebruiken in een Leidse traditie van morele waarden in een academische, intellectuele setting, dan hoort een metaniveau er onverbiddelijk bij: een niveau van reflectie op de gebeurtenissen, het verhaal daarover, én de rol die dat verhaal speelt in onze huidige universiteit en onze zelf-definitie.

Noten

REDE VAN 26 NOVEMBER 1940

1 Uit: R.P. Cleveringa, *Afscheidscollege & 26 novemberrede*. Zwolle, Tjeenk Willink, 1973, p. 23–30.

VOORWOORD

1 *Kort verhaal van de plechtige heropening der universiteit op maandag 17 september 1945 en van de daarmee verbonden lustrumvieringen van L.S.C. en V.V.S.L.*, uitgegeven in opdracht van den Academische Senaat door de Universitaire Pers Leiden, 1945.
2 Idem, p. 67–70.
3 Idem, p. 18–46, de volledige tekst van deze rectoraatsrede is hierin opgenomen.
4 Zoals vermeld in de toespraak van F.M. Baron van Asbeck, in: *Mededelingen Civitas Academica Lugduno Batava*, LUF, mei 1955, p. 85.
5 Herdenking 1945–5 mei 1955, in: *Mededelingen*, op cit. p. 78–87, resp. 87–92.
6 P.J. Idenburg, *De Leidse Universiteit 1828–1946, Vernieuwing en verzet*, Universitaire Pers Leiden, 1978, p. 142; zie ook P.J. Idenburg, *De Leidse Universiteit tegen nationaal-socialisme en bezetting*, Brill, Leiden, 1982, p. 8.
7 J.C. van Oven, Redactioneel, *Nederlandsch Juristenblad*, 1933, p. 469ff.
8 Zie hiervoor: I. Samkalden, *Een internationale wet op de Rechten van de Mens, de weg erheen en het probleem van de handhaving*, Leiden 1978, p. 9. (zie ook p. 109)
9 Zie hiervoor: W.H. Nagel, 'International collaboration in the field of criminology', *Le droit pénal international. Recueil d'études en hommage à Jacob Maarten van Bemmelen*, 1965, p. 193–222, in het bijzonder, p. 208–213.
10 Zie voor de tekst van het door B.M. Telders opgestelde Memorandum, Idenburg, 1978, op cit. p. 361–362.
11 Zie hierover uitvoeriger: I. Schöffer, 'Inleiding' in: *Gedenkschriften van prof. mr. R.P. Cleveringa*, samengesteld door L.E. van Holk en I. Schöffer, Universitaire Pers Leiden, Leiden 1983, p. 2–5.
12 Zoals geciteerd in: *Heden geen college. Studentenverzet 1940–1945*, uitgave Verzetsmuseum, 1990, p. 13.
13 B.M. Telders werd door R.P. Cleveringa herdacht op 1 oktober 1945; de tekst van deze herdenkinsgrede werd gepubliceerd in: *De Gids*, nr. 11, p. 49–67, 1945.
14 Zie voor de namen van de getroffen hoogleraren en medewerkers Idenburg, 1978, p. 362–363.
15 A.P. van Walsum, *Vijanden en tegenstanders*, Cleveringa-oratie, Leiden, 2004.
16 Brief van E.P. Wellenstein aan C.J.M. Schuyt, 22 juli 2010.

17 Zoals geciteerd in: *Heden geen college,* op cit. p. 12; de volledige tekst van de toespraak van J.B.F. van Hasselt met de beschrijving van de gebeurtenissen in Delft is opgenomen in: H. Baudet, *De lange weg naar de TUD*, SdU, Den Haag, 1992 (mededeling E.P. Wellenstein).
18 Zie ook: P.J. Idenburg, 1978, op cit., p. 146.
19 Idem, p. 146.
20 Zie hiervoor: K. van Berkel, *Academische illusies. De Groningse universiteit in een tijd van crisis. Bezetting en herstel 1930–1950,* Uitgeverij Bert Bakker, Amsterdam 2005, p. 387.
21 Jolanda Hendriksen en W. Hijmans, De 'rassencolleges' van Barge, een leemte in de geschiedenis van de Leidse universiteit, in: *Leids Jaarboekje 1955, uitgave van de Vereniging Oud Leiden,* Leiden 1995.
22 Idem.
23 Zoals voor het eerst gepubliceerd door J.B. Charles in: *Vrij Nederland,* 27 november 1976; ook opgenomen in: Idenburg, 1978, op cit., p. 143–144.
24 W.C.S. van Benthem Jutting, 'Wij voelen de maatregelen als een smaad der universiteit en ons volk aangedaan', in: *Mare,* 25 november 1982; ook in: *Remonstrants Weekblad,* 18 december 1982.
25 De eerste bekleder daarvan was prof. dr. G. Hesseling, die op 23 november 2006 de eerste Koningsberger-oratie hield.
26 Naar een persoonlijke mededeling van W. Hijmans.
27 C.J. van der Klaauw, *Om der wille van de wetenschap,* rede uitgesproken op de 26-novemberherdenking 1957, Universitaire Pers Leiden, 1958, p. 2. Zie p. 37.
28 J.F. Glastra van Loon, 'Herdenken en her-denken' in: *Leids Universiteits Blad,* 5 december 1963, pp. 6–7.
29 Dr. J.E. Baron de Vos van Steenwijk, *Haec Libertatis Ergo,* rede uitgesproken ter gelegenheid van de 26-novemberherdenking in de Pieterskerk te Leiden, Universitaire Pers Leiden, 1965. Zie p. 87.
30 Een verslag van deze rede stond in: *Acta et Agenda,* 28 november 1968.
31 Een verslag van deze rede stond in: *Acta et Agenda,* 27 november 1969.
32 H. Daalder, De geschiedenis van de Cleveringaleerstoel aan de Rijksuniversiteit Leiden, notitie als bijlage bij brief aan de Decaan van de Sociale Faculteit, 13 februari 1994; zie ook : H. Daalder, *Universitair Panopticum,* Arbeiderspers Amsterdam, 1997, p. 119–124.
33 Idem.
34 Persoonlijke mededeling H. Daalder; zie ook R. Roegholt, *Ben Sijes. Een biografie,* SdU, Den Haag, 1988, pp. 205–210; de teleurstelling wordt vermeld op p. 210.
35 B.A. Sijes, *Enkele marxistische opvattingen betreffende de verovering van de politieke macht in de laatste zeventig jaar,* rede uitgesproken bij de aanvaarding van het ambt van buitengewoon hoogleraar in de Cleveringa-leerstoel met als leeropdracht: maatschappelijke structuren en politieke stromingen in de twintigste eeuw, Leiden, 26 november 1970, Van Gorcum, Assen 1970, p. 34.
36 E.L. Feige, *Observer-subject Feedback, The dynamics of the Unobserved Economy,* Inaugural Lecture, 26 november 1981, Brill, Leiden 1982.
37 J. van Tijn, 'De Cleveringa-leerstoel wordt opgeheven' in: *Vrij Nederland,* 8 april 1995; met ingezonden brieven van E. Rotteveel Mansvelt-van Oven (22–4–1995) en P.R. Baehr en A.J.F. Köbben (6 mei 1995).

38 Brieven van H. Daalder aan Decaan van Sociale Faculteit, 13–2–1994, aan het Curatorium van de Cleveringa-leerstoel, 3–6–1994 en aan de Decaan van de Juridische Faculteit; persoonlijke mededeling H. Daalder.
39 L. Leertouwer, *Cleveringa's Koffer,* rede uitgesproken in het Groot Auditorium ter gelegenheid van de Cleveringa-herdenking op vrijdag 24 november 1995, Rijksuniversiteit Leiden, 1995, p. 3. Ook opgenomen in deze bundel, zie p. 163.
40 Idem, p. 4.
41 Arthur Kleinman, Oxford University Press, Oxford, 2006.
42 Leertouwer, op cit., p. 12–13.
43 Th.J.G. Locher, *De vijand en de vrijheid,* rede uitgesproken ter gelegenheid van de 26-novemberherdenking in de Pieterskerk te Leiden, Universitaire Pers Leiden 1964. Zie p. 78.
44 Idem, p. 14.
45 Idem, p. 14–15.

TWEEËRLEI MAATSTAF

1 A.E. Cohen, *De historicus en zijn tijd.* Lezing bij de viering van het vijfde lustrum van het Leidsch Historisch Dispuut 'Robert Fruin', op 5 oktober 1957.

TWEE VRAGEN

1 Op 26 november 1963 in de Pieterskerk te Leiden.
2 Vgl. General-Major Schwabedissen in Du Prel en Janke, *Die Niederlande im Umbruch der Zeiten* [1941] p. 74.
3 *Nederlands Juristenblad*, 5 januari 1963, afl. 1, blz. 11.
4 In: *Geestelijk Weerbaar*, Bevrijdingsnummer 1963.
5 Vgl. W.H. Nagel, *Het strafrecht en de onmens*, inaug. oratie, Daamen N.V., Den Haag 1956.
6 Betrachtungen zum Eichmann-Prozess, *Monatsschrift für Kriminologie und Strafrechtsreform* 45 [1962] p. 73–83.
7 Bedoeld is de General-Staatsanwalt van het Land Hessen, Dr. F. Bauer, die een ongepubliceerde voordracht heeft gehouden in Loccum [1961]: *Das Problem der Schuld im Strafprozess mit politischen Hintergrund.*
8 Mr. Abel J. Herzberg heeft in *De Volkskrant* van 15 januari 1963 een uitstekend stuk over de kwestie van de gratie voor de vier Duitsers geschreven. Ik moge hem uitvoerig citeren: 'Lees eens, niet enkel – het is maar een voorbeeld – dat "Het Apeldoornse Bos", het gesticht met zijn 900 krankzinnigen en andere zenuwpatienten, tezamen met al het verplegend en ander personeel, ontruimd en op transport is gesteld, maar leest ook *hoe* dat in zijn werk is gegaan. De heer *Aus der Fünten* kan mij wel vertellen, dat hij daartoe bevel gekregen heeft, maar heeft in dat bevel ook gestaan, wat ik hier aarzel op te schrijven?
Waarom zijn de levensmiddelen en het drinkwater niet meegegeven? Waarom zijn die mensen op en over elkaar in de wagen gestuwd?
Waarom was er voor die éne naakte krankzinnige geen kleding en werd hem zelfs een deken geweigerd?
Gelooft u niet, omdat *Aus der Fünten* geen geweten heeft. Dat heeft hij wel. Hij is zelfs – ik weet dat uit anderen hoofde – een sentimenteel aangelegde man. Maar

dat moest worden gesmoord en daarom moest wreedheid op wreedheid worden gestapeld, overeenkomstig de heersende leer.
Bekijkt u nog eens de gepubliceerde lijsten van de kindertransporten. Vergeet daarbij niet op de leeftijden te letten. 'Unbekannter Junge 6 Monate. Unbekanntes Mädchen 5 Monate'. Dat is Arbeitseinsatz. En denkt u niet, dat zij slecht verzorgd zijn. Zij kregen speelgoed mee.
Willy Paul Franz Lages: 37 executies, 274 moorden, behalve 6 Silbertanne-moorden, 47 mislukte pogingen daartoe, 9 brandstichtingen, 70.000 joden gedeporteerd. Kwelling van gevangenen, enz. enz. enz. Tientallen pagina's vol. En dat alles zonder een zweem van zedenverwildering, maar integendeel onberispelijk en talentvol georganiseerd krachtens tevoren nauwkeurig opgestelde berekening met een intellectueel tot het uiterste doorgevoerde consequentie.
Natuurlijk konden de mensen alleen op instructie van hogerhand worden opgehaald. Was daarin ook vervat, dat dit 's nachts moest gebeuren, en dat – alweer een enkel voorbeeld – de familie Dunner, man, vrouwen kleine kinderen, uitsluitend in hun pyjama's naar het Adama van Scheltemaplein mochten worden gebracht, want dat het Derde Rijk geen tijd had te wachten, totdat zij zich hadden aangekleed? Het zijn deze en dergelijke fijnere nuances der vervolgers, die aantonen, dat de Duitse knecht niet willoos het bevel van zijn meester heeft uitgevoerd, laat staan onder mentale reserve, maar zich in deze uitvoering met de grillige exaltaties van zijn opgetogen hart heeft uitgeleefd. Het bracht hem en zijn vrienden in het onderwerpelijke geval extra voldoening, want de heer Dunner was een der jonge rabbijnen van Amsterdam.'

9 *Bruinboek van de Hitlerterreur en den rijksdag brand*, ingeleid door Lord Marlay, vice-president van het Engelse Hogerhuis, in de Nederlandse uitgave met een voorrede van prof. dr. G.W. Kernkamp; uitgegeven door Scheltens en Giltay [1933] 2e druk, p. 164.

10 E. du Perron in een brief [25.2.'37] uit Indië aan J. Greshoff; zie J.H.W. Veenstra, *D'Artagnan tegen Jan Fuselier.*

11 *Leidsch Dagblad*, donderdag 28–11–1940. Zwart omlijnd op de voorpagina direct onder de kop.

12 Jean-Paul Sartre, *Réflexions sur la question Juive* [1946].

13 Idem, p. 117.

14 Idem, p. 116.

DE VIJAND EN DE VRIJHEID

1 W. den Boer, *Tweeërlei maatstaf*, 1959, blz. 5 en 6. Zie ook de lezing van Den Boer in deze bundel, p. 50.

2 Robert Fruin, *Verspreide geschriften I* (1900), blz. 274.

3 A.J.P. Taylor, *The origins of the Second World War* [1961].

4 Journalistieke herinneringen, herdrukt in *Het Parool*, 11, 25–9–1964.

5 Jacob Burckhardt, *Die Cultur der Renaissance in Italien.* Sechster Abschnitt, Erstes Capitel.

6 C.E. Vervoort, Eender en toch anders, in: *Het juiste accent* (toespraken voor de eerstejaars der Leidse universiteit), 1964, blz. 31.

7 Jacob Burckhardt, *Briefe*, ed. Max Burckhardt III [1955] blz. 54 (brief aan Hermann Schauenburg dd. 27 febr. 1847).

8 Nikolaj A. Berdjajev, *Mijn weg tot zelfkennis*. Ned. vert. van Wils Huisman en J. de Graaf, 1952, blz. 54.
9 Ibid. blz. 62.
10 Zie de gegevens in: *Spain, a report of the research and information commission of the International Student Conference*, 1961–'62.
11 Berdjajev, o.c. 67.
12 Ibid. 63.
13 Paul Hazard, *La crise de la conscience européenne* (1680–1715), [1935], Préface.

TUSSEN GISTEREN EN MORGEN

1 Het hiernavolgende citaat is afkomstig van de heer H. Götzen te Hilversum, voorzitter van het Nederlands Oorlogsgravencomité. Ik trof het aan in het Bevrijdingsnummer van *Geestelijk Weerbaar/Voormalig Verzet Nederland* van 1965, p. 42; de redactie was zo vriendelijk mij de herkomst mede te delen.
2 Ernest Renan. *Qu'est se qu'une Nation? Conférence faite en Sorbonne, le 11 mars 1882* (Parijs 1882). Volgens Huizinga zou Renan deze rede ook in Leiden hebben gehouden (cf. J. Huizinga, *How Holland became a Nation*, in Verz. Werken II p. 266.)
3 De 26-novemberherdenking werd dit jaar opgenomen in het program van de Franse week aan de Leidse universiteit van 21–25 november 1966; de Franse gasten kregen tevoren een uitvoerige samenvatting in de eigen taal.
4 J.S. Bartstra, Vergelijkende stemmingsgeschiedenis in de bezette landen van West-Europa, 1940–1945, in: *Mededelingen der Koninklijke Nederlandse Academie van Wetenschappen*, Nieuwe reeks, deel 18, afd. Lett. (Amsterdam 1955), p. 17 e.v.
5 De ondertitel luidt: *Témoignages strasbourgeois*, Parijs 1947.
6 T.a.p.p. 13 e.v.
7 Cf. K. Larsen, *A History of Norway*, New York/Londen 1948, p. 551/2. Een uitvoerig relaas van de strijd om de Noorse universiteit vindt men in *De Geus onder studenten* nr. 25, maart 1944. De daarin aangekondigde verslagen van soortgelijke gebeurtenissen elders hebben wij niet aangetroffen.
8 Henri Michel, *Les mouvements clandestins en Europe (1938–1945)*, Parijs 1961, p. 88.
9 Ibid. p. 110.
10 Inge Scholl, *Die weisse Rose*, Frankfurt/Hamburg 1953, p. 10.
11 Ik volg hier, behalve de bekende rede bij de overdracht van het rectoraat door prof. dr. W. van der Woude op 17 sept. 1945, afgedrukt in het *Jaarboek der Rijksuniversiteit te Leiden*, 1946, de weergave der gebeurtenissen rond de 26ste november 1940 bij R.D. Kollewijn, *The Dutch Universities under Nazi-Domination*, in het speciaal aan Nederland in bezettingstijd gewijde nummer van de *Annals of the American Academy of Political and Social Sciences*, dl. 245, mei 1946; de herdenkingsredevoeringen van prof. mr. F.M. van Asbeck en dr. J.A. Noordijk op 5 mei 1955 (afgedrukt in *Mededelingen Civitas Acad. Lug. Bat.* nr. 5, mei 1955); in de berichtgeving in *De Geus onder studenten* en het relaas van J.A. Noordijk in het *Geschiedboek van het Leidsche Studenten Corps. 1575–1950*, Leiden 1950, p. 184 e.v. Voor het bijeenbrengen van deze en andere literatuur breng ik hier gaarne dank aan drs. J.A.F. de Jongste, speciaal belast met het historisch onderzoek naar de geschiedenis van de Leidse universiteit in oorlogstijd.
12 W. Warmbrunn, *De Nederlanden onder Duitse bezetting, 1940–1945*, Amsterdam

1964, p. 147. De correctie door Van der Woude geschiedde in een interview ter gelegenheid van zijn 90ste verjaardag in *Het Vaderland* van 7 januari 1966.
13 Bartstra, l.c. p. 20 n. 2. Bartstra stelt daarin de naargeestige interpretaties van het Leidse en Delftse universitaire verzet van Amsterdamse en Utrechtse zijde aan de kaak.
14 Van Asbeck, l.c. p. 83. 15. Bartstra, l.c. p. 17.
15 J. Huizinga, *Nederlands Geestesmerk* (uit 1934), in Verzamelde Werken deel. VII, p. 302.
16 J. Huizinga, *Nederlands Geestesmerk* (uit 1934), in Verzamelde Werken deel VII, p. 302.
17 Cf. Dennis Gabor, *Inventing the Future*, Londen 1963, p. 185.
18 Cf. het kritische artikel van H.J.A. Hofland *Van zazou tot provo* in *De Gids,* jaargang 129, nr. 1, Amsterdam 1966. Het in hetzelfde nummer opgenomen interview met de provo Roel van Duyn biedt niet veel informatie. behalve wellicht de slotconclusie: 'Een echte provo is geen provo'.

EEN INTERNATIONALE WET OP DE RECHTEN VAN DE MENS, DE WEG ERHEEN EN HET PROBLEEM VAN DE HANDHAVING

1 De nieuwe verdragen – inzake economische, sociale en culturele rechten, inzake burgerrechten en politieke rechten en het facultatieve protocol, behorende bij het verdrag over burgerrechten en politieke rechten – zijn opgenomen in de United Nations Publications onder nr. E. 7S.XIV.2 *Human Rights, A compilation of International Instruments*, New York 1975, onder hoofd A. The International Bill of Human Rights nrs. 2, 3, en 4; resp. op p. 3, 8 en 16. Zij kwamen tot stand door aanvaarding in de Algemene Vergadering van de Verenigde Naties op 16 december 1966. Men vindt ze in de Nederlandse en Engelse tekst eveneens in de door Ars Aequi Libri uitgegeven serie Rechten van de mens, no. 3. *Rechten van de Mens in Verdragen, Verklaringen, Resoluties*, 1978. Stichting Ars Aequi, p. 14–75. De Nederlandse tekst is de officiële vertaling, zoals in het *Nederlands Tractatenblad* gepubliceerd (1969, nrs. 99 en 100, 1970 nr. 52 1975 nrs. 60 en 61).
2 Een summiere aanduiding van de rechten en vrijheden, die het materiële recht van de beide verdragen uitmaken, is te vinden in deel 111 van het verdrag, de artikelen 6 t/m 15. Ook bij de burgerrechten en de politieke rechten vindt men de materiële rechten in deel III van het Verdrag, de artikelen 6–27.
3 *Kamerstukken* 1975–1976, nrs. 13932 (R1037). De Koninklijke Boodschap is gedagtekend 24 mei 1976. Het voorlopig verslag van de Tweede Kamer (stuk 7) is uitgebracht op 11 januari 1977 en de Memorie van Antwoord (stuk 8) werd ontvangen op 18 augustus 1977, het eindverslag werd vastgesteld op 20 oktober 1977, doch de nota naar aanleiding van dit eindverslag kwam – als slachtoffer van de kabinetsformatie – pas 10 augustus 1978. De openbare behandeling in de Tweede Kamer volgde op 21 september 1978. (*Handelingen*, p. 90–92, 97–102, 111–134, 144–162).
4 Over deze verhouding bracht het Comité van deskundigen inzake de rechten van de mens, een groep werkzaam bij de Raad van Europa, al in 1970 een rapport uit aan het Comité (Document Raad van Europa, September 1970, H (70) 71). Bij de schriftelijke en mondelinge gedachtewisseling in de Tweede Kamer is dit rapport herhaaldelijk ter sprake gebracht. Het in dit rapport vervatte advies is

door de Nederlandse regering niet op alle punten gevolgd (zie de Memorie van Toelichting p. 41–42 betreffende de door de deskundigencommissie in meerderheid geadviseerde 'interpretatieve verklaring' bij het individuele klachtrecht in het Facultatieve Protocol.

5 Ik maak een uitzondering voor het betoog van het Kamerlid Mommersteeg op p. 112 van de *Handelingen*. Hij brak dat betoog echter op een beslissend punt af (p. 113).

6 Winston S. Churchill, *The Second World War*, Cassell: London 1964, part IV, p. 213–223.

7 'Fourth, they will endeavor, with due respect for their existing obligations, to further the enjoyment by all States, great or small, victor or vanquished, of access, on equal terms, to the trade and to the raw materials of the world which are needed for their economic prosperity;
Fifth, they desire to bring about the fullest collaboration between all nations in the economic field with the object of securing, for all, improved labor standards, economic advancement and social security;
Sixth, after the final destruction of the Nazi tyranny, they hope to see established a peace which will afford to all nations the means of dwelling in safety within their own boundaries, and which will afford assurance that all the men in all the lands may live out their lives in freedom from fear and want;
Eighth, they believe that all of the nations of the world, for realistic as well as spiritual reasons must come to the abandonment of the use of force. Since no future peace can be maintained if land, sea or air armaments continue to be employed by nations which threaten, or may threaten, aggression outside of their frontiers, they believe, pending the establishment of a wider and permanent system of general security, that the disarmament of such nations is essential. They will likewise aid and encourage all other practicable measures which will lighten for peace-loving peoples the crushing burden of armaments.'

8 Ruth B. Russell, *A History of the United Nations Charter*, The Brookings Institution, Washington D.C. 1958, p. 41.

9 Russell, *A History of the United Nations Charter,* p. 50ff.

10 Memorandum 29 dec. 1943, Russell, *A History of the United Nations Charter,* p. 990; Tentative Proposals 18 juli 1944, Russell, p. 995, 997; Dumbarton Oaks Proposals, Russell, p. 1019, 1026.

11 Russell, *A History of the United Nations Charter,* p. 329. Sohn and Buergenthal, *International Protection of Human Rights*, Indianapolis, 1973 p. 506ff.

12 Handvest, Preambule, art. 1 (purposes); art. 13 (Functions and Powers of the General Assembly); art. 55 (purposes of International economic and social cooperation); art. 56 (pledge of all members); art 62 (Functions and powers Economic and Social Council) art. 68 (Commission for the promotion of human rights to be set up by the Economic and Social Council). Zie voor het karakter van deze bepalingen Louis B. Sohn, The Human Rights Law of the Charter in: *Texas International Law Journal,* vol. 12 (1977) p. 129–140.

13 *For Fundamental Human Rights*, UN publication 1948, p. 68.

14 Zie het overtuigend betoog van H. Lauterpacht in *International Law and Human Rights*, London 1950, p. 394–428.

15 Sohn and Buergenthal *International Protection of Human Rights,* p. 516–518.

16 Zie Th.C. van Boven, Partners in the Promotion and Protection of Human

Rights in: *Netherlands International Law Review; Essays on International Law and Relations in honour of A.J.P. Tammes*, Leyden 1977, p. 55ff i.h.b. p. 58.
17 Zie over dit onderwerp: Egon Schwelb, The International Measures of Implementation of the International Covenant on Civil and Political Rights and of the Optional Protocol in: *Texas International Law Journal*, 1977, vol. 12, p. 141–186; dit artikel bevat niet alleen een historisch overzicht van de totstandkoming van deze bepalingen, maar ook een vergelijking met overeenkomstige internationale organen in andere verdragen onder het handvest van de Verenigde Naties, gespecialiseerde organisaties en regionale verdragen inzake de bescherming van de rechten van de mens en fundamentele vrijheden. Bovendien bevat het in noot 40 op p. 149–151 een zeer uitvoerige bibliografie van boeken, rapporten en tijdschriftartikelen over dit onderwerp tot in 1976.
18 December 1977, nr. 19 en juni 1978, nr. 20.
19 Van de hand van A. Glenn Mowrer jr. in vol. 3, nr. 2 – Summer 1978.

THE JUSTICE MOTIVE IN SOCIAL RELATIONS ADAPTING TO TIMES OF SCARCITY

1 Ehrlich, P.R., Ehrlich, A.H. (1974). *The End of Affluence.* New York: Ballantine.
2 Heilbroner, R.L. (1980). *An Inquiry into the Human Prospect.* New York: W.W. Norton.
3 Platt, J. (1973). Social Traps. *American Psychologist* 28, 641–651.
4 Hardin, G. & Baden, J. (1977). *Managing the Commons.* San Francisco: W. W. Freeman.
5 Nader, L. (1974). Perspectives on the law and order problem. In: M.J. Lerner & M. Ross (Ed.) *The Quest for Justice:* Myth, reality, and ideal. Toronto: Holt, Rinebart & Winston of Canada.
6 Galanter, M. (1976), Delivering legality: Some proposals for the direction of future research. *Law and Society Review,* 11, 225–246.
7 Sarat, A. (1977). Studying American legal culture: An assessment of survey evidence. *Law and Society Review,* 11, 427–488.
8 Lerner, M.J. & Lerner, S.C. (1981). *The Justice Motive* in *Social Behavior: Adapting to Times of Scarcity and Change.* New York: Plenum.
9 Rushton, J.P. & Sorrentino, R. M. (1981) (Eds.), *Altruism and Helping Behavior.* Hillsdale, New Jersey: L. Erlbaum.
10 Lerner, M.J. & Miller, D.T. (1978). Just World research and the attribution process: Looking back and ahead. *Psychological Bulletin,* 85, 1030–1051.
11 Lerner, M.J. (1980). *The Belief in a Just World: A Fundamental Delusion.* New York: Plenum.
12 Walster, E., Walster, G. W. & Berscheid, E. (1978). *Equity: Theory and Research.* Boston, Mass.: Allyn & Bacon.
13 Miller, D.T. (1977). Personal deserving vs. justice for others. An exploration of the justice motive. *Journal of Experimental and Social Psychology,* 13, 1–13.
14 Lerner, M.J. (1980). *The Belief in a Just World: A Fundamental Delusion.* New York: Plenum.
15 Hardin, G. & Baden, J. (1977). *Managing the Commons.* San Francisco: W.W. Freeman.
16 Campbell, D.T. (1975). On the conflicts between biological and social evolu-

tion and between psychology and moral tradition. *American Psychologist*, 30, 1103–1126.

17 Lerner, M.J. & Lerner, S.C. (1981). *The Justice Motive in Social Behavior: Adapting to Times of Scarcity and Change*. New York: Plenum.

18 Bettelheim, B. (1960), *The Informed Heart: Autonomy in a Mass Age*. Glencoe: Free Press.

MENSENRECHTEN EN BUITENLANDS BELEID, VERENIGBARE GROOTHEDEN?

1 Rede minister Van den Broek van Buitenlandse Zaken bij de opening van de conferentie van de Stichting Vredes Politiek over het thema 'Churches underway: Peace, Freedom and Justice in the Nuclear Era', Bussum 11 september 1986, *Nederlandse Staatscourant*, 15 september 1986.

2 Bart Tromp, 'Democratie: Te Goed voor de Derde Wereld,' in: J.W. Bezemer e.a., *De Achtertuin van Nederland: Opstellen over Buitenlandse Politiek*, Amsterdam: Van Oorschot, 1985, p. 180–201. Zie ook: E. Luard, *Human Rights and Foreign Policy*, Oxford: Pergamon Press, 1981, p. 19–20.

3 Amnesty International, *Jaarboek '85*, Amsterdam, 1986, p. 10.

4 Zie: Ferdinand Mount, 'Human Rights,' *Encounter*, December 1980, p. 53–66; J.L. Heldring, 'Mensenrechten: Doel of Wapen?' NRC *Handelsblad*, 29 mei 1979; George F. Kennan, 'Morality and Foreign Policy, *Foreign Affairs*, Fall 1986, p. 205–218.

5 Aryeh Neier, 'No, This War Isn't Really about Human Rights,' *International Herald Tribune*, 4 augustus 1986; Tamar Jacoby, 'The Reagan Turnaround on Human Rights,' *Foreign Affairs*, Summer 1986, p. 1066–1086.

6 Zie bijvoorbeeld, V. Chkhikvadze, 'Interstate Cooperation on Human Rights,' *International Affairs (Moscow)*, Nr. 11, November 1983, p. 29–36.

7 Zie: David Weisbrodt, 'The Three "Theme" Special Rapporteurs of the UN Commission on Human Rights,' *The American Journal of International Law*, vol. 80 (1986), p. 693–694. De toekomst zal leren of Weisbrodt gelijk heeft gehad met zijn opmerking dat de door de Sovjet-autoriteiten getoonde gevoeligheid een goed voorteken was voor de toekomstige effectiviteit van de rapporteur.

8 Zie: Theo van Boven, Strengthening Human Rights Activity, en Asjbjørn Eide, 'Responding to the Financial Crisis: Approach and Priorities,' Working Papers for the Special Committee of International NGO's on Human Rights. *Seminar on Human Rights in the United Nations*, Geneva, 8–10 september 1986. Zie ook: Toine van Dongen, 'In Laatste Instantie: Verdwijningen en de Verenigde Naties,' *Internationale Spectator* XL:7 (juli 1986), p. 468–478.

9 Handvest Verenigde Naties art. 2, lid 4; AVVN Resolutie 2625 (XXV).

10 Ministerie van Buitenlandse Zaken, *De Rechten van de Mens in het Buitenlands Beleid*, 's-Gravenhage: Staatsuitgeverij, 1979, p. 90–91. Zie ook: Arie Bloed en Pieter van Dijk, 'Human Rights and Non-Intervention,' in: A. Bloed & P. van Dijk (eds.), *Essays on Human Rights in the Helsinki Process*, Dordrecht: Martinus Nijhoff, 1985, p. 61ff.

11 Bloed & Van Dijk, *op. cit.*, p.. 61; Marc J. Bossuyt, 'Human Rights and Non-Intervention in Domestic Matters,' ICJ *Review* 35 (december 1985), p. 50.

12 *Internationaal Verdrag inzake Burgerrechten en Politieke Rechten*, art. 40, lid 1.

13 *De Rechten van de Mens in het Buitenlands Beleid, op. cit.*, p. 52.
14 Zie: *Handelingen Tweede Kamer*, zitting 1979–1980, OCV 34, 17 maart 1980.
15 J. Verloren van Themaat, 'Ontwikkelingssamenwerking en de Rechten van de Mens,' in: Ph.P. Everts en J.L. Heldring (red.), *Nederland en de Rechten van de Mens*, Baarn: Anthos, 1981, p. 94.
16 Adviescommissie Mensenrechten Buitenlands Beleid, *Hulp voor Mensenrechten: Suriname en de Rechten van de Mens*, 's-Gravenhage, 1984, p. 6.
17 Zie voor het regeringsstandpunt inzake Suriname o.a.: *De Recente Gebeurtenissen in Suriname* Tweede Kamerzitting 1982–1983, 17723; *Verslag van een mondeling overleg*, Tweede Kamerzitting 1983–1984, 18100 nr. 83; *Verslag van een mondeling overleg*, Tweede Kamerzitting 1984–1985, 18600 hoofdstuk V, nr. 105; *Handelingen* Tweede Kamer, 19 juni 1985, p. 5869–5876; *Verslag van een mondeling overleg*, Tweede Kamerzitting 1985–1986, 19200, hoofdstuk V nr. 81.
18 David Owen, *Human Rights*, London: Jonathan Cape, 1978, p. 2. Zie verder: Abraham M. Sirkin, 'Can a Human Rights Policy be Consistent?' in: Peter G. Brown & Douglas MacLean (eds.), *Human Rights and U.S. Foreign Policy*, Lexington Mass.: Lexington Books, 1979, p. 199–213.
19 Het Kamerlid Bolkestein van de VVD, zie: NRC *Handelsblad*, 22 oktober 1986.
20 Th.C. van Boven, *Opdat Mensen tot hun Recht Komen*, Dom Helder Camara-lezing gehouden op 30 mei 1984 aan de Vrije Universiteit te Amsterdam, p. 11.
21 Zie: M. Groenendijk en W. van de Weetering, *Mensenrechten in het Ontwikkelingsbeleid van enkele Donorlanden en -organisaties. Eindrapportage aan de Adviescommissie Mensenrechten*. Utrecht: Studie- en Informatiecentrum Mensenrechten, 1986, p. 51ff.
22 Tor Skålnes & Jan Egeland (eds.) *Human Rights in Developing Countries 1986*, Oslo etc.: Norwegian University Press, 1986.
23 Humanistisch Overleg Mensenrechten, *Voorstellen voor een Aktief Mensenrechtenbeleid*, Utrecht, 1986, p. 3.
24 A. van Staden, *Machteloosheid van de Macht, Macht van de Machteloosheid*, Openingscollege door de decaan van de fakulteit der rechtsgeleerdheid van de Rijksuniversiteit te Leiden, op 2 september 1986.
25 NRC *Handelsblad* 8 januari 1983.
26 Vluchtelingenwerk Nederland, *Notitie over het Nederlandse Vluchtelingenbeleid. Een Analyse van de Verschillende Facetten van het Vluchtelingenbeleid van de Nederlandse Overheid met Aanbevelingen*, Amsterdam, 1986.

CLEVERINGA'S KOFFER

1 L. Leertouwer, De toekomst van het verzet, in: *Aantreden*. 50e jg. Nr. 10–11, oktober/november 1995, p. 300–301.
2 Een treffend bewijs voor deze opvatting ligt in het feit, dat de politiek niet-actieve Cleveringa in het zogenaamde 'Van Heuven Goedhart-plan' één van de zeven Nederlanders was, aan wie in het gezagsvacuüm direct na de bevrijding een belangrijke rol werd toegedacht; in hetzelfde plan kwam overigens nog een Leids hoogleraar voor, J.H.W. Verzijl, als lid van een uit vijf leden bestaande Raad van Advies voor de illegaliteit. Vgl. het Leidse proefschrift van Madelon de Keizer, *Het Parool 1940–1945, verzetsblad in oorlogstijd*. Otto Cramwinckel, Amsterdam 1991, p. 410.

3 A.J. van der Leeuw, *De universiteiten en hogescholen.* in: J.J. van Bolhuis, C.D.J. Brandt, H.M. van Randwijk en B.C. Slotemaker, *Onderdrukking en verzet.* Band 3, afl. 28, p. 311, Van Loghem Slaterus, Arnhem 1949.
4 W. Norton & Company, New York-London 1990.
5 J. Presser, *Ondergang, de vervolging en verdelging van het Nederlandse jodendom 1940–1945.* Tweede deel, p. 392, 's-Gravenhage 1965.
6 J. Hendriksen en W. Hijmans, De 'rassencolleges' van Barge, een leemte in de geschiedenis van de Leidse Universiteit, in: *Leids Jaarboekje 1995*, uitgave van de Vereniging Oud Leiden, Leiden 1995.
7 Léon Hanssen, W.E. Krull, Anton van der Lem (red.), J. Huizinga, *Briefwisseling, III, 1934–1945*, Veen Tjeenk Willink, Utrecht/Antwerpen 1991, p. 339.
8 A.J. van der Leeuw, *De Universiteiten*, p. 301.
9 A.J. van der Leeuw, *De Universiteiten*, p. 302.
10 H. Rosovsky, *The University*, p. 267ff.
11 A.J. van der Leeuw, *De Universiteiten*, p. 31 1.
12 H. Daalder, Universitair Panopticum VII: Leiden, Amsterdam, en het begin van de zaak-Daudt, in: *Maatstaf*, 1995/2, De Arbeiderspers, Amsterdam, p. 72–75.
13 Ursula Owen (Editor), *Index on Censorship, the magazine for free speech*, Writers & Scholars International Ltd, London.

RECHT, VRIJHEID EN VERANTWOORDELIJKHEID

1 H.I. Bulten, Een dapper Magistraat uit de 16e eeuw, *Het Hugenootse Kruis*, 4e serie-nummer 12, uitgave van de Marnix-Stichting.
2 Bulten, zie boven.
3 Anders Ehnmark, *De geheimen van de macht. Een essay over Machiavelli.* Het Wereldvenster/Epo.
4 Eelco Runia, *De pathologie van de veldslag.* Meulenhoff Amsterdam.
5 Alkmaars Stedelied.
6 F.O. van Gennep, *De terugkeer van de verloren Vader.* Ten Have Baarn.
7 Elias Canetti, *Massa & macht.* Atheneum-Polak & van Gennep.
8 Ehnmark, zie boven.
9 Cleveringa en Drion, '26 november 1940 en de terugblik 50 jaar later' Leids Universiteits-Fonds. Zie ook bijdrage in deze bundel op p. 152.
10 I. Samkalden, 'Een internationale wet op de Rechten van de mens, de weg erheen en het probleem van de handhaving' Cleveringa-rede gehouden op 24 november 1978. Zie ook bijdrage in deze bundel op p. 109.
11 Martin Luther King, *Rosa stond niet op*, Van Loghum Slaterus.

ONS KOSTELIJKSTE BEZIT; OVER TOLERANTIE, NON-DISCRIMINATIE EN DIVERSITEIT

1 Richter Roegholt: *Amsterdam na 1900*, SDU, 1993, p. 137.
2 *Gedenkschriften van Prof Mr. R.P. Cleveringa*, voor het Leidse Universiteitsfonds uitgegeven door L.E. van Holk en I. Schöffer, F.J. Brill/Universitaire Pers Leiden, 1983.
3 Dr. L. de Jong, *Het Koninkrijk der Nederlanden in de Tweede Wereldoorlog IV*, tweede helft, mei '40–maart '41, Staatsuitgeverij, 's-Gravenhage, 1972, p. 711.

4 Nanda van der Zee: *Om erger te voorkomen. De voorbereiding en uitvoering van de vernietiging van het Nederlandse jodendom tijdens de Tweede Wereldoorlog,* Meulenhoff, Amsterdam 1997, p. 165.

5 J.C.H. Blom, *In de ban van goed of fout!*, oratie, Octavo, Bergen 1983. Zie ook J. Bank bij de opening van de nieuwe huisvesting van het RIOD op 22.9.1997: 'De huidige directeur Blom acht het noodzakelijk dat "de in zijn tijd begrijpelijke en legitieme fase van vooral morele oordeelsvorming wordt voortgezet met een analytische geschiedschrijving"' (*niw,* 26.9.1997, p. 3).

6 Zie bijv. D. Barnouw, 'Geschiedschrijving als praten achteraf', boekbespreking in: *Vrij Nederland,* 3.5.1997: 'Dit boek is doordrongen van morele verontwaardiging en lijkt daarmee op *Ondergang* van haar geliefde historicus Presser.'

7 J. Presser, *Ondergang* II, Staatsuitgeverij Martinus Nijhoff, 's-Gravenhage, 1965, p. 125.

8 Zie ook: Ed van Thijn, *Nog een nacht slapen? Vijftig jaar bevrijding,* Sun/Stichting Kunstenaarsverzet 1942–1945, Nijmegen 1995, p. 35.

9 H.M. van Randwijk, 'De doden en de levenden', rede voor de Stichting Kunstenaarsverzet, 1956.

10 *Gedenkschriften,* p. 15.

11 Ernest Zahn, *Regenten, rebellen en reformatoren, een visie op Nederland en de Nederlanders,* Contact, Amsterdam 1989, p. 328.

12 E.H. Kossman, 'Tolerantie toen en nu' in: *Politieke theorie en geschiedenis, verspreide opstellen en voordrachten,* Bert Bakker, Amsterdam 1987, p. 56.

13 Michael Walzer, *On Toleration,* Yale University Press, New Haven en Londen 1997, pp. 10 t/m 12.

14 Kossman, t.a.p., p. 57.

15 Ed van Thijn: 'Overleeft de tolerantie de tolerantie?' in: *De Brandende Kwestie (3),* SLAA-lezingen 1984/1985, Uitgeverij Raamgracht, p. 139.

16 A. Etzioni, *The New Golden Rule. Community and Morality in a Democratic Society,* Basic Books, New York 1996, p. 224.

17 Zie J.A.O. Eskes, *Repressie van politieke bewegingen in Nederland,* W.E.J. Tjeenk Willink, Zwolle 1988, p. 246ff.

18 J. van Donselaar, *De staat paraat? De bestrijding van extreem-rechts in West-Europa,* Babylon-De Geus, Amsterdam 1995, p. 70–71.

19 Notitie *Positie en subsidiëring politieke partijen,* van de Minister van Binnenlandse zaken aan de Tweede Kamer dd. 16 april 1996 (zie ook *Met recht discriminatie bestrijden* onder redactie van Pattipawae en Tazelaar, Landelijk Bureau ter bestrijding van Rassendiscriminatie, W.E.J. Tjeenk Willink, Deventer 1997, pp. 27 en 28.

20 *Internationaal Verdrag inzake de Uitbanning van alle Vormen van Rassendiscriminatie,* New York 7 maart 1996 (Trb. 1996, 237).

21 J.A.O. Eskes, 'Repressie van politieke bewegingen in Nederland: een actualisering', in de Burkens-bundel *De Grondwet als voorwerp van aanhoudende zorg,* W.E.J. Tjeenk Willink, Zwolle 1995, p. 143.

22 Zie het voorstel tot wijziging van de A.P.V. van het Amsterdams raadslid E. van Thijn, gebaseerd op voorstellen van A.D. Belinfante, *Vrijheid van Demonstratie,* Alphen aan den Rijn 1966, vermeld in J.A. Peters, 'Het primaat van de vrijheid van meningsuiting', in: *Ars Aequi Libri, Rechten van de Mens* (4), Leiden 1981, pp. 130 e.v.

23 Meindert Fennema, 'Extreem-rechts en de democratie', in: *Socialisme en Democratie* 54,2, 1997, pp. 51–62.
24 J. van Donselaar, *Monitor Racisme en Extreem-Rechts. Eerste rapportage*, LISWO, Rijksuniversiteit Leiden 1997, p. 31.
25 Zie noot 20.
26 J. van Donselaar, *De staat paraat? De bestrijding van extreem-rechts in West-Europa*, Babylon/de Geus, Amsterdam 1995, p. 301. Zie ook C.W. Maris, in: G.A.I. Schuyt en D. Verhoef, *Vrijheid van meningsuiting. Racisme en revisionisme*, Academia Press, Gent 1995. Zie met name zijn definities van directe en indirecte geestelijke schade. De laatste ontstaat 'wanneer de uitingen een algemeen klimaat scheppen waarin bepaalde groepen als minderwaardig worden gezien, zodat individuele leden niet goed kunnen functioneren'. Fennema bestrijdt t.a.p. dat een dergelijk schadebeginsel van de vrijheid van meningsuiting (in casu de demonstratievrijheid) kan worden toegepast en al helemaal niet vanuit een 'front stage/back stage'-benadering als door o.a. Van Donselaar (t.a.p., p. 11) bepleit.
27 Zie De Europese Commissie (DGX), *Monitory Europinion. Results of 'Continuous Tracking' Surveys of European Opinion* (september 1996–januari 1997).
28 J.M. Dagevos, *Tolerance in the Netherlands*, Institute for Sociological-Economic Research (ISEO), Erasmus Universiteit, Rotterdam 1996 (in opdracht van het Ministerie van Volksgezondheid, Welzijn en Sport), p. 7. Zie ook F.J. Buis en J. van Donselaar, *Extreem-Rechts*, Leiden 1994.
29 *Integratiebeleid etnische minderheden, contourennota*, Minister van Binnenlandse Zaken, Tweede Kamer, vergaderjaar 1993–1994, 23684, p. 49.
30 *24 november 1991, de betekenis van een verkiezingsuitslag*, Kritak, Leuven 1992, p. 57.
31 Idem, p. 26ff.
32 Herman van Gunsteren en Rudy Andeweg, *Het grote ongenoegen, over de kloof tussen burgers en politiek*, Aramith, Haarlem 1994.
33 Stephen Castles en Mark J. Miller, *The Age of Migration, International Population Movements in the Modern World*, Macmillan Press, Londen 1993.
34 WBS-werkgroep Migratiepolitiek, *Immigratie: waar ligt de grens?*, PvdA-verkenningen, Wiardi Beekman Stichting, Amsterdam 1993.
35 Yehezkel Dror, *Civil Society and Socio-Cultural Policy*, rapport voor de conferentie 'Governance in the Euro-Mediterranean Region', Den Haag, 17 en 18 maart 1997 (zie ook Dror, *The Capacity to Govern, Report to the Club of Rome. Circulo de Lectores*, juli 1994, p. 20: 'code of ethics for senior politicians, art.3: Serving as an 'educator' of the public is one of your main tasks, with special attention to taking a long-range and more global view. Tell the truth, even when your followers and electors do not like to hear it.')
36 Alfons Fermin, *Nederlandse politieke partijen over minderhedenbeleid, 1977–1995*, Thesis, Amsterdam 1997.
37 Wetenschappelijke Raad voor het Regeringsbeleid: *Allochtonenbeleid*, SDU, Den Haag 1989.
38 Fermin, t.a.p., p. 89ff.
39 Fermin, t.a.p., p. 102. Zie ook Noorman-Den Uyl: 'Wij wensen niet dat de ene achterstandsgroep de concurrent wordt voor de andere... Armoede in Nederland heeft geen kleur', in: *Verslag van een nota-overleg van de Vaste Commissie*

voor Binnenlandse Zaken op 21 april 1997. Tweede Kamer, vergaderjaar 1996–1997, 25001, nr. 11, p. 4.

40 Fermin, t.a.p., p. 110.

41 Idem, p. 226.

42 Jean-Paul Sartre, *Reflexions sur la question juive,* Gallimard, Parijs 1946.

43 Zie bijvoorbeeld: F. Bovenkerk, M.J.I. Gras en D. Ramsoedh, *Discrimination against Migrant Workers and Ethnic Minorities in Access to Employment: The Netherlands,* ILO, Genève 1994; P.T.M. Tesser, *Rapportage minderheden 1993*, Sociaal en Cultureel Planbureau, Rijswijk 1993; J. Veenman, *Allochtonen op de arbeidsmarkt, van onderzoek naar beleid, Stichting voor strategisch arbeidsmarkt onderzoek,* Den Haag 1991.

44 P.R. Baehr: 'Universaliteit van Mensenrechten: Is het, kan het, moet het?' in: N.J.H. Hulst (red.), *Grenzen aan Mensenrechten,* Stichting NJCM Boekerij, Leiden 1995, p. 54. Zie ook p. 136 in deze bundel.

45 J. Habermas: 'Strijd om erkenning in de democratische rechtsstaat', in: *Multiculturalisme,* Boom, Amsterdam 1995, p. 135.

46 Art. 27 van het Internationale Verdrag inzake Burgerrechten en Politieke Rechten luidt: 'In staten waar zich etnische, godsdienstige of linguïstische minderheden bevinden, mag aan personen die tot die minderheden behoren niet het recht worden ontzegd, in gemeenschap met de andere leden van hun groep, hun eigen cultuur te beleven, hun eigen godsdienst te belijden en in de praktijk toe te passen, of zich van hun eigen taal te bedienen.' (1966), Trb. 1969,99.

47 Fermin, t.a.p., p. 261.

48 Castles en Miller, t.a.p., p. 13.

49 C. Flinterman en Y.S. Klerk: 'The Advisory Committee on Human Rights in the Netherlands', in NQHR 3/1993, p. 282.

50 F. Bolkestein, *Moslim in de Polder,* Contact, Amsterdam 1997.

51 *Prevention and Management of Conflicts, an International Directory,* edited by the Dutch Centre for Conflict Prevention in cooperation with ACCESS and PIOOM, NCDO, Amsterdam 1996, pp. 27 en 28.

52 Theo van Boven: *Natie, migratie, integratie,* Multatulilezing op 19 april 1996 in Breda, uitgave van het Centrum voor Internationale Samenwerking, p. 19.

53 Idem, p. 20.

54 E.M.H. Hirsch Ballin, *Wereldburgers: personen in het internationaal recht,* oratie, Schoordijk Instituut, Tilburg 1995.

55 Samuel P. Huntington: *The Clash of Civilizations and the Remaking of World Order,* Simon & Schuster, New York 1996.

56 Idem, pp. 310 en 311.

57 Idem, p. 209.

58 Idem, p. 130.

59 A. van der Staay, 'Anti-Huntington', in: *Internationale Spectator,* jrg. 51, nr. 7/8, juli/augustus '97; F. Bolkestein, 'De confrontatie tussen het Westen en de Islam is een mythe', t.a.p., p. 171.

60 Zie noot 30. Tijdens deze EuroMed-conferentie werd door verschillende sprekers aandacht gevraagd voor de beklemmende situatie dat in de mediterrane landen een, goed opgeleide, nieuwe generatie opgroeit die meer dan 50% van de bevolking uitmaakt, maar nauwelijks enig sociaaleconomisch perspectief heeft en op die manier een gemakkelijke prooi wordt van fundamentalistische stromingen: Ms. Bassam Tibi, 'The Cross-Cultural Underpinning of Dialogue and

Tolerance: Muslims in Europe between Cultural Assimilation, Political Integration and Communitarian Ghettoization'; Dr. B. Khader, 'Etat, société civile et démocratie dans le monde Arabo-Musulman'; J. Lemmers, 'Multicultural Interaction: Towards Dialogue and Tolerance, EuroMediterranean Partnership and Policies Aimed at Young People'.

61 Huntington, pp. 269 e.v.

62 Idem, p. 290.

63 György Konrád ter gelegenheid van 'The Amsterdam Declaration on Social Quality', uitgebracht door de European Foundation on Social Quality, op 10 juni 1997.

64 Opgenomen in LBR *Nieuws*, juni 1997, maandbulletin van het Landelijk Bureau voor Racisme Bestrijding in Utrecht.

65 Zie Eindverslag van de Europese Adviescommissie, *Racisme en Vreemdelingenhaat* van april 1995, uitgebracht aan de Raad van de Europese Unie, met name hoofdstuk D over de 'Bevoegdheid van de Gemeenschap en wijziging van het Verdrag'.

66 LBR *Nieuws*, t.a.p., p. 2.

67 Habermas, t.a.p., p. 166; Castles en Miller, p. 221.

68 J.W. Duyvendak, 'De dreigende verfransing van de Nederlandse politiek', in: *Waar blijft de politiek? Essays over paarse politiek, maatschappelijk middenveld en sociale cohesie,* Boom, Amsterdam 1997, p. 27. Zie voorts Pieter Hilhorst, 'Een keer juichen, twee keer zuchten', in: *Het Nut van Nederland. Opstellen over soevereiniteit en identiteit,* onder redactie van Koen Koch en Paul Scheffer, Bert Bakker, Amsterdam 1996, p. 118.

69 In Nederland, waar tot na de Tweede Wereldoorlog het ius sanguinis gold, is men geleidelijk aan overgestapt (in 1953 voor de derde generatiemigranten, in 1983 facultatief voor de tweede generatie) op het ius soli. Zie M. Fennema en J. Tilly, 'Over de aard van het nationalisme', in: *Het Nut van Nederland,* p. 195.

70 Eindverslag van de Europese Adviescommissie *Racisme en Vreemdelingenhaat,* Hoofdstuk III: 'Vrijheid van Verkeer'.

71 Andrew Hacker, *Two Nations, Black and White. Separate, Hostile, Unequal,* Charles Scribner's Sans, New York 1992.

72 Zie bijv. Statement by Mr. Ali Alatas, Minister for Foreign Affairs of the Republic of Indonesia before the Second World Conference on Human Rights, Wenen 14 juni 1993.

73 Fred Haliday, 'Relativism and Universalism in Human Rights: The Case of the Islamic Middle East', in: *Politica I Studies* (1995), XLIII, pp. 152167.

74 A. Etzioni, t.a.p., p. 191.

75 H. van Amersfoort: 'Ethnic Residential Patterns in a Welfarestate. Lessons from Amsterdam, 1970–1990', in: *New Community,* 18/3, april 1992, pp. 439–456; S. Musterd en W. Ostendorf, *Stedelijke armoede en Etniciteit in de verzorgingsstaat, Amsterdam als voorbeeld,* Instituut voor Sociale Geografie, Universiteit van Amsterdam, 1993.

76 J. Burgers en R. Kloosterman, 'Dutch Comfort: Post-Industrial Transition and Social Exclusion in Spangen, Rotterdam', in: *Area* (1996, 28/4, pp. 433–445).

77 Dienst Stedelijke Ontwikkeling Gemeente Den Haag, *Volkshuisvestingsverslag 1996.*

78 D. Pinto, *Interculturele communicatie,* Bohn Stafleu Van Loghum, Houten 1994.

79 *De multiculturele samenleving als uitdaging, aanzet voor een nieuwe dimensie naar aanleiding van de rondetafelgesprekken over het integratiebeleid,* Ministerie van Binnenlandse Zaken, 21 november 1996.
80 Wetenschappelijke Raad voor het Regeringbeleid: *Eigentijds Burgerschap,* SDU, Den Haag 1992.
81 H.R. van Gunsteren, 'Eenvoud in Veelvoud', in: *Beleid en Maatschappij,* 1993/1, p. 6.
82 Zie ook F.R. Ankersmit, 'Over de oorsprong en aard van de democratie', in: *Socialisme en Democratie* 54, nr. 9. 1997, p, 372: 'Zonder een zekere mate van egoïsme, zelfzucht en het vermogen van burgers om zich aan elkaar te ergeren, kan de machine van de democratie niet functioneren.'
83 H.R van Gunsteren, 'Does Vital Citizenship Require Normative Consensus?', in: *Acta Politica* 32, nr. 2 (zomer 1997), p. 148: 'Consensus is not a precondition, but rather a desired outcome of citizen activities.'
84 Zie ook J. de Beus, 'Patriëring van oude en nieuwe Nederlanders', in: *Het Nut van Nederland,* p. 168, hoewel ik mijn bedenkingen heb bij het begrip 'patriëring'. Ik ben het met K. Koch ('De natie-staat als lapmiddel', in hetzelfde boek, p. 51) eens dat het hachelijk is een debat over de multiculturele samenleving te voeren 'in termen van nationale identiteit', zeker als dit gebeurt in termen van 'wij' en 'zij'.
85 Zie ook Immanuel Wallerstein, 'Liberalism and Democracy', Daalderlezing, in: *Acta Politica* 32, zomer 1997.
86 Zie ook Tore Bjørgo, *Racist and Right-Wing Violence in Scandinavia. Patterns, Perpetrators and Responses,* proefschrift, Leiden 1997, p. 263.
87 Die discussie is opgelaaid in Frankrijk na de niet voorziene verkiezingsoverwinning van Jospin in april van dit jaar (zie bijv. *Le Monde,* 1.7.1997). Ook in Oostenrijk en Italië speelt deze discussie een rol.
88 'Code of Practice', voorstel van de Europese Adviescommissie *Racisme en Vreemdelingenhaat* (nog niet gepubliceerd).
89 M. Bovens e.a., *De verplaatsing van de politiek,* Wiardi Beckman Stichting, Amsterdam 1995. Zie ook Ed van Thijn, *Politiek en bureaucratie. Baas boven baas,* oratie, Wiardi Beckman Stichting / Van Gennep, Amsterdam 1997.
90 Zie ook. J.W. Duyvendak, 'De verspreiding van de politiek', in: *Waar blijft de politiek?,* t.a.p., pp. 7–18.
91 David Easton, *A Systems Analysis of Political Life,* Wiley, New York 1956.
92 Robert D. Putman, *Making Democracy Work. Civic Traditions in Modern Italy,* Princeton University Press, 1993; Percy B. Lehning, *Towards a Multicultural Civil Society. The Role of Social Capital and Democratic Citizenship,* paper to the EuroMed conférence in Den Haag, zie noot 30.

MEDICINE AND HUMAN RIGHTS

1 W. Wannbrunn. *The Dutch Under German Occupation 1940–1945* (New York; Oxford University Press and Stanford University Press. 1963); J. Presser. *Ashes in the Wind: The Destruction of Dutch Jewry,* Translated by A. Pomerans (Detroit: Wayne State University Press, 1988); and A. Anderson, 'Anne Frank Was Not Alone: Holland and the Holocaust,' Lecture, University of Southern California, October 24. 1995.

2 R.P. Cleveringa, 'Namens de Juridische Faculteit: Als Decaan Gehouden naar Aanleiding van het Ontslag van Prof. Mr. E.M. Meijers als Hooglerear aan de Rijksuniversiteit te Leiden [On Behalf of the Faculty of Law: The Obligation of the Dean on the Occasion of the Dismissal of Prof. Mr. E.M. Meijers as Professor at the State University of Leiden],' Lecture, Faculty of Law, University of Leiden. November 26, 1940.

3 J. Hendriksen and W. Hijmans, De 'Rassencolleges' van Barge [The 'Race Lectures' of Barge], *Overdruk Leids Jaarboekje 1995* (Leiden: Vereniging Oud Leiden, 1995), pp. 194–213; W. Schrama, Het Vergeten Protest van Professor Barge [The Forgotten Protest of Professor Barge], *Cicero*, May 25, 1995; J. Hendriksen and W. Hijmans, The Anatomy Lessons of Professor Barge, *Journal of the Royal Society of Medicine* 89:649–650, 1996.

4 J.B. Charles, '26 November 1940: Praesidium Libertatis' [Bulwark of Liberty], *Vrij Nederland*, 27 November 1976; W.C.S. van Rentham Jutting, 'Van Holk in protest op 26 November 1940 tegen schorsing van joodse hoogleraren: 'Wij voelen de maatregelen als een smaad der universiteit en ons volk aangedaan' [Van Holk in protest on 26 November 1940 against the dismissal of Jewish professors: We feel the regulations as an insult to the university and to our people], *Mare*, Vol. 10, 25 November 1982.

5 P.J. Idenburg, *De Leidse universiteit [Leiden University] 1928–1946* (The Hague: Leiden University Press, 1978).

6 Idem.

7 R.-J. Dupuy, ed., *The Right to Health as a Human Right* (Alphen aan den Rijn: Sijthoff and Noordhoff, 1979); V. Leary, The Right To Health in International Human Rights Law, *Health and Human Rights* 1:24–57, 1994.

8 J.M. Mann, L. Gostin, S. Gruskin, T. Brennan, Z. Lazzarini, and H. Fineberg, Health and Human Rights, *Health and Human Rights* 1:6–23, 1994; Consortium for Health and Human Rights. Health and Human Rights: A Call to Action on the 50th Anniversary of the Universal Declaration of Human Rights. *Journal of the American Medical Association* 280:462–464. 1998.

9 E. Pagels, *The Origin of Satan* (New York: Random House. 1995).

10 R.J. Herrnstein and C. Murray, *The Bell Curve: Intelligence and Class Structure in American Life* (New York: Free Press, 1994); R. Sidel, *Keeping Women and Children Last* (Revised Edition) (New York: Penguin Books, 1998).

11 R.G. Wilkinson, *Unhealthy Societies: The Afflictions of Inequality* (New York: Routledge, 1998).

12 R. Cooper and R. David, The Biological Concept of Race and Its Application to Public Health and Epidemiology, *Journal of Health Politics, Policy and Law* 11:97–116, 1986; M.T. Fullilove, Abandoning 'Race' as a Variable in Public Health Research: An Idea Whose Time Has Come, *American Journal of Public Health* 88: 1297–1298. 1998.

13 E.N. Wolff, How the Pie is Sliced: America's Growing Concentration of Wealth, *The American Prospect*, 22:58–64, 1995; M. Perelman, *The Pathology of the U.S. Economy: The Costs of a Low-Wage System* (New York: St. Martin's Press, 1996); R. Sidel, see note 9.

14 United Nations Development Program. *Human Development Report* 1998 (New York: Oxford University Press, 1998).

15 Idem.

16 K. Danaher. ed., *Fifty Years is Enough: The Case Against the World Bank and International Monetary Fund* (Boston: South End Press, 1994); W.I. Robinson, *Promoting Polyarchy: Globalization, U.S. Intervention, and Hegemony* (Cambridge: Cambridge University Press, 1996).
17 Susan George, *Fate A Worse than Debt: The World Financial Crisis and the Poor* (New York: Grove Press, 1988); United Nations Development Program, see note 13, p. 100.
18 United Nations Development Program, *Human Development Report* 1991 (New York: Oxford University Press, 1991), p.187; United Nations Development Program, see note 13, p. 196.
19 J. Reldman, D. Makuc, J. Kleinman and J. Cornoni-Huntley, National Trends in Educational Differentials in Mortality *American, Journal of Epidemiology;* 129:919–933, 1989.
20 Institute of Medicine, Committee for the Study of the Future of Public Health, *The Future of Public Health* (Washington, DC: National Academy Press, 1988).
21 T.A. Ziv and B. Lo, Denial of Care to Illegal Immigrants: Proposition 187 in California, *New England Journal of Medicine* 332: 1095–1098, 1995: S. Woolhandler and D.U. Himmelstein, *For Our Patients, Not For Profits* (Cambridge, Mass: Center for National Health Program Studies. 1998); R. Pear, Americans Lacking Health Insurance Put at 16 Percent, *New York Times.* September 26, 1998.
22 A. Hendriks, A. Neufeldt and R. Mathieson, A Selected Bibliography of Human Rights and Disability, *Health and Human Rights;* 1:212–225. 1994; K. Tomasevski, S. Gruskin, A. Hendriks and Z. Lazzarini, AIDS and Human Rights: Patterns of Violations. In: J.M. Mann and D. Tarantola, eds., *AIDS in the World* (Cambridge: Harvard University Press, 1992), pp. 537–573.
23 R.J. Blendon, H. Aiken, H. Freeman and C. Corey. Access to Medical Care for Black and White Americans. *Journal of the American Medical Association* 261:278–281, 1989; L. Aday, *At Risk in America: The Health and Health Care Needs of Vulnerable Populations in the United States* (San Francisco: Jossey-Bass Inc., 1993); H.J. Geiger, Race and Health Care: An American Dilemma, *New England Journal of Medicine* 335:815–816, 1996; H.J. Geiger. Racism Resurgent: Building a Bridge to the 19th Century, *American Journal of Public Health* 87: 1765–1766, 1997.
24 H.J. Geiger, Ethnic Cleansing in the Groves of Academe, *American Journal of Public Health* 87:730–732, 1997.
25 M. Koivusalo and E. Ollila, *Making a Healthy World: Agencies, Actors and Policies in International Health* (London, Zed Books, 1997).
26 C.K. Lum and S.G. Korenman, Cultural-Sensitivity Training in U.S. Medical Schools *Academic Medicine* 69:239–241, 1994.
27 World Bank, *World Development Report* 1997 (New York: Oxford University Press, 1997).
28 J. Peters and A. Wolper. *Women's Rights, Human Rights: International Feminist Perspectives.* (New York: Routledge, 1995); R. Cook. Gender, *Health and Human Rights.* Health and Human Rights 1:350–366, 1995; K. Moore, K. Randolph, N. Toubia and E. Kirberger, A Case Study Using Female Genital Mutilation: The Synergistic Relationship Between Health and Human Rights. *Health and Human Rights* 2:137–146, 1995; Physicians for Human Rights, *The Taliban's War on Women: A Health and Human Rights Crisis in Afghanistan* (Boston: Physicians for Human Rights, 1998);

B. Herbert, Half a Nation Condemned: African Women's Medical Dilemma, *New York Times,* October 8, 1998.
29 L. Gostin and J.M. Mann, Towards the Development of a Human Rights Impact Assessment for the Formulation and Evaluation of Public Health Policies, *Human Rights and Health;* 1:58–80, 1994; L. Freedman, Censorship and Manipulation of Reproductive Health Information: An Issue of Human Rights and Women's Health. In: S. Coliner, ed., *The Right to Know: Human Rights and Access to Reproductive Health Information* (Philadelphia: University of Pennsylvania Press, 1995), p.1–37.
30 United Nations Children's Fund, *The State of the World's Children 1996* (New York: Oxford University Press, 1996). 29. United Nations Children's Fund, *The State of the World's Children 1998* (New York: Oxford University Press, 1998). 30. D.L. Parker. Child Labor: The Impact of Economic Exploitation on the Health and Welfare of Children, *Minnesota Medicine* 80: 10–13, 52–55, 1997.
31 A. Iles, Health and Environment: A Human Rights Agenda for the Future, *Health and Human Rights* 2: 46–61, 1995.
32 United Nations Development Program, see note 13.
33 C. Flavin and S. Dunn, Responding to the Threat of Climate Change. In: L.R. Brown, C. Flavin and H. French, eds., *State of the World 1998* (New York: W.W. Norton, 1998), pp. 113–130.
34 M. Renner, *Fighting for Survival: Environmental Decline, Social Conflict, and the New Age of Insecurity* (New York: W.W. Norton, 1996).
35 V.S. Rezendes, *Global Warming: Administration's Proposal in: Support of the Kyoto Protocol* (GAO/T-RCED-98–219), (Washington D.C.: U.S. General Accounting Office, 1998).
36 W.W. Sidel, G. Shahi and B.S. Levy, The Impact of Military Activities on Development, Environment and Health. In: T. Schroyer, ed., *A World That Works: Building Blocks for a Just and Sustainable World* (New York: Bootstrap Press, 1997), pp. 321–336.
37 B. Bryant and P. Mohai, eds., *Race and the Incidence of Environmental Health Hazards: A Time for Discourse* (Boulder, CO: Westview Press, 1992); R.D. Bullard. *Unequal Protection: Environmental Justice and Communities of Color* (San Francisco: Sierra Club Books, 1994).
38 United Church of Christ Commission for Racial Justice, *Toxic Wastes and Race in the United States: A National Report on the Racial and Socio-Economic Characteristics of Communities Surrounding Hazardous Waste Sites* (New York: United Church of Christ, 1987); V.W. Sidel. B.S. Levy and B, Johnson, Environmental Injustice: What Must Be Done?, *Health and Environment Digest* 9:79–80, 1996; E.M. Northridge and P.M. Shepard, Environmental Racism and Public Health, *American Journal of Public Health* 87:730–732, 1997.
39 V.W. Sidel and G. Shahi, The Impact of Military Activities on Development, Environment and Health. In: G. Shahi, B.S. Levy, A. Binger, T. Kjellstrom and R. Lawrence, eds., International Perspectives in Environment, Development and Health: Toward A Sustainable World (New York: Springer Publishing Company for the Rockefeller Foundation, 1997), pp. 283–312.
40 G.J. Annas and M.A. Grodin, eds., *The Nazi Doctors and The Nuremberg Code: Human Rights in Human Experimentation.* (New York: Oxford University Press. 1992); M.A. Grodin and G.J. Annas, Legacies of Nuremberg: Medical Ethics and Human Rights, *Journal of the American Medical Association* 276: 1682–1683. 1996; V.W. Sidel,

The Social Responsibilities of Health Professionals: Lessons from Their Role in Nazi Germany, *Journal of the American Medical Association* 276:1679–1681,1996.
41 P.A. King, Twenty Years After: The Legacy of the Tuskegee Syphilis Study: The Dangers of Difference, *Hastings Center Report* 22:35–8, 1992; A. Yankauer, The Neglected Lesson of the Tuskegee Study, *American Journal of Public Health* 88:406, 1998.
42 V.W. Sidel, Medicine and War. In: W.T. Reich, ed., *Encyclopedia of Bioethics* (Second Edition). (New York: Simon & Schuster Macmillan. 1995), pp. 2533–38; Advisory Committee on Human Radiation Experiments, Research Ethics and the Medical Profession, *Journal of the American Medical Association* 276: 404–409, 1996.
43 Resolution WHA 34.38, World Health Assembly (Geneva: World Health Organization, 1981).
44 R.M. Garfield and A.I. Neugut, The Human Consequences of War. In: B.S. Levy and V.W. Sidel, eds., *War and Public Health.* (New York: Oxford University Press, 1997), pp. 27–38.
45 Carnegie Commission on Preventing Deadly Conflict, *Preventing Deadly Conflict: Final Report* (Washington DC: Carnegie Commission on Preventing Deadly Conflict, 1997), p.3; P. Geltman and E. Stover, Genocide and the Plight of Children in Rwanda, *Journal of the American Medical Association* 277:289–294, 1997.
46 M.J. Toole and R.J. Waldman, Refugees and Displaced Persons: War, Hunger and Public Health, *Journal of the American Medical Association* 270:600–605, 1993; M.J. Toole, Displaced Persons and War. In: B.S. Levy and V.W. Sidel, eds., *War and Public Health* (New York: Oxford University Press, 1997), pp. 197–212.
47 H.J. Geiger, The Impact of War on Human Rights In: B.S. Levy and V.W. Sidel, eds., *War and Public Health* (New York: Oxford University Press, 1997), pp. 39–50.
48 Amnesty International, *Health Personnel: Victims of Human Rights Violations* (London: Amnesty International, 1991), pp 1–30; V. Iacopino, M. Heisler and R. Rosoff. *Torture in Turkey and Its Unwilling Accomplices: The Scope of State Persecution and the Coercion of Physicians* (Boston: Physicians for Human Rights 1996). pp.163–186.
49 S. Schwartz, ed. *Atomic Audit* (Washington: Brookings Institution, 1998).
50 B.S. Levy and V.W. Sidel, The Impact of Military Activities in Civilian Populations. In: B.S. Levy and V.W. Sidel, eds., *War and Public Health* (New York: Oxford University Press. 1997), pp. 149–167.
51 V.W. Sidel and G. Shahi, see note 39.
52 V.W. Sidel, The International Arms Trade and Its Impact on Health, *British Medical Journal* 311: 1677–1680,1995.
53 M. Klare, The Global Trade in Light Weapons and the International System in the Post-Cold War Era. In: J. Boutwell, M. Klare, and L. Reed, eds., *Lethal Commerce: The Global Trade in Small Arms and Light Weapons* (Cambridge, Mass.: American Academy of Arts and Sciences, 1995), p. 31–43.
54 R.M. Coupland, cd., *The SIRUS Project: Towards a Determination of Which Weapons Cause 'Superfluous Injury' or 'Unnecessary Suffering'* (Geneva: International Committee of the Red Cross, 1997).
55 V.W. Sidel, B.P.R. Gersons and J.M.P. Weerts, Primary Prevention of Traumatic Stress Caused by War. In: R.J. Kleber, C.R. Figley and B.P.R. Gersons, eds., *Beyond Trauma: Cultural and Societal Dynamics* (New York: Plenum Press, 1995), pp. 277–297; N. Lewer, Conflict Resolution and Mediation for Health Professionals. In: B.S. Levy

and V.W. Sidel, eds. *War and Public Health* (New York: Oxford University Press, 1997), pp. 375–387.

56 M. Renner, Keeping Peace and Preventing War: The Role of the United Nations. In: B.S. Levy and V.W. Sidel, eds. *War and Public Health* (New York: Oxford University Press, 1997), pp. 361–374.

57 T.W. Lippman, War Crimes Court Gives U.S. a Dilemma, *Washington Post*. July 22, 1998.

58 E. Stover and E.O. Nightingale, eds. *The Breaking of Bodies and Minds: Torture, Psychiatric Abuse and the Health Professions.* (Washington. D.C.: American Association for the Advancement of Science. 1985); A.E. Goldfeld. R.F. Mollica. B.H. Pesavento and S.Y. Faraone, The Physical and Psychological Sequelae of Torture: Symptomatology and Diagnosis, *Journal of the American Medical Association* 259:2725–2729, 1988: Amnesty International. *Amnesty International Report* 1997 (New York: Amnesty International, 1997).

59 British Medical Association, *Medicine Betrayed: The Participation of Doctors in Human Rights Abuses* (London: Zed Books 1992); V. Iacopino. M. Heisler, S. Pishever, and R.H. Kirschner, Physician Complicity in Misrepresentation and Omission of Medical Evidence in Post-Detention Medical Examinations in Turkey, *Journal of the American Medical Association* 276:396–402, 1996; D. Silove, Doctors and the State: Lessons from the Biko Case. *Social Science and Medicine* 30:417–429, 1997.

60 Amnesty International, *Prescription for Change: Health Professionals and the Exposure of Human Rights Violations* (London: Amnesty International. 1996); H.J. Geiger and R.M. Cook-Deegan, The Role of Physicians in: Conflicts and Humanitarian crises. *Journal of the American Medical Association* 270:616–20. 1993.

61 G.R. Randall and E.L. Lutz, *Serving Survivors of Torture: A Practical Manual for Health Professionals and Other Service Providers* (Washington. D.C.: American Association for the Advancement of Science. 1991).

62 When Rape Becomes Genocide. *New York Times*, September 5, 1998. p. A 10.

63 V.W. Sidel, Weapons of Mass Destruction: The Greatest Threat to Public Health, *Journal of the American Medical Association* 262:680–682, 1989.

64 L. Forrow, B.G. Blair. I. Helfand, G. Lewis, T. Postol, V.W. Sidel, B.S. Levy, H. Abrams and C. Cassel, Accidental Nuclear War: A Post-Cold War Assessment. *New England Journal of Medicine* 338: 1326–1331. 1998.

65 L. Forrow and V.W. Sidel, Medicine and Nuclear War: From Hiroshima to Mutual Assured Destruction to Abolition 2000, *Journal of the American Medical Association* 280:456–461, 1998.

66 Physicians for Human Rights, *Winds of Death: Iraq's Use of Poison Gas Against Its Kurdish Population* (Boston: Physicians for Human Rights, 1989); R.I. Smith, V.W. Sidel, M. Nass, *et al.*, Can We Prevent the Use of Chemical Weapons by Terrorists?, *Medicine and Global Survival* 2: 176–184, 1995; *Chemical Disarmament: Basic Facts* (The Hague: Organisation for the Prohibition of Chemical Weapons, 1998); V.W. Sidel, Looking Beyond the Chemical Weapons Convention *Medicine and Global Survival* 5:54–56, 1998.

67 Susan Wright, ed., *Preventing a Biological Arms Race* (Cambridge, MA: The MIT Press, 1990); R. Ekeus, Iraq's Biological Weapons Programme: UNSCOM's Experience, Memorandum Report to the United Nations Security Council, November 20, 1996; R.A. Zalinskas, Iraq's Biological Weapons: The Past As Future?, *Journal of the American Medical Association* 278:418–424, 1997.

68 The Arms Project of Human Rights Watch and Physicians for Human Rights, *Landmines: A Deadly Legacy* (New York: Human Rights Watch, 1993); International Physicians for the Prevention of Nuclear War, *Landmines: A Global Health Crisis* (Cambridge, MA: International Physicians for the Prevention of Nuclear War, 1997).

69 A.F. Ginger, ed., *Nuclear Weapons are Illegal: The Historic Opinion of the World Court and How It Will Be Enforced.* (New York: Apex Press, 1998); V.W. Sidel, The Role of Physicians in the Prevention of Nuclear War. In: B.C. Strozier and M. Flynn eds., *Genocide, War, and Human Survival* (Lanham, Maryland: Rowman and Littlefield Publishers, 1996), pp. 193–205.

70 R. Falk, *A Half Century of Human Rights,* 1998 (in press); G.A. Christenson, World Civil Society and the International Rule of Law, *Human Rights Quarterly* 19: 724–737, 1997; R. Falk, The World Order Between Inter-State Law and the Law of Humanity: The Role of Civil Society Institutions, In: D. Archibugi and D. Held, *eds.,Cosmopolitan Democracy: An Agenda for a New World Order* (Cambridge, U.K.: Polity Press, 1995), pp. 163–179; Kofi Annan, *Call for New United Nations-NGO Partnership Amidst Ongoing Human Rights Revolution*, UN Doc. SG/SM/6697 (New York: United Nations Office of Public Information, September 14, 1998), available at http:/www.un.org/news.

71 J.A. Verdoorn, *Arts en Oorlog* [The Physician and War] (Rotterdam: Erasmus Publishing, 1995).

72 J.M.P. Weerts, Medical Contact: Dutch Physicians During the Second World War. Paper, St. Louis. Missouri. April 12. 1994.

73 Universal Declaration of Human Rights. United Nations General Assembly resolution 217 A (III), December 10. 1948. [UN document A1810 at 71 (1948)], reprinted in *Journal of the American Medical Association* 279:469–470, 1998.

74 J. Sonis, D.W. Gorenflo, P. Jha and C. Williams, Teaching of Human Rights in US Medical Schools. *Journal of the American Medical Association;* 276: 1676–1678, 1996; J. Leaning, Human Rights and Medical Education. Why Every Medical Student Should Learn the Universal Declaration of Human Rights, *British Medical Journal* 313: 1390–1391, 1997; J. Brenner, Human Rights Education in Public Health Graduate Schools, *Health and Human Rights;* 3: 129–139, 1996; Consortium for Health and Human Rights, Health and Human Rights: A Call to Action on the 50th Anniversary of the Universal Declaration of Human Rights. *Journal of the American Medical Association* 280:462–464. 1998.

VREEMDEN

1 Dr. L. de Jong 'Het Koninkrijk der Nederlanden in de Tweede Wereldoorlog', Deel 4, tweede helft, Staatsuitgeverij Den Haag 1972, blz. 740ff.

2 Idem.

3 Henriëtte Cohen-Koster, 5 oktober 1913–8 maart 1996.

4 In de bekende 'behoeftepiramide' van de psycholoog Maslow, is deze behoefte aan vriendschap, groepsbinding en erbij horen, na de fysieke overlevingsbehoeften, en de behoeften aan veiligheid, de derde categorie. Pas als ook daaraan voldaan is, zo luidt deze theorie, zal men zich gaan richten op prestatie, status, en pas daarna op individuele zelfontplooiing.

5 Op 8 november 2002 in Utrecht.

6 De term is van de schrijver-journalist H.T.A. Hofland.
7 Toespraak Gabriël van den Brink ten overstaan van de bestuurders van de vier grote steden op 8 november 2002 te Utrecht.
8 Idem.
9 *Grenzen aan de markt. Privatisering en hervorming van de publieke sector*, Wiardi Beckman Stichting, Amsterdam 2002.
10 Toespraak Geert Mak op 19 november 2002 bij de aanvaarding van de Y-prijs.
11 Benjamin Barber 'Jihad vs McWorld', *The Atlantic Monthly*, maart 1992.
12 Bron: SCP-rapport 'Secularisatie in de jaren negentig', Den Haag 2000.
13 Stadsdelen en buurtcombinaties in cijfers 2002, Gemeente Amsterdam, O&S het Amsterdamse Bureau voor Onderzoek en Statistiek, november 2002.
14 Cd-rom 'Gebedshuizen in Amsterdam; van kerk, tempel tot moskee 1650 tot nu', november 2002 Universiteit van Amsterdam en Imagine IC, copyright 2002 Imagine IC.
15 *The Economist*, 4 mei 2002, Special over Nederland.
16 *Intermediair*, 31 oktober 2002.
17 Idem.
18 Karel van het Reve 'Luisteraars!', Amsterdam: G.A. van Oorschot p. 264.
19 *Vrij Nederland*, 23 november 2002, 'Blauwdrukken voor Nederland' door Jos Palm.
20 Lezing Geert Mak op 19 november 2002 bij de aanvaarding van de Y-prijs.
21 Idem.
22 *Vrij Nederland*, 23 november 2002, 'Blauwdrukken voor Nederland'.
23 Vrij naar Kees Schuyt die in het boek *1650–2000. Rekenschap* een uitstekend essay over tolerantie geschreven heeft.

NIEUWE SPIJSWETTEN

1 De oorspronkelijke woorden van Gandhi waren: 'But how am I to talk of God to the millions who have to go without two meals a day? To them God can only appear as bread and butter.' In: *Young India*, 15 October 1931, p. 310 (met dank aan dr. Dick Plukker). Opvallend is de verwijzing naar brood en boter, een combinatie die op dat moment niet tot het Indiase voedselpatroon behoorde. De hierboven geciteerde tekst hangt in de officiële India Room in het gebouw van de FAO te Rome.
2 Ik heb ooit eerder Eva op vergelijkbare wijze ten tonele gevoerd, maar niet uitgewerkt; in Fresco, L.O., 1997. *De ondraaglijke lichtheid van de Vleermuis*. Prometheus/Bert Bakker, Amsterdam, p. 197.
3 In populaire literatuur en tijdschriften zijn er talloze verwijzingen naar Vet als de nieuwe duivel, zie b.v. Intelligent Life, bijlage bij *The Economist Summer* 2005.
4 De joodse, christelijke en islamitische bronnen spreken slechts van een verboden vrucht. Volgens sommigen zou de appel in het verhaal zijn gekomen door de associatie van de Latijnse woorden voor appel (*Malus spp*) en het kwade (malum); zie ook Toussaint-Samat, M., 1987. *Histoire naturelle et morale de la nourriture*. Bordas, Paris, o.a. p. 744. Volgens de joodse traditie kan het ook een vijg of een druif zijn geweest. In de islam wordt de aard van de vrucht helemaal niet gespecificeerd. Het essentiële is dat alle versies spreken van de vrucht van de

boom der kennis, waarvan het eten zou leiden tot meer kennis en tot hebzucht.

5 Genesis 2, 16–17.

6 De mate van beïnvloeding – volledig of gedeeltelijk – wisselt uiteraard per productiesysteem. Alleen visserij op ongereguleerde populaties valt hierbuiten, maar die vorm van exploitatie 'uit het wild' is snel op weg een anomalie te worden gezien de afnemende vispopulaties.

7 Dit is een grove schatting, gebaseerd op een aantal van 88 miljard mensen die ooit geleefd hebben, voortbouwend op Lee, R.B. & I. DeVore, 1968. *Man the Hunter*. Aldine, Chicago.

8 Twee goede overzichten zijn: Mazoyer, M. & L. Roudart, 1997. *Histoire des agricultures du Monde, du Néolithique à la crise contemporaine*. Éd. Du Seuil, Paris. En Harlan, J., 1992. Crops and Man. *American Society of Agronomy*, 2d edition, Madison, USA.

9 In termen van calorieën.

10 Bijna alle producten die de Nederlanders dagelijks eten, met uitzondering van olijfolie, zijn buiten Europa gedomesticeerd.

11 Halweil, Brian, 2002. Home Grown: The Case For Local Food In A Global Market. *Worldwatch Paper* #163, Washington.

12 In tegenstelling tot de productie op het land waar het verlies aan natuurlijke ecosystemen wordt gecompenseerd door productietoename, geldt voor de oceanen dat de schade aan aquatische ecosystemen hand in hand gaat met lage of geen productiegroei. Dit is vooral het gevolg van de speciale aard van de visserij (een vorm van jagen en verzamelen) die niet dezelfde mogelijkheden biedt tot systematische toepassing van wetenschappelijke kennis om productiegroei te bewerkstelligen (een recente uitzondering, op beperkte schaal vormen visteeltsystemen).

13 De selectie van rassen met een betere voedingswaarde door veredelaars is meer bekend dan het feit dat ook bemesting een direct effect op gezondheid kan hebben. Zo kan bijvoorbeeld zinkbemesting bij tarwe deficiënties in de bevolking voorkomen.

14 De geschatte kosten van de combinatie van te laag geboortegewicht, eiwitondervoeding, tekorten aan micronutriënten (zoals ijzer en jodium) in het leven van één generatie (cohort) van ondervoede kinderen lopen op tot 5 à 10 procent van het GDP (bruto binnenlands product) van de ontwikkelingslanden, een bedrag van US$ 500–1000 miljard. Alleen al het behandelen van aan honger gerelateerde ziektes en problematische bevallingen kost de ontwikkelingslanden 30 miljard US$ per jaar.

15 Sen, A., 1990. Food, Economics and Entitlements. In: Drèze, J & A. Sen: *The Political Economy of Hunger*, vol 1. Clarendon Press, Oxford.

16 Het kernbegrip hier is 'mensen met extreem consumptietekort', gedefinieerd als 'degenen die over een gemiddeld consumptiepakket van US$ 1 of minder per dag beschikken in constante prijzen van 1993'.

17 Dertig van de armste landen waren in staat de honger met een kwart terug te brengen in het laatste decennium. In diezelfde landen was de groei van de landbouwsector hoger dan het gemiddelde van de ontwikkelingslanden als groep, hetgeen aantoont dat investeringen in de landbouw kunnen werken. Maar de internationale hulp aan landbouw en rurale ontwikkeling is nu minder dan de helft van wat er twintig jaar geleden gegeven werd. De cijfers voor de

totale officiële steun (ODA) zijn gedaald van US$ 5,14 miljard naar US$ 2,22 miljard.

18 Nooit eerder zijn de ecologische veranderingen als gevolg van menselijk handelen zo groot geweest als in de afgelopen halve eeuw; de eerder genoemde verdrievoudiging van de wereldbevolking is de eerste verklarende factor. Voor details zie de diverse rapporten van Het Millennium Ecosystem Assessment, op http://www.millennniumassessment.org/en/index.aspx.

19 De kunstenares Esther Polak heeft een aspect van de mondialisering op een mooie manier zichtbaar gemaakt door het spoor te volgen van Letse melk naar Nederland waar deze in voedingsmiddelen verwerkt wordt. Zie http://locative.x-i.net/piens/info.html.

20 Om precies te zijn 29% van de landoppervlakte met uitzondering van Antarctica, maar inclusief Groenland en andere met ijs bedekte gedeeltes, waarvan 26% bestaat uit grasland; van de oppervlakte onder gewassen (11%) wordt aangenomen dat een kwart gebruikt wordt voor veevoer.

21 De treffendste illustratie vormen robots die tegelijk als spinnend huisdier en interieurverzorger fungeren.

22 Zie Newman, William R., 2004. *Promethean Ambitions. Alchemy and the Quest to Perfect Nature*. University of Chicago Press, Chicago. Zoals Newman vermeldt is de recente verwijzing naar Prometheus oorspronkelijk afkomstig van uitspraken van Paus Johannes Paulus II in 2002.

23 Voor meer details, zie Fresco, L.O., 1998. *Schaduwdenkers en Lichtzoekers, Huizingalezing*. Bert Bakker, Amsterdam.

24 Corriere della Sera 7/4/05 interviews met Tom Cruise en Morgan Spurlock.

25 Milton, J. 1667. *Paradise Lost*, Book Nine.

26 Ik ben prof. Martijn Katan, Wageningen Universiteit en Research Centrum, dankbaar voor zijn inzichten over de mogelijke gezondheidseffecten van het *kasjroet*.

27 In deze context is het niet relevant ons te buigen over *taamei hamitzvot*, de motieven achter de regels en de lange geschiedenis van commentaren over de vraag of de mens in staat is de 613 regels van het *kasjroet* volledig te begrijpen en te verklaren, of dat alleen in algemene termen kan (Maimonides) en of dat op zich noodzakelijk is om zich aan de voorschriften te kunnen houden. Maimonides zelf voerde overigens wel gezondheidsschade aan als reden dat bepaalde voedingsmiddelen (met name dieren) verboden zijn.

28 Satin geeft een mooi voorbeeld van een misverstand in zijn discussie over het verbod op gegist brood: de Hebreeuwse term *hametz* slaat niet op gist of op rijzen maar op zuur en bedorven. Satin, M., 1999. *Food Alert, the ultimate sourcebook for food safety*, Checkmark Books, Facts on File Inc, New York.

29 Harris, M., 1986. *Good to Eat: Riddles of Food and Culture*. Simon & Schuster. Ik heb dit eerder besproken in Fresco, L.O., 1997. *De ondraaglijke lichtheid van de Vleermuis, Essays en Beschouwingen*. Prometheus, Amsterdam, pg 159 en elders.

30 Douglas, M., 1966. Purity and Danger. *An analysis of the concepts of pollution and taboo*. Routledge & Kegan Paul, Lodon, o.a. p. 58. Ik was aangenaam verrast toen ik ontdekte dat op de voorkant van de pocketuitgave (uit 1984) Eva, Adam en de boom der kennis zijn afgebeeld! Zie ook: Douglas, M., 1992. *Risk and Blarne. Essays in Cultural Theory*. Routledge, London/New York. Uit haar veel geroemde analyses van Leviticus kunnen we opmaken hoe opvallend weinig

regels van het *kasjroet* betrekking hebben op planten en bomen in vergelijking met dieren.

31 Het is mogelijk dat de meest succesvolle diëten juist succesvol zijn als zij de consument bewust maken van wat eten als een weloverwogen keuze, veel meer dan door hun samenstelling op zich.

32 Naar schatting bijna een vijfde van de wereldbevolking, meer dan een miljard mensen, is zwaarlijvig, tegenover 852 miljoen ondervoede mensen (waarvan 815 miljoen in ontwikkelingslanden).

33 Dit onderwerp alleen al vergt een debat waarvan slechts weinig consumenten weet hebben. In relatieve termen is de prijs van een eenheid netto-landbouwproduct sinds 1945 met 75% gedaald. Of stadbewoners het landelijke gebied moeten ondersteunen door meer te betalen voor voedsel zoals wel wordt gesuggereerd, is een twijfelachtig punt (arme stedelingen zouden daarvan de dupe kunnen worden).

34 Integendeel, we zouden ons moeten afvragen hoe het komt dat 'het wereldsysteem' in sommige gevallen de rijken rijker maakt en niet tendeert naar een meer evenredige verspreiding van middelen en mogelijkheden.

35 FAO/WHO, 2004. *Diet, Nutrition and the Prevention of Chronic Diseases.* Report of a Joint WHO/FAO Expert Consultation, Rome/Geneva, WHO technical report series 916.

36 Zie o.a. Slow Food Nederland (http://www.slowfood.nl) die zich aankondigt als 'De internationale beweging ter verdediging van het *rechtop* genieten van goed eten en drinken'.

37 De Universele Verklaring van de Rechten van de Mens dateert uit 1948, en werd in 1966 gevolgd door de erkenning van het recht om geen honger te lijden (International Convenant on Economic, Social and Cultural Rights); de Wereldvoedseltop van 1996 bevestigde dit vervolgens en legde zich vast op de halvering van het aantal hongerige mensen voor 2015.

38 Aangenomen door de FAO Raad in November 2004. Het belangrijkste verschil is dat de Richtlijnen verder gaan dan het fundamentele recht om geen honger te lijden dat direct verbonden is met het recht op leven, door ook de staat verantwoordelijk te maken voor de toegang tot voedsel dat adequaat is in hoeveelheid en kwaliteit voor een gezond en actief leven. Hoe en wanneer deze Richtlijnen door staten zullen worden geïmplementeerd, is nog de vraag.

39 In de VS komt een kwart van de calorieën van frisdranken, toetjes en alcohol, alle arm aan micronutriënten. Prof. Bruce Ames, Graduate School Division of Biochemistry & Molecular Biology, University of California, Berkely, pers. comm. June 2005.

40 In de VS wordt een duidelijk geografisch verband op wijkniveau geconstateerd tussen armoede, fast food restaurants en het aanbod van gezond voedsel in supermarkten. Zie bijvoorbeeld: Block, J., R. Scribner & K. DeSaivo, 2004. Fast Food, Race/Ethnicity and Income. In: *Am. J. Of Prev Med* 2004, 27(3) p. 211–218. Zie ook James W.P.T., K. Norum, S. Smitasiri, M.S. Swaminathan, J. Tagwirye, R. Uauy & M. ul Haq, 2000. *Ending Malnutrition by 2020: an Agenda for Change in the Millennium.* Final Report to the ACC/SCN by the Commission on the Nutrition Challenges of the 21st Century. Supplement to the Food and Nutrition Bulletin, September/October 2000. UNU International Nutrition Foundation, USA. (*Food & Nutrition Bulletin*, Vol 21, No.3s, Sept. 2000.)

41 *Financial Times* 24/2/05, p. 10.
42 Sociaal Cultureel Rapport 2004. Zie www.21minuten.nl.
43 Volgens een BBC-studie gooit een gemiddeld Brits huishouden £420 per jaar weg aan voedsel (Financial Times, 16/17 Juli 2005).
44 Met name de petitie van kok Jamie Oliver is vermeldenswaard, zie www.feedmebetter.com.
45 Balta, P., 2004. *Boire et manger en Méditerrannée*. Actes Sud, Paris.
46 De beroemde kok Jean Anthelme Brillat-Savarin (1755–1826) zei het al: *Dis-moi ce que tu manges, et je te dirai ce que tu es* (zeg me wat je eet, en ik zal je zeggen wat je bent). In Brillat-Savarin, J.A., 1825. *Physiologie du Gout*, Paris (uitgave in eigen beheer).
47 In 1591, het portret bevindt zich in het kasteel van Skokloster in Zweden en wordt door het Internationale Verdrag over Plantgenetische Hulpbronnen gebruikt als symbool van agro-biodiversiteit.
48 Zie voor nog meer verleidingen het luxe-assortiment van het Universitair Facilitair bedrijf op: www.utb.leidenuniv.nl/index.php3?m=162&c=297#luxe.
49 Zie Toussaint-Samat, M., 1987, op cit.
50 De invoering van de aardappel in Europa uit het Andesgebied is een avontuurlijk verhaal van een ziekenhuis in Sevilla, blootvoetse monniken, stelende koksmaten en industriële spionage. Gezien alle verwarring over dit onbekende gewas, waarvan men eerst dacht dat de bessen gegeten moesten worden, met bijna fatale gevolgen, mag het een wonder heten dat de aardappel succesvol was. Een complicatie was bijvoorbeeld het fotosensitieve (daglichtgevoelige) karakter van de aardappel: de variëteiten uit de Andes zetten alleen knollen bij een daglengte van twaalf uur die daar op de evenaar natuurlijk voorkomt. Op onze breedtegraad kan dat pas aan het eind van de zomer beginnen, maar daar waar de vorst vroeg begint is er niet voldoende tijd om tot volledig ontwikkelde knollen te komen. Eigenlijk voldeed alleen het klimaat van Zuid-Ierland. Maar de aardappel paste weer niet in de Ierse landbouw waar vanaf september de schapen noodgedwongen de gewasstoppels begraasden. Wat uiteindelijk de doorslag gaf was de hoge opbrengst van de aardappel. Tot het midden van de 19e eeuw leek niets zijn opmars te remmen. Toen brak de Ierse hongersnood uit: in vijf jaar tijd (1846–1851) kwamen één miljoen mensen om en twee miljoen werden gedwongen te migreren. De oorzaak was de grootscheepse verwelking van aardappelplanten door *Phytophtora infestans*, die het gevolg was van één enkele introductie van deze bacterie in 1840 uit Mexico. Resistentie tegen deze bacterie werd gevonden in andere aardappelvariëteiten en wilde verwanten in Zuid-Amerika. Zie ook Salaman, R., 1985 (oorsponkelijk 1949). *The history and social influence of the potato*. Revised edition by J.G. Hawkes. Cambridge University Pre ss, Cambridge. En: Juma, C., 1989. *The Gene Hunters: Biotechnology and the Scramble for Seeds*, Princeton University Press, Princeton NJ.
51 Alle hier genoemde cijfers, tenzij anders vermeld, zijn van de VN afkomstig.

ETHICS AND INTERNATIONAL LAW

1 G. Radbruch, *Gesamtausgabe*, ed. Arthur Kaufmann, Vol. 3 (*Rechtsphilosophie* III) (1990), 78 ff.
2 H.A. Hart, *Essays in Jurisprudence and Philosophy* (1983), 76. For an informed

analysis, see Miguel Galvao Teles, 'Ex Post justice, Legal Retrospection, and Claim to Bindingness', in Augusto Silva Dias et al. (eds.), *Liber Amicorum de Jose de Sousa e Brito* (2009), 425.

3 *Certain German Interests in Polish Upper Silesia (Germany v. Poland)*, PCIJ Rep. Series A No. 7.

4 *Rights of Minorities in Upper Silesia (Minority Schools) (Germany v. Poland)*, PCIJ Rep. Series A No. 15, at 17.

5 395/1990 (*Spenger v. The Netherlands*); 172/1984 (*Broeks v. The Netherlands*); 180/1984 (*Danning v. The Netherlands*); 182/1984 (*Zwaan-de Vries v. The Netherlands*).

6 *Regents of the University of California v. Bakke*, 438 US 265 (1978). See also *Johnson v. Transp. Agency, Santa Clara County*, 480 US 616 (1987) (on employment); *Wygant v. Jackson Bd. Of Educ.*, 476 US 267 (1986); *United Steelworkers of Am. v. Weber*, 443 US 193 (1979) (in the context of employment); *Grutter v. Bollinger*, 539 US 306 (2003) (on race generally as a factor in admissions).

7 ICJ Reports 1996. para. 78.

8 ICJ Reports 2005, para. 178.

9 ICJ Reports 2005, para. 179.

10 Implementing the Responsibility to Protect. UN Doc. A/63/677, 12 January 2009, esp. paras. 6–7.

11 Francis M. Deng et al., *Sovereignty as Responsibility: Conflict Management in Africa* (1996).

12 Report of the International Commission on Intervention and State Sovereignty, *The Responsibility to Protect* (2001), vii.

13 High-level Panel on Threats, Challenges and Change, UN Doc. A/59/565 and Corr. 1, 2 December 2004; In Larger Freedom: Towards Development, Security and Human Rights for All, UN Doc. A/59/2005, 21 March 2005.

14 Report of the Secretary-General, 'Implementing the Responsibility to Protect', UN Doc. A/63/677, January 2009, para. 10.

NAWOORD

1 Zie voor de indeling in drie periodes het inleidende essay van Kees Schuyt.

2 Het trekken van zo'n parallel tussen een 'stichtingsverhaal' en een latere grote historische gebeurtenis zie je vaker. Zo zagen ook de oude Grieken al meteen na de Perzische oorlog, toen de herinnering eraan nog vers was en de geschiedschrijving ervan net begon, de parallellen met de Trojaanse oorlog, en ze aarzelden niet de Griekse generaals van 480 v. Chr. met de homerische held Achilles te vergelijken.

3 In wezen werd hij van 27 november 1940 tot de zomer van 1941 vastgehouden in het 'Oranjehotel' als gevolg van zijn rede; tussen januari en juli 1944 zat hij als gijzelaar in Vught. Bron: W. Otterspeer in het lemma 'Cleveringa' in het *Biografisch Woordenboek van Nederland*, Den Haag 1989.

4 De Duitsers hadden het gebouw van de Groote Club doctrina et amicitia gevorderd. In 1975 fuseerde de club met de Industrieele Club en ging verder onder de naam 'De Industrieele Groote Club'. Men maakte vanaf die tijd gebruik van een ander gebouw, eveneens aan de Dam. Het gebouw waarin ik sprak was dus niet het gebouw van waaruit geschoten was.

5 Zie R. Feenstra, lemma 'Eduard Maurits Meijers', in het *Biografisch Woorden-*

boek van Nederland 1, 1979: 'tijdens zijn gevangenschap wist hij zich, onder moeilijke verblijfsomstandigheden, met zeldzame geestkracht nog aan wetenschappelijk werk te wijden. Voornamelijk daar heeft hij *Algemene leer van het burgerlijk recht: I De algemene begrippen van het burgerlijk recht* (1948) geschreven, terwijl hem geen enkel rechtsgeleerd boek ter beschikking stond'.

6 Vgl. De Jong, deel 8–ii, 733; Boris de Munnick, *Uitverkoren in uitzondering. Het verhaal van de Joodse Barneveld groep 1942–1945*, p. 64. J. Presser, *Ondergang*, deel II, Den Haag, 1965, p. 22 rapporteert het speciale gevaar dat de Duitsers in Meijers zagen.

7 J. Presser, *Ondergang*, deel II, Den Haag 1965, 499; De Munnick p. 66.

8 Zoals onder meer blijkt uit de biografische schets van S.J. Fockema Andreae in het *Jaarboek van de Maatschappij der Nederlandse Letterkunde*, Leiden 1953–55, 71–3. Daar wordt n.a.v. de oorlog melding gemaakt van Meijers' 'zeer bijzondere eigenschap steeds dezelfde te zijn geweest'.

9 Cf. ook W. Otterspeer in het lemma 'Cleveringa' in het *Biografisch Woordenboek van Nederlands*, Den Haag, 1989.

10 J. Presser, *Ondergang*, deel I, Den Haag, 1965, p. 363.

11 Ook mijn eigen stuk onttrekt zich niet aan dat academische gedrag: het bespreekt een onderwerp dat op verschillende manieren persoonlijk indringende aspecten heeft voor de auteur, maar beperkt zich tot een analyse op basis van theorieën over culturele en groepsidentiteit – zo gaan die dingen.